AutoCAD 2023

中文版

从入门到精通

■ 刘平安 张大林 等 编著

U0300231

人民邮电出版社

北　京

图书在版编目（CIP）数据

AutoCAD 2023中文版从入门到精通 / 刘平安等编著
. — 北京：人民邮电出版社，2023.6
ISBN 978-7-115-61513-8

Ⅰ．①A… Ⅱ．①刘… Ⅲ．①AutoCAD软件 Ⅳ.
①TP391.72

中国国家版本馆CIP数据核字（2023）第056187号

内 容 提 要

本书重点介绍 AutoCAD 2023 中文版在产品设计中的应用方法和技巧。全书分为 5 篇，共 19 章，分别介绍 AutoCAD 2023 基础知识、简单二维绘制命令、文字与表格、基本绘图工具、二维编辑命令、复杂二维绘图与编辑命令、尺寸标注、图块及其属性、三维实体绘制、三维实体编辑、齿轮泵零件图绘制、齿轮泵装配图绘制、齿轮泵零件立体图绘制、齿轮泵装配立体图绘制、建筑总平面图绘制、建筑平面图绘制、建筑立面图绘制、建筑剖面图绘制及建筑详图绘制。本书在讲解的过程中，注意由浅入深，从易到难。重要知识点配有实例讲解，以使读者对知识点有更进一步的了解；每章的最后都配有上机实验，以帮助读者综合运用全章的知识点。

本书随书赠送了电子资源，资源包含全书讲解实例和练习实例的源文件，以及实例的同步讲解视频，可帮助读者轻松学习。本书可作为 AutoCAD 初学者的专业指导教材，相关专业技术人员也可阅读参考。

◆ 编　著　刘平安　张大林　等
　　责任编辑　蒋　艳
　　责任印制　王　郁　胡　南

◆ 人民邮电出版社出版发行　　北京市丰台区成寿寺路 11 号
　　邮编　100164　　电子邮件　315@ptpress.com.cn
　　网址　https://www.ptpress.com.cn
　　北京七彩京通数码快印有限公司印刷

◆ 开本：787×1092　1/16
　　印张：20.75　　　　　　　　　　2023 年 6 月第 1 版
　　字数：622 千字　　　　　　　　2025 年 3 月北京第 11 次印刷

定价：79.80 元

读者服务热线：(010)81055410　印装质量热线：(010)81055316
反盗版热线：(010)81055315

前　　言

随着技术的发展，CAD（Computer Aided Design，计算机辅助设计）技术在人们的日常工作和生活中发挥着越来越重要的作用。AutoCAD是目前应用最广泛的CAD软件之一。AutoCAD一直致力于把工业技术与计算机技术融为一体，形成开放式的大型CAD平台，在机械、建筑、电子等领域更是先人一步，发展势头异常迅猛。

值此AutoCAD 2023版本面市之际，作者根据读者工程应用学习的需要编写了本书。本书处处凝结着教育者的经验与体会，体现着他们的教学思想，希望能够为广大读者的学习抛砖引玉，提供一条有效的路径。

一、本书特色

图书市场上关于AutoCAD的指导书多不胜数，读者要挑选一本自己中意的书反而很困难。那么，本书为什么能够在读者"众里寻他千百度"之时，出现于"灯火阑珊"处呢？这是因为本书有以下特色。

1．作者专业

本书由作者根据多年的设计经验和教学的心得体会精心编著而成，力求全面细致地展现AutoCAD在设计领域的各种功能和使用方法。

2．知行合一

本书结合大量的设计实例，详细讲解AutoCAD的知识要点，让读者在学习实例的过程中掌握AutoCAD软件操作技巧，同时提升工程设计实践能力。

3．技能突出

本书从全面提升读者AutoCAD设计能力的角度出发，结合大量的实例来讲解如何利用AutoCAD进行设计，真正让读者能够灵活运用AutoCAD独立地完成各种工程设计。

4．内容全面

本书包括AutoCAD常用功能的讲解，内容涵盖二维绘制、文字与表格、基本绘图工具、二维编辑、尺寸标注、图块及其属性、三维实体绘制和编辑等知识。不仅对AutoCAD基本功能、二维平面绘图功能，以及三维造型设计功能进行了详细讲解，还包含了各种工程应用案例讲解。

二、本书的组织结构和主要内容

本书以AutoCAD 2023为演示平台，全面介绍AutoCAD软件的相关知识和使用方法，帮助读者从新手成长为高手。全书分为5篇，共19章，各部分内容如下。

1．二维绘图基础篇——介绍二维绘图相关基础知识

第1章主要介绍AutoCAD 2023基础知识。
第2章主要介绍简单二维绘制命令。
第3章主要介绍文字与表格。
第4章主要介绍基本绘图工具。
第5章主要介绍二维编辑命令。
第6章主要介绍复杂二维绘图与编辑命令。

2．二维绘图进阶篇——深入介绍二维绘图相关辅助功能

第7章主要介绍尺寸标注。
第8章主要介绍图块及其属性。

3．三维绘图篇——全面介绍三维绘图相关知识

第9章主要介绍三维实体绘制。
第10章主要介绍三维实体编辑。

4．综合实例篇——介绍机械设计工程实例

第11章主要介绍齿轮泵零件图绘制方法。
第12章主要介绍齿轮泵装配图绘制方法。
第13章主要介绍齿轮泵零件立体图绘制方法。
第14章主要介绍齿轮泵装配立体图绘制方法。

5．综合实例篇——介绍建筑设计工程实例

第15章主要介绍建筑总平面图绘制方法。

第16章主要介绍建筑平面图绘制方法。

第17章主要介绍建筑立面图绘制方法。

第18章主要介绍建筑剖面图绘制方法。

第19章主要介绍建筑详图绘制方法。

三、本书的配套资源

本书为读者提供了极为丰富的配套电子资源，以便读者朋友在最短的时间内学会并精通这门技术。

1. 实例配套教学视频

编者针对本书实例专门制作了配套教学视频，读者可以先看视频，方便、直观地学习本书内容，然后对照课本加以实践和练习，能大大提高学习效率。

2. 全书实例的源文件

本书附带全部讲解实例和练习实例的源文件。

3. 其他资源

为了拓展读者的学习范围，电子资料中还收录了AutoCAD官方认证的考试大纲和模拟题、AutoCAD应用技巧大全、AutoCAD常用图块集等超值资源。

四、致谢

本书由南昌职业大学的刘平安和张大林两位老师主编。南昌职业大学的赖志刚、徐小良、沈先江和张利华参与了部分章节的编写，其中刘平安编写了第1～6章，张大林编写了第7～10章，赖志刚编写了第11、12章，徐小良编写了第13、14章，沈先江编写了第15、16章，张利华编写了第17～19章。

由于编者水平有限，疏漏之处在所难免，希望广大读者加入读者服务QQ群816177121或发邮件到wangxudan@ptpress.com.cn提出宝贵的意见。

编者

2023年2月

资源与支持

本书由异步社区出品，社区（https://www.epubit.com/）为您提供相关资源和后续服务。

配套资源

本书提供如下资源：

- 本书配套源文件；
- 本书配套教学视频。

要获得以上配套资源，请在异步社区本书页面中点击 配套资源 ，跳转到下载界面，按提示进行操作即可。注意：为保证购书读者的权益，该操作会给出相关提示，要求输入提取码进行验证。

如果您是教师，希望获得教学配套资源，请在社区本书页面中直接联系本书的责任编辑。

提交勘误

作者和编辑尽最大努力来确保书中内容的准确性，但难免会存在疏漏。欢迎您将发现的问题反馈给我们，帮助我们提升图书的质量。

当您发现错误时，请登录异步社区，按书名搜索，进入本书页面，点击"提交勘误"，输入勘误信息，单击"提交"按钮即可。本书的作者和编辑会对您提交的勘误进行审核，确认并接受后，您将获赠异步社区的 100 积分。积分可用于在异步社区兑换优惠券、样书或奖品。

扫码关注本书

扫描下方二维码，您将会在异步社区微信服务号中看到本书信息及相关的服务提示。

与我们联系

我们的联系邮箱是 contact@epubit.com.cn。

如果您对本书有任何疑问或建议，请您发邮件给我们，并请在邮件标题中注明本书书名，以便我们更高效地做出反馈。

如果您有兴趣出版图书、录制教学视频，或者参与图书翻译、技术审校等工作，可以发邮件给我们；有意出版图书的作者也可以到异步社区在线提交投稿（直接访问 www.epubit.com/contribute 即可）。

如果您是学校、培训机构或企业用户，想批量购买本书或异步社区出版的其他图书，也可以发邮件给我们。

如果您在网上发现有针对异步社区出品图书的各种形式的盗版行为，包括对图书全部或部分内容的非授权传播，请您将怀疑有侵权行为的链接发邮件给我们。您的这一举动是对作者权益的保护，也是我们持续为您提供有价值的内容的动力之源。

关于异步社区和异步图书

"异步社区"是人民邮电出版社旗下 IT 专业图书社区，致力于出版精品 IT 技术图书和相关学习产品，为作译者提供优质出版服务。异步社区创办于 2015 年 8 月，提供大量精品 IT 技术图书和电子书，以及高品质技术文章和视频课程。更多详情请访问异步社区官网 https://www.epubit.com。

"异步图书"是由异步社区编辑团队策划出版的精品 IT 专业图书的品牌，依托于人民邮电出版社近 40 年的计算机图书出版积累和专业编辑团队，相关图书在封面上印有异步图书的 LOGO。异步图书的出版领域包括软件开发、大数据、AI、测试、前端、网络技术等。

异步社区

微信服务号

目　录

| 第一篇　二维绘图基础 |

| 第二篇　二维绘图进阶 |

| 第三篇　三维绘图 |

| 第四篇　机械设计工程实例 |

| 第五篇 建筑设计工程实例 |

第一篇　二维绘图基础

第1章

AutoCAD 2023 基础知识

本章主要包括操作界面介绍、绘图环境设置和文件管理等内容，主要讲解有关 AutoCAD 2023 绘图的基础知识，绘图环境设置、基本图形操作、输入操作，以及建立新的图形文件、打开已有文件的方法等。

重点与难点

- ➲ 操作界面
- ➲ 设置绘图环境
- ➲ 图形的缩放和平移
- ➲ 文件管理
- ➲ 基本输入操作

1.1 操作界面

AutoCAD 的操作界面是显示、编辑图形的区域，如图 1-1 所示。该界面采用了一种全新的风格，更加直观、简洁，本书所有的实例均在该界面下进行讲解。

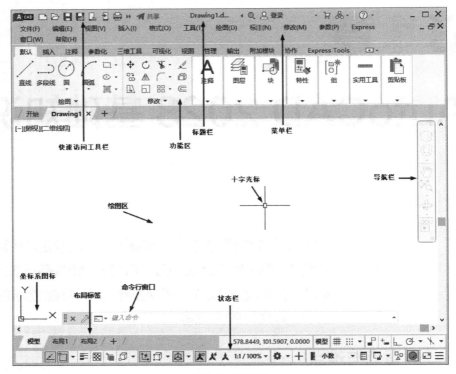

图 1-1 操作界面

一个完整的操作界面包括标题栏、绘图区、十字光标、坐标系图标、菜单栏、命令行窗口、状态栏、布局标签和快速访问工具栏等。

1.1.1 标题栏

AutoCAD 2023 操作界面最上方是标题栏。标题栏用于显示系统当前运行的应用程序和用户正在使用的图形文件。用户第一次启动 AutoCAD 时，标题栏将显示 AutoCAD 2023 在启动时创建并打开的图形文件的名字"Drawing1.dwg"，如图 1-2 所示，最右边的 3 个按钮控制 AutoCAD 2023 窗口当前的状态，分别为"最小化""恢复窗口大小"和"关闭"。

图 1-2 标题栏

> **注意** 安装 AutoCAD 2023 后，在操作界面的绘图区中单击鼠标右键，打开快捷菜单，如图 1-3 所示。选择"选项"命令，打开"选项"对话框，如图 1-4 所示，❶选择"显示"选项卡，❷在"窗口元素"区域中将"颜色主题"设置为"明"，❸单击"确定"按钮，关闭对话框。完成对操作界面的设置，改为"明"操作界面。

图1-3　快捷菜单

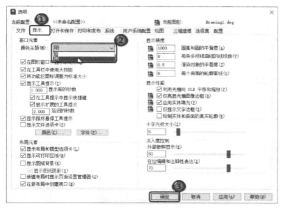

图1-4　"选项"对话框

1.1.2 | 绘图区

绘图区是用户绘制图形的区域，用户完成设计图形所做的主要工作都是在绘图区中进行的。

在绘图区中，有一个作用类似鼠标指针的十字线，其交点反映了鼠标指针在当前坐标系中的位置。在 AutoCAD 中，将该十字线称为十字光标，AutoCAD 通过十字光标显示当前点的位置。十字光标的方向与当前用户坐标系的 X 轴、Y 轴方向平行。

在默认情况下，AutoCAD 操作界面的窗口颜色为黑色，用户可根据个人习惯进行修改。

修改操作界面窗口颜色的步骤如下。

（1）在绘图区单击鼠标右键，在快捷菜单中选择"选项"命令，打开"选项"对话框，选择"显

示"选项卡，单击"窗口元素"区域中的"颜色"按钮 颜色(C)... ，打开图 1-5 所示的"图形窗口颜色"对话框。

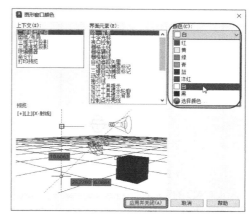

图1-5　"图形窗口颜色"对话框

（2）选择需要的窗口颜色，并单击"应用并关闭"按钮，如图 1-5 所示。

此时 AutoCAD 操作界面的颜色就做出了相应的更改，通常选择白色为操作界面的颜色。

1.1.3 | 坐标系图标

在绘图区的左下角，有一个箭头指向图标，其称为坐标系图标，表示用户绘图时正使用的坐标系。坐标系图标的作用是为点的坐标确定一个参照系，详细情况将在后文介绍。用户可以根据工作需要，单击"视图"选项卡"视口工具"面板中的"UCS图标"按钮 ，使其以灰色状态显示，如图 1-6 所示。

图1-6　"视图"选项卡

1.1.4 | 菜单栏

在 AutoCAD 快速访问工具栏处调出菜单栏，具体操作：❶单击"快速访问"工具栏右侧的 ，❷在下拉菜单中选取"显示菜单栏"选项，如图 1-7 所示。

图1-7　调出菜单栏

AutoCAD 的菜单栏中包含 13 个菜单，如图 1-8 所示。这些菜单几乎包含了 AutoCAD 的所有绘图命令。一般来说，AutoCAD 下拉菜单中的命令有以下 3 种。

图1-8　菜单栏

1. 带有小三角形的菜单命令

这种类型的命令后面带有子菜单。例如，❶单击"绘图"菜单，❷将鼠标指针移至下拉菜单中的"圆"命令，❸系统就会显示"圆"子菜单中所包含的命令，如图 1-9 所示。

图1-9　带有小三角形的菜单命令

2. 打开对话框的菜单命令

这种类型的命令后面带有省略号。例如，❶单击"格式"菜单，❷选择下拉菜单中的"表格样式"命令，如图 1-10 所示。系统就会打开"表格样式"对话框，如图 1-11 所示。

图1-10　打开对话框的菜单命令

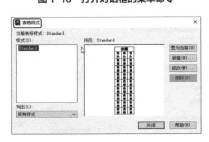

图1-11　"表格样式"对话框

3. 直接执行操作的菜单命令

选择这种类型的命令将直接进行相应的绘图或其他操作。例如，❶选择"视图"菜单中的❷"重画"命令，系统将刷新显示所有图形，如图 1-12 所示。

图1-12　直接执行操作的菜单命令

1.1.5 工具栏

工具栏是一组图标型工具的集合，把鼠标指针移动到某个图标上稍停片刻，该图标一侧即显示相应的工具提示。此时，单击图标即可启动相应命令。

1. 设置工具栏

选择菜单栏中的❶"工具"→❷"工具栏"→❸"AutoCAD"命令，调出所需要的工具栏，如图 1-13 所示。选择某一个未在界面显示的工具栏的名称，系统会自动在界面中打开该工具栏；反之，关闭该工具栏。

图 1-13 调出工具栏

2. 工具栏的"固定""浮动""打开"

工具栏可以在绘图区"浮动"，"浮动"工具栏可直接关闭。可以使用鼠标拖动"浮动"工具栏到图形区边界，使其变为"固定"工具栏。把"固定"工具栏从边界拖出，可以使其成为"浮动"工具栏，如图 1-14 所示。

图 1-14 "浮动"工具栏

工具栏中有些图标的右下角带有一个小三角，在这些图标上按住鼠标左键会打开相应的工具栏，

继续按住鼠标左键将鼠标指针移动到某一图标上然后松开，刚刚选择的图标就变为当前图标。单击当前图标可执行相应命令，如图 1-15 所示。

图 1-15 "三维导航"工具栏

1.1.6 命令行

命令行是输入命令和显示命令提示的区域，命令行默认在绘图区下方，如图 1-16 所示。对于命令行，有以下几点需要说明。

图 1-16 命令行

（1）拖动命令行的边界，可以扩大或缩小命令行。

（2）可以拖动命令行，将其放置在界面中的其他位置。

（3）对于当前命令行中输入的内容，可以按<F2>键用文本编辑的方法进行编辑，如图 1-17 所示。AutoCAD 文本窗口和命令行相似，可以显示当前 AutoCAD 进程中命令的输入和执行过程。在执行 AutoCAD 的某些命令时，系统会自动切换到文本窗口，列出有关信息。

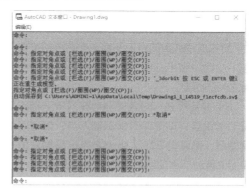

图 1-17 用文本编辑方法编辑命令行

（4）AutoCAD 通过命令行反馈各种信息，包括出错信息。因此，用户要时刻关注命令行中出现的信息。

1.1.7 布局标签

AutoCAD 默认设定一个模型空间布局标签和"布局 1""布局 2"两个图纸空间布局标签。在这里有两个概念需要解释。

1. 布局

布局是系统为绘图设置的一种环境，包括图样大小、尺寸单位、角度设定、数值精确度等。在系统预设的 3 个标签中，这些环境变量都采用默认设置。用户可根据实际需要修改设置。用户也可以根据需要设置符合自己需求的新标签。

2. 空间

AutoCAD 的空间分为模型空间和图纸空间。模型空间通常指绘图的环境，而在图纸空间中，用户可以创建名为"浮动视口"的区域，以不同视图显示所绘图形。用户还可以在图纸空间中调整"浮动视口"，并决定其所包含视图的缩放比例。如果选择图纸空间，则用户可以打印任意布局的多个视图。

AutoCAD 默认打开"模型空间"，用户可以通过单击选择需要的布局。

1.1.8 状态栏

状态栏在界面的底部，依次有"坐标""模型空间""栅格""捕捉模式""推断约束""动态输入""正交模式""极轴追踪""等轴测草图""对象捕捉追踪""二维对象捕捉""线宽""透明度""选择循环""三维对象捕捉""动态 UCS""选择过滤""小控件""注释可见性""自动缩放""注释比例""切换工作空间""注释监视器""单位""快捷特性""锁定用户界面""隔离对象""图形性能""全屏显示""自定义"30 个功能按钮，如图 1-18 所示。单击部分按钮，可以实现相应功能的开关。也可以通过部分按钮控制图形或绘图区的状态。下面对状态栏上的部分按钮做简单介绍。

> **注意** 默认情况下不会显示所有按钮，可以通过状态栏最右侧的按钮，选择要显示的按钮。状态栏上显示的按钮可能会发生变化，具体取决于当前的工作空间以及当前显示的是"模型"选项卡还是"布局"选项卡。

图1-18　状态栏

（1）模型空间：在模型空间与布局空间之间进行转换。

（2）栅格：覆盖用户坐标系（UCS）的整个 XY 平面的直线或点的矩形图案。使用栅格类似于在图形下方放置一张坐标纸，可以对齐对象并直观展示对象之间的距离。

（3）捕捉模式：对象捕捉对在对象上指定精确位置非常重要，不论何时提示输入点，都可以指定对象捕捉；默认情况下，当十字光标移到对象的对象捕捉位置时，将显示标记和工具提示。

（4）正交模式：将十字光标限制在水平或垂直方向上移动，以便精确地创建或修改对象。当创建或修改对象时，可以使用"正交模式"按钮将十字光标限制在相对于用户坐标系（UCS）的水平或垂直方向上。

（5）极轴追踪：十字光标将按指定角度进行移动。创建或修改对象时，可以使用该按钮来显示由指定的极轴角度所定义的临时对齐路径。

（6）等轴测草图：通过该按钮可以很容易地沿 3 个等轴测平面中的一个平面对齐对象。尽管等轴测图形看起来类似三维图形，但它实际上是二维图形，因此不能提取三维距离和面积、从不同视点显示对象或自动消除隐藏线。

（7）对象捕捉追踪：使用该按钮可以沿着基于对象捕捉点的对齐路径进行追踪。已获取的追踪点将显示一个小加号（+），一次最多可以获取 7 个追踪点。获取点之后，当在绘图路径上移动十字光标时，将显示相对于获取点的水平、垂直路径。例如，可以基于对象端点、中点或者交点，沿着某个路径选择一点。

（8）二维对象捕捉：执行对象捕捉设置可以在对象上的精确位置指定捕捉点。选择多个选项后，将应用选定的捕捉模式，以返回距离靶框中心最近的点。按 <Tab> 键可以在这些选项之间循环切换。

（9）注释可见性：当该按钮亮显时，表示显示所有比例的注释对象；当该按钮变暗时，表示仅显示当前比例的注释对象。

（10）自动缩放：注释比例更改时，自动将比例添加到注释性对象上。

（11）注释比例：单击"注释比例"按钮右侧的下拉箭头，将弹出注释比例下拉列表，如图 1-19 所示，可以根据需要选择适当的注释比例。

（12）切换工作空间：进行工作空间的转换。

（13）注释监视器：监视程序运行（执行某个命令等）的过程中各个变量的值的变化，对条件判断特别有用。

（14）隔离对象：当选择隔离对象时，在当前视图中显示选定对象，其他所有对象都暂时隐藏；当选择隐藏对象时，在当前视图中暂时隐藏选定对象，其他所有对象都可见。

（15）图形性能：设定图形卡的驱动程序和设置硬件加速的选项。

图 1-19　注释比例下拉列表

（16）全屏显示：该选项可以隐藏标题栏、功能区和选项板等界面元素，使 AutoCAD 的绘图区全屏显示，如图 1-20 所示。

（17）自定义：指定在状态栏中显示哪些命令按钮。

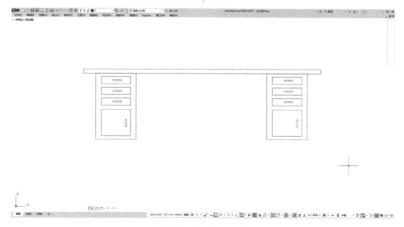

图 1-20　全屏显示

1.1.9　滚动条

AutoCAD 2023 的默认界面是不显示滚动条的。用户可以通过设置把滚动条调出来。选择菜单栏中的"工具"→"选项"命令，弹出"选项"对话框，❶选择"显示"选项卡，❷勾选"窗口元素"中的"在图形窗口中显示滚动条"复选框，如图 1-21 所示。

滚动条包括水平和垂直滚动条，分别用于左右和上下查看图形。按住鼠标左键拖动滚动条中的滑块或单击滚动条两侧的三角按钮，即可查看图形，如图 1-22 所示。

图 1-21　"选项"对话框中的"显示"选项卡

图1-22 使用滚动条查看图形

1.2 设置绘图环境

在 AutoCAD 中，可以利用相关命令对图形单位和图形界限进行具体设置。

1.2.1 图形单位设置

执行方式

命令行：DDUNITS（或 UNITS）

菜单栏："格式"→"单位"

操作步骤

执行上述操作后，将弹出"图形单位"对话框，如图1-23所示。该对话框用于设置图形的长度和角度等。

图1-23 "图形单位"对话框

选项说明

1."长度"与"角度"选项组

指定测量的长度与角度的当前单位及当前单位的精度。

2."插入时的缩放单位"选项组

使用工具选项板（例如 DesignCenter 或 i-drop）拖入当前块或图形的测量单位。如果块或图形创建时使用的单位与该选项指定的单位不同，则在插入这些块或图形时，将对其按比例缩放。插入比例是源块或图形使用的单位与目标块或图形使用的单位之比。如果要在插入块或图形时不按指定单位缩放，请选择"无单位"选项。

3."输出样例"选项组

显示用当前长度和角度设置的例子。

4."光源"选项组

用于指定当前图形中光源强度的单位。

5."方向"按钮

单击该按钮，将弹出"方向控制"对话框，如图1-24所示。可以在该对话框中进行方向控制设置。

图1-24 "方向控制"对话框

1.2.2 图形界限设置

执行方式

命令行：LIMITS

菜单栏："格式"→"图形界限"

操作步骤

命令行提示如下。

命令：LIMITS ✓
重新设置模型空间界限：
指定左下角点或 [开 (ON)/ 关 (OFF)] <0.0000,
0.0000>:(输入图形界限左下角的坐标后按<Enter>键)
指定右上角点 <12.0000,9.0000>:（输入图形界限右上角的坐标后按 <Enter> 键）

选项说明

1. 开（ON）

使绘图边界有效，在绘图边界外拾取的点无效。

2. 关（OFF）

使绘图边界无效，可以在绘图边界外拾取点或实体。

3. 动态输入角点坐标

可以直接通过键盘输入角点坐标，输入横坐标值后按 <,> 键，接着输入纵坐标值，如图 1-25 所示。也可以移动十字光标，然后单击确定角点位置。

图1-25 动态输入角点坐标

1.3 图形的缩放和平移

所谓视图，就是有特定的放大倍数、位置及方向的图形。改变视图的一般方法是使用"缩放"和"平移"命令，在绘图区放大或缩小图形，或者改变观察位置。

1.3.1 图形缩放

AutoCAD 2023 实现了交互式的缩放和平移。有了实时缩放，就可以通过向上或向下拖曳鼠标来放大或缩小图形。利用实时平移功能（1.3.2 小节介绍），能通过移动手形光标查看图形未在绘图区显示的部分。

执行方式

命令行：ZOOM

菜单栏："视图"→"缩放"

工具栏：标准→缩放🔍

功能区：单击"视图"选项卡"导航"面板"范围"下拉列表中的"缩放"按钮🔍

操作步骤

按住鼠标左键，向顶端拖曳鼠标可以放大图形，向底部拖曳鼠标可以缩小图形。

"标准"工具栏的"缩放"下拉工具栏（见图 1-26）和"缩放"工具栏（见图 1-27）中还有一些"缩放"命令，读者可以自行操作体会，这里不一一赘述。

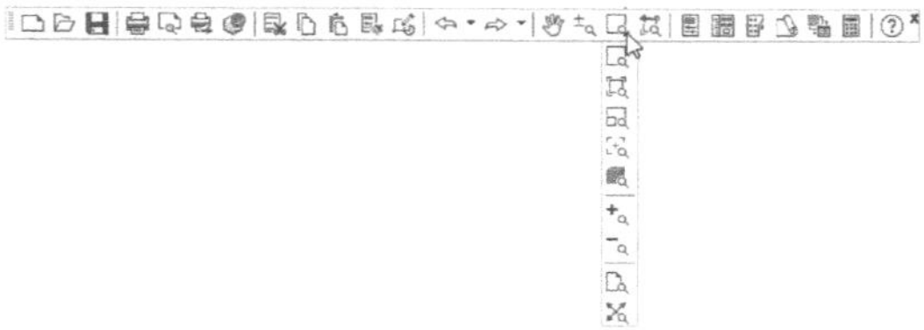

图1-26 "标准"工具栏的"缩放"下拉工具栏

图1-27 "缩放"工具栏

1.3.2 实时平移

执行方式

命令行：PAN

菜单栏："视图"→"平移"→"实时"

工具栏：标准→实时平移✋

快捷菜单：在绘图区中单击鼠标右键，选择"平移"命令功能区：单击"视图"选项卡"导航"面板中的"平移"按钮🖐，如图 1-28 所示。

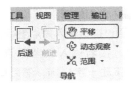

图 1-28 "导航"面板

操作步骤

执行上述操作后，按住鼠标左键，然后移动手

形光标就可以平移图形了。当移动到图形的边缘时，手形光标将呈三角形显示。

另外，AutoCAD 2023 设置了一个右键快捷菜单来显示控制命令，如图 1-29 所示。

图 1-29 右键快捷菜单

1.4 文件管理

本节将介绍有关文件管理的一些基本操作方法，包括新建文件、打开文件、保存文件等，这些都是 AutoCAD 2023 最基础的知识。

1.4.1 新建文件

执行方式

命令行：NEW 或 QNEW

菜单栏："文件"→"新建"或"主菜单"→"新建"

工具栏：标准→新建□或快速访问→新建□

快捷键：Ctrl+N

操作步骤

执行上述操作后，将弹出图 1-30 所示的"选择样板"对话框，"文件类型"下拉列表中有 3 种格

式的图形样板，后缀名分别是 .dwt、.dwg、.dws。一般情况下，DWT 文件是标准的样板文件，通常将一些规定的标准性的样板文件设成 DWT 文件。DWG 文件是普通的样板文件，而 DWS 文件是包含标准图层、标注样式、线型和文字样式的样板文件。

1.4.2 打开文件

执行方式

命令行：OPEN

菜单栏："文件"→"打开"或"主菜单"→"打开"

工具栏：标准→打开□或快速访问→打开□

快捷键：Ctrl+O

操作步骤

执行上述操作后，弹出"选择文件"对话框，如图 1-31 所示。用户可在"文件类型"下拉列表中选择 DWG 格式、DWT 格式、DXF 格式或 DWS 格式。

其中，DXF 文件是以文本形式存储的图形文件，许多第三方应用软件都支持 DXF 格式。

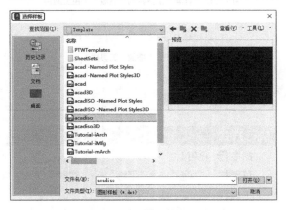

图 1-30 "选择样板"对话框

图1-31 "选择文件"对话框

1.4.3 保存文件

执行方式

命令行：QSAVE 或 SAVE

菜单栏："文件"→"保存"或"另存为"

工具栏：标准→保存█或快速访问→保存█

快捷键：Ctrl+S

操作步骤

执行上述操作后，若文件已命名，则 AutoCAD 自动保存文件；若文件未命名，则系统弹出"图形另存为"对话框（见图 1-32），用户可以在其中设置文件名称并保存文件。❶在"保存于"下拉列表中可

以指定文件的保存路径，❷在"文件类型"下拉列表中可以指定文件的保存类型。

图1-32 "图形另存为"对话框

为了防止意外操作或计算机系统故障导致正在绘制的图形文件丢失，可以设置文件自动保存，步骤如下。

（1）利用系统变量 SAVEFILEPATH 设置所有"自动保存"文件的路径，如：D:\HU\。

（2）利用系统变量 SAVEFILE 存储"自动保存"文件名。该系统变量储存的文件是只读文件，用户可以从中查询自动保存的文件名。

（3）利用系统变量 SAVETIME 指定在使用"自动保存"功能时保存一次图形文件的时间。

1.5 基本输入操作

在 AutoCAD 中，有一些基本的输入操作方法。掌握这些基本方法是使用 AutoCAD 进行绘图的基础，也是深入学习 AutoCAD 的前提。

1.5.1 命令输入方式

使用 AutoCAD 交互绘图时必须输入必要的指令和参数。AutoCAD 命令的输入方式有很多种（以画直线为例）。

1. 在命令行输入命令

系统在执行命令时，命令行提示中经常会出现命令选项。如输入绘制直线的命令"LINE"后，命令行提示如下。

```
命令：LINE ✓
指定第一个点：（在屏幕上指定一点或输入一个点的
坐标）
指定下一点或 [ 放弃 (U)]：
```

选项中不带括号的提示为默认选项，因此可以

直接输入直线的起点坐标或在屏幕上指定一点为起点。如果要选择其他选项，则应该首先输入该选项的标识字符，如"放弃"选项的标识字符为"U"，然后按系统提示输入数据即可。注意，命令不区分大小写。在命令选项的后面有时候还带有尖括号，尖括号内的数值为默认数值。

2. 在命令行输入命令的缩写

如 L（Line）、C（Circle）、A（Arc）、Z（Zoom）、R（Redraw）、M（More）、CO（Copy）、PL（PLINE）、E（Erase）等。

3. 选择"绘图"菜单中的"直线"命令

选择菜单中的命令后，在命令行中可以看到对应的命令说明及命令名。

4. 选择工具栏中相应的工具

选择工具后，在命令行中也可以看到对应的命令说明及命令名。

5. 在绘图区中单击鼠标右键

如果用户要重复使用上次使用的命令，可以直接在绘图区中单击鼠标右键，在弹出的快捷菜单中重复调用上一个命令。

1.5.2 命令的重复、撤销、重做

1. 命令的重复

在命令行中按 <Enter> 键可重复调用上一个命令。

2. 命令的撤销

在命令执行的任何时刻都可以取消和终止命令的执行。

执行方式

命令行：UNDO

菜单栏："编辑"→"放弃"

工具栏：标准→放弃 ⇦ ▾或快速访问→放弃

⇦ ▾

快捷键：Esc

3. 命令的重做

可恢复上一个用 UNDO 或 U 命令放弃的效果。

执行方式

命令行：REDO（快捷命令：RE）

菜单栏："编辑"→"重做"

工具栏：标准→重做 ⇨ ▾或快速访问→重做

⇨ ▾

快捷键：Ctrl+Y

可以一次执行多次放弃或重做操作，单击 UNDO 或 REDO 列表的箭头，然后选择要放弃或重做的操作即可，如图 1-33 所示。

图1-33　多次放弃或重做

REDO 必须紧跟随在 U 命令之后。

1.5.3 坐标系

AutoCAD 采用两种坐标系：世界坐标系（WCS）与用户坐标系（UCS）。用户刚打开 AutoCAD 时的坐标系统是世界坐标系，是固定的坐标系统。世界坐标系也是坐标系统中的基准，在多数情况下都是在这个坐标系统下进行图形绘制的。

执行方式

命令行：UCS

菜单栏："工具"→"UCS"

AutoCAD 的模型空间和图纸空间适用不同的视图显示方式。模型空间使用单一视图显示，绘图时通常采用这种显示方式；图纸空间能够在绘图区创建图形的多个视图，用户可以对其中每一个视图进行单独操作。在默认情况下，当前 UCS 与 WCS 重合。在图 1-34 中，图 1-34（a）所示为模型空间下的 UCS 坐标系图标，通常位于绘图区左下角；也可以指定当前 UCS 坐标原点的位置，如图 1-34（b）所示；图 1-34（c）所示为图纸空间下的坐标系图标。

（a）　　　　　（b）　　　　　（c）

图1-34　坐标系图标

1.5.4 功能键和快捷键

在 AutoCAD 中，除了可以通过在命令行输入命令、单击工具栏中的按钮或选择菜单命令来完成操作外，还可以使用键盘上的功能键或快捷键来快速实现某些操作，如按 <F1> 键，系统将调用 AutoCAD 帮助对话框。

系统使用 AutoCAD 传统标准（Windows 之前）或 Microsoft Windows 标准解释快捷键。AutoCAD 的一些菜单命令后面会给出其功能键和快捷键，如"粘贴"的快捷键为 <Ctrl+V>，用户只要在使用的过程中多加留意，就能熟练掌握。

1.6 上机实验

【实验 1】熟悉操作界面

1. 目的要求

通过本实验的操作练习，熟悉 AutoCAD 2023 的操作界面。

2. 操作提示

（1）启动 AutoCAD 2023，进入操作界面。

（2）调整操作界面的大小。

（3）设置操作界面的颜色。

（4）打开、移动、关闭工具栏和功能区。

（5）尝试分别利用命令行、菜单栏和功能区绘制一条线段。

【实验 2】管理图形文件

1. 目的要求

通过本实验的操作练习，掌握管理 AutoCAD 2023 图形文件的方法。

2. 操作提示

（1）启动 AutoCAD 2023，进入操作界面。

（2）打开一个已经保存过的图形文件。

（3）进行自动保存设置。

（4）将图形文件以新的名字保存。

（5）尝试在图形上绘制任意图形。

（6）关闭该图形文件。

（7）打开按新名字保存的图形文件。

【实验 3】数据输入

1. 目的要求

通过本实验的操作练习，掌握 AutoCAD 2023 数据输入的方法。

2. 操作提示

（1）在命令行输入"LINE"命令。

（2）输入起点的直角坐标方式下的绝对坐标值。

（3）输入下一点的直角坐标方式下的相对坐标值。

（4）输入下一点的极坐标方式下的绝对坐标值。

（5）输入下一点的极坐标方式下的相对坐标值。

（6）用鼠标直接指定下一点的位置。

（7）单击状态栏中的"正交"按钮，用鼠标拉出下一点的方向，在命令行中输入一个数值。

（8）按 <Enter> 键结束绘制线段的操作。

【实验 4】用图形显示工具查看零件图的细节部分

1. 目的要求

本实验给出的零件图形比较复杂，如图 1-35 所示。为了绘制和查看零件图的局部或整体，需要用到图形显示工具。通过练习，读者可以熟练掌握图形显示工具的使用方法与技巧。

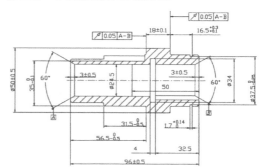

图 1-35 零件图

2. 操作提示

（1）利用"平移"工具查看图形的各个部分。

（2）利用"缩放"工具栏中的各种缩放工具对图形进行缩放。

第 2 章

简单二维绘制命令

二维图形是指在二维空间绘制的图形，主要由点、直线、圆弧、圆、椭圆、矩形、多边形、多段线、样条曲线、多线等图形元素组成。AutoCAD 提供了大量的绘图工具，可以帮助用户完成二维图形的绘制。

重点与难点

- ➲ 直线类命令
- ➲ 圆类命令
- ➲ 其他平面图形类命令
- ➲ 点类命令

2.1 直线类命令

直线类命令包括"直线""构造线"等命令，这几个命令是 AutoCAD 中较简单的绘图命令。

2.1.1 直线

执行方式

命令行：LINE（快捷命令：L）

菜单栏："绘图"→"直线"

工具栏：单击"绘图"工具栏中的"直线"按钮 /

功能区：单击"默认"选项卡"绘图"面板中的"直线"按钮 /

操作步骤

命令行提示如下。

```
命令：LINE ↙
指定第一个点：（输入直线段的起点坐标或在绘图区单击指定点）
指定下一点或 [ 放弃 (U) ]：（输入直线段的端点坐标，或通过单击指定一定角度后，直接输入直线段的长度）
指定下一点或 [ 放弃 (U) ]：（输入下一直线段的端点，或输入"U"放弃前面的输入；单击鼠标右键或按 <Enter> 键，结束命令）
指定下一点或 [ 闭合 (C) / 放弃 (U) ]：（输入下一直线段的端点，或输入"C"使图形闭合，结束命令）
```

选项说明

（1）输入点的坐标时，数值之间的逗号一定要在英文状态下输入，否则会出现错误。

（2）若按 <Enter> 键出现"指定第一个点"提示，系统会把上次绘制的终点作为本次绘制的起始点。若上次操作为绘制圆弧，按 <Enter> 键后则会绘制出通过圆弧终点并与该圆弧相切的直线段，该线段的长度为在绘图区指定的一点与切点之间的距离。

（3）在"指定下一点"提示下，用户可以指定多个端点，从而绘出多条直线段。每一条直线段都是一个独立的对象，可以进行单独的编辑操作。

（4）绘制两条以上直线段后，若输入"C"来响应"指定下一点"提示，系统会自动连接起始点和最后一个端点，从而绘制出封闭的图形。

（5）若输入"U"来响应提示，则删除最近一次绘制的直线段。

（6）若设置正交方式（单击状态栏中的"正交模式"按钮 ），则只能绘制水平线段或垂直线段。

（7）若设置动态数据输入方式（单击状态栏中的"动态输入"按钮 ），则可以动态输入坐标或长度值，效果与非动态数据输入方式类似。除了特别需要，以后不再强调，本书默认按非动态数据输入方式输入相关数据。

实例教学

下面以图 2-1 所示的五角星为例，简要介绍"直线"命令的使用方法。

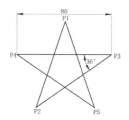

图 2-1 五角星

STEP 绘制步骤

单击状态栏中的"动态输入"按钮 ，关闭动态输入，单击"默认"选项卡"绘图"面板中的"直线"按钮 /，命令行提示如下。

```
命令：LINE ↙
指定第一个点：120,120 ↙（在命令行中输入
"120,120"（即P1点的坐标）后按<Enter> 键，系
统继续提示，用相似方法输入五角星的各个顶点）
指定下一点或 [ 放弃 (U) ]：@80<252 ↙（P2 点）
指定下一点或 [ 放弃 (U) ]：159.091, 90.870 ↙
（P3点，也可以输入相对坐标"@80<36"）
指定下一点或 [ 闭合 (C) / 放弃 (U) ]：@80,0 ↙
（错位的 P4 点）
指定下一点或 [ 闭合 (C) / 放弃 (U) ]：U ↙（取
消错位的 P4 点的输入）
指定下一点或 [ 闭合 (C) / 放弃 (U) ]：@-80,0 ↙
（P4 点）
指定下一点或 [ 闭合 (C) / 放弃 (U) ] ：144.721,
43.916 ↙（P5 点，也可以输入相对坐标"@80<-36"）
指定下一点或 [ 闭合 (C) / 放弃 (U) ]：C ↙
```

2.1.2 数据的输入方法

在 AutoCAD 中，点的坐标可以用直角坐标、极坐标、球面坐标或柱面坐标表示，每一种坐标又分别有两种坐标输入方式：绝对坐标和相对坐标。其中，直角坐标和极坐标最为常用，下面主要介绍它们的输入方法。

（1）直角坐标法。用点的 X、Y 坐标值表示的坐标。

在绝对坐标输入方式下，如输入"15,18"，表示坐标值 X、Y 分别为 15、18 的点。该点的坐标值是相对于当前坐标原点的坐标值，如图 2-2（a）所示。在相对坐标输入方式下，输入"@10,20"，表示该点的坐标值是相对于前一点的坐标值，如图 2-2（b）所示。

（2）极坐标法。用长度和角度表示的坐标，只能用来表示二维点。

在绝对坐标输入方式下，坐标表示为"长度<角度"，如"25<50"，其中长度为该点到坐标原点的距离，角度为该点至原点的连线与 X 轴正向的夹角，如图 2-2（c）所示。

在相对坐标输入方式下，坐标表示为"@ 长度<角度"，如"@25<45"，其中长度为该点到前一点的距离，角度为该点至前一点的连线与 X 轴正向的夹角，如图 2-2（d）所示。

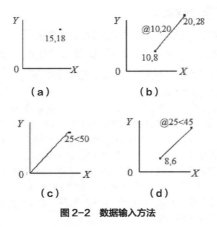

图2-2 数据输入方法

（3）动态数据输入。单击状态栏中的"动态输入"按钮，系统将开启动态输入功能（如果不需要动态输入功能，可再次单击"动态输入"按钮，关闭动态输入功能）。可以直接动态地输入坐标值或长度值。例如，在绘制直线时，十字光标附近会动态

地显示"指定第一个点"及后面的坐标文本框，当前坐标文本框中显示的是十字光标所在的位置，可以输入数据，两个数据之间以逗号隔开，如图 2-3 所示。指定第一点后，系统将动态地显示直线的角度，同时要求输入线段长度值，如图 2-4 所示，其效果与"@ 长度<角度"方式相同。

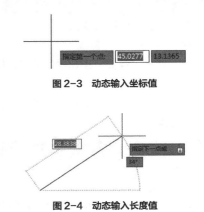

图2-3 动态输入坐标值

图2-4 动态输入长度值

下面分别讲述点与距离值的输入方法。

（1）点的输入。在绘图过程中 AutoCAD 提供了以下几种输入点的方式。

① 直接在命令行中输入点的坐标，直角坐标法和极坐标法的使用如前文所述，这里不再详述。

> **提示** 第二个点和后续点默认为相对极坐标，不需要输入"@"符号。如果需要使用绝对坐标，请使用"#"符号作为前缀。例如，要定位到原点，可输入"#0,0"。

② 用鼠标单击的方式直接确定点的位置。

③ 用目标捕捉方式捕捉屏幕上已有图形的特殊点（如端点、中点、交点、切点、垂足等）。

④ 直接输入距离。先用十字光标拖出橡筋线确定方向，然后用键盘输入距离。这样有利于准确控制对象的长度等参数。

（2）距离值的输入。在 AutoCAD 命令中，有时需要提供高度、宽度、半径、长度等距离值。AutoCAD 提供了两种输入距离值的方式：一种是用键盘在命令行中直接输入数值；另一种是在屏幕上拾取两点，以两点的距离值确定所需数值。

实例教学

下面以图 2-5 所示的五角星为例（同图 2-1），

逐步详细介绍"直线"命令的使用方法。

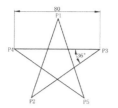

图 2-5　五角星

STEP **绘制步骤**

❶ 系统默认打开动态输入功能，如果动态输入功能没有打开，可以单击状态栏中的"动态输入"按钮 🔚 。单击"默认"选项卡"绘图"面板中的"直线"按钮 ╱，在坐标文本框中输入第一个点的坐标为"120,120"，如图 2-6 所示，按 <Enter> 键确定 P1 点。

图 2-6　确定 P1 点

❷ 拖动鼠标，然后在坐标文本框中输入长度为"80"，按 <Tab> 键切换到角度文本框，输入角度为"108"，如图 2-7 所示，按 <Enter>键确定 P2 点。

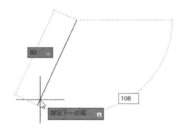

图 2-7　确定 P2 点

❸ 拖动鼠标，然后在坐标文本框中输入长度为"80"，按 <Tab> 键切换到角度文本框，输入角度为"36"，如图 2-8 所示，按 <Enter> 键确定P3 点。也可以输入绝对坐标"#160,90.938"，如图 2-9 所示，按 <Enter> 键确定 P3 点。

❹ 拖动鼠标，然后在坐标文本框中输入长度为"80"，按 <Tab> 键切换到角度文本框，输入角度为"180"，如图 2-10 所示，按 <Enter>

键确定 P4 点。

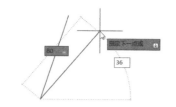

图 2-8　确定 P3 点

图 2-9　确定 P3 点（绝对坐标方式）

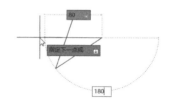

图 2-10　确定 P4 点

❺ 拖动鼠标，然后在坐标文本框中输入长度为"80"，按 <Tab> 键切换到角度文本框，输入角度为"36"，如图 2-11 所示，按 <Enter> 键确定 P5 点。也可以输入绝对坐标"#144.721,43.916"，如图 2-12 所示，按 <Enter> 键确定 P5 点。

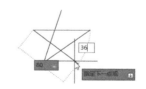

图 2-11　确定 P5 点

图 2-12　确定 P5 点（绝对坐标方式）

❻ 拖动鼠标，直接捕捉 P1 点，完成绘制。也可以输入长度为"80"，按 <Tab> 键切换到角度文本框，输入角度为"108"，完成绘制。最后完成图形如图 2-13 所示。

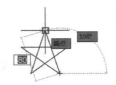

图 2-13　完成绘制

2.1.3 构造线

执行方式

命令行：XLINE（快捷命令：XL）

菜单栏："绘图"→"构造线"

工具栏：单击"绘图"工具栏中的"构造线"按钮✓

功能区：单击"默认"选项卡"绘图"面板中的"构造线"按钮✓

操作步骤

命令行提示如下。

```
命令：XLINE ✓
指定点或 [ 水平 (H)/ 垂直 (V)/ 角度 (A)/
二等分 (B)/ 偏移 (O)]：(指定起点 1)
指定通过点：(指定通过点 2,绘制一条双向无限长直线)
指定通过点：(继续指定点,继续绘制直线,按
<Enter> 键结束命令)
```

选项说明

执行选项中有"指定点""水平""垂直""角

度""二等分""偏移"6 种绘制构造线的方式，分别如图 2-14（a）～（f）所示。

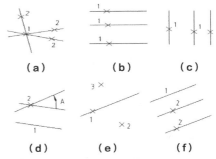

（a）	（b）	（c）

（d）	（e）	（f）

图 2-14　绘制构造线的方式

 注意　构造线类似手工作图中的辅助作图线，以特殊的线型显示，在输出图形时可不输出。

应用构造线作为辅助线绘制机械图中的三视图是构造线的主要用途。构造线的应用保证了三视图之间"主、俯视图长对正，主、左视图高平齐，俯、左视图宽相等"的对应关系。应用构造线作为辅助线绘制机械图中的三视图的示例，如图 2-15 所示。图中细线为构造线，粗线为三视图轮廓线。

图 2-15　构造线辅助绘制三视图

2.2 圆类命令

圆类命令主要包括"圆""圆弧""圆环""椭圆""椭圆弧"命令，这几个命令是 AutoCAD 中较简单的曲线命令。

2.2.1 圆

执行方式

命令行：CIRCLE（快捷命令：C）

菜单栏："绘图"→"圆"

工具栏：单击"绘图"工具栏中的"圆"按钮⊙

功能区：单击"默认"选项卡"绘图"面板中的"圆"按钮⊙

操作步骤

命令行提示如下。

```
命令：CIRCLE ✓
指定圆的圆心或 [ 三点 (3P)/ 两点 (2P)/ 切点、
切点、半径 (T)]：(指定圆心)
指定圆的半径或 [ 直径 (D)]：(直接输入半径值或
在绘图区单击指定半径长度,输入"D"可切换为直
径,按<Enter> 键确认)
指定圆的直径 < 默认值 >：(输入直径值或在绘图
区单击指定直径长度)
```

选项说明

（1）三点（3P）：通过指定圆周上 3 点绘制圆。

（2）两点（2P）：通过指定直径的两端点绘制圆。

（3）切点、切点、半径（T）：通过先指定两个相切对象，再给出半径的方法绘制圆。图 2-16 展示了以"切点、切点、半径"方式绘制圆的情形（加粗的圆为最后绘制的圆）。

图 2-16 圆与另外两个对象相切

选择菜单栏中的"绘图"→"圆"命令，其子菜单中还有"相切、相切、相切"命令（见图 2-17），当选择此命令后，命令行提示如下。

> 指定圆上的第一个点：_tan 到（单击相切的第一个圆弧）
> 指定圆上的第二个点：_tan 到（单击相切的第二个圆弧）
> 指定圆上的第三个点：_tan 到（单击相切的第三个圆弧）

 注意   对于圆心点，除了可直接输入圆心点的坐标外，还可以利用圆心点与中心线的对应关系，以对象捕捉的方法获取。单击状态栏中的"对象捕捉"按钮，命令行会提示"命令 :< 对象捕捉 开 >"。

图 2-17 "相切、相切、相切"命令

 实例教学

下面以图 2-18 所示的哈哈猪为例，介绍"圆"命令的使用方法。

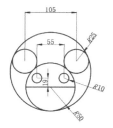

图 2-18 哈哈猪

STEP 绘制步骤

❶ 单击"默认"选项卡"绘图"面板中的"圆"按钮⊙，绘制圆。绘制哈哈猪的两个眼睛，命令行提示如下。

> 命令：CIRCLE ✓（输入绘制圆的命令）
> 指定圆的圆心或 [三点(3P)/两点(2P)/切点、切点、半径(T)]：200,200 ✓（输入左边小圆圆心的坐标）
> 指定圆的半径或 [直径(D)] <75.3197>：25 ✓（输入圆的半径）
> 命令：C ✓（输入绘制圆的快捷命令）
> 指定圆的圆心或 [三点(3P)/两点(2P)/切点、切点、半径(T)]：2P✓（两点方式绘制右边小圆）
> 指定圆直径的第一个端点：280,200 ✓（输入圆直径左端点的坐标）
> 指定圆直径的第二个端点：330,200 ✓（输入圆直径右端点的坐标）

绘制结果如图 2-19 所示。

图 2-19 哈哈猪的眼睛

❷ 单击"默认"选项卡"绘图"面板中的"圆"按钮⊙，以"切点、切点、半径"方式捕捉两个眼睛的切点，绘制半径为"50"的圆。命令行提示如下。

> 命令：CIRCLE ✓（按 <Enter> 键，或单击鼠标右键，继续执行绘制圆命令）
> 指定圆的圆心或 [三点(3P)/两点(2P)/切点、切点、半径(T)]：T ✓（以"切点、切点、半径"方式绘制中间的圆，并自动打开"切点"捕捉功能）
> 指定对象与圆的第一个切点：（捕捉左边小圆的切点）
> 指定对象与圆的第二个切点：（捕捉右边小圆的切点）
> 指定圆的半径 <25.0000>：50（输入圆的半径）

绘制结果如图 2-20 所示。

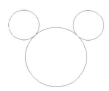

图 2-20 绘制圆

❸ 选择菜单栏中的"绘图"→"圆"→"相切、相切、相切"命令，分别捕捉 3 个圆的切点，绘制圆。绘制哈哈猪的头部，命令行提示如下。

命令：_circle
指定圆的圆心或 [三点 (3P)/ 两点 (2P)/ 切点、切点、半径 (T)]：_3p
指定圆上的第一个点：_tan 到（捕捉左边小圆的切点）
指定圆上的第二个点：_tan 到（捕捉右边小圆的切点）
指定圆上的第三个点：_tan 到（捕捉中间大圆的切点）

绘制结果如图 2-21 所示。

图 2-21 哈哈猪的头部

❹ 单击"默认"选项卡"绘图"面板中的"直线"按钮／，绘制哈哈猪的嘴巴。命令行提示如下。

命令：_line
指定第一个点：（指定第 2 步所绘的圆直径的左端点）
指定下一点或 [放弃 (U)]：（指定第 2 步所绘的圆直径的右端点）
指定下一点或 [放弃 (U)]：✓

绘制结果如图 2-22 所示。

图 2-22 哈哈猪的嘴巴

❺ 单击"默认"选项卡"绘图"面板中的"圆"按钮⊙，绘制哈哈猪的鼻子。命令行提示如下。

命令：_circle
指定圆的圆心或 [三点 (3P)/ 两点 (2P)/ 切点、切点、半径 (T)]：225, 165 ✓
指定圆的半径或 [直径 (D)] <10.0000>：D ✓
指定圆的直径 <10.0000>：20 ✓
命令：_circle
指定圆的圆心或 [三点 (3P)/ 两点 (2P)/ 切点、切点、半径 (T)]：280, 165 ✓
指定圆的半径或 [直径 (D)] <10.0000>：D ✓
指定圆的直径 <10.0000>：20 ✓

2.2.2 | 圆弧

执行方式

命令行：ARC（快捷命令：A）

菜单栏："绘图"→"圆弧"

工具栏：单击"绘图"工具栏中的"圆弧"按钮／

功能区：单击"默认"选项卡"绘图"面板中的"圆弧"按钮／

操作步骤

命令行提示如下。

命令：ARC ✓
指定圆弧的起点或 [圆心 (C)]：（指定起点）
指定圆弧的第二个点或 [圆心 (C)/ 端点 (E)]：（指定第二个点）
指定圆弧的端点 ：（指定端点）

选项说明

（1）用命令行方式绘制圆弧时，可以根据系统提示单击不同的选项，具体功能和菜单栏中的"绘图"→"圆弧"子菜单提供的 11 种方式相似。采用这 11 种方式绘制的圆弧分别如图 2-23（a）～（k）所示。

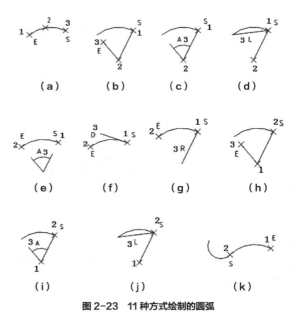

图 2-23 11 种方式绘制的圆弧

（2）需要强调的是，采用"继续"方式绘制的圆弧与上一段圆弧相切。继续绘制圆弧段时，只提供端点即可。

 注意 圆弧凸度的方向是遵循逆时针方向的，由指定其端点的顺序决定，所以在单击指定圆弧的两个端点和半径时，需要注意端点的指定顺序，否则有可能导致圆弧凸度的方向与预期的相反。

实例教学

下面以图 2-24 所示的椅子为例，介绍"圆弧"命令的使用方法。

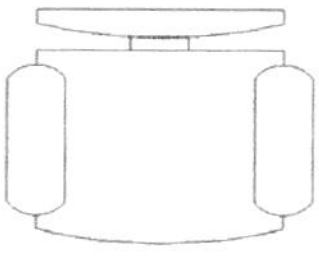

图 2-24　椅子

STEP 绘制步骤

❶ 单击"默认"选项卡"绘图"面板中的"直线"按钮／，绘制初步轮廓。结果如图 2-25 所示。

图 2-25　初步轮廓

❷ 单击"默认"选项卡"绘图"面板中的"圆弧"按钮／，绘制圆弧。命令行提示如下。

命令：_arc
指定圆弧的起点或 [圆心 (C)]：(用鼠标指定左上方竖线段端点)
指定圆弧的第二个点或 [圆心 (C)/ 端点 (E)]：(用鼠标在上方两竖线段正中间指定一点)
指定圆弧的端点 ：(用鼠标指定右上方竖线段端点)

绘制结果如图 2-26 所示。

图 2-26　绘制圆弧（1）

❸ 单击"默认"选项卡"绘图"面板中的"直线"按钮／，绘制线段。命令行提示如下。

命令：_line
指定第一个点 ：(用鼠标在圆弧上指定一点)
指定下一点或 [放弃 (U)]：(在垂直方向上用鼠标在中间水平线段上指定一点)
指定下一点或 [放弃 (U)]：(使用同样方法在圆弧上指定一点为起点，向下绘制另一条竖线段)

绘制结果如图 2-27 所示。

图 2-27　绘制线段（1）

再以中间水平线段的端点为起点，分别向下绘制两条长度适当的竖直线段。单击"默认"选项卡"绘图"面板中的"直线"按钮／，命令行提示如下。

命令：_line
指定第一个点：(用鼠标指定中间水平线段的左端点)
指定下一点或 [放弃 (U)]：(在垂直方向上用鼠标指定一点)
指定下一点或 [放弃 (U)]：✓

绘制结果如图 2-28 所示。

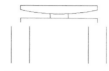

图 2-28　绘制线段（2）

❹ 单击"默认"选项卡"绘图"面板中的"圆弧"按钮／，绘制扶手位置的圆弧。命令行提示如下。

命令：_arc
指定圆弧的起点或 [圆心 (C)]：(用鼠标指定左边第一条竖线段上端点)
指定圆弧的第二个点或 [圆心 (C)/ 端点 (E)]：(用鼠标指定上面刚绘制的竖直线段的下端点)
指定圆弧的端点 ：(用鼠标指定左下方第二条竖线段上端点)

绘制结果如图 2-29 所示。

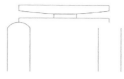

图 2-29　绘制圆弧（2）

❺ 单击"默认"选项卡"绘图"面板中的"圆弧"按钮／，以同样的方法绘制扶手处的其他圆弧，如图 2-30 所示。

❻ 单击"默认"选项卡"绘图"面板中的"直线"按钮／，以扶手下侧圆弧的中点为起点绘制长度适当的竖直线段，如图 2-31 所示。

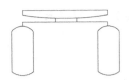

图 2-30　绘制其他圆弧

图 2-31　绘制竖直线段

❼ 单击"默认"选项卡"绘图"面板中的"圆弧"按钮，以上一步绘制的两条竖直线段的下端点为圆弧的端点，绘制圆弧，最后完成的图形如图 2-24 所示。

2.2.3 圆环

执行方式

命令行：DONUT（快捷命令：DO）

菜单栏："绘图"→"圆环"

功能区：单击"默认"选项卡"绘图"面板中的"圆环"按钮◎

操作步骤

命令行提示如下。

命令 : DONUT ✓
指定圆环的内径 < 默认值 >：（指定圆环内径）
指定圆环的外径 < 默认值 >：（指定圆环外径）
指定圆环的中心点或 < 退出 >：（指定圆环的中心点）
指定圆环的中心点或 < 退出 >：（若继续指定圆环的中心点，则继续绘制内外径相同的圆环）

按 <Enter> 键、<Space> 键或单击鼠标右键结束命令，如图 2-32（a）所示。

选项说明

（1）若指定内径为零，则画出实心填充圆，如图 2-32（b）所示。

（2）用命令"FILL"可以控制圆环是否填充，具体方法如下。

命令 : FILL ✓
输入模式 [开(ON)/ 关(OFF)] < 开 >：（单击"开"表示填充，单击"关"表示不填充，如图 2-32（c）所示）

（a）　　　　（b）　　　　（c）

图 2-32　绘制圆环

2.2.4 椭圆与椭圆弧

执行方式

命令行：ELLIPSE（快捷命令：EL）

菜单栏："绘图"→"椭圆"→"圆心""轴，端点"或"圆弧"

工具栏：单击"绘图"工具栏中的"椭圆"按钮◯或"椭圆弧"按钮⌒

功能区：单击"默认"选项卡"绘图"面板中的"圆心"按钮⊙、"轴，端点"按钮◯或"椭圆弧"按钮⌒

操作步骤

命令行提示如下。

命令 : ELLIPSE ✓
指定椭圆的轴端点或 [圆弧 (A)/ 中心点 (C)]：（指定轴端点 1，如图 2-33（a）所示）
指定轴的另一个端点：（指定轴端点 2，如图 2-33（a）所示）
指定另一条半轴长度或 [旋转 (R)]：

选项说明

（1）指定椭圆的轴端点：根据两个端点定义椭圆的第一条轴，第一条轴的角度确定了整个椭圆的角度。第一条轴既可为椭圆的长轴，也可为短轴。

（2）圆弧（A）：用于创建一段椭圆弧，与"单击'绘图'工具栏中的'椭圆弧'按钮⌒"作用相同。其中第一条轴的角度确定了椭圆弧的角度。第一条轴既可为椭圆弧的长轴，也可为短轴。单击该选项，命令行提示如下。

指定椭圆弧的轴端点或 [中心点 (C)]：（指定端点或输入"C"）
指定轴的另一个端点 ：（指定另一端点）
指定另一条半轴长度或 [旋转 (R)]：（指定另一条半轴长度或输入"R"）
指定起点角度或 [参数 (P)]：（指定起点角度或输入"P"）
指定端点角度或 [参数 (P)/ 夹角 (I)]：

其中各选项含义如下。

① 起点角度：指定椭圆弧端点的两种方式之一，十字光标到椭圆中心点的连线与水平线的夹角为椭圆端点位置的角度，如图 2-33（b）所示。

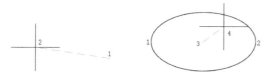

（a）椭圆　　　　　　（b）椭圆弧

图 2-33　椭圆和椭圆弧

② 参数（P）：指定椭圆弧端点的另一种方式，该方式同样用于指定椭圆弧端点的角度，可以通过以下矢量参数方程式创建椭圆弧。

$$p(u)=c+a \times \cos(u)+b \times \sin(u)$$

其中，c 是椭圆的中心点，a 和 b 分别是椭圆的长半轴和短半轴，u 为十字光标到椭圆中心点的连线与水平线的夹角。

③ 夹角（I）：定义从起点角度开始的包含角度。

④ 中心点（C）：通过指定的中心点创建椭圆。

⑤ 旋转（R）：通过绕第一条轴旋转圆来创建椭圆。得到的椭圆相当于一个圆绕椭圆轴翻转一定角度后的投影视图。

> **注意** 　"椭圆"命令生成的椭圆是以多段线还是椭圆为实体，是由系统变量 PELLIPSE 决定的。例如，当其为 1 时，生成的椭圆就以多段线为实体。

 实例教学

下面以图 2-34 所示的浴室洗脸盆为例，介绍"椭圆"命令与"椭圆弧"命令的使用方法。

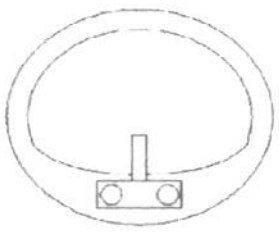

图 2-34　浴室洗脸盆

STEP **绘制步骤**

❶ 单击"默认"选项卡"绘图"面板中的"直线"按钮／，绘制水龙头轮廓，绘制结果如图 2-35 所示。

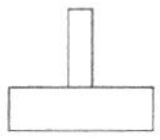

图 2-35　绘制水龙头轮廓

❷ 单击"默认"选项卡"绘图"面板中的"圆"按钮⊙，绘制两个水龙头旋钮，绘制结果如图 2-36 所示。

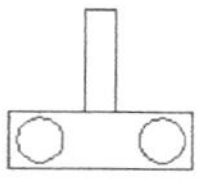

图 2-36　绘制水龙头旋钮

❸ 单击"默认"选项卡"绘图"面板中的"轴，端点"按钮⊙，绘制洗脸盆外沿，命令行提示如下。

```
命令：_ellipse
指定椭圆的轴端点或 [ 圆弧 (A)/ 中心点 (C)]：
（指定椭圆轴端点）
指定轴的另一个端点：（指定另一端点）
指定另一条半轴长度或 [ 旋转 (R)]：（在绘图区拉出另一半轴长度）
```

绘制结果如图 2-37 所示。

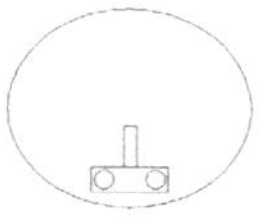

图 2-37　绘制洗脸盆外沿

❹ 单击"默认"选项卡"绘图"面板中的"椭圆弧"按钮⊙，绘制洗脸盆部分内沿，命令行提示如下。

```
命令：_ellipse
指定椭圆的轴端点或 [ 圆弧 (A)/ 中心点 (C)]：A ✓
指定椭圆弧的轴端点或 [ 中心点 (C)]：C ✓
指定椭圆弧的中心点：（单击状态栏中的"对象捕捉"按钮，捕捉绘制椭圆中心点）
指定轴的端点：（适当指定一点）
指定另一条半轴长度或 [ 旋转 (R)]：R ✓
指定绕长轴旋转的角度：（在绘图区指定椭圆轴端点）
指定起点角度或 [ 参数 (P)]：（在绘图区拉出起点角度）
指定端点角度或 [ 参数 (P)/ 夹角 (I)]：（在绘图区拉出端点角度）
```

绘制结果如图 2-38 所示。

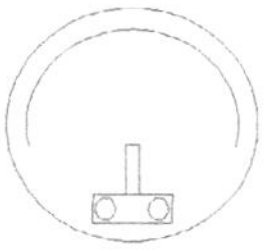

图 2-38　绘制洗脸盆部分内沿

❺ 单击"默认"选项卡"绘图"面板中的"圆弧"按钮／，绘制洗脸盆内沿的剩余部分，最终绘制结果如图 2-34 所示。

2.3 其他平面图形类命令

2.3.1 矩形

执行方式

命令行：RECTANG（快捷命令：REC）

菜单栏："绘图"→"矩形"

工具栏：单击"绘图"工具栏中的"矩形"按钮▢

功能区：单击"默认"选项卡"绘图"面板中的"矩形"按钮▢

操作步骤

命令行提示如下。

```
命令：RECTANG ↙
指定第一个角点或 [倒角(C)/标高(E)/圆角
(F)/厚度(T)/宽度(W)]：（指定角点）
指定另一个角点或 [面积(A)/尺寸(D)/旋转(R)]：
```

选项说明

（1）第一个角点：通过指定两个角点确定矩形，如图 2-39（a）所示。

（2）倒角（C）：指定倒角距离，绘制带倒角的矩形，如图 2-39（b）所示。每一个角点的逆时针和顺时针方向的倒角可以相同，也可以不同，其中第一个倒角距离是指角点逆时针方向倒角距离，第二个倒角距离是指角点顺时针方向倒角距离。

（3）标高（E）：指定矩形标高（Z 坐标），即把矩形放置在标高为 Z 并与 XOY 坐标面平行的平面上，并该标高值作为后续矩形的标高值。

（4）圆角（F）：指定圆角半径，绘制带圆角的矩形，如图 2-39（c）所示。

（5）厚度（T）：指定矩形的厚度，如图 2-39（d）所示。

（6）宽度（W）：指定矩形的线宽，如图 2-39（e）所示。

（7）面积（A）：以指定面积和长度（或宽度）创建矩形。单击该选项，命令行提示如下。

```
输入以当前单位计算的矩形面积 <20.0000>：（输入面积值）
计算矩形标注时依据 [长度(L)/宽度(W)]
<长度>：（按 <Enter> 键或输入"W"）
输入矩形长度 <4.0000>：（指定长度或宽度）
```

指定长度或宽度后，系统会自动计算另一个维度，绘制出矩形。如果矩形需要倒角或圆角，则计算中也会考虑此设置，如图 2-40 所示。

面积：20 宽度：6 倒角距离（1,1） 面积：20 长度：6 圆角半径：1.0

图 2-40　按面积绘制矩形

（8）尺寸（D）：指定长和宽创建矩形，第二个指定点用于将矩形定位在与第一角点相关的 4 个位置之一。

（9）旋转（R）：使所绘制的矩形旋转一定角度。单击该选项，命令行提示如下。

```
指定旋转角度或 [拾取点(P)] <135>：（指定角度）
指定另一个角点或 [面积(A)/尺寸(D)/旋转
(R)]：（指定另一个角点或单击其他选项）
```

指定旋转角度后，系统将按指定角度绘制矩形，如图 2-41 所示。

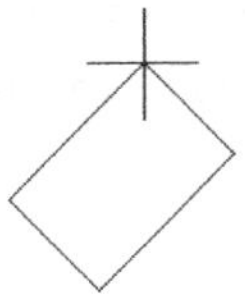

图 2-41　按指定旋转角度绘制矩形

✍ 实例教学

下面以图 2-42 所示的方头平键为例，介绍矩形命令的使用方法。

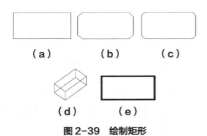

（a）　　（b）　　（c）

（d）　　（e）

图 2-39　绘制矩形

图 2-42　方头平键

STEP 绘制步骤

❶ 单击"默认"选项卡"绘图"面板中的"矩形"
按钮 □，绘制主视图外形，命令行提示如下。

```
命令 : _rectang
指定第一个角点或 [ 倒角 (C)/ 标高 (E)/ 圆角
(F)/ 厚度 (T)/ 宽度 (W)]: 0,30 ✓
指定另一个角点或 [ 面积 (A)/ 尺寸 (D)/ 旋转
(R)]: @100,11 ✓
```
绘制结果如图 2-43 所示。

图 2-43　绘制主视图外形

❷ 单击"默认"选项卡"绘图"面板中的"直线"
按钮 ╱，绘制主视图的两条棱线。一条棱线端点
的坐标值为（0,32）和（@100,0），另一条棱
线端点的坐标值为（0,39）和（@100,0），绘
制结果如图 2-44 所示。

图 2-44　绘制主视图的两条棱线

❸ 单击"默认"选项卡"绘图"面板中的"构造线"
按钮 ╱，绘制竖直构造线，命令行提示如下。

```
命令 : _xline
指定点或 [ 水平 (H)/ 垂直 (V)/ 角度 (A)/ 二
等分 (B)/ 偏移 (O)]:(指定主视图左边竖线上一点)
指定通过点 :(在竖直方向上指定一点)
指定通过点 : ✓
```
采用同样的方法绘制右边的竖直构造线，绘制
结果如图 2-45 所示。

图 2-45　绘制竖直构造线

❹ 单击"默认"选项卡"绘图"面板中的"矩形"
按钮 □，绘制俯视图，命令行提示如下。

```
命令 : _rectang
指定第一个角点或 [ 倒角 (C)/ 标高 (E)/ 圆角
(F)/ 厚度 (T)/ 宽度 (W)]: 0,18 ✓
指定另一个角点或 [ 面积 (A)/ 尺寸 (D)/ 旋转
(R)]: @100,-18 ✓
```

❺ 单击"默认"选项卡"绘图"面板中的"直线"
按钮 ╱，接着绘制俯视图的两条直线，端点分别
为（0,2）和（@100,0）、（0,16）和（@100,0），
绘制结果如图 2-46 所示。

❻ 单击"默认"选项卡"绘图"面板中的"构造线"
按钮 ╱，绘制左视图构造线，命令行提示如下。

图 2-46　绘制俯视图

```
命令 : _xline
指定点或 [ 水平 (H)/ 垂直 (V)/ 角度 (A)/
二等分 (B)/ 偏移 (O)]: H ✓
指定通过点 :（指定主视图上右上端点）
指定通过点 :（指定主视图上右下端点）
指定通过点 :（指定俯视图上右上端点）
指定通过点 :（指定俯视图上右下端点）
指定通过点 : ✓
命令 : ✓（按 <Enter> 键或 <Space> 键表示重复
绘制构造线命令）
指定点或 [ 水平 (H)/ 垂直 (V)/ 角度 (A)/
二等分 (B)/ 偏移 (O)]: A ✓
输入构造线的角度 (0) 或 [ 参照 (R)]: -45 ✓
指定通过点 :（任意指定一点）
指定通过点 : ✓
命令 : ✓
指定点或 [ 水平 (H)/ 垂直 (V)/ 角度 (A)/
二等分 (B)/ 偏移 (O)]: V ✓
指定通过点 :（指定斜线与向下数第 3 条水平线的交点）
指定通过点 :（指定斜线与向下数第 4 条水平线的交点）
```
绘制结果如图 2-47 所示。

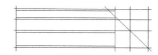

图 2-47　绘制左视图构造线

❼ 单击"默认"选项卡"绘图"面板中的"矩形"
按钮 □，根据构造线网格绘制左视图，设置矩
形两个倒角的距离为"2"，命令行提示如下。

```
命令 : _rectang
指定第一个角点或 [ 倒角 (C)/ 标高 (E)/ 圆角
(F)/ 厚度 (T)/ 宽度 (W)]: C ✓
指定矩形的第一个倒角距离 <0.0000>: 2 ✓
指定矩形的第二个倒角距离 <2.0000>: ✓
指定第一个角点或 [ 倒角 (C)/ 标高 (E)/ 圆角
(F)/ 厚度 (T)/ 宽度 (W)]:（按构造线确定位置
指定一个角点）
指定另一个角点或 [ 面积 (A)/ 尺寸 (D)/ 旋转
(R)]:（按构造线确定位置指定另一个角点）
```
绘制结果如图 2-48 所示。

图 2-48　绘制左视图

⑧ 删除构造线，最终绘制结果如图 2-42 所示。

2.3.2 多边形

执行方式

命令行：POLYGON（快捷命令：POL）

菜单栏："绘图"→"多边形"

工具栏：单击"绘图"工具栏中的"多边形"按钮⬡

功能区：单击"默认"选项卡"绘图"面板中的"多边形"按钮⬡

操作步骤

命令行提示如下。

```
命令：POLYGON ✓
输入侧面数 <4>:（指定多边形的边数，默认值为 4）
指定正多边形的中心点或 [边 (E)]:（指定中心点）
输入选项 [内接于圆 (I)/外切于圆 (C)] <I>:
（指定是内接于圆或外切于圆）
指定圆的半径 ：（指定外接圆或内切圆的半径）
```

选项说明

（1）边（E）：单击该选项，只要指定多边形的一条边，系统就会按逆时针方向创建该正多边形，如图 2-49（a）所示。

（2）内接于圆（I）：单击该选项，绘制的多边形内接于圆，如图 2-49（b）所示。

（3）外切于圆（C）：单击该选项，绘制的多边形外切于圆，如图 2-49（c）所示。

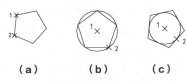

（a）　　　　（b）　　　　（c）

图 2-49　绘制正多边形

实例教学

下面以图 2-50 所示的螺母为例，介绍多边形命令的使用方法。

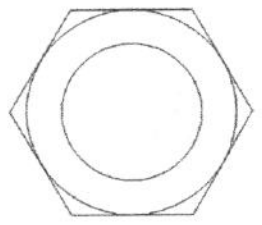

图 2-50　螺母

STEP 绘制步骤

❶ 单击"默认"选项卡"绘图"面板中的"圆"按钮⊙，以（150,150）为圆心，以"30"为半径绘制圆，结果如图 2-51 所示。

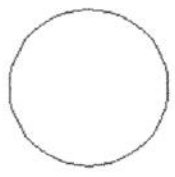

图 2-51　绘制圆

❷ 单击"默认"选项卡"绘图"面板中的"多边形"按钮⬡，绘制中心点为（150,150）、外切圆半径为"30"的多边形。命令行提示如下。

```
命令：_polygon
输入侧面数 <4>: 6 ✓
指定正多边形的中心点或 [边 (E)]: 150,150 ✓
输入选项 [内接于圆 (I)/外切于圆 (C)] <I>: c ✓
指定圆的半径 ：30 ✓
```

绘制结果如图 2-52 所示。

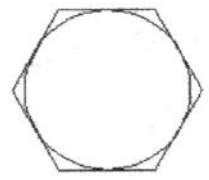

图 2-52　绘制正六边形

❸ 单击"默认"选项卡"绘图"面板中的"圆"按钮⊙，以（150,150）为圆心，以"20"为半径绘制另一个圆，结果如图 2-50 所示。

2.4 点类命令

点在 AutoCAD 中有多种表示方式，用户可以根据需要进行设置，也可以设置等分点和测量点。

2.4.1 点

执行方式

命令行：POINT（快捷命令：PO）

菜单栏："绘图"→"点"

工具栏：单击"绘图"工具栏中的"点"按钮∷

功能区：单击"默认"选项卡"绘图"面板中的"多点"按钮∷

操作步骤

命令行提示如下。

命令：POINT ✓
当前点模式 ：PDMODE=0 PDSIZE=0.0000
指定点 ：（指定点所在的位置）

选项说明

（1）通过菜单操作时（见图2-53），"单点"命令表示只输入一个点，"多点"命令表示可输入多个点。

图2-53 "点"子菜单

（2）单击状态栏中的"对象捕捉"按钮🗖，可以开启点捕捉模式，这种模式有助于用户单击点。

（3）点在图形中的表示样式共有20种。可通过"DDPTYPE"命令或选择菜单栏中的"格式"→"点样式"命令，在打开的"点样式"对话框中设置，如图2-54所示。

图2-54 "点样式"对话框

2.4.2 | 等分点

执行方式

命令行：DIVIDE（快捷命令：DIV）

菜单栏："绘图"→"点"→"定数等分"

功能区：单击"默认"选项卡"绘图"面板中的"定数等分"按钮

操作步骤

命令行提示如下。

命令：DIVIDE ✓
选择要定数等分的对象 ：
输入线段数目或 ［ 块 (B)］：（指定实体的等分数）
图2-55（a）所示为绘制等分点的图形。

选项说明

（1）等分数目范围为 2 ～ 32767。

（2）在等分点处，按当前点样式设置画出等分点。

（3）单击"块（B）"选项后，将在等分点处插入指定的块。

2.4.3 | 测量点

执行方式

命令行：MEASURE（快捷命令：ME）

菜单栏："绘图"→"点"→"定距等分"

功能区：单击"默认"选项卡"绘图"面板中的"定距等分"按钮

操作步骤

命令行提示如下。

命令 ：MEASURE ✓
选择要定距等分的对象 ：（单击要设置测量点的实体）
指定线段长度或 ［ 块 (B)］：（指定分段长度）
图2-55（b）所示为绘制测量点的图形。

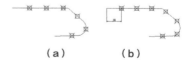

（a）　　　　（b）

图2-55 绘制等分点和测量点

选项说明

（1）设置的起点一般是指定线的绘制起点。

（2）单击"块（B）"选项后，将在测量点处插入指定的块。

（3）在等分点处，按当前点样式设置绘制测量点。

（4）最后一个测量段的长度不一定等于指定分段长度。

实例教学

下面以图2-56所示的楼梯为例，介绍"等分点"命令的使用方法。

图 2-56 楼梯

STEP 绘制步骤

❶ 单击"默认"选项卡"绘图"面板中的"直线"
按钮／，绘制墙体与扶手，如图 2-57 所示。

图 2-57 绘制墙体与扶手

❷ 单击"默认"选项卡"实用工具"面板中的"点
样式"按钮，在打开的"点样式"对话框中
选择"X"样式，如图 2-58 所示。

图 2-58 "点样式"对话框

❸ 单击"默认"选项卡"绘图"面板中的"定数等
分"按钮，以左边扶手的外面线段为对象绘
制等分点，等分点数目为 7，如图 2-59 所示。

图 2-59 绘制等分点

❹ 单击"默认"选项卡"绘图"面板中的"直线"
按钮／，以等分点为起点、以左边墙体上的点为
终点绘制水平线段，如图 2-60 所示。

图 2-60 绘制水平线段

❺ 单击"默认"选项卡"修改"面板中的"删除"
按钮，删除绘制的等分点，如图 2-61 所示。

图 2-61 删除等分点

❻ 用相同方法绘制另一侧楼梯，最终结果如图 2-56
所示。

2.5 综合演练——汽车的绘制

本实例绘制的汽车如图 2-62 所示。大致顺序是先绘制两个车轮，从而确定汽车的大体尺寸和位置；然后
绘制车体轮廓；最后绘制车窗。绘制过程中要用到"直线""圆""圆弧""圆环""矩形""多边形"等命令。

图 2-62 汽车

STEP 绘制步骤

❶ 绘制车轮。
（1）单击"默认"选项卡"绘图"面板中的"圆"

按钮，绘制圆。命令行提示如下。

```
命令：_circle
指定圆的圆心或 [ 三点 (3P)/ 两点 (2P)/ 切点、
切点、半径 (T)]：500,200 ↙
指定圆的半径或 [ 直径 (D)] <163.7959>：150 ↙
```

结果如图 2-63 所示。

图 2-63 绘制圆

（2）用同样的方法，绘制圆心坐标为（1500，200）、半径为"150"的另外一个圆，如图2-64所示。

图2-64　绘制另外一个圆

（3）选择菜单栏中的"绘图"→"圆环"命令，绘制两个圆环。命令行提示如下。

```
命令 : _donut
指定圆环的内径 <10.0000>: 30 ✓
指定圆环的外径 <80.0000>:100 ✓
指定圆环的中心点或 < 退出 >:500,200 ✓
指定圆环的中心点或 < 退出 >:1500,200 ✓
指定圆环的中心点或 < 退出 >: ✓
```

结果如图2-65所示。

图2-65　绘制车轮

❷ 绘制车体轮廓。

（1）单击"默认"选项卡"绘图"面板中的"直线"按钮╱，绘制一条线段。命令行提示如下。

```
命令 : _line
指定第一个点 : 50,200 ✓
指定下一点或 [ 放弃 (U)]: 350,200 ✓
指定下一点或 [ 放弃 (U)]: ✓
```

结果如图2-66所示。

图2-66　绘制线段（1）

（2）用同样的方法，绘制端点坐标分别为（650,200）和（1350,200）、（1650,200）和（2200,200）的两条线段，如图2-67所示，完成汽车底板的绘制。

图2-67　绘制线段（2）

（3）单击"默认"选项卡"绘图"面板中的"多段线"按钮╮，绘制多段线。命令行提示如下。

```
命令 : _pline
指定起点 : 50,200 ✓
当前线宽为 0.0000
指定下一个点或 [ 圆弧 (A)/ 半宽 (H)/ 长度 (L)/
放弃 (U)/ 宽度 (W)]: A ✓
```

```
指定圆弧的端点 (按住<Ctrl>键以切换方向) 或 [角度
(A)/ 圆心 (CE)/ 方向 (D)/ 半宽 (H)/ 直线 (L)/ 半径
(R)/ 第二个点 (S)/ 放弃 (U)/ 宽度 (W)]: S ✓
指定圆弧上的第二个点 : 0,380 ✓
指定圆弧的端点 : 50,550 ✓
指定圆弧的端点 (按住<Ctrl>键以切换方向) 或 [角度
(A)/ 圆心 (CE)/ 闭合 (CL)/ 方向 (D)/ 半宽 (H)/ 直线
(L)/ 半径 (R)/ 第二个点 (S)/ 放弃 (U)/ 宽度 (W)]: L ✓
指定下一点或 [ 圆弧 (A)/ 闭合 (C)/ 半宽 (H)/
长度 (L)/ 放弃 (U)/ 宽度 (W)]: @375,0 ✓
指定下一点或 [ 圆弧 (A)/ 闭合 (C)/ 半宽 (H)/
长度 (L)/ 放弃 (U)/ 宽度 (W)]: @160,240 ✓
指定下一点或 [ 圆弧 (A)/ 闭合 (C)/ 半宽 (H)/
长度 (L)/ 放弃 (U)/ 宽度 (W)]: @780,0 ✓
指定下一点或 [ 圆弧 (A)/ 闭合 (C)/ 半宽 (H)/
长度 (L)/ 放弃 (U)/ 宽度 (W)]: @365,-285 ✓
指定下一点或 [ 圆弧 (A)/ 闭合 (C)/ 半宽 (H)/
长度 (L)/ 放弃 (U)/ 宽度 (W)]: @470,-60 ✓
指定下一点或 [ 圆弧 (A)/ 闭合 (C)/ 半宽 (H)/
长度 (L)/ 放弃 (U)/ 宽度 (W)]: ✓
```

结果如图2-68所示。

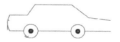

图2-68　绘制多段线

（4）单击"默认"选项卡"绘图"面板中的"圆弧"按钮╱，绘制圆弧，完成汽车轮廓的绘制。命令行提示如下。

```
命令 : _arc
指定圆弧的起点或 [ 圆心 (C)]: 2200,200 ✓
指定圆弧的第二个点或 [ 圆心 (C)/ 端点
(E)]:2256,322 ✓
指定圆弧的端点 :2200,445 ✓
```

结果如图2-69所示。

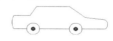

图2-69　绘制圆弧

❸ 绘制车窗。

（1）单击"默认"选项卡"绘图"面板中的"矩形"按钮▭，绘制矩形。命令行提示如下。

```
命令 : _rectang
指定第一个角点或 [ 倒角 (C)/ 标高 (E)/ 圆角
(F)/ 厚度 (T)/ 宽度 (W)]: 650,730 ✓
指定另一个角点或 [ 面积 (A)/ 尺寸 (D)/ 旋转
(R)]: 880,370 ✓
```

结果如图2-70所示。

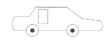

图2-70　绘制矩形

（2）单击"默认"选项卡"绘图"面板中的"多边形"按钮⬠，绘制多边形。命令行提示如下。

```
命令：_polygon
输入侧面数 <4>：✓
指定正多边形的中心点或 [ 边 (E)]：E ✓
```

指定边的第一个端点：920,730 ✓
指定边的第二个端点：920,370 ✓
结果如图 2-71 所示。

图 2-71　汽车

2.6　上机实验

【实验 1】绘制螺栓

1. 目的要求

螺栓如图 2-72 所示，本实验涉及的命令主要是"直线"命令。为了做到准确无误，要求通过输入坐标值来指定直线的相关点。通过此实验，读者可以灵活掌握直线的绘制方法。

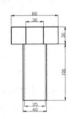

图 2-72　螺栓

2. 操作提示

利用"直线"命令绘制螺栓。

【实验 2】绘制连环圆

1. 目的要求

连环圆如图 2-73 所示，本实验涉及的命令主要是"圆"命令，从而使读者灵活掌握圆的绘制方法。

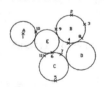

图 2-73　连环圆

2. 操作提示

利用"圆"命令绘制连环圆（尺寸适当指定）。

【实验 3】绘制五瓣梅

1. 目的要求

五瓣梅如图 2-74 所示，本实验涉及的命令主要是"圆弧"命令。为了做到准确无误，要求通过输入坐标值来指定圆弧的相关点。通过此实验，读者可以灵活掌握圆弧的绘制方法。

2. 操作提示

利用"圆弧"命令绘制五瓣梅（尺寸适当指定）。

图 2-74　五瓣梅

【实验 4】绘制卡通造型

1. 目的要求

卡通造型如图 2-75 所示，本实验涉及多种命令。要求读者做到准确无误，灵活掌握各种命令的使用方法。

图 2-75　卡通造型

2. 操作提示

主要利用"直线""圆""多边形""椭圆""圆环"命令绘制卡通造型（尺寸适当指定）。

【实验 5】绘制棘轮

1. 目的要求

棘轮如图 2-76 所示，本实验涉及"直线""圆"和"定数等分"命令。要求读者做到准确无误，灵活掌握各种命令的使用方法。

图 2-76　棘轮

2. 操作提示

（1）利用"圆"命令绘制 3 个同心圆。

（2）利用"定数等分"命令对外面的两个圆进行同数量的等分。

（3）利用"直线"命令依次连接等分点。

（4）删除外面的两个圆。

第 3 章

文字与表格

文字注释是图形中很重要的一部分内容。在进行各种图形设计时，通常不仅要绘制出图形，还要在图形中标注一些文字，如技术要求、注释说明等，对图形对象加以解释。AutoCAD 提供了多种添加文字的方法，本章将介绍文本的样式、标注和编辑功能。表格在 AutoCAD 绘图中也有大量的应用，如明细表、参数表、标题栏等，因此本章还将介绍与表格有关的知识。

重点与难点

- ➲ 文本样式
- ➲ 文本标注
- ➲ 文本编辑
- ➲ 表格

3.1 文本样式

AutoCAD 图形中的所有文字都有与其相对应的文本样式。当输入文字对象时，AutoCAD 使用当前设置的文本样式。文本样式是用来控制文字基本形状的一组设置。AutoCAD 2023 提供了"文字样式"对话框，用户可以通过这个对话框方便、直观地设置需要的文本样式，或对已有样式进行修改。

执行方式

命令行: STYLE（快捷命令: ST）或 DDSTYLE

菜单栏: "格式"→"文字样式"

工具栏: 单击"文字"工具栏中的"文字样式"按钮**A**

功能区: 单击"默认"选项卡"注释"面板中的"文字样式"按钮**A**（见图 3-1），或单击"注释"选项卡"文字"面板上"文字样式"下拉菜单中的"管理文字样式 ..."按钮（见图 3-2），又或者单击"注释"选项卡"文字"面板中的"对话框启动器"按钮

图 3-1 "注释"面板

图 3-2 "文字"面板

执行上述操作后，系统打开"文字样式"对话框，如图 3-3 所示。

选项说明

（1）"样式"列表框：列出所有已设定的文字样式名，可对已有样式名进行相关操作。单击"新建"

按钮，系统打开图 3-4 所示的"新建文字样式"对话框。在该对话框中可以为新建的文字样式输入名称。

若要重命名已有文字样式，在"文字样式"对话框中的"样式"列表框中选中要重命名的文本样式并单击鼠标右键，选择快捷菜单中的"重命名"命令，即可为所选文本样式输入新的名称，如图 3-5 所示。

图 3-3 "文字样式"对话框

图 3-4 "新建文字样式"对话框

图 3-5 快捷菜单

（2）"字体"选项组：用于确定字体样式。文字的字体决定了字符的形状。在 AutoCAD 中，除了可使用固有的 SHX 形状字体文件外，还可以使用 TrueType 字体（如宋体、楷体、italley 等）。一种字体可以设置为不同的效果，应用在多种文本样式中，图 3-6 所示为宋体的不同样式。

图 3-6 宋体的不同样式

（3）"大小"选项组：用于确定文本样式使用的字体风格及字高。"高度"文本框用于设置创建文字时的固定字高，在用"TEXT"命令输入文字时，AutoCAD 不再提示输入字高参数。如果在此文本框中设置字高为"0"，系统会在每一次创建文字时提示输入字高。所以，如果不想固定字高，就可以把"高度"文本框中的数值设置为"0"。

（4）"效果"选项组。

1）"颠倒"复选框：勾选该复选框，表示将文本文字倒置标注，如图 3-7（a）所示。

2）"反向"复选框：勾选该复选框，表示将文本文字反向标注，如图 3-7（b）所示。

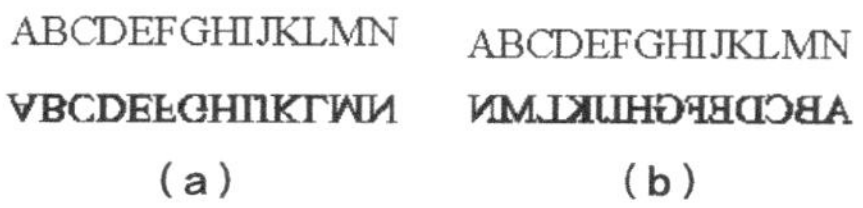

ABCDEFGHIJKLMN   ABCDEFGHIJKLMN

ᴀʙᴄᴅᴇꜰɢʜɪᴊᴋʟᴍɴ   ɴᴍʟᴋᴊɪʜɢꜰᴇᴅᴄʙᴀ

（a）   （b）

图 3-7　文字倒置标注与反向标注

3）"垂直"复选框：用于确定文本是水平标注还是垂直标注。勾选该复选框时为垂直标注，反之为水平标注。垂直标注效果如图 3-8 所示。

a
b
c
d

图 3-8　垂直标注

4）"宽度因子"文本框：设置宽度系数，用于确定文本文字的宽高比。当比例系数为 1 时，表示按字体文件中定义的宽高比标注文字；当此系数小于 1 时，字会变窄，反之变宽。图 3-6 所示是在不同比例系数下标注的文本文字。

5）"倾斜角度"文本框：用于确定文字的倾斜角度。角度为"0"时不倾斜，为正数时向右倾斜，为负数时向左倾斜，效果如图 3-6 所示。

（5）"应用"按钮：用于确认对文字样式的设置。无论是创建新的文字样式还是修改现有文字样式的，都需要单击此按钮，确认所做的改动。

（6）"置为当前"按钮：用于将在"样式"列表框中选定的样式设置为当前文字样式。

（7）"新建"按钮：用于新建文字样式。单击此按钮，系统会弹出图 3-9 所示的"新建文字样式"对话框并自动为样式设置名称"样式 n"（其中 n 为所提供样式的编号）。可以采用默认名称或在文本框中输入名称，然后单击"确定"按钮使新样式使用当前样式设置。

（8）"删除"按钮：用于删除文字样式。

图 3-9　"新建文字样式"对话框

3.2　文本标注

在绘制图形的过程中，包括文字在内的各种字符传递了很多设计信息。其所构成的文本，可能很复杂，也可能很简短。当需要标注的字符不太长时，可以利用"TEXT"命令创建单行文本；当需要标注很长、很复杂的文本时，可以利用"MTEXT"命令创建多行文本。在 AutoCAD 中，创建单行文本和创建多行文本对应的操作分别是"单行文字"和"多行文字"。

3.2.1　单行文本标注

执行方式

命令行：TEXT

菜单栏："绘图"→"文字"→"单行文字"

工具栏：单击"文字"工具栏中的"单行文字"按钮 A

功能区：单击"注释"选项卡"文字"面板中的"单行文字"按钮 A 或单击"默认"选项卡"注释"面板中的"单行文字"按钮 A

操作步骤

命令行提示如下。

```
命令 ：TEXT ↙
当前文字样式："Standard" 文字高度：2.5000
注释性 ：否 对正 ：左
指定文字的起点或 [ 对正（J）/ 样式（S）]：
```

选项说明

（1）指定文字的起点：在此提示下直接在绘图区选择一点作为输入文本的起始点。该选项中的"文字"指的是文本，类似情况不再赘述。命令行提示如下。

> 指定高度 <0.2000>：（确定文字高度）
> 指定文字的旋转角度 <0>：（确定文本行的倾斜角度）

执行上述操作后，即可在指定位置输入文本，输入后按 <Enter> 键，文本另起一行，可继续输入文本，待全部输入完后按两次 <Enter> 键，结束"TEXT"命令。可见，使用"TEXT"命令也可创建多行文本，只是这种多行文本每一行是一个对象。

> **注意** 只有当前文本样式中设置的字符高度为"0"，在使用"TEXT"命令时，系统才弹出要求用户确定字符高度的提示。AutoCAD 允许将文本行倾斜排列，图 3-10 所示为旋转角度分别是 0 度、45 度和 -45 度时的排列效果。可以在"指定文字的旋转角度 <0>"提示下输入文本行的旋转角度或在绘图区拉出一条直线来指定旋转角度。

图 3-10　文本行倾斜排列的效果

（2）对正（J）：在"指定文字的起点或 [对正（J）/样式（S）]"提示下输入"J"，可确定对齐方式，对齐方式决定了文本的哪部分与所选插入点对齐。单击此选项，命令行提示如下。

> 输入选项 [左（L）/ 居中（C）/ 右（R）/ 对齐（A）/ 中间（M）/ 布满（F）/ 左上（TL）/ 中上（TC）/ 右上（TR）/ 左中（ML）/ 正中（MC）/ 右中（MR）/ 左下（BL）/ 中下（BC）/ 右下（BR）]：

在此提示下选择一个选项作为文本的对齐方式。当文本水平排列时，AutoCAD 为文本定义了图 3-11 所示的顶线、基线、中线和底线。部分对齐方式如图 3-12 所示，图中标注的大写字母对应上述提示中的各选项。下面以"对齐（A）"选项为例进行简要说明。

图 3-11　文本行的顶线、基线、中线和底线

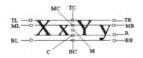

图 3-12　文本的对齐方式

单击"对齐（A）"选项后，系统将要求用户指定文本行基线的起点与终点的位置。命令行提示如下。

> 指定文字基线的第一个端点 ：（指定文本行基线的起点位置）
> 指定文字基线的第二个端点 ：（指定文本行基线的终点位置）

执行结果：输入的文本均匀地分布在指定的两点之间，如果两点间的连线不水平，则文本行倾斜放置，倾斜角度由两点间的连线与水平线的夹角确定；字高、字宽根据两点间的距离、字符的多少以及文本样式中设置的宽度系数自动确定。指定了两点之后，每行输入的字符越多，字宽和字高越小。其他选项与"对齐"类似，此处不赘述。

实际绘图时，有时需要标注一些特殊字符，例如直径符号、上划线、下划线、"度"符号等。这些符号不能直接使用键盘输入，AutoCAD 提供了一些控制码，用来实现这个需求。AutoCAD 常用的控制码及其代表的特殊字符如表 3-1 所示。

表 3-1　AutoCAD 常用控制码及其代表的特殊字符

控制码	标注的特殊字符	控制码	标注的特殊字符
%%O	上划线	\u+0278	电相位
%%U	下划线	\u+E101	流线
%%D	"度"符号（°）	\u+2261	标识
%%P	正负符号（±）	\u+E102	界碑线
%%C	直径符号（Φ）	\u+2260	不相等（≠）
%%%	百分号（%）	\u+2126	欧姆（Ω）
\u+2248	约等于（≈）	\u+03A9	欧米加（Ω）
\u+2220	角度（∠）	\u+214A	低界线
\u+E100	边界线	\u+2082	下标 2
\u+2104	中心线	\u+00B2	上标 2
\u+0394	差值		

其中，%%O 和 %%U 分别是上划线和下划线的"开关"，第一次出现时开始画上划线或下划线，第二次出现时则上划线或下划线终止。例如输入"I want to %%U go to Beijing%%U."，则得到图 3-13（a）所示的文本行；输入"%%O50%%D+%%C75%% P12%%O"，则得到图 3-13（b）所示的文本行。

I want to go to Beijing.　$\overline{50°+\oslash 75\pm12}$

（a）　　　　　　　　　　（b）

图 3-13　文本行

利用"TEXT"命令可以创建一个或若干个单行文本，即此命令可以标注多行文本。输入一行文本后按 <Enter> 键，可输入第二行文本。每次按 <Enter> 键就结束一个单行文本的输入，每个单行文本是一个对象，用户可以单独修改其文本样式、字高、旋转角度、对齐方式等。依此类推，直到全部输入完毕，按两次 <Enter> 键，结束文本输入命令。

用"TEXT"命令创建文本时，在命令行输入的文本会同时显示在绘图区，而且在输入过程中用户可以随时改变文本的位置。移动光标到新的位置并单击，当前行的输入将结束，随后输入的文本将在新的文本位置出现。用这种方法可以把多行文本标注到绘图区的不同位置。

3.2.2 多行文本标注

执行方式

命令行：MTEXT（快捷命令：T 或 MT）

菜单栏："绘图"→"文字"→"多行文字"

工具栏：单击"绘图"工具栏中的"多行文字"按钮**A**或单击"文字"工具栏中的"多行文字"按钮**A**

功能区：单击"默认"选项卡"注释"面板中的"多行文字"按钮**A**或单击"注释"选项卡"文字"面板中的"多行文字"按钮**A**

操作步骤

命令行提示如下。

```
命令 :MTEXT ✓
当前文字样式："Standard" 文字高度 :1.9122
注释性 : 否
指定第一角点 :（指定矩形框的第一个角点）
指定对角点或 [ 高度 (H)/ 对正 (J)/ 行距 (L)/
旋转 (R)/ 样式 (S)/ 宽度 (W) / 栏 (C)]:
```

选项说明

（1）指定对角点：直接在屏幕上拾取一个点作为矩形框的第二个角点，AutoCAD 以这两个点为对角点形成一个矩形区域。此时 AutoCAD

将打开"文字编辑器"选项卡和多行文字编辑器，用户可利用它们输入多行文本并对文本样式进行设置。关于其中各选项的含义，稍后详细介绍。

（2）对正 (J)：确定所标注文本的对齐方式。这些对齐方式与"TEXT"命令中的各对齐方式相同，在此不再介绍。选择一种对齐方式后按 <Enter> 键，AutoCAD 回到上一级提示。

（3）行距 (L)：确定多行文本的行间距，这里所说的行间距是指相邻两文本行基线之间的垂直距离。单击此选项，命令行提示如下。

```
输入行距类型 [ 至少 (A)/ 精确 (E)]< 至少
(A)>:
```

在此提示下有两种方式确定行间距："至少"方式和"精确"方式。"至少"方式下，AutoCAD 根据每行文本中最大的字符自动调整行间距。"精确"方式下，AutoCAD 赋予多行文本一个固定的行间距。可以直接输入一个确切的间距值，也可以输入"nx"。其中，"n"是一个具体数，表示行间距设置为单行文本高度的 n 倍，而单行文本高度是本行文本字符高度的 1.66 倍。

（4）旋转 (R)：确定文本行的旋转角度。单击此选项，命令行提示如下。

```
指定旋转角度 <0>：（输入旋转角度）
```

输入角度值后按 <Enter> 键，返回"指定对角点或 [高度 (H)/ 对正 (J)/ 行距 (L)/ 旋转 (R)/ 样式 (S)/ 宽度 (W)/ 栏 (C)]："提示。

（5）样式 (S)：确定当前的文字样式。

（6）宽度 (W)：指定多行文本的宽度。用户可在屏幕上拾取一点，其与前面确定的第一个角点组成的矩形框的宽度将作为多行文本的宽度；也可以输入一个数值，精确设置多行文本的宽度。

（7）栏（C）：可以将多行文字对象的格式设置为多栏。可以指定栏和栏之间的宽度、高度及栏数，还可以使用夹点编辑栏宽和栏高。其中提供了 3 个栏选项："不分栏""静态栏"和"动态栏"。

注意　在创建多行文本时，只要指定了文本行的起始点和宽度，AutoCAD 就会打开"文字编辑器"选项卡和多行文字编辑器，分别如图 3-14 和图 3-15 所示。该编辑器界面与 Microsoft Word 编辑器界面相似，事实上该编辑器的某些功能也与 Word 编辑器很相似。这样既增强了多行文字的编辑功能，又能让用户更熟悉，方便使用。

图 3-14 "文字编辑器"选项卡

图 3-15 多行文字编辑器

"文字编辑器"选项卡用来控制文本的特性。可以在输入文本前设置文本的特性，也可以改变已输入文本的特性。要改变已有文本的特性，首先应选择要修改的文本，选择文本的方式有以下 3 种。

1）将光标定位到文本开始处，按住鼠标左键，拖到文本末尾。

2）双击某个文字，则该文字被选中。

3）单击鼠标 3 次，则选中全部内容。

下面介绍"文字编辑器"选项卡中的部分功能。

（1）"样式"面板。

"文字高度"下拉列表：用于确定文本的字符高度，可在文字编辑器中输入新的字符高度，也可从此下拉列表中选择已设定的高度值。

（2）"格式"面板，如图 3-16 所示。

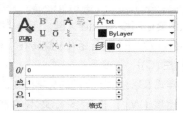

图 3-16 "格式"面板

①"粗体"按钮**B**和"斜体"按钮*I*。

②"删除线"按钮ꞓ。

③"下划线"按钮Ṳ和"上划线"按钮ō。

④"堆叠"按钮：用于堆叠或取消堆叠所选的文本，也就是创建分数形式。当文本中某处出现"/""^"或"#"堆叠符号时，选中需堆叠的文本，单击该按钮，才可堆叠文本，符号左边的文本作为

分子，右边的文本作为分母。AutoCAD 提供了 3 种分数形式。

- 选中"abcd/efgh"后单击此按钮，得到图 3-17（a）所示的分数形式。
- 选中"abcd^efgh"后单击此按钮，得到图 3-17（b）所示的形式，此形式多用于标注极限偏差。
- 选中"abcd#efgh"后单击此按钮，用于创建斜排的分数形式如图 3-17（c）所示。

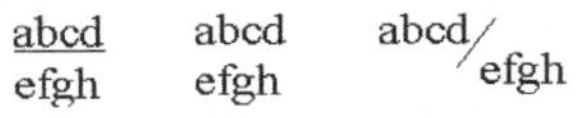

$$\frac{abcd}{efgh} \qquad \frac{abcd}{efgh} \qquad abcd\diagup efgh$$

（a）　　（b）　　（c）

图 3-17 分数形式

选中已经堆叠的文本对象后单击此按钮，则会恢复到非堆叠状态。

⑤"倾斜角度"文本框（*0/*）：用于设置文本的倾斜角度。

注意　倾斜角度与斜体效果是两个不同的概念，前者可以设置任意倾斜角度，后者是在任意倾斜角度的基础上设置斜体效果。如图 3-18 所示，第一行文本倾斜角度为 0°，非斜体效果；第二行文本倾斜角度为 12°，非斜体效果；第三行文本倾斜角度为 12°，采用了斜体效果。

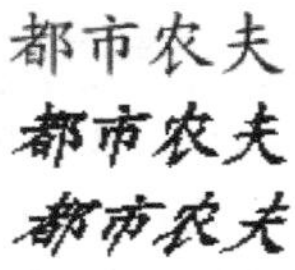

都市农夫
都市农夫
都市农夫

图 3-18 倾斜角度与斜体效果

⑥"追踪"下拉列表 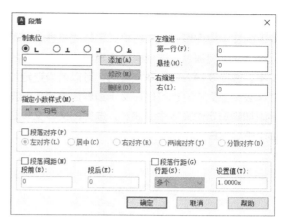 ：用于增大或减小选定字符的间距。1.0 表示常规间距，大于 1.0 表示增大间距，小于 1.0 表示减小间距。

⑦"宽度因子"下拉列表 ：用于扩展或收缩选定字符。1.0 表示此字体中字母采用常规宽度，可以增大或减小该宽度。

⑧"上标"按钮 x²：将选定文字转换为上标，即在输入线的上方设置稍小的文字。

⑨"下标"按钮 x₂：将选定文字转换为下标，即在输入线的下方设置稍小的文字。

⑩"清除格式"下拉列表：删除选定字符的字符格式、选定段落的段落格式或选定段落的所有格式。

（3）"段落"面板。

① 项目符号和编号：用于创建表的选项（不包括单元格），缩进列表使其与第一个选定的段落对齐。

② 关闭：如果选择此选项，将从应用了列表格式的选定文字中删除字母、数字和项目符号，不更改缩进状态。

③ 以数字标记：应用带有句点的数字标记列表中的项。

④ 以字母标记：应用带有句点的字母标记列表中的项。如果列表含有的项多于字母序列中已含有的字母，可以使用双字母继续标记。

⑤ 以项目符号标记：应用项目符号标记列表中的项。

⑥ 起点：在列表格式中启动新的字母或数字序列。如果选定项位于列表中间，则选定项下面未选中的项也将成为新列表的一部分。

⑦ 连续：将选定的段落添加到上面最后一个列表，然后继续标记。如果选择了列表项而非段落，选定项下面未选中的项将继续标记。

⑧ 允许自动项目符号和编号：在输入时应用列表格式。句点"."、逗号","、右括号")"、右尖括号">"、右方括号"]"和右花括号"}"可以用作字母和数字后的标点，但不能用作项目符号。

⑨ 允许项目符号和列表：如果选择此选项，列表格式将应用到外观类似列表的多行文字对象中。

打开"段落"对话框，从中可为段落和段落的第一行设置缩进，指定制表位，控制段落对齐方式、段落间距和段落行距，如图 3-19 所示。

图 3-19 "段落"对话框

（4）"插入"面板。

①"符号"按钮@：用于输入各种符号。单击此按钮，系统打开符号下拉列表，可以从中选择符号输入文本中。

②"字段"按钮 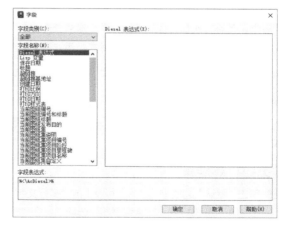 ：用于插入一些常用或预设字段。单击此按钮，系统打开"字段"对话框，如图 3-20 所示，用户可从中选择字段插入标注文本中。

图 3-20 "字段"对话框

（5）"拼写检查"面板。

① 拼写检查：设置输入时拼写检查处于打开还是关闭状态。

② 编辑词典：打开"词典"对话框，从中可添加或删除在拼写检查过程中使用的自定义词典。

（6）"工具"面板。

"工具"面板也就是"查找和替换"面板。单击"输入文字"，如图 3-21 所示，系统将打开"选择文件"对话框。选择任意ASCII或RTF格式的文件，输入的文字将保留原始字符格式和样式特性，但可以在"文字编辑器"选项卡中编辑和格式化输入的文字。选择要输入的文本文件后，可以替换选定的文字或全部文字，也可以在文字边界内将插入的文字附加到选定的文字中。注意，选择的文本文件必须小于32KB。

图3-21 "工具"选项卡

（7）"选项"面板。

标尺：在编辑器顶部显示标尺。拖动标尺末尾的箭头可更改文字对象的宽度。列模式处于活动状态时，还会显示高度和列夹点。

多行文字是由任意数目的行或段落组成的，可以沿垂直方向无限延伸。多行文字中，无论行或段落数是多少，单个编辑任务中创建的每个行或段落集将构成单个对象，用户可对其进行移动、旋转、删除、复制、镜像或缩放操作。

实例教学

下面以在标注文字时插入"±"号为例，介绍文字标注命令的使用方法。

STEP 绘制步骤

❶ 单击"默认"选项卡"注释"面板中的"多行文字"按钮A，系统打开"文字编辑器"选项卡。在"符号"子菜单中选择"其他"命令（见图3-22），系统打开"字符映射表"对话框，其中包含当前

字体的整个字符集，如图3-23所示。

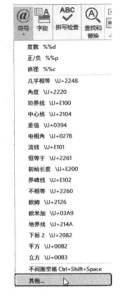

图3-22 "符号"子菜单

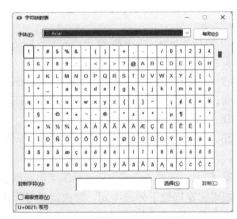

图3-23 "字符映射表"对话框

❷ 选中要插入的字符，然后单击"选择"按钮。

❸ 单击"复制"按钮。

❹ 在多行文字编辑器中单击鼠标右键，在打开的快捷菜单中选择"粘贴"命令。

3.3 文本编辑

执行方式

命令行：DDEDIT（快捷命令：ED）

菜单栏："修改"→"对象"→"文字"→"编辑"

工具栏：单击"文字"工具栏中的"编辑"按钮A

快捷菜单："编辑多行文字"

操作步骤

命令行提示如下。

```
命令：DDEDIT ✓
TEXTEDIT
当前设置：编辑模式 = Multiple
选择注释对象或 [ 放弃 (U)/ 模式 (M)]：
```
此时鼠标指针变为拾取框，用拾取框选择对象，如果选择的文本是用"TEXT"命令创建的单行文

本，则加深显示该文本，可对其进行修改；如果选择的文本是用"MTEXT"命令创建的多行文本，选择对象后则打开"文字编辑器"选项卡，可根据前面的介绍对各项设置或内容进行修改。

3.4 表格

"表格绘制"功能使创建表格变得非常容易，用户可以直接插入设置好样式的表格，而不用绘制由单独图线组成的表格。

3.4.1 定义表格样式

和文字样式一样，AutoCAD 图形中的表格也有与其相对应的表格样式。当插入表格对象时，系统使用当前设置的表格样式。表格样式是用来控制表格基本形状和间距的一组设置。模板文件 ACAD.dwt 和 ACADISO.dwt 中定义了名为"Standard"的默认表格样式。

执行方式

命令行：TABLESTYLE
菜单栏："格式"→"表格样式"
工具栏：单击"样式"工具栏中的"表格样式"按钮囲
功能区：单击"默认"选项卡"注释"面板中的"表格样式"按钮囲（见图 3-24），或选择"注释"选项卡"表格"面板上的"表格样式"下拉列表中的"管理表格样式"选项（见图 3-25），又或者单击"注释"选项卡"表格"面板中的"对话框启动器"按钮 »

图 3-24 "注释"面板

图 3-25 "表格"面板

执行上述操作后，系统打开"表格样式"对话框，如图 3-26 所示。

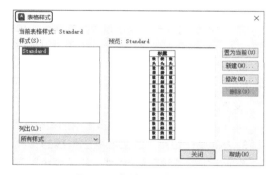

图 3-26 "表格样式"对话框

选项说明

（1）"新建"按钮：单击该按钮，系统打开"创建新的表格样式"对话框，如图 3-27 所示。

图 3-27 "创建新的表格样式"对话框

❶输入新的表格样式名后，❷单击"继续"按钮，系统打开"新建表格样式"对话框，如图 3-28 所示，从中可以创建新的表格样式。

"新建表格样式"对话框的"单元样式"下拉列表中有 3 个重要的选项："数据""表头"和"标题"。它们分别用于控制表格中数据、列标题和总标题的相关参数。"新建表格样式"对话框中有 3 个重要的选项卡，分别介绍如下。

图 3-28 "新建表格样式"对话框

①"常规"选项卡：用于控制数据栏与标题栏的上下位置关系。

②"文字"选项卡：用于设置文字属性。单击此选项卡，在"文字样式"下拉列表中可以选择已定义的文字样式并将其应用于文字，也可以单击右侧的按钮 重新定义文字样式，包括"文字高度""文字颜色"和"文字角度"等。

③"边框"选项卡：用于设置表格的边框属性。下面的边框线按钮用于设置数据边框线的各种形式，选项卡中的"线宽""线型"和"颜色"下拉列表则用于设置边框线的线宽、线型和颜色；选项卡中的"间距"文本框用于控制边界与内容的间距。

图 3-29 所示是数据文字样式为"Standard"，文字高度为"4.5"，文字颜色为"红色"，对齐方式为"右下"；标题文字样式为"Standard"，文字高度为"6"，文字颜色为"蓝色"，对齐方式为"正中"；表格方向为"上"，水平页边距和垂直页边距都为"1.5"的表格样式。

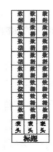

图 3-29 表格样式

（2）"修改"按钮：用于对当前表格样式进行修改。

3.4.2 创建表格

设置好表格样式后，用户可以利用"TABLE"命令创建表格。

执行方式

命令行：TABLE

菜单栏："绘图"→"表格"

工具栏：单击"绘图"工具栏中的"表格"按钮

功能区：单击"默认"选项卡"注释"面板中的"表格"按钮，或单击"注释"选项卡"表格"面板中的"表格"按钮。

执行上述操作后，系统打开"插入表格"对话框，如图 3-30 所示。

图 3-30 "插入表格"对话框

选项说明

（1）"表格样式"下拉列表：用于选择表格样式，也可以单击右侧的按钮 新建或修改表格样式。

（2）"插入方式"选项组。

①"指定插入点"单选钮：指定表左上角顶点的位置。可以使用定点设备，也可以在命令行输入坐标值。如果在"表格样式"对话框中将表格的方向设置为由下而上读取，则插入点为表格的左下角顶点。

②"指定窗口"单选钮：指定表格的大小和位置。可以使用定点设备，也可以在命令行输入坐标值。选中该单选钮后，列数、列宽、数据行数和行高取决于窗口的大小及列和行的设置情况。

（3）"列和行设置"选项组：用于指定列和行的数目及列宽与行高。

 注意 "列与行设置"选项组中的两个参数只能指定一个，另外一个由指定窗口的大小自动等分来确定。

在"插入表格"对话框中进行相应设置后，单击"确定"按钮，系统将在指定的插入点或窗口自动插入一个空表格，并打开"文字编辑器"选项卡，用户可以逐行、逐列输入相应的文字或数据，如图3-31所示。

图 3-31　空表格和"文字编辑器"选项卡

 在插入的表格中单击某一个单元格，会出现钳夹点，移动钳夹点可以改变单元格的大小，如图3-32所示。

图 3-32　改变单元格大小

3.4.3 | 表格文字编辑

执行方式

命令行：TABLEDIT

快捷菜单：选择一个或多个单元格后单击鼠标右键，选择快捷菜单中的"编辑文字"命令

定点设备：在单元格内双击

执行上述操作后，命令行出现"拾取表格单元"的提示，选择要编辑的单元格，系统打开"文字编辑器"选项卡，用户可以对选择的单元格内的文字进行编辑。

实例教学

下面以图3-33所示的明细表为例，介绍表格文字的编辑方法。

STEP　绘制步骤

❶ 选择菜单栏中的"格式"→"表格样式"命令，打开"表格样式"对话框，如图3-34所示。

❷ 单击"修改"按钮，系统打开"修改表格样式"对话框，如图3-35所示。在该对话框中进行如下设置：数据单元中的文字样式为"Standard"，文字高度为"5"，文字颜色为

"红色"，填充颜色为"无"，对齐方式为"左中"，边框颜色为"绿色"，水平页边距和垂直页边距为"1.5"；标题单元中的文字样式为"Standard"，文字高度为"5"，文字颜色为"蓝色"，填充颜色为"无"，对齐方式为"正中"；表格方向为"向上"。

11	hu11	橡胶密封圈	1	
10	hu10	橡胶密封圈	1	
9	hu9	卡环	1	
8	hu8	卡环	1	
7	hu7	离合器压板	1	
6	hu6	外齿摩擦片	7	
5	hu5	弹簧	20	
4	hu4	离合器活塞	1	
3	hu3	CNL离合器缸体	1	
2	hu2	弹簧座总成	1	
1	hu1	内齿摩擦片总成	7	
序号	代　号	名　　称	数量	备注

图 3-33　明细表

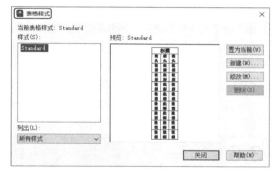

图 3-34　"表格样式"对话框

图 3-35　"修改表格样式"对话框

❸ 设置好表格样式后，单击"确定"按钮，单击"置为当前"按钮，然后单击"关闭"按钮。

❹ 选择菜单栏中的"绘图"→"表格"命令，打开"插入表格"对话框，如图3-36所示，❶设置插入方式为"指定插入点"，❷行数和列数分别设置为"11"和"5"，列宽为"10"，行高为"1"。

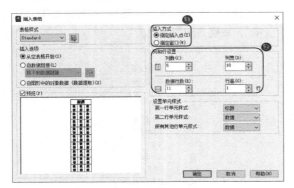

图 3-36 "插入表格"对话框

单击"确定"按钮，指定插入点，则插入空表格，并显示"文字编辑器"选项卡，如图3-37所示。不输入文字，直接单击该选项卡中的"关闭"按钮。

❺ 单击第2列中的任意一个单元格，出现钳夹点后，将右边的钳夹点向右拖动，改变列宽，右键单击单元格，在弹出的快捷菜单选择"特性"命令，打开"特性"选项板，设置列宽为"30"；用同样的方法，分别将第3列和第5列的列宽设置

为"40"和"20"。结果如图3-38所示。

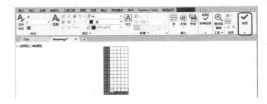

图 3-37 "文字编辑器"选项卡

图 3-38 改变列宽

❻ 双击要输入文字的单元格，重新打开"文字编辑器"选项卡，在各单元中输入相应的文字或数据，最终结果如图3-33所示。

> **注意** 如果多个文本的格式一样，可以采用复制后修改文字内容的方法进行表格文字的输入，这样只需双击就可以直接修改表格文字的内容，而不用重新设置每个文本的格式。

3.5 综合演练——绘制电气制图样板图

绘制图3-39所示的A3样板图。

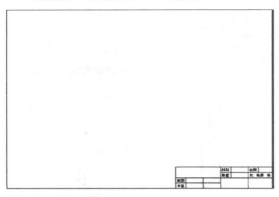

图 3-39 A3 样板图

STEP 绘制步骤

❶ 单击"默认"选项卡"绘图"面板中的"矩形"按钮□，绘制一个矩形，指定矩形两个角点的坐标

分别为（25，10）和（410，287），如图3-40所示。

图 3-40 绘制矩形

> **注意** 国家标准规定A3图纸的幅面大小是420mm×297mm，这里留出了带装订边的图框到纸面边界的距离。

❷ 标题栏结构如图3-41所示。由于分隔线并不

整齐，所以可以先绘制一个 28 列 4 行（每个单元格的列宽为"5"、行高为"8"）的标准表格，然后在此基础上合并单元格。

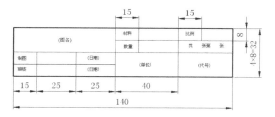

图 3-41　标题栏结构

❸ 选择菜单栏中的"格式"→"表格样式"命令，打开"表格样式"对话框，如图 3-42 所示。

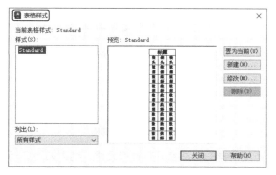

图 3-42　"表格样式"对话框

❹ 单击"修改"按钮，系统打开"修改表格样式"对话框，❶在"单元样式"下拉列表中选择"数据"选项，❷在下面的"文字"选项卡中将"文字高度"设置为"3"，如图 3-43 所示。再打开"常规"选项卡，将"页边距"选项组中的"水平"和"垂直"都设置成"1.5"，如图 3-44 所示。

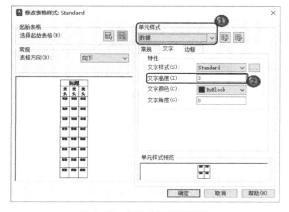

图 3-43　设置"文字"选项卡

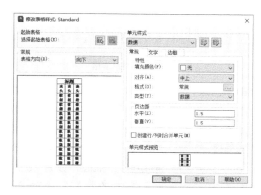

图 3-44　设置"常规"选项卡

❺ 单击"确定"按钮，回到"表格样式"对话框，单击"置为当前"按钮，然后单击"关闭"按钮。

❻ 选择菜单栏中的"绘图"→"表格"命令，系统打开"插入表格"对话框，如图 3-45 所示。❶在"列和行设置"中，"列数"设置为"28"，"列宽"设置为"5"，"数据行数"设置为"2"，"行高"设置为"1"；❷在"设置单元样式"中，"第一行单元样式""第二行单元样式"和"所有其他行单元样式"都设置为"数据"。

图 3-45　"插入表格"对话框

❼ 单击"确定"按钮，在图框线右下角附近指定表格位置，系统生成表格，同时打开"文字编辑器"选项卡，如图 3-46 所示。不输入文字，直接按 <Enter> 键，生成的表格如图 3-47 所示。

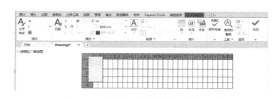

图 3-46　表格和"文字编辑器"选项卡

图 3-47　生成表格

❽ ❶单击表格中的一个单元格，系统显示其钳夹点，单击鼠标右键，❷在打开的快捷菜单中选择"特性"命令，如图 3-48 所示。系统打开"特性"选项板，如图 3-49 所示，将"单元高度"改为"8"，这样该单元格所在行的高度就改为"8"。用同样的方法将其他行的高度改为"8"，如图 3-50 所示。

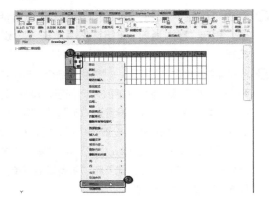

图 3-48　快捷菜单

图 3-49　"特性"选项板

图 3-50　修改表格行高度

❾ ❶选择 A1 单元格，按住 <Shift> 键，同时选择其右边的 12 个单元格及下面的 13 个单元格，

单击鼠标右键，打开快捷菜单，❷选择其中的"合并"→"全部"命令，如图 3-51 所示。完成这些单元格的合并，如图 3-52 所示。

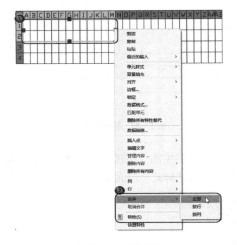

图 3-51　快捷菜单

图 3-52　合并单元格

用同样的方法合并其他单元格，结果如图 3-53 所示。

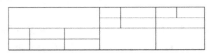

图 3-53　合并其他单元格

❿ 单击单元格，打开"文字编辑器"选项卡，❶在单元格中输入文字，❷将文字大小改为"4"，如图 3-54 所示。

图 3-54　输入文字

用同样的方法在其他单元格中输入文字，结果如图 3-55 所示。

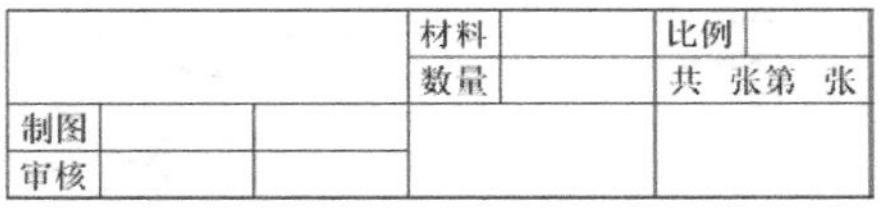

		材料		比例	
		数量		共　张第　张	
制图					
审核					

图 3-55　在其他单元格中输入文字

⓫ 选择刚绘制的表格，捕捉表格右下角点，将表格准确放置在图框的右下角，如图 3-56 所示。

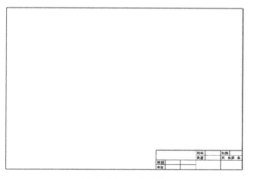

图 3-56 移动表格

⓬ 选择菜单栏中的"文件"→"另存为"命令，打开"图形另存为"对话框，如图 3-57 所示，将图形保存为 DWT 格式文件即可。

图 3-57 "图形另存为"对话框

3.6 上机实验

【实验 1】标注技术要求

1. 目的要求

文字标注在零件图或装配图的技术要求中经常用到，正确进行文字标注是 AutoCAD 绘图中必不可少的一项工作。本实验要标注的技术要求如图 3-58 所示。通过本实验的练习，读者应掌握文字标注的一般方法，尤其是特殊字符的标注方法。

1. 当无标准齿轮时，允许检查下列三项代替检查径向综合公差和一齿径向综合公差
　　a. 齿圈径向跳动公差 Fr 为 0.056
　　b. 齿形公差 ff 为 0.016
　　c. 基节极限偏差 ±fpb 为 0.018
2. 未注倒角 1×45°。

图 3-58 技术要求

2. 操作提示

（1）设置文字标注的样式。

（2）利用"多行文字"命令进行标注。

（3）利用快捷菜单输入特殊字符。

【实验 2】在"实验 1"标注的技术要求中加入一段文字

1. 目的要求

文字编辑是对标注的文字进行调整的重要手段。本实验通过在技术要求中添加文字，让读者掌握文字及特殊字符的编辑方法和技巧。

2. 操作提示

（1）选择"实验 1"中标注好的文字，进行文字编辑。

（2）在打开的多行文字编辑器中输入要添加的文字，如图 3-59 所示。

3. 尺寸为 $\Phi 30^{+0.05}_{-0.06}$ 的孔抛光处理。

图 3-59 加入的文字

（3）在输入尺寸公差时，一定要输入"+0.05^-0.06"，然后选择这些文字，单击"文字格式"对话框中的"堆叠"按钮。

【实验 3】绘制齿轮参数表

1. 目的要求

本实验通过绘制图 3-60 所示的齿轮参数表，帮助读者掌握表格相关命令的用法，体会表格功能的便捷性。

齿　数	Z	24
模　数	m	3
压力角	α	30°
公差等级及配合类别		6H-GB T3478.1-1995
作用齿槽宽最小值	E_{Vmin}	4.712
实际齿槽宽最大值	E_{max}	4.837
实际齿槽宽最小值	E_{min}	4.759
作用齿槽宽最大值	E_{Vmax}	4.790

图 3-60 齿轮参数表

2. 操作提示

（1）设置表格样式。

（2）插入空表格，调整列宽。

（3）输入文字和数据。

第4章

基本绘图工具

AutoCAD 为用户提供了图层工具，用于设置图层的颜色和线型。可以把具有相同特征的图形对象放在同一图层上，绘图时就不用分别设置对象的线型和颜色。这样不仅方便绘图，而且存储图形时只需存储其几何数据和所在图层，节省了存储空间。AutoCAD 还提供了多种必要的和辅助的绘图工具，如工具条、对象选择工具、对象捕捉工具、栅格、正交模式等。用户利用这些图层工具和绘图工具，可以方便、迅速、准确地实现图形的绘制和编辑，不仅可提高工作效率，而且能更好地保证图形的质量。

重点与难点

- ➲ 设置图层
- ➲ 设置颜色
- ➲ 图层的线型
- ➲ 精确绘图
- ➲ 对象约束

4.1 设置图层

图层类似投影片，可以将不同属性的对象分别放置在不同的投影片（图层）上。例如将图形的主要线段、中心线、尺寸标注等分别绘制在不同的图层上，每个图层可设定不同的线型、线条颜色，然后把图层堆栈在一起成为一张完整的图。这样可使视图层次分明，方便对图形对象进行编辑与管理。一个完整的图形就是由所有图层上的对象叠加在一起构成的，如图 4-1 所示。

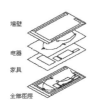

图 4-1 图层效果

4.1.1 利用对话框设置图层

AutoCAD 2023 提供了详细直观的"图层特性管理器"选项板，用户可以通过对该选项板中的各选项及从中打开的对话框对图层进行设置，方便地实现创建新图层、设置图层颜色及线型等操作。

执行方式

命令行：LAYER

菜单栏："格式"→"图层"

工具栏：单击"图层"工具栏中的"图层特性管理器"按钮🖳

功能区：单击"默认"选项卡"图层"面板中的"图层特性"按钮🖳，或单击"视图"选项卡"选项板"面板中的"图层特性"按钮🖳

执行上述操作后，系统打开图 4-2 所示的"图层特性管理器"选项板。

图 4-2 "图层特性管理器"选项板

选项说明

（1）"新建特性过滤器"按钮🖳：单击该按钮，可以打开"图层过滤器特性"对话框，如图 4-3 所示，从中可以基于一个或多个图层特性创建图层过滤器。

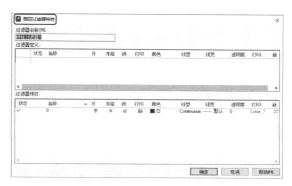

图 4-3 "图层过滤器特性"对话框

（2）"新建组过滤器"按钮🗁：单击该按钮，可以新建一个图层过滤器，其中包含用户选定并添加到该过滤器的图层。

（3）"图层状态管理器"按钮🖳：单击该按钮，可以打开"图层状态管理器"对话框，如图 4-4 所示。用户可以将图层当前的特性设置保存到图层状态中，以后也可以再调整这些设置。

图 4-4 "图层状态管理器"对话框

（4）"新建图层"按钮：单击该按钮，图层列表中将出现一个新的图层，名称为"图层n"。用户可使用此名称，也可改名。若需要同时创建多个图层，可选中一个图层名后，输入多个名称，各名称之间以逗号分隔。图层的名称可以包含字母、数字、空格和特殊符号，AutoCAD 2023支持长达255个字符的图层名称。新的图层会具有创建新图层时所选中的已有图层的所有特性（颜色、线型、开/关状态等），如果新建图层时没有图层被选中，则新图层采用默认设置。

（5）"在所有视口中都被冻结的新图层视口"按钮：单击该按钮，将创建新图层，然后在所有现有布局视口中将其冻结。可以在模型空间或布局空间中单击此按钮。

（6）"删除图层"按钮：在图层列表中选中某一图层，然后单击该按钮，则把该图层删除。

（7）"置为当前"按钮：在图层列表中选中某一图层，然后单击该按钮，则把该图层设置为当前图层，并在"当前图层"列中显示其名称。当前图层的名称存储在系统变量"CLAYER"中。另外，双击图层名称也可把其设置为当前图层。

（8）"搜索图层"文本框：输入字符时，系统会按名称快速过滤图层列表。注意，关闭"图层特性管理器"选项板后并不会保存过滤结果。

（9）"状态行"：显示当前过滤器的名称、列表视图中显示的图层数和图形中的图层数。

（10）过滤器列表：显示图形中的图层过滤器列表。单击"收拢图层过滤器树"按钮《和"展开图层过滤器树"按钮》可展开或折叠过滤器列表。当过滤器列表处于折叠状态时，请单击位于"图层特性管理器"选项板左下角的"展开或收拢弹出图层过滤器树"按钮●来显示过滤器列表。

（11）"反转过滤器"复选框：勾选该复选框，将显示所有不满足选定图层特性过滤器中条件的图层。

（12）图层列表区：显示已有的图层及其特性。要修改某一图层的某一特性（打开/关闭、解冻/冻结、解锁/锁定、打印/不打印、颜色、线型等），单击它所对应的图标即可，部分图标的功能如表4-1所示。在空白区域单击鼠标右键或利用快捷菜单可快速选中所有图层。

表4-1 图标功能说明

图标	名称	功能说明
♀ / ♀	打开/关闭	将图层设定为打开或关闭状态。当为关闭状态时，该图层上的所有对象将隐藏，只有处于打开状态的图层会在绘图区显示或由打印机打印出来。因此，绘制复杂的图形时，可以先将不编辑的图层暂时关闭，以降低绘图的复杂度。图4-5（a）和图4-5（b）分别表示尺寸标注图层打开和关闭的情形
☀ / ❄	解冻/冻结	将图层设定为解冻或冻结状态。当图层为冻结状态时，该图层上的对象均不会显示在绘图区，也不能由打印机打印出来，而且不会执行重生（REGEN）、缩放（EOOM）、平移（PAN）等命令。因此若将不编辑的图层暂时冻结，可加快执行绘图、编辑的速度。而♀/♀（开/关）功能只是单纯对对象显示或隐藏，因此并不会加快执行速度。注意，当前图层不能被冻结
⬚ / 🔒	解锁/锁定	将图层设定为解锁或锁定状态。被锁定的图层仍然显示在绘图区，但被锁定图层上的对象不能编辑修改，用户只能绘制新的图形，这样可防止重要的图形被修改
🖶 / 🖶	打印/不打印	将图层设定为是否可以打印

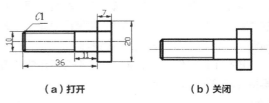

（a）打开　　　　　　（b）关闭
图4-5 打开或关闭尺寸标注图层

① 颜色：显示和改变图层的颜色。如果要改变某一图层的颜色，单击其对应的颜色项，系统打开图4-6所示的"选择颜色"对话框，用户可从中选择需要的颜色。

② 线型：显示和修改图层的线型。如果要

修改某一图层的线型，单击该图层的"线型"项，系统打开"选择线型"对话框，如图4-7所示。其中列出了当前可用的线型，用户可从中进行选择。

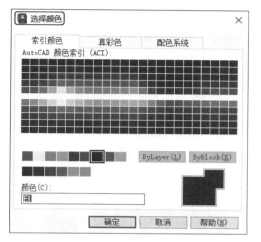

图4-6 "选择颜色"对话框

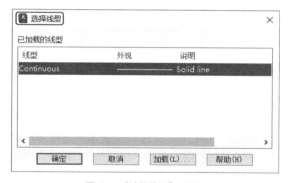

图4-7 "选择线型"对话框

③ 线宽：显示和修改图层的线宽。如果要修改某一图层的线宽，单击该图层的"线宽"项，系统打开"线宽"对话框，如图4-8所示。"线宽"列表框中显示可以选用的线宽，用户可从中选择需要的线宽。"旧的"显示行显示前面赋予图层的线宽，"新的"显示行显示赋予图层的新线宽。当创建一个新图层时，采用默认线宽（即0.25mm），默认线宽的值由系统变量LWDEFAULT设置。

④ 打印样式：设置打印图形时各项属性。

合理利用图层，可以达到事半功倍的效果。我们可以在开始绘制图形时设置一

些基本图层，确定每个图层的专门用途。这样，利用各个图层可以组合出许多需要的图形，修改时可针对单个图层进行。

图4-8 "线宽"对话框

4.1.2 利用面板设置图层

AutoCAD 2023提供了一个"特性"面板，如图4-9所示。用户可以利用面板中的选项，快速查看和改变所选对象的颜色、线型和线宽特性。

图4-9 "特性"面板

（1）"对象颜色"下拉列表：如果选择"更多颜色"选项，系统将打开"选择颜色"对话框，提供更多颜色供用户选择。修改当前颜色后，不论对象在哪个图层上，都采用这种颜色，但对各个图层的颜色设置没有影响。

（2）"线型"下拉列表：修改当前线型后，不论对象在哪个图层上，都采用这种线型，但对各个图层的线型设置没有影响。

（3）"线宽"下拉列表：修改当前线宽后，不论对象在哪个图层上，都采用这种线宽，但对各个图层的线宽设置没有影响。

4.2 设置颜色

AutoCAD 绘制的图形对象都具有一定的颜色，为清晰表达绘制的图形，可用相同的颜色绘制同一类图形对象，使不同类别的对象具有不同的颜色，这时就需要适当地对颜色进行设置。

AutoCAD 允许用户设置图层颜色，为新建的图形对象设置当前颜色，或改变已有图形对象的颜色。

执行方式

命令行：COLOR（快捷命令：COL）

菜单栏："格式"→"颜色"

功能区：单击"默认"选项卡"特性"面板上的"对象颜色"下拉列表中的"更多颜色..."按钮 ●

执行上述操作后，系统打开图 4-6 所示的"选择颜色"对话框。

选项说明

1."索引颜色"选项卡

单击此选项卡，可以在系统提供的 255 种颜色索引表中选择所需要的颜色。

（1）"颜色索引"列表框：依次列出了 255 种索引色，用户可在此列表框中选择需要的颜色。

（2）"颜色"文本框：所选择颜色的代号值显示在"颜色"文本框中，也可以直接在该文本框中输入代号值来选择颜色。

（3）"ByLayer"（图层）和"ByBlock"（图块）按钮：分别单击这两个按钮，设置图层和图块的颜色。这两个按钮只有在设定了图层颜色和图块颜色后才可以使用。

2."真彩色"选项卡

"真彩色"选项卡如图 4-10 所示，在其中可以选择需要的任意颜色，可以拖动调色板中的颜色指示光标和亮度滑块选择颜色及其亮度，还可以通过"色调""饱和度"和"亮度"的调节钮来选择需要的颜色。所选颜色的红、绿、蓝值显示在下面的"RGB 颜色"文本框中，也可以直接在该文本框中输入红、绿、蓝值来选择颜色。

在此选项卡中还有一个"颜色模式"下拉列表，默认的颜色模式为"HSL"模式，即图 4-10 所示的模式。RGB 模式也是常用的颜色模式，也可在"颜色模式"下拉列表中选择 RGB 模式。

图 4-10 "真彩色"选项卡

3."配色系统"选项卡

"配色系统"选项卡如图 4-11 所示，可以从其中的标准配色系统（如 Pantone）中选择预定义的颜色。在"配色系统"下拉列表中选择需要的配色系统，然后拖动右边的滑块来选择具体的颜色，所选颜色的编号值显示在下面的"颜色"文本框中，也可以直接在该文本框中输入编号值来选择颜色。

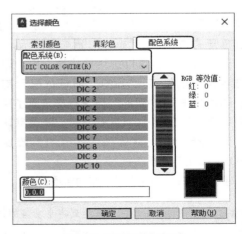

图 4-11 "配色系统"选项卡

4.3 图层的线型

国家标准 GB/T 4457.4-2002（机械制图图样画法图线）对机械图样中使用的各种图线名称、线型、线宽以及在图样中的应用做了规定，如表 4-2 所示。图线分为粗、细两种，粗线的宽度 b 应按图样的大小和图形的复杂程度在 0.5 ～ 2mm 选择，细线的宽度约为 b/2。常用的图线有 4 种，分别为粗实线、细实线、虚线、细点画线。

表 4-2　图线的形式及用途

图线名称	线型	线宽	主要用途
粗实线	——————	b	可见轮廓线、可见过渡线
细实线	————	约 b /2	尺寸线、尺寸界线、剖面线、引出线、弯折线、牙底线、齿根线、辅助线等
细点画线	— · — · —	约 b /2	轴线、对称中心线、齿轮节线等
虚线	— — — —	约 b /2	不可见轮廓线、不可见过渡线
波浪线	∿∿∿	约 b /2	断裂处的边界线、剖视与视图的分界线
双折线	—⌁—	约 b /2	断裂处的边界线
粗点画线	▬ ▪ ▬ ▪	b	有特殊要求的线或面的表示线
双点画线	— ·· — ··	约 b /2	相邻辅助零件的轮廓线、极限位置的轮廓线、假想投影的轮廓线

4.3.1 在"图层特性管理器"选项板中设置线型

单击"默认"选项卡"图层"面板中的"图层特性"按钮，打开"图层特性管理器"选项板。在图层列表的线型列下单击线型名，系统打开"选择线型"对话框，如图 4-7 所示，对话框中选项的含义如下。

（1）"已加载的线型"列表框：显示在当前绘图中加载的线型，可供用户选用。

（2）"加载（L）..."按钮：单击该按钮，打开"加载或重载线型"对话框，如图 4-12 所示。用户可通过此对话框加载线型并把它添加到线型列中。但要注意，加载的线型必须在线型库（LIN）文件中定义过，标准线型都保存在 acadiso.lin 文件中。

图 4-12　"加载或重载线型"对话框

4.3.2 直接设置线型

执行方式

命令行：LINETYPE

功能区：单击"默认"选项卡"特性"面板上的"线型"下拉列表中的"其他"按钮。

在命令行输入上述命令后按 <Enter> 键，系统打开"线型管理器"对话框，如图 4-13 所示。用户可在该对话框中设置线型。该对话框中的选项含义与前面介绍的选项含义相同，此处不赘述。

图 4-13　"线型管理器"对话框

实例教学

下面以图 4-14 所示的螺栓为例，介绍图层命令的使用方法。

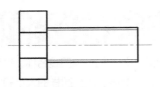

图4-14 螺栓

STEP 绘制步骤

❶ 单击"默认"选项卡"图层"面板中的"图层特性"按钮，打开"图层特性管理器"选项板。

❷ 单击"新建图层"按钮创建一个新图层，把名字由默认的"图层1"改为"中心线"。

❸ 单击"中心线"图层对应的"颜色"项，打开"选择颜色"对话框，选择红色为该层颜色，单击"确定"按钮，返回"图层特性管理器"选项板。

❹ 单击"中心线"图层对应的"线型"项，打开"选择线型"对话框。

❺ 在"选择线型"对话框中单击"加载"按钮，系统打开"加载或重载线型"对话框，选择CENTER（点画线）线型，单击"确定"按钮。在"选择线型"对话框中选择CENTER线型为该层线型，单击"确定"按钮，返回"图层特性管理器"选项板。

❻ 单击"中心线"图层对应的"线宽"项，打开"线宽"对话框，选择0.09mm，单击"确定"按钮。

❼ 用相同的方法再建立两个新图层，分别命名为"轮廓线"和"细实线"。"轮廓线"图层的颜色设置为白色，线型为Continuous（实线），线宽为0.30mm。"细实线"图层的颜色设置为蓝色，线型为Continuous，线宽为0.09mm。让3个图层均处于打开、解冻和解锁状态，各项设置如图4-15所示。

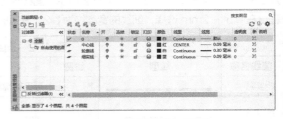

图4-15 新建图层的各项设置

❽ 选中"中心线"图层，单击"置为当前"按钮，将其设置为当前图层，然后单击"关闭"按钮关闭"图层特性管理器"选项板。

❾ 在当前图层"中心线"图层上绘制图4-14所示的中心线，如图4-16（a）所示。

❿ 打开"默认"选项卡"图层"面板中的图层下拉列表，将"轮廓线"图层设置为当前图层，并在其中绘制图4-14所示的主体图形，如图4-16（b）所示。

⓫ 将"细实线"图层设置为当前图层，并在"细实线"图层上绘制螺纹牙底线。

（a） （b）

图4-16 绘制过程

绘制结果如图4-14所示。

4.4 精确绘图

精确定位工具是指能够帮助用户快速、准确地定位某些特殊点（如端点、中点、圆心等）和特殊位置（如水平位置、垂直位置）的工具。

精确定位工具主要集中在状态栏上，图4-17所示为默认状态下显示的状态栏按钮。

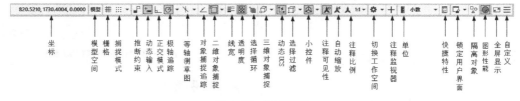

图4-17 状态栏按钮

在绘制图形时，可以使用直角坐标和极坐标精确定位点，但是有些点（如端点、中心点等）的坐标我们是不知道的，所以想通过坐标精确地指定这些点是很难的，有时甚至是不可能的。AutoCAD 提供了辅助定位工具，使用这类工具，我们可以很容易地在屏幕上捕捉到这些点，并进行精确的绘图。

1. 栅格

AutoCAD 的栅格由有规则的点的矩阵组成，延伸到指定为图形界限的整个区域。使用栅格与在坐标纸上绘图十分相似，可以对齐对象并直观显示对象之间的距离。如果放大或缩小图形，可能需要调整栅格间距，使其更适合新的比例。虽然栅格在屏幕上是可见的，但它并不是图形对象，因此不会被打印出来，也不会影响绘图。

可以单击状态栏中的"栅格"按钮或按 <F7> 键，打开或关闭栅格。打开栅格并设置栅格在 X 轴方向和 Y 轴方向上的间距的方法如下。

执行方式

命令行: DSETTINGS 或 DS，SE 或 DDRMODES
菜单栏："工具"→"绘图设置"
快捷菜单: 右键单击"栅格"按钮→网格设置

操作步骤

执行上述操作后，系统弹出"草图设置"对话框，如图 4-18 所示。

图 4-18 "草图设置"对话框

如果需要显示栅格，可勾选"启用栅格"复选框。在"栅格 X 轴间距"文本框中输入栅格点之间的水平距离，单位为毫米。如果栅格点在垂直和水平方向上的间距相等，则按 <Tab> 键；否则，在"栅格 Y 轴间距"文本框中输入栅格点之间的垂直距离。

用户可改变栅格与图形界限的相对位置。默认

情况下，栅格以图形界限的左下角为起点，沿着与坐标轴平行的方向填充整个由图形界限所确定的区域。"捕捉"选项区中的"角度"项可设置栅格与相应坐标轴之间的夹角；"X 基点"和"Y 基点"项可设置栅格与图形界限的相对距离。

> 如果栅格的间距设置得太小，那么在进行"打开栅格"操作时，AutoCAD 将在文本窗口中显示"栅格太密，无法显示"信息，而不在屏幕上显示栅格点。使用"缩放"命令将图形缩得很小时，也会出现同样的提示，并不显示栅格。

捕捉可以用户直接使用鼠标快速地定位目标点。捕捉有几种不同的模式: 栅格捕捉、对象捕捉、极轴捕捉和自动捕捉（在下文中将详细讲解）。

另外，可以在命令行使用"GRID"命令设置栅格，功能与"草图设置"对话框类似。

2. 捕捉

捕捉是指 AutoCAD 可以生成一个隐含分布于屏幕上的栅格，这种栅格能够捕捉十字光标，使得十字光标只能落到其中一个栅格点上。捕捉可分为"矩形捕捉"和"等轴测捕捉"两种类型。默认设置为"矩形捕捉"，即捕捉点的阵列类似于栅格，如图 4-19 所示。用户可以指定捕捉模式在 X 轴方向和 Y 轴方向上的间距，也可改变捕捉模式与图形界限的相对位置。与栅格的不同之处在于: 捕捉间距的值必须为正实数；另外捕捉模式不受图形界限的约束。

图 4-19 "矩形捕捉"实例

"等轴测捕捉"表示捕捉模式为等轴测模式，绘制正等轴测图时采用此模式，如图 4-20 所示。在"等轴测捕捉"模式下，栅格和十字光标呈绘制等轴测图时的特定角度。

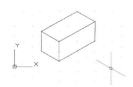

图 4-20 "等轴测捕捉"实例

在绘制图 4-19 和图 4-20 中的图形时，输入参数点时十字光标只能落在栅格点上。两种模式的切换方法：打开"草图设置"对话框，选择"捕捉和栅格"选项卡，在"捕捉类型"选项组中，选中单选钮可以切换"矩形捕捉"模式与"等轴测捕捉"模式。

3. 极轴捕捉

极轴捕捉是在创建或修改对象时，按事先给定的角度增量和距离增量来追踪特征点，即捕捉相对于初始点，且满足指定极轴距离和极轴角的目标点。极轴追踪设置主要是设置追踪的距离增量和角度增量，以及与之相关联的捕捉模式。这些设置可以通过"草图设置"对话框的"捕捉和栅格"选项卡（见图 4-21）与"极轴追踪"选项卡（见图 4-22）来实现。

图 4-21 "捕捉和栅格"选项卡

图 4-22 "极轴追踪"选项卡

（1）设置极轴距离：在"草图设置"对话框的"捕捉和栅格"选项卡中，可以设置极轴距离，单位为毫米。绘图时，十字光标将按指定的极轴距离增量进行移动。

（2）设置极轴角度：在"草图设置"对话框的"极轴追踪"选项卡中，可以设置极轴角增量。设

置时，可以单击下拉箭头，在打开的下拉列表选择"90""45""30""22.5""18""15""10"和"5"的极轴角增量，也可以直接输入其他任意角度。十字光标移动时，如果接近极轴角，将显示对齐路径和工具栏提示。图 4-23 所示为当极轴角增量设置为"30"，光标移动"90"时显示的对齐路径。

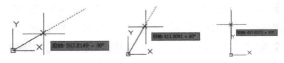

图 4-23 设置极轴角度

"附加角"用于设置极轴追踪时是否采用附加角度追踪。勾选"附加角"复选框，单击"增加"按钮或"删除"按钮可增加或删除附加角度值。

（3）对象捕捉追踪设置：用于设置对象捕捉追踪的模式。如果选中"仅正交追踪"单选钮，则当采用追踪功能时，系统仅在水平和垂直方向上显示追踪数据；如果选中"用所有极轴角设置追踪"单选钮，则当采用追踪功能时，系统不仅可以在水平和垂直方向上显示追踪数据，还可以在设置的极轴追踪角度与附加角度所确定的一系列方向上显示追踪数据。

（4）极轴角测量：用于设置极轴角的角度测量采用的参考基准，"绝对"是相对水平方向进行逆时针测量，"相对上一段"则是以上一段对象为基准进行测量。

4. 对象捕捉

AutoCAD 给所有的图形对象都定义了特征点，对象捕捉则是指在绘图过程中，通过捕捉这些特征点，迅速、准确地将新的图形对象定位在现有对象的确切位置上，例如圆的圆心、线段的中点或两个对象的交点等。在 AutoCAD 2023 中，可以通过单击状态栏中"对象捕捉"按钮，或是在"草图设置"对话框的"对象捕捉"选项卡中选中"启用对象捕捉"单选钮来完成启用对象捕捉功能的操作。在绘图过程中，对象捕捉功能的调用可以通过以下方式完成。

（1）"对象捕捉"工具栏："对象捕捉"工具栏如图 4-24 所示，在绘图过程中，当系统提示需要指定点位置时，可以单击"对象捕捉"工具栏中相应的特征点按钮，再把十字光标移动到要捕捉的对象的特征点附近，AutoCAD 会自动提示并捕捉这些特征点。例如，如果需要用直线连接一系列圆的圆心，可以将"圆心"设置为执行对象捕捉。如果有两个可能

的捕捉点落在选择区域，AutoCAD 将捕捉离十字光标中心最近的符合条件的点。还有可能在指定点时需要检查哪一个对象捕捉有效，例如在指定位置有多个对象捕捉符合条件，在指定点之前，按 <Tab> 键可以捕捉所有可能的点。

图 4-24 "对象捕捉" 工具栏

（2）对象捕捉快捷菜单：在需要指定点位置时，按住 <Ctrl> 键或 <Shift> 键，单击鼠标右键，弹出 "对象捕捉" 快捷菜单，如图 4-25 所示。在该菜单中选择某一种特征点，然后把十字光标移动到要捕捉对象上的特征点附近，即可捕捉到这些特征点。

图 4-25 "对象捕捉" 快捷菜单

（3）使用命令行：当需要指定点位置时，在命令行中输入相应特征点的关键字，把十字光标移动到要捕捉对象的特征点附近，即可捕捉到这些特征点。对象捕捉模式及其关键字如表 4-3 所示。

表 4-3 对象捕捉模式及其关键字

模式	关键字	模式	关键字	模式	关键字
临时追踪点	TT	捕捉自	FROM	端点	END
中点	MID	交点	INT	外观交点	APP
延长线	EXT	圆心	CEN	象限点	QUA
切点	TAN	垂足	PER	平行线	PAR
节点	NOD	最近点	NEA	无	NON

（1）对象捕捉不可单独使用，必须配合别的绘图命令使用。仅当 AutoCAD 提示输入点时，对象捕捉才生效。如果试图在命令行提示下使用对象捕捉，AutoCAD 将显示错误信息。
（2）对象捕捉只影响屏幕上可见的对象，包括锁定图层、布局视口边界和多段线上的对象；不能捕捉不可见的对象，如未显示的对象、关闭或冻结图层上的对象以及虚线的空白部分。

5. 自动对象捕捉

在绘制图形的过程中，使用对象捕捉的频率非常高，如果每次在捕捉时都要先选择捕捉模式，将使工作效率大大降低。为避免这种情况发生，AutoCAD 2023 提供了自动对象捕捉模式。启用自动对象捕捉模式后，当十字光标距指定的捕捉点较近时，系统会自动精确地捕捉这些特征点，并显示出相应的标记以及该捕捉的提示。❶选择 "草图设置" 对话框中的 "对象捕捉" 选项卡，❷勾选 "启用对象捕捉追踪" 复选框，如图 4-26 所示，可以启动自动对象捕捉模式。

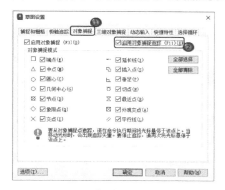

图 4-26 "对象捕捉" 选项卡

用户可以设置自己常用的捕捉方式。一旦设置了运行捕捉方式，在每次绘图时，所设定的目标捕捉方式都会被激活，而不是仅对一次选择有效。当同时使用多种方式时，系统将捕捉距十字光标最近、满足多种目标捕捉方式之一的点。当十字光标距要获取的点非常近时，按 <Shift> 键将暂时不捕捉对象。

6. 正交绘图

在正交绘图模式下，在命令的执行过程中，十字光标只能沿 X 轴或 Y 轴移动。所有绘制的线段和构造线都将平行于 X 轴或 Y 轴，因此它们相互垂直，即正交。正交绘图对绘制水平和垂直线非常有用，特别是绘制构造线时经常使用。而且当捕捉模式为等轴测捕捉时，还会约束直线平行于 3 个等轴测中的一个。

直接单击状态栏中的"正交"按钮或按 <F8> 键，会在文本窗口中显示正交绘图开 / 关提示信息；也可以在命令行中输入"ORTHO"命令，开启或关闭正交绘图。

> **注意** 正交模式将十字光标限制在水平或垂直（正交）轴上。因为不能同时打开正交模式和极轴追踪，因此正交模式打开时，AutoCAD 会关闭极轴追踪。如果再次打开极轴追踪，AutoCAD 将关闭正交模式。

实例教学

下面以图 4-27 所示的方头平键为例，介绍极轴追踪命令的使用方法。

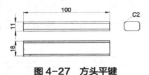

图 4-27 方头平键

STEP 绘制步骤

❶ 单击"默认"选项卡"绘图"面板中的"矩形"按钮 ▭，绘制主视图外形。首先在屏幕上的适当位置指定一个角点，然后指定第二个角点的坐标为（@100,11），结果如图 4-28 所示。

图 4-28 绘制主视图外形

❷ 单击"默认"选项卡"绘图"面板中的"直线"按钮 ／，绘制主视图棱线。命令行提示如下。

```
命令：_line
指定第一个点：FROM ↙
基点：（捕捉矩形左上角点，如图 4-29 所示）
< 偏移 >：@0,-2 ↙
指定下一点或 [ 放弃 (U)]：（右移十字光标，捕捉
矩形右边上的垂足，如图 4-30 所示）
指定下一点或 [ 放弃 (U)]：↙
```

图 4-29 捕捉左上角点

图 4-30 捕捉垂足

用相同的方法，以矩形左下角点为基点，向上偏移两个单位，利用基点捕捉绘制下边的另一条棱线，结果如图 4-31 所示。

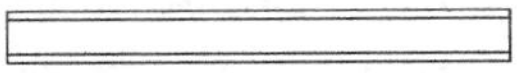

图 4-31 绘制主视图棱线

❸ 单击状态栏中的"对象捕捉"和"对象捕捉追踪"按钮，启动对象捕捉追踪功能。打开"草图设置"对话框，❶选择"极轴追踪"选项卡，❷将"增量角"设置为"90"，❸选中"仅正交追踪"单选钮，如图 4-32 所示。

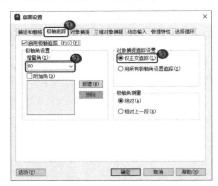

图 4-32 设置"极轴追踪"

❹ 单击"默认"选项卡"绘图"面板中的"矩形"按钮 ▭，绘制俯视图外形。捕捉第❶步中绘制的矩形的左下角点，系统显示追踪线，沿追踪线向下，在适当位置指定一点为矩形角点，另一角点坐标为（@100,18），结果如图 4-33 所示。

图 4-33 绘制俯视图外形

❺ 单击"默认"选项卡"绘图"面板中的"直线"按钮 ／，结合基点捕捉功能绘制俯视图棱线，偏移距离为"2"，结果如图 4-34 所示。

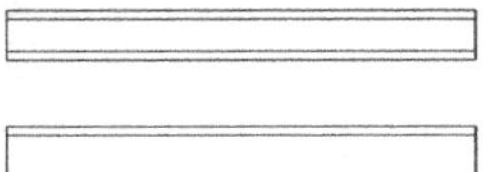

图 4-34 绘制俯视图棱线

❻ 单击"默认"选项卡"绘图"面板中的"构造线"按钮✏，绘制左视图构造线。首先指定适当一点绘制 -45° 构造线，命令行提示如下。

> 命令：XLINE ✓
> 指定点或 [水平 (H) / 垂直 (V) / 角度 (A) / 二等分 (B) / 偏移 (O)]：(捕捉俯视图右上角点，在水平追踪线上指定一点，如图 4-35 所示)
> 指定通过点：(打开正交模式，指定水平方向上一点，指定斜线与第四条水平线的交点)

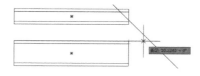

图 4-35　绘制左视图构造线

用同样的方法绘制另一条水平构造线。再捕捉水平构造线与斜构造线交点为指定点，绘制两条竖直构造线，如图 4-36 所示。

图 4-36　完成左视图构造线

❼ 单击"默认"选项卡"绘图"面板中的"矩形"

按钮▭，绘制左视图。命令行提示如下。

> 命令：_rectang
> 指定第一个角点或 [倒角 (C) / 标高 (E) / 圆角 (F) / 厚度 (T) / 宽度 (W)]：C ✓
> 指定矩形的第一个倒角距离 <0.0000>：2 ✓
> 指定矩形的第二个倒角距离 <2.0000>：2 ✓
> 指定第一个角点或 [倒角 (C) / 标高 (E) / 圆角 (F) / 厚度 (T) / 宽度 (W)]：(捕捉主视图矩形上边延长线与第一条竖直构造线的交点，如图 4-37 所示)
> 指定另一个角点或 [面积 (A) / 尺寸 (D) / 旋转 (R)]：(捕捉主视图矩形下边延长线与第二条竖直构造线的交点)

绘制结果如图 4-38 所示。

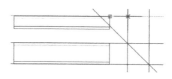

图 4-37　捕捉交点

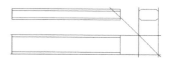

图 4-38　绘制左视图

❽ 单击"默认"选项卡"修改"面板中的"删除"按钮✏，删除构造线，最终结果如图 4-27 所示。

4.5　对象约束

约束能够精确地控制草图中的对象。草图约束有两种类型：几何约束和尺寸约束。

几何约束建立草图对象的几何特性（如要求某一直线具有固定长度），或是两个或更多草图对象的关系类型（如要求两条直线垂直或平行，或是几个圆弧具有相同的半径）。用户可以在绘图区通过"参数化"选项卡内的"全部显示""全部隐藏"或"显示/隐藏"来设置有关信息，并显示或隐藏代表这些约束的直观标记。图 4-39 所示的是几何约束中的水平标记═和共线标记✓。

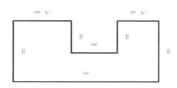

图 4-39　"几何约束"示意图

尺寸约束建立草图对象的大小（如直线的长度、圆弧的半径等），或是两个对象之间的关系（如两点之间的距离）。图 4-40 所示为带有尺寸约束的图形示例。

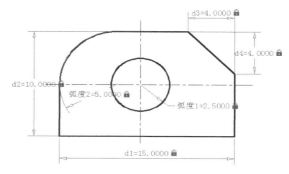

图 4-40　"尺寸约束"示意图

4.5.1 建立几何约束

利用几何约束工具，可以制定草图对象必须遵守的条件，或是草图对象之间必须维持的关系。"几何"面板及工具栏（面板在"二维草图与注释"工作空间"参数化"选项卡中）如图 4-41 所示，其主要几何约束选项的功能如表 4-4 所示。

图 4-41 "几何"面板及工具栏

表 4-4 几何约束选项的功能

约束模式	功 能
重合 ┗	约束两个点使其重合，或约束一个点使其位于对象（或对象延长部分的任意位置）上。可以使对象上的约束点与某个对象重合，也可以使其与另一对象上的约束点重合
共线 ✔	使两条或多条直线段处于同一直线方向，并使它们共线
同心 ◎	将两个圆弧、圆或椭圆约束到同一个中心点，结果与将重合约束应用于曲线的中心点所产生的效果相同
固定 🔒	将几何约束应用于一对对象时，选择对象的顺序以及选择每个对象的点可能会影响对象间的放置方式
平行 ∥	使选定的直线彼此平行，平行约束在两个对象之间应用
垂直 ✓	使选定的直线彼此垂直，垂直约束在两个对象之间应用
水平 ₸	使直线或点位于与当前坐标系 X 轴平行的位置，默认选择类型为对象
竖直 ∦	使直线或点位于与当前坐标系 Y 轴平行的位置
相切 ◌	将两条曲线约束为保持彼此相切或其延长线保持彼此相切，相切约束在两个对象之间应用
平滑 ✦	将样条曲线约束为连续，并与其他样条曲线、直线、圆弧或多段线保持连续性
对称 ⼞	使选定对象受对称约束，相对于选定直线对称
相等 ＝	将选定圆弧和圆的尺寸重新调整为半径相同，或将选定直线的尺寸重新调整为长度相同

在绘图过程中可建立二维对象或对象上点之间的几何约束。在编辑受约束的几何图形时，将保留约束，因此用户可以通过建立几何约束，在图形中体现设计要求。

4.5.2 设置几何约束

在用 AutoCAD 绘图时，可以控制约束栏的显示，利用"约束设置"对话框（见图 4-42）可控制约束栏上显示或隐藏的几何约束类型。单独或全局显示或隐藏几何约束和约束栏时，可执行以下操作：

显示或隐藏所有的几何约束、显示或隐藏指定类型的几何约束和显示或隐藏所有与选定对象相关的几何约束。

图 4-42 "约束设置"对话框

执行方式

命令行：CONSTRAINTSETTINGS（CSETTINGS）

菜单栏："参数"→"约束设置"

功能区：单击"参数化"选项卡中的"约束设置，几何"按钮 ▪

工具栏：单击"参数化"工具栏中的"约束设置"按钮 ⼞

执行上述操作后，系统打开"约束设置"对话框，如图 4-42 所示。利用此对话框可以控制约束栏上约束类型的显示。

选项说明

（1）"约束栏显示设置"选项组：此选项组控制图形编辑器中是否为对象显示约束栏或约束点标记。例如，可以为水平约束和竖直约束隐藏约束栏的显示。

（2）"全部选择"按钮：选择全部约束选项。

（3）"全部清除"按钮：清除全部约束选项。

（4）"仅为处于当前平面中的对象显示约束栏"复选框：仅为当前平面上受几何约束的对象显示约束栏。

（5）"约束栏透明度"选项组：设置图形中约束栏的透明度。

（6）"将约束应用于选定对象后显示约束栏"复选框：手动应用约束或使用"AUTOCONSTRAIN"命令时，显示相关约束栏。

实例教学

下面以图 4-43 所示的同心相切圆为例，介绍几何约束命令的使用方法。

图 4-43　同心相切圆

STEP　绘制步骤

❶ 单击"默认"选项卡"绘图"面板中的"圆"按钮 ⊙，以适当半径绘制 4 个圆，绘制结果如图 4-44 所示。

图 4-44　绘制圆

❷ 单击"参数化"选项卡"几何"面板中的"相切"按钮 ◌，使得圆 1 和圆 2 相切，命令行提示如下。

```
命　令 : _GcTangent
选择第一个对象 :（选择圆 1）
选择第二个对象 :（选择圆 2）
```

❸ 系统自动将圆 2 向左移动，使其与圆 1 相切，结果如图 4-45 所示。

图 4-45　建立圆 1 与圆 2 的相切关系

❹ 单击"参数化"选项卡"几何"面板中的"同心"按钮 ◎，使圆 1 与圆 3 同心，命令行提示如下。

```
命　令 : _GcConcentric
选择第一个对象 :（选择圆 1）
选择第二个对象 :（选择圆 3）
```

系统自动建立圆 1 与圆 3 的同心关系，结果如图 4-46 所示。

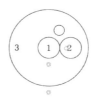

图 4-46　建立圆 1 与圆 3 的同心关系

❺ 采用同样的方法，使圆 3 与圆 2 建立相切关系，结果如图 4-47 所示。

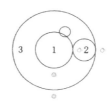

图 4-47　建立圆 3 与圆 2 的相切关系

❻ 采用同样的方法，使圆 1 与圆 4 建立相切关系，结果如图 4-48 所示。

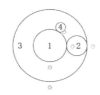

图 4-48　建立圆 1 与圆 4 的相切关系

❼ 采用同样的方法，使圆 4 与圆 2 建立相切关系，结果如图 4-49 所示。

图 4-49　建立圆 4 与圆 2 的相切关系

❽ 采用同样的方法，使圆 3 与圆 4 建立相切关系，最终结果如图 4-43 所示。

4.5.3 建立尺寸约束

建立尺寸约束可以限制图形几何对象的大小，与在草图上标注尺寸相似。建立尺寸约束同样会设置尺寸标注线并建立相应的表达式，与在草图上标注尺寸不同的是，可以在后续的编辑工作中实现尺寸的参数化驱动。"标注"面板（在"二维草图与注释"工作空间"参数化"选项卡中）如图4-50所示。

图 4-50 "标注"面板

在生成尺寸约束时，用户可以选择草图曲线、边、基准平面或基准轴上的点，以生成水平、竖直、平行、垂直和角度尺寸。

生成尺寸约束时，系统会生成一个表达式，其名称和值显示在一个文本框中，如图4-51所示。用户可以在其中编辑该表达式的名称、值或位置。

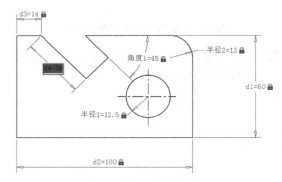

图 4-51 编辑尺寸约束示意图

生成尺寸约束时，只要选中了几何体，其尺寸及延伸线和箭头就会全部显示出来。将尺寸拖动到想要的位置，然后单击，就完成了尺寸约束的添加。添加完尺寸约束后，用户还可以随时更改尺寸约束。在绘图区选中尺寸约束并双击，就可以使用生成过程中所采用的方式，编辑其名称、值或位置。

4.5.4 设置尺寸约束

在用 AutoCAD 绘图时，使用"约束设置"对话框中的"标注"选项卡，可控制显示标注约束时的系统配置，如图4-52所示。

图 4-52 "标注"选项卡

命令行: CONSTRAINTSETTINGS (CSET-TINGS)

菜单栏:"参数"→"约束设置"

功能区: 单击"参数化"选项卡中的"约束设置，标注"按钮

工具栏:"参数化"→"约束设置"按钮

执行上述操作后，系统打开"约束设置"对话框，切换到"标注"选项卡，在该选项卡中可以控制约束栏上约束类型的显示。

（1）"标注约束格式"选项组: 可以设置标注名称格式和锁定图标的显示。

（2）"标注名称格式"下拉列表: 为应用标注约束时显示的文字指定格式。可将名称格式设置为显示名称、值或名称和表达式。例如，宽度 = 长度 /2。

（3）"为注释性约束显示锁定图标"复选框: 针对已应用注释性约束的对象显示锁定图标。

（4）"为选定对象显示隐藏的动态约束"复选框: 显示选定时已设置为隐藏的动态约束。

 实例教学

下面以图4-53所示的方头平键为例，介绍尺寸约束命令的使用方法。

图 4-53　方头平键（键 B18×80）

❶ 绘制方头平键轮廓（键 B18×100），如图 4-54 所示。

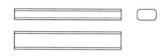

图 4-54　绘制方头平键轮廓（键 B18×100）

❷ 单击"参数化"选项卡"几何"面板中的"共线"按钮✓，使左端各竖直直线建立共线的几何约束。采用同样的方法使右端各竖直直线建立共线的几何约束。

❸ 单击"参数化"选项卡"几何"面板中的"相等"按钮=，使最上端水平线与下面各条水平线建立相等的几何约束。

❹ 单击"参数化"选项卡"标注"面板中的"水平"按钮⊢┤，更改水平尺寸，命令行提示如下。

```
命令：_DcHorizontal
指定第一个约束点或 [ 对象 (O)] < 对象 >：（选
择最上方直线左端点）
指定第二个约束点 ：（选择最上方直线右端点）
指定尺寸线位置：（在合适位置单击）
标注文字 = 100（输入长度 80）↙
```

❺ 系统自动将长度调整为 80，最终结果如图 4-53 所示。

"约束设置"对话框中还有一个"自动约束"选项卡，如图 4-55 所示。利用该选项卡，可将设定于公差范围内的对象自动设置为相关约束，读者可以自行练习体会。

图 4-55　"自动约束"选项卡

4.6　综合演练——轴

绘制图 4-56 所示的轴。

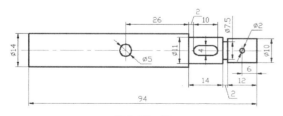

图 4-56　轴

❶ 在命令行中输入"LIMITS"命令设置绘图环境，命令行提示如下。

```
命令：LIMITS ↙
重新设置模型空间界限 ：
指定左下角点或 [ 开 (ON)/ 关 (OFF)] <0.0000,
0.0000>：↙
指定右上角点 <420.0000,297.0000>：297,210 ↙
```

❷ 图层设置。

（1）单击"默认"选项卡"图层"面板中的"图层特性"按钮🖳，打开"图层特性管理器"选项板。

（2）单击"新建图层"按钮🗇，创建一个新图层，把该图层命名为"中心线"。

（3）单击"中心线"图层对应的"颜色"项，❶打开"选择颜色"对话框，如图 4-57 所示。❷选择红色为该图层颜色，❸单击"确定"按钮，返回"图层特性管理器"选项板。

（4）单击"中心线"图层对应的"线型"项，打开"选择线型"对话框，如图 4-58 所示。

（5）在"选择线型"对话框中，单击"加载"按钮，系统打开"加载或重载线型"对话框，如图 4-59 所示，❶选择"CENTER"线型，❷单击"确定"按钮。

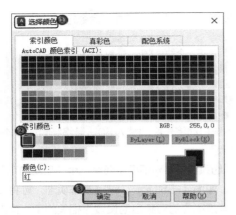

图 4-57 "选择颜色"对话框

图 4-58 "选择线型"对话框

图 4-59 "加载或重载线型"对话框

（6）单击"中心线"图层对应的"线宽"项，打开"线宽"对话框，如图 4-60 所示。❶选择"0.09mm"线宽，❷单击"确定"按钮。

（7）采用相同的方法再创建两个新图层，分别命名为"轮廓线"和"尺寸线"。设置"轮廓线"图层的颜色为白色，线型为 Continuous（实线），线宽为 0.30mm。设置"尺寸线"图层的颜色为蓝色，线型为 Continuous，线宽为

0.09mm。设置完成后，使 3 个图层均处于打开、解冻和解锁状态，各项设置如图 4-61 所示。

图 4-60 "线宽"对话框

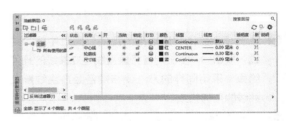

图 4-61 新建图层的各项设置

❸ 切换到"中心线"图层。单击"默认"选项卡"绘图"面板中的"直线"按钮 ∕，绘制轴的中心线。命令行提示如下。

```
命令：_line
指定第一个点：65,130 ↙
指定下一点或 [放弃(U)]：170,130 ↙
指定下一点或 [放弃(U)]：↙
```

绘制结果如图 4-62 所示。

图 4-62 绘制直线

采用相同的方法，单击"默认"选项卡"绘图"面板中的"直线"按钮 ∕，绘制 Ø5 圆与 Ø2 圆的竖直中心线，端点坐标分别为（110,135）和（110,125）、（158,133）和（158,127），如图 4-63 所示。

———— — ┼ — ┼

图 4-63 绘制竖直中心线

❹ 切换到"轮廓线"图层，绘制轴的外轮廓线。

❺ 单击"默认"选项卡"绘图"面板中的"矩形"按钮 ▢，以坐标为（70,123）（@66,14）的角

点绘制左端 11 轴段。单击"默认"选项卡中的"直线"按钮，命令行提示如下。

```
命令：_line（绘制∅11 轴段）
指定第一个点：_from 基点：（单击"对象捕捉"
工具栏中的按钮，启用"捕捉自"功能，按提示操作）
_int 于：（捕捉 14 轴段右端与水平中心线的交点）
< 偏移 >：@0,5.5
指定下一点或 [ 放弃 (U)]：@14,0
指定下一点或 [ 放弃 (U)]：@0,-11
指定下一点或 [ 闭合 (C)/ 放弃 (U)]：@-14,0
指定下一点或 [ 闭合 (C)/ 放弃 (U)]：
命令：_line
指定第一个点：_from
基点：_int 于（捕捉 11 轴段右端与水平中心线
的交点）< 偏移 >：@0,3.75
指定下一点或 [ 放弃 (U)]：@ 2,0
指定下一点或 [ 放弃 (U)]：
命令：_line
指定第一个点：_from
基点：_int 于（捕捉 11 轴段右端与水平中心线
的交点）< 偏移 >：@0,-3.75
指定下一点或 [ 放弃 (U)]：@2,0
指定下一点或 [ 放弃 (U)]：
命令：_rectang （绘制右端∅10 轴段）
指定第一个角点或 [ 倒角 (C)/ 标高 (E)/ 圆角
(F)/ 厚度 (T)/ 宽度 (W)]：152,125 （输入
矩形的左下角点坐标）
指定另一个角点或 [ 面积 (A)/ 尺寸 (D)/ 旋转
(R)]：@12,10 （输入矩形的右上角点相对坐标）
```

绘制结果如图 4-64 所示。

图 4-64 绘制外轮廓线

> **注意**　"_int 于："是"对象捕捉"功能启动后系统在命令行给出的选择捕捉点的提示，此时通常会在绘图屏幕上显示可供选择的对象点的标记。

❻ 单击"默认"选项卡"绘图"面板中的"圆"按钮⊙，在绘图区指定一点为圆心，设置直径为"5"，绘制轴孔，如图 4-65 所示。

图 4-65 绘制轴孔

❼ 单击"默认"选项卡"绘图"面板中的"圆"按钮⊙，在绘图区指定一点为圆心，设置直径为"2"，绘制圆，如图 4-66 所示。

图 4-66 绘制轴的键槽

❽ 单击"默认"选项卡"绘图"面板中的"多段线"按钮╰╮，绘制多段线，从而完成轴的键槽的绘制。命令行提示如下。

```
命令：_pline
指定起点：140,132 （当前线宽为 0.0000）
指定下一个点或 [ 圆弧 (A)/ 半宽 (H)/ 长度
(L)/ 放弃 (U)/ 宽度 (W)]：@6,0
指定下一点或 [ 圆弧 (A)/ 闭合 (C)/ 半宽
(H)/ 长度 (L)/ 放弃 (U)/ 宽度 (W)]：A
（绘制圆弧）
指定圆弧的端点（按住 <Ctrl> 键以切换方向）或
[ 角度 (A)/ 圆心 (CE)/ 闭合 (CL)/ 方向 (D)/ 半
宽 (H)/ 直线 (L)/ 半径 (R)/ 第二个点 (S)/ 放
弃 (U)/ 宽度 (W)]：@0,-4
指定圆弧的端点（按住 <Ctrl> 键以切换方向）或
[ 角度 (A)/ 圆心 (CE)/ 闭合 (CL)/ 方向 (D)/ 半
宽 (H)/ 直线 (L)/ 半径 (R)/ 第二个点 (S)/ 放
弃 (U)/ 宽度 (W)]：L
指定下一点或 [ 圆弧 (A)/ 闭合 (C)/ 半宽 (H)/
长度 (L)/ 放弃 (U)/ 宽度 (W)]：@-6,0
指定下一点或 [ 圆弧 (A)/ 闭合 (C)/ 半宽
(H)/ 长度 (L)/ 放弃 (U)/ 宽度 (W)]：A
指定圆弧的端点（按住 <Ctrl> 键以切换方向）或
[ 角度 (A)/ 圆心 (CE)/ 闭合 (CL)/ 方向 (D)/
半宽 (H)/ 直线 (L)/ 半径 (R)/ 第二个点 (S)/ 放
弃 (U)/ 宽度 (W)]：_endp 于（捕捉上部直线段的左
端点，绘制左端的圆弧）
指定圆弧的端点（按住<Ctrl>键以切换方向）或[角度
(A)/圆 心 (CE)/闭 合 (CL)/方 向 (D)/半 宽 (H)/直线
(L)/半径(R)/第二个点 (S)/放弃 (U)/宽度(W)]：
```

最终绘制结果如图 4-56 所示。

❾ 保存图形。

在命令行输入"QSAVE"命令，或选择菜单栏中的"文件"→"另保存"命令，或者单击快速访问工具栏中的"另存为"按钮🖫。在打开的"图形另存为"对话框中输入文件名并保存。

4.7 上机实验

【实验1】利用图层命令绘制螺母

1. 目的要求

螺母如图 4-67 所示，本实验要绘制的图形虽然简单，但与前面所学知识有一个明显不同的地方，就是图中不止一种图线。通过本实验，读者应掌握设置图层的方法与步骤。

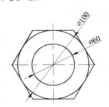

图 4-67 螺母

2. 操作提示

（1）设置两个新图层。

（2）绘制中心线。

（3）绘制螺母轮廓线。

【实验2】捕捉四边形上、下边延长线交点做四边形右边的平行线

1. 目的要求

四边形如图 4-68 所示，本实验要绘制的图形比较简单，但是要准确找到四边形上、下边延长线必须启用"对象捕捉"功能，捕捉延长线交点（尺寸适当选取）。通过本实验，读者可以体会到"对象捕捉"功能的方便与快捷。

图 4-68 四边形

2. 操作提示

（1）在工具栏区单击鼠标右键，选择快捷菜单中的"AutoCAD"→"对象捕捉"命令，打开"对象捕捉"工具栏。

（2）利用"对象捕捉"工具栏中的"捕捉到交点"工具捕捉四边形上、下边的延长线交点，将其作为线段起点。

（3）利用"对象捕捉"工具栏中的"捕捉到平行线"工具捕捉一点作为线段终点。

第 5 章

二维编辑命令

使用基本绘图命令并配合二维编辑命令可以进一步完成复杂图形对象的绘制工作，而且可以做到合理安排和组织图形，确保图形绘制准确。因此，对编辑命令的熟练掌握和使用有助于提高设计和绘图的效率。本章主要讲解如何选择对象、复制类命令、删除及恢复类命令、改变位置类命令，以及改变几何特性命令的使用方法。

重点与难点

- ⊃ 选择对象
- ⊃ 复制类命令
- ⊃ 删除及恢复类命令
- ⊃ 改变位置类命令
- ⊃ 改变几何特性类命令

5.1 选择对象

AutoCAD 提供两种效果相同的编辑图形的形式。

（1）先执行编辑命令，然后选择要编辑的对象。

（2）先选择要编辑的对象，然后执行编辑命令。

选择对象是进行编辑的前提。AutoCAD 提供了多种选择对象的方法，如通过点取方式选择对象、用选择窗口选择对象、用选择线选择对象、用对话框选择对象等。AutoCAD 可以把选择的多个对象组成整体，如选择集和对象组，以便进行整体编辑与修改。

选择集可以仅由一个图形对象构成，也可以是一个复杂的对象组，如位于某一特定层上具有某种特定颜色的一组对象。选择集的构造可以在调用编辑命令之前或之后进行。

AutoCAD 提供以下几种方法构造选择集。

（1）先选择一个编辑命令，然后选择对象，按 <Enter> 键结束操作。

（2）使用"SELECT"命令。

（3）用点取设备选择对象，然后调用编辑命令。

（4）定义对象组。

无论使用哪种方法，AutoCAD 都将提示用户选择对象，并且鼠标指针的形状由十字光标变为拾取框。

下面结合"SELECT"命令说明选择对象的方法。

"SELECT"命令可以单独使用，即在命令行输入"SELECT"后按 <Enter> 键，也可以在执行其他编辑命令时被自动调用。此时，屏幕出现如下提示。

> 选择对象：

等待用户以某种方式选择对象作为响应。

AutoCAD 提供多种选择方式，可以输入"？"查看这些选择方式。

> 需要点或 窗口 (W) / 上一个 (L) / 窗交 (C) / 框 (BOX) / 全部 (ALL) / 栏选 (F) / 圈围 (WP) / 圈交 (CP) / 编组 (G) / 添加 (A) / 删除 (R) / 多个 (M) / 前一个 (P) / 放弃 (U) / 自动 (AU) / 单个 (SI) / 子对象 (SU) / 对象 (O)
> 选择对象：

AutoCAD 提供的主要选择方式对应含义如下。

1. 点

该方式表示直接通过点取的方式选择对象。这是较常用也是系统默认的一种对象选择方法。用鼠标或键盘移动拾取框，使其框住要选取的对象，然后单击鼠标左键，该对象就会被选中并高亮显示。点的选择也可以使用键盘输入一个点坐标值来实现。当选择点后，系统将立即扫描图形，搜索并且选择穿过该点的对象。

用户可以选择"工具"下拉菜单中的"选项"命令，打开"选项"对话框，选择"选择集"选项卡。移动"拾取框大小"选项组中的滑动标尺可以调整拾取框的大小。左侧的空白区中会显示相应的拾取框的尺寸。

2. 窗口（W）

用由两个对角顶点确定的矩形窗口选取位于其范围内部的所有对象，与边界相交的对象不会被选中。指定对角顶点时应该按照从左向右的顺序。

在"选择对象："提示下，输入"W"，按 <Enter> 键，出现如下提示。

> 指定第一个角点：（输入矩形窗口的第一个对角点的位置）
> 指定对角点 ：（输入矩形窗口的另一个对角点的位置）

指定两个对角顶点后，位于矩形窗口内部的所有对象将被选中，并高亮显示，如图 5-1 所示。

（a）图中下部方框为选择框　　　（b）选择后的图形

图 5-1 "窗口"对象选择方式

3. 上一个（L）

在"选择对象："提示下，输入"L"，按 <Enter> 键，系统会自动选取最近绘出的一个对象。

4. 窗交（C）

该方式与"窗口"方式类似，区别在于它不但会选中矩形窗口内部的对象，还会选中与矩形窗口边界相交的对象。

在"选择对象："提示下，输入"C"，按 <Enter> 键，系统提示如下。

> 指定第一个角点：（输入矩形窗口的第一个对角点的位置）
> 指定对角点 ：（输入矩形窗口的另一个对角点的位置）

选择的对象如图 5-2 所示。

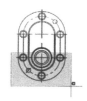 

（a）图中下部虚线框为选择框　　（b）选择后的图形

图 5-2　"窗交"对象选择方式

5. 框（BOX）

使用该方式时，系统根据用户在屏幕上给出的两个对角点的位置自动引用"窗口"或"窗交"选择方式。若从左向右指定对角点，为"窗口"方式；反之，为"窗交"方式。

6. 全部（ALL）

在"选择对象："提示下，输入"ALL"，按 <Enter> 键，此时绘图区内的所有对象均被选中。

7. 栏选（F）

这种方式对选择相距较远的对象比较有效，交线可以穿过对象本身。这些对象不必构成封闭图形，凡是与交线相交的对象均被选中。在"选择对象："提示下，输入"F"，按 <Enter> 键，出现如下提示。

> 指定第一个栏选点或拾取 / 拖动光标：（指定交线的第一点）
> 指定下一个栏选点或 [放弃 (U)]：（指定交线的第二点）
> 指定下一个栏选点或 [放弃 (U)]：（指定下一条交线的端点）
> ……
> 指定下一个栏选点或 [放弃 (U)]：（按 <Enter> 键结束操作）

执行结果如图 5-3 所示。

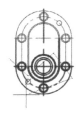 

（a）图中虚线为选择栏　　（b）选择后的图形

图 5-3　"栏选"对象选择方式

8. 圈围（WP）

使用一个不规则的多边形来选择对象。在"选择对象："提示下，输入"WP"，按 <Enter> 键，

出现如下提示。

> 第一个圈围点或拾取 / 拖动光标：（输入不规则多边形的第一个顶点坐标）
> 指定直线的端点或 [放弃 (U)]：（输入第二个顶点坐标）
> 指定直线的端点或 [放弃 (U)]：（按 <Enter> 键结束操作）

根据提示，用户依次输入构成多边形所有顶点的坐标，直到最后按 <Enter> 键结束输入，系统将自动连接第一个顶点与最后一个顶点，形成封闭的多边形。多边形的边不能接触或穿过对象本身。若输入"U"，则取消刚才定义的坐标点并且重新指定。凡是被多边形"圈围"对象均被选中（不包括边界）。执行结果如图 5-4 所示。

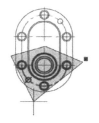 

（a）十字线所拉出的多边形为选择框　　（b）选择后的图形

图 5-4　"圈围"对象选择方式

9. 圈交（CP）

类似于"圈围"方式，在提示后输入"CP"，按 <Enter> 键，后续操作与"圈围"方式相同。区别在于与多边形边界相交的对象也将被选中。执行结果如图 5-5 所示。

（a）十字线所拉出的多边形为选择框　　（b）选择后的图形

图 5-5　"圈交"对象选择方式

 若多边形从左向右定义，即第一个选择的对角点为左侧的对角点，则多边形内部的对象被选中，多边形外部及与多边形边界相交的对象不会被选中；若多边形从右向左定义，则多边形内部及与多边形边界相交的对象都会被选中。

其他的选择方式与上面讲述的方式类似，这里不赘述。

5.2 复制类命令

本节详细介绍 AutoCAD 2023 的复制类命令，利用这些命令，可以方便地编辑绘制的图形。

5.2.1 复制命令

执行方式

命令行：COPY（快捷命令：CO）

菜单栏："修改"→"复制"（见图5-6）

图5-6 "修改"菜单

工具栏：单击"修改"工具栏中的"复制"按钮❀

快捷菜单：选中要复制的对象后单击鼠标右键，选择快捷菜单中的"复制选择"命令

功能区：单击"默认"选项卡"修改"面板中的"复制"按钮❀

操作步骤

命令行提示如下。

命令：COPY ✓
选择对象：（选择要复制的对象）

用前面介绍的对象选择方法选择一个或多个对象，按 <Enter> 键结束选择，命令行提示如下。

指定基点或 [位移 (D)/ 模式 (O)] < 位移 >:
指定基点或位移

选项说明

（1）指定基点：指定一个坐标点后，系统把该点作为复制对象的基点，命令行提示"指定第二个点或 [阵列 (A)] < 使用第一个点作为位移 >:"。在指定第二个点后，系统将根据这两点确定的位移矢量把选择的对象复制到第二点处。如果此时直接按 <Enter> 键，即选择默认的"使用第一个点作为位移"，则第一个点被当作相对于 X、Y、Z 方向的位移。例如，如果指定基点为（2,3），并在下一个提示下按 <Enter> 键，则该对象从它当前的位置开始在 X 方向上移动 2 个单位，在 Y 方向上移动 3 个单位。复制完成后，命令行提示"指定第二个点或 [阵列 / 退出 (E)/ 放弃 (U)] < 退出 >:"。这时，可以继续指定第二点，从而实现多重复制。

（2）位移（D）：直接输入位移值，表示以选择对象时的拾取点为基准，以拾取点坐标为移动方向，按纵横比移动点，指定位移后确定的点为基点。例如，选择对象时拾取点坐标为（2,3），输入位移为"5"，则表示以点（2,3）为基准，沿纵横比为 3:2 的方向移动 5 个单位所确定的点为基点。

（3）模式（O）：控制是否自动重复该命令，该设置由 COPYMODE 系统变量控制。

实例教学

下面以图5-7所示的办公桌为例，介绍"复制"命令的使用方法。

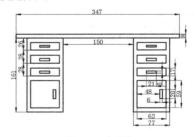

图5-7 办公桌

STEP 绘制步骤

❶ 单击"默认"选项卡"绘图"面板中的"矩形"按钮⬚，绘制矩形，绘制结果如图5-8（a）所示。

❷ 单击"默认"选项卡"绘图"面板中的"矩形"按钮⬚，在合适的位置绘制一系列的矩形，绘

制结果如图 5-8（b）所示。

❸ 单击"默认"选项卡"绘图"面板中的"矩形"按钮▭，在合适的位置绘制一系列的矩形，绘制结果如图 5-8（c）所示。

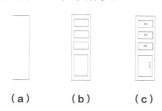

（a）　　（b）　　（c）

图 5-8　绘制矩形（1）

❹ 单击"默认"选项卡"绘图"面板中的"矩形"按钮▭，在合适的位置绘制一个矩形，绘制结果如图 5-9 所示。

图 5-9　绘制矩形（2）

❺ 单击"默认"选项卡"修改"面板中的"复制"按钮♋，将办公桌左边的一系列矩形复制到右边，完成办公桌的绘制。命令行提示如下。

```
命令：_copy
选择对象：（选择左边的一系列矩形）
选择对象：✓
当前设置：复制模式 = 多个
指定基点或 [ 位移 (D)/ 模式 (O)] < 位移 >：
（选择最外面的矩形与桌面的交点）
指定第二个点或 [ 阵列 (A)] < 使用第一个点作
为位移 >：（选择放置矩形的位置）
指定第二个点或 [ 阵列 (A)/ 退出 (E)/ 放弃
(U)] < 退出 >：✓
```

最终绘制结果如图 5-7 所示。

5.2.2 镜像命令

"镜像"命令是指把选择的对象以一条镜像线为轴进行对称复制。镜像操作完成后，可以保留原对象，也可以将其删除。

执行方式

命令行：MIRROR（快捷命令：MI）

菜单栏："修改"→"镜像"

工具栏：单击"修改"工具栏中的"镜像"按钮⚊

功能区：单击"默认"选项卡"修改"面板中的"镜像"按钮⚊

操作步骤

命令行提示如下。

```
命令：MIRROR ✓
选择对象：（选择要镜像的对象）
选择对象：✓
指定镜像线的第一点：（指定镜像线的第一个点）
指定镜像线的第二点：（指定镜像线的第二个点）
要删除源对象吗？ [ 是 (Y)/ 否 (N)] < 否 >：
（确定是否删除源对象）
```

根据选择的两点确定一条镜像线，被选择的对象以该镜像线为对称轴进行镜像复制。包含该线的镜像平面与用户坐标系统的 XY 平面垂直，即镜像操作在与用户坐标系统的 XY 平面平行的平面上进行。图 5-10 所示为利用"镜像"命令绘制的办公桌。

图 5-10　利用"镜像"命令绘制的办公桌

实例教学

下面以图 5-11 所示的压盖为例，介绍"镜像"命令的使用方法。

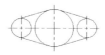

图 5-11　压盖

STEP 绘制步骤

❶ 选择菜单栏中的"格式"→"图层"命令，设置如下图层：第一个图层命名为"轮廓线"，线宽为 0.3mm，其余属性为默认值；第二个图层名称设为"中心线"，颜色设为红色，线型为 CENTER，其余属性为默认值，如图 5-12 所示。

图 5-12　"图层特性管理器"选项板

❷ 将"中心线"图层设置为当前图层，在屏幕上适当位置指定直线端点坐标，绘制一条水平中心线和两条竖直中心线，如图 5-13 所示。

图 5-13　绘制中心线

❸ 将"轮廓线"图层设置为当前图层，单击"默认"选项卡"绘图"面板中的"圆"按钮 ⊙，分别捕捉两中心线交点作为圆心，指定适当的半径绘制两个圆，如图 5-14 所示。

❹ 单击"默认"选项卡"绘图"面板中的"直线"按钮 ╱，结合对象捕捉功能，绘制一条切线，如图 5-15 所示。

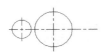 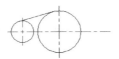

图 5-14　绘制圆　　　　**图 5-15　绘制切线**

❺ 单击"默认"选项卡"修改"面板中的"镜像"按钮 ⚎，以水平中心线为镜像线，镜像刚绘制的切线。命令行提示如下。

```
命令：_mirror
选择对象：(选择切线)
选择对象：✓
指定镜像线的第一点：(在中间的中心线上选取一点)
指定镜像线的第二点：(在中间的中心线上选取第二点)
要删除源对象？[是 (Y) / 否 (N)] < 否 >：✓
```

结果如图 5-16 所示。

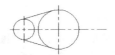

图 5-16　镜像切线

❻ 同样利用"镜像"命令，以右侧的竖直中心线为镜像线，选择镜像线左边的图形对象进行镜像操作。最终绘制结果如图 5-11 所示。

5.2.3　偏移命令

"偏移"命令是指保持选择对象的形状，在不同的位置以不同尺寸新建一个对象。

执行方式

命令行：OFFSET（快捷命令：O）

菜单栏："修改"→"偏移"

工具栏：单击"修改"工具栏中的"偏移"按钮 ⊂

功能区：单击"默认"选项卡"修改"面板中的"偏移"按钮 ⊂

操作步骤

命令行提示如下。

```
命令：OFFSET ✓
当前设置：删除源 = 否 图层 = 源 OFFSETGAPTYPE=0
指定偏移距离或 [ 通过 (T) / 删除 (E) / 图层 (L)]< 通过 >：(指定偏移距离值)
选择要偏移的对象，或 [ 退出 (E) / 放弃 (U) ] <退出 >：
指定要偏移的那一侧上的点，或 [ 退出 (E) / 多个 (M) / 放弃 (U) ] < 退出 >：(指定偏移方向)
选择要偏移的对象，或 [ 退出 (E) / 放弃 (U) ] <退出 >：
```

选项说明

（1）指定偏移距离：输入一个距离值，或按 <Enter> 键使用当前的距离值，系统把该距离值作为偏移的距离，如图 5-17（a）所示。

（2）通过（T）：指定偏移的通过点，选择该选项后，命令行提示如下。

```
选择要偏移的对象，或 [ 退出 (E) / 放弃 (U) ] <退出 >：(选择要偏移的对象)
指定通过点或 [ 退出 (E) / 多个 (M) / 放弃 (U) ] <退出 >：(指定偏移对象的一个通过点)
```

执行上述操作后，系统会根据指定的通过点绘制出要偏移的对象，如图 5-17（b）所示。

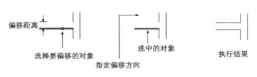

（a）指定偏移距离

（b）通过点

图 5-17　偏移选项说明（1）

（3）删除（E）：可在偏移后将源对象删除，如图 5-18（a）所示。选择该选项后，命令行提示如下。

```
要在偏移后删除源对象吗？[ 是 (Y) / 否 (N) ] < 否 >：
```

（4）图层（L）：确定将偏移对象创建在当前图

层上还是源对象所在的图层上，这样就可以在不同
图层上偏移对象。选择该项后，命令行提示如下。

> 输入偏移对象的图层选项 [当前 (C)/ 源 (S)]
> < 当前 >：

如果偏移对象的图层选择为当前图层，则偏移对
象的图层特性与当前图层相同，如图 5-18（b）所示。

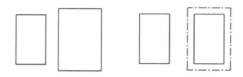

（a）删除源对象　（b）偏移对象的图层选择为当前图层
图5-18　偏移选项说明（2）

（5）多个（M）：使用当前偏移距离重复进行偏
移操作，并接受附加的通过点，执行结果如图 5-19
所示。

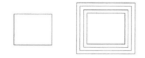

图 5-19　偏移选项说明（3）

> **注意**　在 AutoCAD 2023 中，可以使用"偏移"
> 命令对指定的直线、圆弧、圆等对象进
> 行定距离偏移复制操作。在实际应用中，常利用
> "偏移"命令创建平行线或等距离分布图形，效
> 果与"阵列"命令相同。默认情况下，需要先指
> 定偏移距离，再选择要偏移的对象，然后指定偏
> 移方向，以复制出需要的对象。

实例教学

下面以图 5-20 所示的门为例，介绍"偏移"
命令的使用方法。

　绘制步骤

❶ 单击"默认"选项卡"绘图"面板中的"矩形"
　按钮▭，绘制一个矩形，两个角点的坐标分别为
　（0,0）和（@900,2400）。结果如图 5-21 所示。

❷ 单击"默认"选项卡"修改"面板中的"偏移"
　按钮⊏，将矩形向内偏移"60"。命令行提示如下。

```
命令：_offset
当前设置：删除源 = 否 图层 = 源 OFFSETGAPTYPE=0
指定偏移距离或 [ 通过 (T)/ 删除 (E)/ 图层
(L)]<1.0000>：60 ↙
```

> 选择要偏移的对象，或 [退出 (E)/ 放弃 (U)]
> < 退出 >：（选取上步绘制的矩形）
> 指定要偏移的那一侧上的点，或 [退出 (E)/ 多个
> (M)/ 放弃 (U)] < 退出 >：（在矩形内部单击）
> 选择要偏移的对象，或 [退出 (E)/ 放弃 (U)]
> < 退出 >：↙

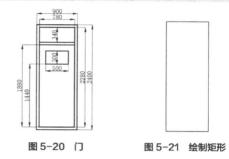

图 5-20　门　　　**图 5-21　绘制矩形**

结果如图 5-22 所示。

❸ 单击"默认"选项卡"绘图"面板中的"直
　线"按钮╱，绘制一条直线，端点的坐标分别为
　（60,2000）和（@780,0），结果如图 5-23 所示。

❹ 单击"默认"选项卡"修改"面板中的"偏
　移"按钮⊏，将上一步中绘制的直线向下偏移
　"60"。结果如图 5-24 所示。

❺ 单击"默认"选项卡"绘图"面板中的"矩形"
　按钮▭，绘制一个矩形，两个角点的坐标分别
　为（200,1500）和（700,1800）。最终结果如
　图 5-20 所示。

图 5-22　偏移　　**图 5-23　绘制直线**　　**图 5-24　偏移**
操作（1）　　　　　　　　　　　　　　　　　**操作（2）**

5.2.4 | 阵列命令

"阵列"命令用于多重复制选择的对象，并把这
些副本按矩形或环形排列。把副本按矩形排列称为创
建矩形阵列，把副本按环形排列称为创建环形阵列。

AutoCAD 2023 中的"ARRAY"命令用于创
建阵列，使用该命令可以创建矩形阵列、环形阵列
和旋转的矩形阵列。

命令行：ARRAY（快捷命令：AR）

菜单栏："修改"→"阵列"

工具栏：单击"修改"工具栏中的"矩形阵列"按钮 ⯐、"路径阵列"按钮 ⯐⯐ 或"环形阵列"按钮 ⯐

功能区：单击"默认"选项卡"修改"面板中的"矩形阵列"按钮 ⯐、"环形阵列"按钮 ⯐ 或"路径阵列"按钮 ⯐⯐。

（1）"矩形阵列"按钮 ⯐：用于创建矩形阵列。

（2）"环形阵列"按钮 ⯐：用于创建环形阵列。

（3）"路径阵列"按钮 ⯐⯐：用于创建路径阵列。

> **注意** 使用"阵列"命令在平面作图时有两种方式，可以创建对象的副本。对于矩形阵列，可以控制行和列的数目以及它们之间的距离。对于环形（圆形）阵列，可以控制对象副本的数目并决定是否旋转副本。

实例教学

下面以图 5-25 所示的连接盘为例，介绍"阵列"命令的使用方法。

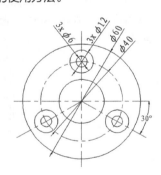

图 5-25　连接盘

STEP 绘制步骤

❶ 选择菜单栏中的"格式"→"图层"命令，或者单击"默认"选项卡"图层"面板中的"图层特性"按钮 ⯐，新建 3 个图层：粗实线图层，线宽为 0.50mm，其余属性为默认值；细实线图层，线宽为 0.30mm，其余属性为默认值；中心线图层，线宽为 0.30mm，颜色为红色，线型为 CENTER，其余属性为默认值，如图 5-26 所示。

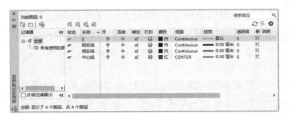

图 5-26　新建图层

❷ 将线宽显示功能打开。将当前图层设置为中心线图层。利用"直线"和"圆"命令并结合"正交""对象捕捉""对象追踪"等工具以适当尺寸绘制图 5-27 所示的中心线。

❸ 切换到"粗实线"图层。单击"默认"选项卡"绘图"面板中的"圆"按钮 ⯐，并结合"对象捕捉"工具以适当尺寸绘制图 5-28 所示的同心圆。

❹ 单击"默认"选项卡"绘图"面板中的"圆"按钮 ⯐，以竖直中心线与圆形中心线交点为圆心绘制适当尺寸的内部圆，如图 5-29 所示。

图 5-27　中心线　　图 5-28　同心圆　　图 5-29　内部圆

❺ 单击"默认"选项卡的"修改"面板中的"环形阵列"按钮 ⯐，将同心的两个小圆以中心线圆的圆心为阵列中心进行环形阵列。命令行提示如下。

```
命令：_arraypolar
选择对象：（选取同心的两个小圆）
选择对象：✓
类型 = 极轴 关联 = 否
指定阵列的中心点或 [ 基点 (B)/ 旋转轴 (A)]:
（捕捉中心线圆的圆心）
选择夹点以编辑阵列或 [ 关联 (AS)/ 基点 (B)/ 项目
(I)/ 项目间角度 (A)/ 填充角度 (F)/ 行 (ROW)/ 层
(L)/ 旋转项目 (ROT)/ 退出 (X)] < 退出 >:I✓
输入阵列中的项目数或 [ 表达式 (E)]<6>: 3 ✓
选择夹点以编辑阵列或 [ 关联 (AS)/ 基点 (B)/ 项目
(I)/ 项目间角度 (A)/ 填充角度 (F)/ 行 (ROW)/ 层
(L)/ 旋转项目 (ROT)/ 退出 (X)] < 退出 >:F✓
指定填充角度 (+= 逆时针、-= 顺时针 ) 或 [ 表
达式 (EX) ]<360>:✓
选择夹点以编辑阵列或 [ 关联 (AS)/ 基点 (B)/ 项
目 (I)/ 项目间角度 (A)/ 填充角度 (F)/ 行 (ROW)/
层 (L)/ 旋转项目 (ROT)/ 退出 (X)] < 退出 >:✓
```

最终结果如图 5-25 所示。

5.3 删除及恢复类命令

删除及恢复类命令主要用于删除图形某部分或对已被删除的部分进行恢复，包括"删除""恢复""重做""清除"等命令。

5.3.1 删除命令

如果所绘制的图形不符合要求或者不小心错绘图形，可以使用"ERASE"命令将其删除。

执行方式

命令行：ERASE（快捷命令：E）

菜单栏："修改"→"删除

工具栏：单击"修改"工具栏中的"删除"按钮

快捷菜单：选择要删除的对象，在绘图区单击鼠标右键，选择快捷菜单中的"删除"命令

功能区：单击"默认"选项卡"修改"面板中的"删除"按钮

可以先选择对象，再调用"删除"命令；也可以先调用"删除"命令，再选择对象。选择对象时可以使用 5.1 节介绍的选择对象的各种方法。当选择多个对象时，多个对象都将被删除；若选择的对象属于某个对象组，则该对象组中的所有对象都将被删除。

 注意 在绘图过程中，如果出现了绘制错误或对绘制的图形不满意，需要删除时，可

以按 <Delete> 键，命令行提示为"_.erase"。使用"删除"命令可以一次删除一个或多个对象，若删除错误，可以利用"放弃"按钮来补救。

5.3.2 恢复命令

若不小心误删了对象，可以使用"OOPS"命令恢复误删的对象。

执行方式

命令行：OOPS 或 U

工具栏：单击"快速访问"工具栏中的"放弃"按钮

快捷键：Ctrl+Z

5.3.3 清除命令

此命令与"删除"命令功能完全相同。

执行方式

菜单栏："编辑"→"删除"

快捷键：Delete

执行上述操作后，命令行提示如下。

选择对象：（选择要清除的对象，按 <Enter> 键执行"清除"命令）

5.4 改变位置类命令

改变位置类命令是指按照指定要求改变当前图形或图形中某部分的位置，主要包括"移动""旋转"和"缩放"命令。

5.4.1 移动命令

执行方式

命令行：MOVE（快捷命令：M）

菜单栏："修改"→"移动"

工具栏：单击"修改"工具栏中的"移动"按钮

快捷菜单：选择要移动的对象，在绘图区单击鼠标右键，选择快捷菜单中的"移动"命令

功能区：单击"默认"选项卡"修改"面板中的"移动"按钮

操作步骤

命令行提示如下。

命令：MOVE ✓

选择对象：（用前面介绍的选择对象的方法选择要移动的对象，按 <Enter> 键结束选择）

指定基点或 [位移（D）] < 位移 >：（指定基点或位移）

指定第二个点或 < 使用第一个点作为位移 >：

实例教学

下面以图 5-30 所示的餐厅桌椅为例，介绍"移动"命令的使用方法。

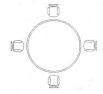

图 5-30 餐厅桌椅

STEP 绘制步骤

❶ 单击"默认"选项卡"绘图"面板中的"直线"按钮 ∕，绘制 3 条线段，如图 5-31 所示。

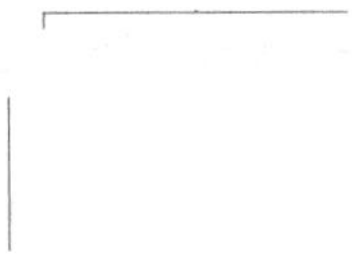

图 5-31 绘制 3 条线段

❷ 单击"默认"选项卡"修改"面板中的"复制"按钮，复制线段。命令行提示如下。

> 命令：_copy
> 选择对象：（选择短竖直线段）
> 找到 1 个
> 选择对象：✓
> 当前设置：复制模式 = 多个
> 指定基点或 [位移 (D) / 模式 (O)] < 位移 >：（捕捉水平线段左端点）
> 指定第二个点或 [阵列 (A)]< 使用第一个点作为位移 >：（捕捉水平线段右端点）
> 指定第二个点或 [阵列 (A) / 退出 (E) / 放弃 (U)]< 退出 >：✓

结果如图 5-32 所示。以同样方法按图 5-33 ~ 图 5-35 的顺序复制椅子轮廓线。

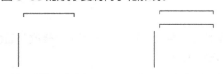

图 5-32 复制椅子轮廓线（1） 图 5-33 复制椅子轮廓线（2）

图 5-34 复制椅子轮廓线（3） 图 5-35 复制椅子轮廓线（4）

❸ 利用"默认"选项卡"绘图"面板中的"圆弧"

按钮 ∕ 和"直线"按钮 ∕，完成椅背轮廓的绘制。命令行提示如下。

> 命令：_arc
> 指定圆弧的起点或 [圆心 (C)]：（用鼠标指定左上方竖直线段端点）
> 指定圆弧的第二个点或 [圆心 (C) / 端点 (E)]：（用鼠标在上方两竖直线段之间中垂线上指定一点）
> 指定圆弧的端点：（用鼠标指定右上方竖直线段端点）
> 命令：_line
> 指定第一个点：（用鼠标在刚才绘制的圆弧上指定一点）
> 指定下一点或 [放弃 (U)]：（在垂直方向上用鼠标在中间水平线段上指定一点）
> 指定下一点或 [放弃 (U)]：✓

复制另一条竖线直段，完成连接板的绘制，如图 5-36 所示，单击"默认"选项卡"绘图"面板中的"圆弧"按钮 ∕，绘制圆弧，命令行提示如下。

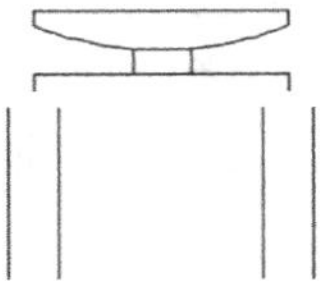

图 5-36 绘制连接板

> 命令：_arc
> 指定圆弧的起点或 [圆心 (C)]：（用鼠标指定左下方第一条竖直线段上端点）
> 指定圆弧的第二个点或 [圆心 (C) / 端点 (E)]：（用鼠标指定第❶步中绘制的竖直线段下端点）
> 指定圆弧的端点：（用鼠标指定左下方第二条竖直线段上端点）

以同样的方法绘制另外 3 段圆弧，如图 5-37 所示。单击"默认"选项卡"绘图"面板中的"直线"按钮 ∕，绘制直线，命令行提示如下。

> 命令：_line
> 指定第一个点：（用鼠标在刚才绘制的圆弧正中间指定一点）
> 指定下一点或 [放弃 (U)]：（在垂直方向上用鼠标指定一点）
> 指定下一点或 [放弃 (U)]：✓

采用复制的方法绘制下面两条短竖线段。单击"默认"选项卡"绘图"面板中的"圆弧"按钮 ∕，绘制圆弧，命令行提示如下。

> 命令：_arc
> 指定圆弧的起点或 [圆心 (C)]：（用鼠标指定刚才绘制的其中一条线段的下端点）
> 指定圆弧的第二个点或 [圆心 (C) / 端点 (E)]：E ✓
> 指定圆弧的端点：（用鼠标指定刚才绘制的另一线段的下端点）

指定圆弧的中心点（按住 <Ctrl> 键以切换方向）
或 [角度 (A)/ 方向 (D)/ 半径 (R)]: D ✓
指定圆弧起点的相切方向（按住 <Ctrl> 键以切
换方向 ）:（用鼠标指定圆弧起点切向）
绘制完成的椅子图形如图 5-38 所示。

图 5-37 绘制扶手圆弧　　**图 5-38 绘制椅子**

❹ 单击"默认"选项卡"绘图"面板中的"圆"按
钮⊙，在绘图区适当位置指定一点为圆心，以
适当长度为半径绘制圆，如图 5-39 所示。

❺ 单击"默认"选项卡"修改"面板中的"偏移"
按钮⊑，向外偏移上步绘制的圆。绘制完成的
桌子图形如图 5-40 所示。

图 5-39 绘制圆　　**图 5-40 绘制桌子**

❻ 单击"默认"选项卡"修改"面板中的"移动"
按钮✛，选中椅子，捕捉椅背中心点，将其水
平移动到适当位置。命令行提示如下。

命令 : _move
选择对象 :（选取椅子）
选择对象 : ✓
指定基点或 [位移 (D)] < 位移 >:（捕捉椅背中心点）
指定第二个点或 < 使用第一个点作为位移 >:（指
定适当位置）

绘制结果如图 5-41 所示。

图 5-41 移动椅子

❼ 单击"默认"选项卡"修改"面板中的"环形
阵列"按钮▒，框选椅子图形为阵列对象，单击
状态栏中的"对象捕捉"按钮，指定桌面圆心为

阵列中心点，确认并退出。最终图形如图 5-30
所示。

5.4.2 | 旋转命令

执行方式

命令行: ROTATE（快捷命令: RO）
菜单栏:"修改"→"旋转"
工具栏: 单击"修改"工具栏中的"旋转"按
钮◔

快捷菜单: 选择要旋转的对象，在绘图区单击
鼠标右键，选择快捷菜单中的"旋转"命令

功能区: 单击"默认"选项卡"修改"面板中
的"旋转"按钮◔

操作步骤

命令行提示如下。

命令: ROTATE ✓
UCS 当前的正角方向 : ANGDIR= 逆时针 ANGBASE=0
选择对象 :（选择要旋转的对象）
指定基点 :（指定旋转基点，在对象内部指定一个坐标点）
指定旋转角度，或 [复制 (C)/ 参照 (R)] <0>:
（指定旋转角度或其他选项）

选项说明

（1）复制（C）: 选择该选项，则在旋转对象的
同时保留源对象，如图 5-42 所示。

（1）旋转前　　　**（2）旋转后**

图 5-42 复制旋转

（2）参照（R）: 采用参照方式旋转对象时，命
令行提示如下。

指定参照角 <0>:（指定要参照的角度，默认值为 0）
指定新角度或 [点 (P)] <0>:（输入旋转后的角度值）
操作完毕后，对象被旋转至指定的角度位置。

注意　可以用拖动鼠标的方法旋转对象。选择
对象并指定基点后，从基点到当前十字
光标位置会出现一条连线，拖动鼠标，选择的
对象会动态地随着该连线与水平方向夹角的变化
而旋转，按 <Enter> 键确认旋转操作，如图 5-43
所示。

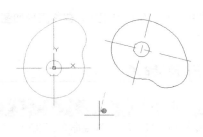

图 5-43　拖动鼠标旋转对象

实例教学

下面以图 5-44 所示的曲柄为例，介绍"旋转"命令的使用方法。

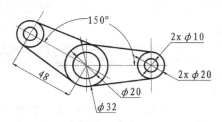

图 5-44　曲柄

STEP 绘制步骤

❶ 单击"默认"选项卡"图层"面板中的"图层特性"按钮，设置图层，如图 5-45 所示。

（1）"中心线"图层：线型为 CENTER，颜色为红色，其余属性为默认值。

（2）"粗实线"图层：线宽为 0.30mm，其余属性为默认值。

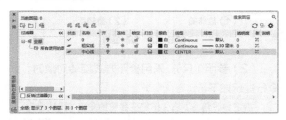

图 5-45　设置图层

❷ 将"中心线"图层设置为当前图层，单击"默认"选项卡"绘图"面板中的"直线"按钮，绘制中心线，端点坐标分别为 (100,100)(180,100) 和 (120,120)(120,80)，结果如图 5-46 所示。

❸ 单击"默认"选项卡"修改"面板中的"偏移"按钮，偏移距离为"48"，得到另一条中心线，结果如图 5-47 所示。

图 5-46　绘制中心线　　　　图 5-47　偏移中心线

❹ 转换到"粗实线"图层，单击"默认"选项卡"绘图"面板中的"圆"按钮，绘制圆。以水平中心线与左边竖直中心线交点为圆心，以"32"和"20"为直径绘制同心圆；再以水平中心线与右边竖直中心线交点为圆心，以"20"和"10"为直径绘制同心圆，结果如图 5-48 所示。

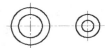

图 5-48　绘制同心圆

❺ 单击"默认"选项卡"绘图"面板中的"直线"按钮，分别捕捉左、右外圆的切点为端点，绘制上下两条连接线，结果如图 5-49 所示。

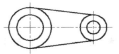

图 5-49　绘制连接线

❻ 单击"默认"选项卡"修改"面板中的"旋转"按钮，对所绘制的图形进行复制旋转。命令行提示如下。

```
命令：_rotate
UCS 当前的正角方向：ANGDIR= 逆时针 ANGBASE=0
选择对象：（选择图形中要旋转的部分）找到 1 个，
总计 6 个
选择对象：✓
指定基点：_int 于（捕捉左边中心线的交点）
指定旋转角度，或 [ 复制 (C)/ 参照 (R)] <0>:C ✓
（旋转一组选定对象）
指定旋转角度，或 [ 复制 (C)/ 参照 (R)] <0>: 150 ✓
```

最终结果如图 5-50 所示。

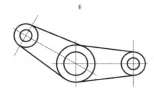

图 5-50　复制旋转

5.4.3 缩放命令

执行方式

命令行：SCALE（快捷命令：SC）

菜单栏：“修改”→“缩放”

工具栏：单击“修改”工具栏中的“缩放”按钮

快捷菜单：选择要缩放的对象，在绘图区单击鼠标右键，选择快捷菜单中的“缩放”命令

功能区：单击“默认”选项卡“修改”面板中的“缩放”按钮

执行方式

命令行提示如下。

```
命令：SCALE ↙
选择对象：（选择要缩放的对象）
选择对象：↙
指定基点 ：（指定缩放基点）
指定比例因子或 [ 复制 (C) / 参照 (R)]:
```

选项说明

（1）采用参照方向缩放对象时，命令行提示如下。

```
指定参照长度 <1>:（指定参照长度值）
指定新的长度或 [ 点 (P)] <1.0000>:（指定新长度值）
```

若新长度值大于参照长度值，则放大对象；反之，缩小对象。操作完毕后，系统以指定的基点按指定的比例因子缩放对象。如果选择“点（P）”选项，则需要选择两点来定义新的长度。

（2）可以用拖动鼠标的方法缩放对象。选择对象并指定基点后，从基点到当前十字光标位置会出现一条连线，线段的长度即为比例大小。拖动鼠标，选择的对象会动态地随着该连线长度的变化进行缩放，按 <Enter> 键确认缩放操作。

（3）选择“复制（C）”选项，在缩放对象时会保留源对象，如图 5-51 所示。此功能是 AutoCAD 2023 新增的功能。

（a）缩放前　（b）缩放后

图 5-51 复制缩放

5.5 改变几何特性类命令

使用改变几何特性类命令可在对指定对象进行编辑后，使其几何特性发生改变，包括“修剪”“延伸”“拉伸”“拉长”“圆角”“倒角”“打断”等命令。

5.5.1 修剪命令

执行方式

命令行：TRIM（快捷命令：TR）

菜单栏：“修改”→“修剪”

工具栏：单击“修改”工具栏中的“修剪”按钮

功能区：单击“默认”选项卡“修改”面板中的“修剪”按钮

操作步骤

命令行提示如下。

```
命令：TRIM ↙
当前设置 ：投影 =UCS，边 = 无 ，模式 = 快速
选择要修剪的对象，或按住 <Shift> 键选择要延伸的对象或 [ 剪切边 (T) / 窗交 (C) / 模式 (O) / 投影 (P) / 删除 (R)]: O
输入修剪模式选项 [ 快速 (Q) / 标准 (S)] < 快速 (Q)>: S
选择要修剪的对象，或按住 <Shift> 键选择要延伸的对象或 [ 剪切边 (T) / 栏选 (F) / 窗交 (C) / 模式 (O) / 投影 (P) / 边 (E) / 删除 (R) / 放弃 (U)]:
```

选项说明

（1）在选择对象时，如果按住 <Shift> 键，系统就会自动将“修剪”命令转换成“延伸”命令，“延伸”命令将在 5.5.2 小节介绍。

（2）选择“栏选（F）”选项时，系统将以栏选的方式选择被修剪的对象，如图 5-52 所示。

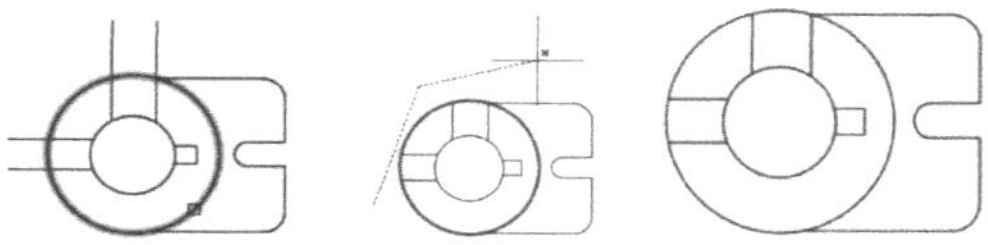

（a）选定剪切边　（b）选定修剪对象　（c）结果

图 5-52 “栏选”修剪对象

（3）选择"窗交（C）"选项时，系统以窗交的方式选择被修剪的对象。如图 5-53 所示。

（a）选择剪切边　　（b）选定修剪对象　　（c）结果

图 5-53　"窗交"修剪对象

（4）选择"边（E）"选项时，可以选择对象的修剪方式。

① 延伸（E）：延伸边界进行修剪。在此方式下，如果剪切边没有与要修剪的对象相交，系统会延伸剪切边直至与对象相交，然后修剪，如图 5-54 所示。

（a）选择剪切边　　（b）选定要修剪的对象　　（c）结果

图 5-54　"延伸"修剪对象

② 不延伸（N）：不延伸边界修剪对象，只修剪与剪切边相交的对象。

（5）被选择的对象可以互为边界和被修剪对象，此时系统会在选择的对象中自动判断边界。

注意

在使用"修剪"命令选择修剪对象时，若逐个单击选择，则效率较低。要比较快地实现修剪过程，可以先输入修剪命令"TR"或"TRIM"，然后按 <Space> 或 <Enter> 键，命令行中就会提示选择修剪的对象。这时不选择对象，继续按 <Space> 或 <Enter> 键，系统将默认选择全部，这样做可以很快地完成修剪过程。

 实例教学

下面以图 5-55 所示的间歇轮为例，介绍"修剪"命令的使用方法。

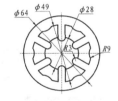

图 5-55　间歇轮

❶ 选择菜单栏中的"格式"→"图层"命令，新建两个图层，如图 5-56 所示。

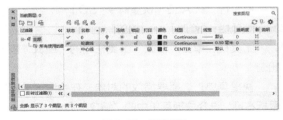

图 5-56　新建图层

（1）将第一个图层命名为"轮廓线"，线宽属性为 0.3mm，其余属性为默认值。

（2）将第二个图层命名为"中心线"，颜色设为红色，线型设为 CENTER，其余属性为默认值。

❷ 将当前图层设置为"中心线"图层。单击"默认"选项卡"绘图"面板中的"直线"按钮／，指定端点坐标为（165,200）（235,200），绘制直线，重复"直线"操作绘制从点（200,165）到点（200,235）的直线，结果如图 5-57 所示。

❸ 将当前图层设置为"轮廓线"图层，单击"默认"选项卡"绘图"面板中的"圆"按钮⊙，以圆心（200,200）、半径"32"绘制圆，如图 5-58 所示。

图 5-57　绘制直线　　图 5-58　绘制外轮廓

❹ 单击"默认"选项卡"绘图"面板中的"圆"按钮⊙，绘制以点（200,200）为圆心，分别以"26.5"和"14"为半径的同心圆，如图 5-59 所示。

❺ 单击"默认"选项卡"绘图"面板中的"直线"按钮／，在竖直中心线左右两边各 3mm 处绘制两条与之平行的线段，如图 5-60 所示。

图 5-59　绘制同心圆　　图 5-60　绘制平行线段

❻ 单击"默认"选项卡"绘图"面板中的"圆弧"按钮／，绘制圆弧。命令行提示如下：

命令：_arc
指定圆弧的起点或 [圆心 (C)]：（选取 1 点）
指定圆弧的第二个点或 [圆心 (C)／端点 (E)]：E ✓
指定圆弧的端点：（选取 2 点）
指定圆弧的中心点（按住 <Ctrl> 键以切换方向）
或 [角度 (A)／方向 (D)／半径 (R)]：R ✓
指定圆弧的半径（按住 <Ctrl> 键以切换方向）：3 ✓
结果如图 5-61 所示。

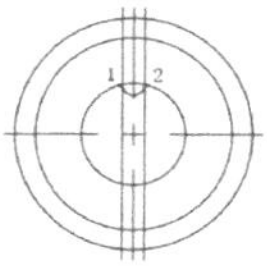

图 5-61　绘制圆弧

❼ 单击"默认"选项卡"修改"面板中的"修剪"
按钮，对上步绘制的两条竖直线段进行修剪
处理。命令行提示如下。

命令：_trim
当前设置：投影 =UCS，边 = 延伸，模式 = 标准
选择剪切边 ...
选择对象或 [模式 (O)] < 全部选择 >：✓
选择要修剪的对象，或按住 <Shift> 键选择要延伸的对
象或 [剪切边 (T)／栏选 (F)／窗交 (C)／模式 (O)／
投影 (P)／边 (E)／删除 (R)]：（修剪竖直线的上端）
选择要修剪的对象，或按住 <Shift> 键选择要延伸的
对象或 [剪切边 (T)／栏选 (F)／窗交 (C)／模式
(O)／投影 (P)／边 (E)／删除 (R)／放弃 (U)]：✓
结果如图 5-62 所示。

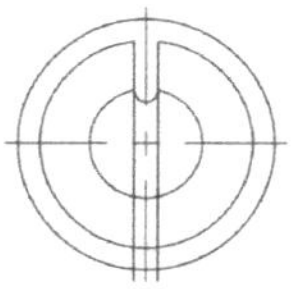

图 5-62　修剪处理（1）

❽ 单击"默认"选项卡"绘图"面板中的"圆"按
钮，绘制以大圆与水平中心线的右交点为圆
心，半径为"9"的圆，如图 5-63 所示。

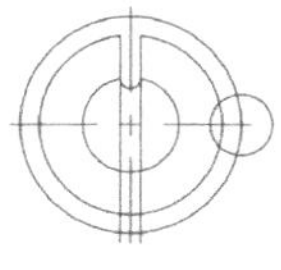

图 5-63　绘制圆

❾ 单击"默认"选项卡"修改"面板中的"修剪"
按钮，进行修剪，结果如图 5-64 所示。

❿ 单击"默认"选项卡"修改"面板中的"环形阵
列"按钮，以中心线交点为中心点，选择刚修

剪的圆弧与第❼步修剪的两竖直线段及其相连
的圆弧为对象。在"项目数"中输入"6"，在
"填充角度"中输入"360"，进行环形阵列，结
果如图 5-65 所示。

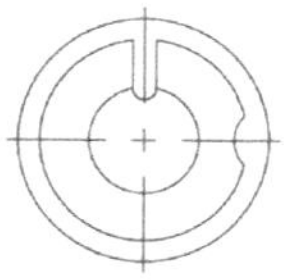

图 5-64　修剪处理（2）

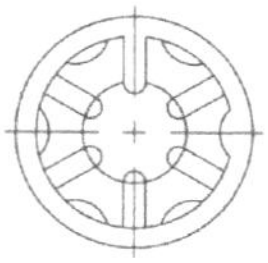

图 5-65　环形阵列结果

⓫ 单击"默认"选项卡"修改"面板中的"修剪"按
钮，对阵列后的图形进行修剪，结果如图 5-55
所示。

5.5.2　延伸命令

"延伸"命令用于延伸对象到另一个对象的边界
线，如图 5-66 所示。

（a）选择边界　　（b）选定要延伸的对象　　（c）结果

图 5-66　延伸对象

执行方式

命令行：EXTEND（快捷命令：EX）
菜单栏："修改"→"延伸"
工具栏：单击"修改"工具栏中的"延伸"按
钮
功能区：单击"默认"选项卡"修改"面板中
的"延伸"按钮

操作步骤

命令行提示如下。

命令：EXTEND ✓
当前设置：投影 =UCS，边 = 延伸，模式 = 标准
选择边界边 ...
选择对象或 [模式 (O)] < 全部选择 >：（选择边
界对象）

此时可以选择对象来定义边界，若直接按 <Enter> 键，则选择所有对象作为可能的边界对象。

系统规定可以用作边界对象的对象有：直线段、射线、双向无限长线、圆弧、圆、椭圆、二维/三维多段线、样条曲线、文本、浮动的视口、区域。如果选择二维多段线作为边界对象，系统会忽略其宽度而把对象延伸至多段线的中心线。

选择边界对象后，命令行提示如下。

> 选择要延伸的对象，或按住 <Shift> 键选择要修剪的对象或 [边界边 (B) / 栏选 (F) / 窗交 (C) / 模式 (O) / 投影 (P) / 边 (E)]：

选项说明

（1）如果要延伸的对象是适配样条多段线，则延伸后会在多段线的控制框上增加新节点；如果要延伸的对象是锥形的多段线，系统会修正延伸端的宽度，使多段线从起始端平滑地延伸至新终止端；如果延伸操作导致终止端宽度为负值，则取宽度值为"0"，如图 5-67 所示。

（a）选择边界对象　（b）选定要延伸的多段线　　（c）结果

图 5-67　延伸对象

（2）选择对象时，如果按住 <Shift> 键，系统会自动将"延伸"命令转换成"修剪"命令。

实例教学

下面以图 5-68 所示的沙发为例，介绍"延伸"命令的使用方法。

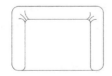

图 5-68　沙发

STEP 绘制步骤

❶ 单击"默认"选项卡"绘图"面板中的"矩形"按钮▭，绘制圆角为"10"、第一个角点坐标为（20,20）、长度和宽度分别为"140"和"100"的矩形作为沙发的外框，如图 5-69 所示。

❷ 单击"默认"选项卡"绘图"面板中的"直线"

按钮╱，绘制连续线段，坐标分别为（40,20）（@0,80）（@100,0）（@0, -80），完成初步轮廓的绘制，绘制结果如图 5-70 所示。

图 5-69　绘制矩形　　　　图 5-70　绘制初步轮廓

❸ 单击"默认"选项卡"修改"面板中的"分解"按钮📧、"圆角"按钮⌒（"圆角"命令将在 5.5.5 小节中详细介绍），修改沙发轮廓。命令行提示如下。

```
命令 : _explode
选择对象 : （选择外面倒圆矩形）
选择对象 : ✓
命令 : _fillet
当前设置 : 模式 = 修剪，半径 = 6.0000
选择第一个对象或 [ 放弃 (U) / 多段线 (P) / 半
径 (R) / 修剪 (T) / 多个 (M)]: M ✓
选择第一个对象或 [ 放弃 (U) / 多段线 (P) / 半
径 (R) / 修剪 (T) / 多个 (M)]: R ✓
指定圆角半径 <6.0000>: 6 ✓
选择第一个对象或 [ 放弃 (U) / 多段线 (P) / 半径
(R) / 修剪 (T) / 多个 (M)]:（选择内部四边形左边）
选择第二个对象，或按住 <Shift> 键选择对象以应
用角点或 [ 半径 (R)]:（选择内部四边形上边）
选择第一个对象或 [ 放弃 (U) / 多段线 (P) / 半径
(R) / 修剪 (T) / 多个 (M)]:（选择内部四边形右边）
选择第二个对象，或按住 <Shift> 键选择对象以应
用角点或 [ 半径 (R)]:（选择内部四边形上边）
选择第一个对象或 [ 放弃 (U) / 多段线 (P) / 半
径 (R) / 修剪 (T) / 多个 (M)]: ✓
```

采用相同的方法，单击"默认"选项卡"修改"面板中的"圆角"按钮⌒，选择内部四边形左边和外部矩形下边左端为对象，进行倒圆角处理，结果如图 5-71 所示。

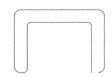

图 5-71　倒圆角处理（1）

❹ 单击"默认"选项卡"修改"面板中的"延伸"按钮⟶|，命令行提示如下。

```
命令 : _ extend
当前设置 : 投影 =UCS，边 = 延伸 ，模式 = 标准
选择边界边 ...
```

选择对象或 ［ 模式 (O)］ ＜ 全部选择 ＞:（选择图右下角圆弧）

选择对象 : ✓

选择要延伸的对象，或按住＜Shift＞键选择要修剪的对象或 ［ 边界边 (B)／ 栏选 (F)／ 窗交 (C)／ 模式 (O)／ 投影 (P)／ 边 (E)］:（选择左下角圆弧顶点）

选择要延伸的对象，或按住＜Shift＞键选择要修剪的对象或 ［ 边界边 (B)／ 栏选 (F)／ 窗交 (C)／ 模式 (O)／ 投影 (P)／ 边 (E)／ 放弃 (U)］ ✓

结果如图 5-72 所示。

图 5-72　延伸处理

❺ 单击"默认"选项卡"修改"面板中的"圆角"按钮，选择内部四边形右边和外部矩形下边为倒圆角对象，进行倒圆角处理，如图 5-73 所示。

❻ 单击"默认"选项卡"修改"面板中的"修剪"按钮，以倒圆角为边界，对内部四边形右边下端进行修剪，结果如图 5-74 所示。

图 5-73　倒圆角处理（2）　　**图 5-74　修剪处理**

❼ 单击"默认"选项卡"绘图"面板中的"圆弧"按钮，在沙发拐角位置绘制 6 条圆弧，作为沙发褶皱。最终结果如图 5-68 所示。

5.5.3 | 拉伸命令

"拉伸"命令用于拖拉选择的对象，且使对象的形状发生改变。拉伸对象时应指定拉伸的基点和移至点。利用一些辅助工具，如捕捉、钳夹及相对坐标等，可以提高拉伸的精度。拉伸图例如图 5-75 所示。

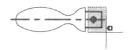 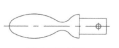

（a）选择对象　　　　　（b）拉伸结果

图 5-75　拉伸

执行方式

命令行: STRETCH（快捷命令: S）

菜单栏:"修改"→"拉伸"

工具栏: 单击"修改"工具栏中的"拉伸"按钮

功能区: 单击"默认"选项卡"修改"面板中的"拉伸"按钮

操作步骤

命令行提示如下。

命令: STRETCH ✓

以交叉窗口或交叉多边形选择要拉伸的对象 ...

选择对象 : C ✓

指定第一个角点:

指定对角点: 找到 2 个:采用交叉窗口的方式

选择对象✓

指定基点或 ［ 位移 (D)］ ＜ 位移 ＞:（指定拉伸的基点）

指定第二个点或 ＜ 使用第一个点作为位移 ＞:（指定拉伸的移至点）

此时，若指定第二个点，系统将根据这两点选择拉伸的对象；若不指定第二个点，直接按＜Enter＞键，系统会把第一个点作为 X 轴和 Y 轴的分量值。

使用"拉伸"命令时，完全包含在交叉窗口内的对象不会被拉伸，部分包含在交叉窗口内的对象则会被拉伸，如图 5-75 所示。

 注意　在执行"STRETCH"命令的过程中，必须采用"交叉窗口"的方式选择对象。

5.5.4 | 拉长命令

执行方式

命令行: LENGTHEN（快捷命令: LEN）

菜单栏:"修改"→"拉长"

功能区: 单击"默认"选项卡"修改"面板中的"拉长"按钮

操作步骤

命令行提示如下。

命令 :LENGTHEN ✓

选择要测量的对象或 ［ 增量 (DE)／ 百分比 (P)／ 总计 (T)／ 动态 (DY)］ ＜ 增量 (DE)＞: DE ✓

（选择拉长或缩短的方式为增量方式）

输入长度增量或 ［ 角度 (A)］ ＜10.0000＞: 10 ✓

（在此输入长度增量数值。如果选择圆弧段，则可输入"A"，然后给定角度增量）

选择要修改的对象或 ［ 放弃 (U)］:（选择要拉长的对象）

选择要修改的对象或 ［ 放弃 (U)］: ✓

选项说明

（1）增量（DE）：用指定增量的方法改变对象的长度或角度。

（2）百分比（P）：用指定占总长度百分比的方法改变圆弧或直线段的长度。

（3）总计（T）：用指定新总长度或总角度值的方法改变对象的长度或角度。

（4）动态（DY）：在此模式下，可以使用拖曳鼠标的方法来动态地改变对象的长度或角度。

实例教学

下面以图 5-76 所示的手柄为例，介绍"拉长"命令的使用方法。

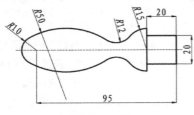

图 5-76　手柄

STEP 绘制步骤

❶ 选择菜单栏中的"格式"→"图层"命令，或单击"默认"选项卡"图层"面板中的"图层特性"按钮，新建两个图层："轮廓线"图层，线宽为 0.3mm，其余属性为默认值；"中心线"图层，颜色设为红色，线型设置为 CENTER，其余属性为默认值，如图 5-77 所示。

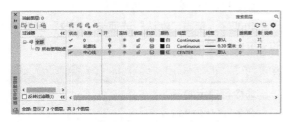

图 5-77　新建图层

❷ 将"中心线"图层设为当前图层。单击"默认"选项卡"绘图"面板中的"直线"按钮，绘制直线，两个端点的坐标是（150,150）和（@100,0）。结果如图 5-78 所示。

❸ 将"轮廓线"图层设置为当前图层。单击"默认"选项卡"绘图"面板中的"圆"按钮，先以

（160,150）为圆心，半径为"10"绘制圆；再以（235,150）为圆心，半径为"15"绘制圆。再绘制半径为"50"的圆并使其与前两个圆相切。结果如图 5-79 所示。

图 5-78　绘制直线（1）　　　图 5-79　绘制圆（1）

❹ 单击"默认"选项卡"绘图"面板中的"直线"按钮，以端点坐标（250,150）（@10,<90）（@15<180）绘制直线，按 <Space> 键重复"直线"操作，绘制从点（235,165）到点（235,150）的直线。结果如图 5-80 所示。

❺ 单击"默认"选项卡"修改"面板中的"修剪"按钮，将图形修剪成图 5-81 所示的图形。

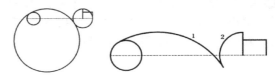

图 5-80　绘制直线（2）　　　图 5-81　修剪处理（1）

❻ 单击"默认"选项卡"绘图"面板中的"圆"按钮，绘制与圆弧 1 和圆弧 2 相切的圆，半径为"12"。结果如图 5-82 所示。

❼ 单击"默认"选项卡"修改"面板中的"修剪"按钮，对多余的圆弧进行修剪。结果如图 5-83 所示。

图 5-82　绘制圆（2）　　　图 5-83　修剪处理（2）

❽ 单击"默认"选项卡"修改"面板中的"镜像"按钮，以中心线为对称轴，不删除源对象，镜像复制对称轴以上的对象。结果如图 5-84 所示。

❾ 单击"默认"选项卡"修改"面板中的"修剪"按钮，进行修剪处理。结果如图 5-85 所示。

图 5-84　镜像处理　　　图 5-85　修剪处理（3）

⑩ 单击"默认"选项卡"修改"面板中的"拉伸"按钮，拉长接头部分。命令行提示如下。

```
命令：_stretch
以交叉窗口或交叉多边形选择要拉伸的对象 ...
选择对象：C↙
指定第一个角点：(框选手柄接头部分，如图5-86所示)
指定对角点：找到 6 个选择对象：↙
指定基点或 [ 位移 (D)] < 位移 >:100,100 ↙
指定第二个点或 < 使用第一个点作为位移 >:105,100 ↙
```

结果如图 5-87 所示。

图 5-86 选择对象　　图 5-87 拉伸结果

⑪ 单击"默认"选项卡"修改"面板中的"拉长"按钮，拉长中心线。命令行提示如下。

```
命令：_lengthen
选择要测量的对象或 [ 增量 (DE)/ 百分比 (P)/
总计 (T)/ 动态 (DY)] < 总计 (T)>: DE
输入长度增量或 [ 角度 (A)] <0.0000>:4 ↙
选择要修改的对象或 [ 放弃 (U)](选择中心线右端)
选择要修改的对象或 [ 放弃 (U)](选择中心线左端)
选择要修改的对象或 [ 放弃 (U)]:↙
```

最终结果如图 5-76 所示。

5.5.5 圆角命令

"圆角"命令用于创建一条指定半径的圆弧，使其平滑连接两个对象。可以平滑连接一对直线段、非圆弧的多义线段、样条曲线、双向无限长线、射线、圆、圆弧或椭圆，还可以平滑连接多义线的每个节点。

执行方式

命令行：FILLET（快捷命令：F）

菜单栏："修改"→"圆角"

工具栏：单击"修改"工具栏中的"圆角"按钮

功能区：单击"默认"选项卡"修改"面板中的"圆角"按钮

操作步骤

命令行提示如下。

```
命令：FILLET ↙
当前设置：模式 = 修剪，半径 = 0.0000
```

选择第一个对象或 [放弃 (U)/ 多段线 (P)/ 半径 (R)/ 修剪 (T)/ 多个 (M)]:（选择第一个对象或别的选项）
选择第二个对象，或按住 <Shift> 键选择对象以应用角点或 [半径 (R)]:（选择第二个对象）

选项说明

（1）多段线（P）：在一条二维多段线的两段线的节点处插入圆弧。选择多段线后，系统会根据指定的圆弧半径把多段线各节点用圆弧平滑连接起来。

（2）修剪（T）：在平滑连接两条边时，设置是否修剪这两条边，如图 5-88 所示。

（a）修剪　　　（b）不修剪
图 5-88 圆角连接

（3）多个（M）：同时对多个对象进行圆角编辑，而不必重新启用命令。

（4）按住 <Shift> 键并选择两条直线，可以快速创建零距离倒角或零半径圆角。

实例教学

下面以图 5-89 所示的挂轮架为例，介绍"圆角"命令的使用方法。

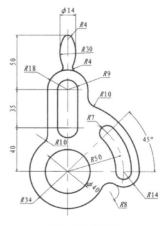

图 5-89 挂轮架

STEP 绘制步骤

❶ 设置绘图环境。

（1）利用"LIMITS"命令设置图幅为 297mm×210mm。

（2）选择菜单栏中的"格式"→"图层"命令，

新建图层"CSX"和"XDHX"。其中"CSX"图层的线型为 Continuous，线宽为 0.30mm，其余属性为默认值；"XDHX"图层的线型为 CENTER，线宽为 0.09mm，其余属性为默认值，如图 5-90 所示。

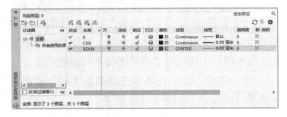

图 5-90　新建图层

❷ 将"XDHX"图层设置为当前图层，绘制挂轮架图形的中心线。

（1）单击"默认"选项卡"绘图"面板中的"直线"按钮／，绘制水平中心线。

```
命令 : _line　（绘制最下面的水平中心线）
指定第一个点 : 80,70 ✓
指定下一点或 [ 放弃 (U)]: 210,70 ✓
指定下一点或 [ 放弃 (U)]: ✓
```
结果如图 5-91 所示。

图 5-91　绘制水平中心线

（2）单击"默认"选项卡"绘图"面板中的"直线"按钮／，绘制两条中心线，端点分别为（140,210）（140,12）和中心线的交点、（@70<45），如图 5-92 所示。

（3）单击"默认"选项卡"修改"面板中的"偏移"按钮⊂，依次以最下面的水平中心线和每次偏移形成的水平中心线为偏移对象，将水平中心线向上偏移"40""35""50""4"，如图 5-93 所示。

图 5-92　绘制中心线　　　图 5-93　偏移水平中心线

（4）单击"默认"选项卡"绘图"面板中的"圆"按钮⊙，以下方 3 条中心线的交点为圆心绘制半径为"50"的圆，如图 5-94 所示。

（5）单击"默认"选项卡"修改"面板中的"修剪"按钮，修剪圆。结果如图 5-95 所示。

图 5-94　绘制圆（1）　　图 5-95　修剪圆（1）

❸ 将"CSX"图层设置为当前图层，绘制挂轮架中部。

（1）单击"默认"选项卡"绘图"面板中的"圆"按钮⊙，以下方 3 条中心线的交点为圆心，绘制半径分别为"20"和"34"的同心圆，如图 5-96 所示。

（2）单击"默认"选项卡"修改"面板中的"偏移"按钮⊂，将竖直中心线向两侧各偏移"9""18"，如图 5-97 所示。

图 5-96　绘制同心圆　　图 5-97　偏移竖直中心线（1）

（3）单击"默认"选项卡"绘图"面板中的"直线"按钮／，分别捕捉竖直中心线与水平中心线的交点，绘制 4 条竖直线段，如图 5-98 所示。

（4）单击"默认"选项卡"修改"面板中的"删除"按钮，删除偏移的竖直中心线。结果如图 5-99 所示。

图 5-98　绘制竖直线段　　图 5-99　删除偏移的竖直中心线

（5）单击"默认"选项卡"绘图"面板中的"圆弧"按钮，在第（4）步中获得的竖直线段上方绘制圆弧。命令行提示如下。

```
命令 : _arc（绘制 R18 圆弧）
指定圆弧的起点或 [ 圆心 (C)]: C ✓
指定圆弧的圆心 :（捕捉第三条水平中心线和竖直
中心线的交点）
指定圆弧的起点 :（捕捉左起第一条竖直线段的上
端点）
指定圆弧的端点 ( 按住 <Ctrl> 键以切换方向 )
或 [ 角度 (A)/ 弦长 (L)]: A ✓
```

指定夹角（按住 <Ctrl> 键以切换方向）：-180 ✓
命令：_arc ✓（"圆弧"命令，绘制上部 R9 圆弧）
指定圆弧的起点或 [圆心 (C)]：C ✓
指定圆弧的圆心：
指定圆弧的起点：
指定圆弧的端点（按住 <Ctrl> 键以切换方向）
或 [角度 (A)/ 弦长 (L)]：A ✓
指定夹角（按住 <Ctrl> 键以切换方向）：-180 ✓
结果如图 5-100 所示。

图 5-100　绘制圆弧（1）

同理，绘制下部 R9 圆弧和左端 R10 圆角。命令行提示如下。

命令：_arc（按 <Space> 键继续执行"圆弧角"命令，绘制下部 R9 圆弧）
指定圆弧的起点或 [圆心 (C)]：C ✓
指定圆弧的圆心：
指定圆弧的起点：
指定圆弧的端点（按住 <Ctrl> 键以切换方向）或 [角度 (A)/ 弦长 (L)]：A ✓
指定夹角（按住 <Ctrl> 键以切换方向）：180 ✓
命令：_fillet（"圆角"命令，绘制左端 R10 圆角）
当前设置：模式 = 修剪，半径 = 0.0000
选择第一个对象或 [放弃 (U)/ 多段线 (P)/ 半径 (R)/ 修剪 (T)/ 多个 (M)]：R ✓
指定圆角半径 <0.0000>：10 ✓
选择第一个对象或 [放弃 (U)/ 多段线 (P)/ 半径 (R)/ 修剪 (T)/ 多个 (M)]：T ✓
输入修剪模式选项 [修剪 (T)/ 不修剪 (N)] < 修剪 >：T ✓
选择第一个对象或 [放弃 (U)/ 多段线 (P)/ 半径 (R)/ 修剪 (T)/ 多个 (M)]：（选择最左侧的竖直线段的下部）
选择第二个对象，或按住 <Shift> 键选择对象以应用角点或 [半径 (R)]：（选择下部 R34 圆）
结果如图 5-101 所示。

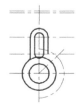

图 5-101　绘制圆弧及圆角

（6）单击"默认"选项卡"修改"面板中的"修剪"按钮，修剪 R34 圆。结果如图 5-102 所示。

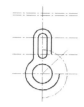

图 5-102　绘制挂轮架中部图形

❹ 绘制挂轮架右部。

（1）分别捕捉 R50 圆弧与倾斜中心线、水平中心线的交点为圆心，以"7"为半径绘制圆。捕捉 R34 圆的圆心，分别绘制半径为"43""57"的圆弧。命令行提示如下。

命令：_circle（绘制 R7 圆弧）
指定圆的圆心或 [三点 (3P)/ 两点 (2P)/ 切点、切点、半径 (T)]：_int 于（捕捉R50 圆弧与倾斜中心线的交点）
指定圆的半径或 [直径 (D)]：7 ✓
命令：_circle
指定圆的圆心或 [三点 (3P)/ 两点 (2P)/ 切点、切点、半径 (T)]：（捕捉R50 圆弧与水平中心线的交点）
指定圆的半径或 [直径 (D)] <7.0000>：✓
命令：_arc（绘制 R43 圆弧）
指定圆弧的起点或 [圆心 (C)]：C ✓
指定圆弧的圆心：（捕捉 R34 圆弧的圆心）
指定圆弧的起点：捕捉下部 R7 圆与水平中心线的左交点）
指定圆弧的端点（按住<Ctrl>键以切换方向）或 [角度 (A)/ 弦长 (L)]：_int 于（捕捉上部R7 圆与倾斜中心线的左交点）
命令：_arc（绘制 R57 圆弧）
指定圆弧的起点或 [圆心 (C)]：C ✓
指定圆弧的圆心：（捕捉 R34 圆弧的圆心）
指定圆弧的起点：捕捉下部 R7 圆与水平中心线的右交点）
指定圆弧的端点（按住<Ctrl>键以切换方向）或 [角度 (A)/ 弦长 (L)]：捕捉上部R7 圆与倾斜中心线的右交点）
结果如图 5-103 所示。

（2）单击"默认"选项卡"修改"面板中的"修剪"按钮，修剪 R7 圆，如图 5-104 所示。

（3）单击"默认"选项卡"绘图"面板中的"圆"按钮，以 R34 圆弧的圆心为圆心，绘制半径为"64"的圆，如图 5-105 所示。

（4）单击"默认"选项卡"修改"面板中的"圆角"

按钮 ，绘制上部 R10 圆角，如图 5-106 所示。

图 5-103　绘制圆和圆弧

图 5-104　修剪圆（2）

图 5-105　绘制圆（2）

图 5-106　绘制圆角

（5）单击"默认"选项卡"修改"面板中的"修剪"按钮，修剪 R64 圆，如图 5-107 所示。

（6）单击"默认"选项卡"绘图"面板中的"圆弧"按钮，绘制 R14 圆弧。

```
命令：_arc（绘制下部 R14 圆弧）
指定圆弧的起点或 [ 圆心 (C)]: C ✓
指定圆弧的圆心：_cen 于（捕捉下部 R7 圆的圆心）
指定圆弧的起点：_int 于（捕捉 R64 圆与水平中心线的交点）
指定圆弧的端点（按住 <Ctrl> 键以切换方向）或 [ 角度 (A)/ 弦长 (L)]: A ✓
指定夹角（按住 <Ctrl> 键以切换方向）: -180 ✓
```

结果如图 5-108 所示。

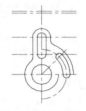

图 5-107　修剪圆（3）

图 5-108　绘制圆弧（2）

（7）单击"默认"选项卡"修改"面板中的"圆角"按钮，绘制下部 R8 圆角，完成挂轮架右部图形的绘制。结果如图 5-109 所示。命令行提示如下。

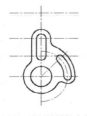

图 5-109　绘制挂轮架右部图形

```
命令：_fillet
当前设置：模式 = 修剪，半径 = 10.0000
选择第一个对象或 [ 放弃 (U)/ 多段线 (P)/ 半径 (R)/ 修剪 (T)/ 多个 (M)]: R ✓
指定圆角半径 <10.0000>: 8 ✓
选择第一个对象或 [ 放弃 (U)/ 多段线 (P)/ 半径 (R)/ 修剪 (T)/ 多个 (M)]: T ✓
输入修剪模式选项 [ 修剪 (T)/ 不修剪 (N)] < 修剪 >: T ✓
选择第一个对象或 [ 放弃 (U)/ 多段线 (P)/ 半径 (R)/ 修剪 (T)/ 多个 (M)]:
选择第二个对象，或按住 <Shift> 键选择对象以应用角点或 [ 半径 (R)]:
```

❺ 绘制挂轮架上部。

（1）单击"默认"选项卡"修改"面板中的"偏移"按钮，将竖直中心线向右偏移"22"，如图 5-110 所示。

（2）将"0"图层设置为当前图层，单击"默认"选项卡"绘图"面板中的"圆"按钮，以第二条水平中心线与竖直中心线的交点为圆心，绘制 R26 辅助圆，如图 5-111 所示。

图 5-110　偏移竖直中心线（2）　　图 5-111　绘制辅助圆

（3）将"CSX"图层设置为当前图层，单击"默认"选项卡"绘图"面板中的"圆"按钮，以 R26 圆与偏移的竖直中心线的交点为圆心，绘制 R30 圆，如图 5-112 所示。

（4）单击"默认"选项卡"修改"面板中的"删除"按钮，分别选择偏移形成的竖直中心线和 R26 圆，如图 5-113 所示。

图 5-112　绘制圆（3）　　图 5-113　删除辅助图形

（5）单击"默认"选项卡"修改"面板中的"修剪"按钮，修剪 R30 圆，如图 5-114 所示。

（6）单击"默认"选项卡"修改"面板中的"镜像"

按钮 ⚠，以竖直中心线为镜像线，镜像复制所绘制的 R30 圆弧，如图 5-115 所示。

图 5-114 修剪圆（4）   **图 5-115 镜像复制圆弧**

（7）单击"默认"选项卡"修改"面板中的"圆角"按钮 ⌒，绘制 R4 圆角。

```
命令：_fillet（绘制最上部 R4 圆弧）
当前设置：模式 = 修剪，半径 = 8.0000
选择第一个对象或 [放弃(U)/多段线(P)/半
径(R)/修剪(T)/多个(M)]：R ✓
指定圆角半径 <8.0000>：4 ✓
选择第一个对象或 [放弃(U)/多段线(P)/半
径(R)/修剪(T)/多个(M)]：T ✓
输入修剪模式选项 [修剪(T)/不修剪(N)] <
修剪>：T ✓
选择第一个对象或 [放弃(U)/多段线(P)/半径(R)/
修剪(T)/多个(M)]：（选择左侧 R30 圆弧的上部）
选择第二个对象，或按住 <Shift> 键选择对象以应用
角点或 [半径(R)]：（选择右侧 R30 圆弧的上部）
命令：_fillet（绘制左边 R4 圆角）
当前设置：模式 = 修剪，半径 = 4.0000
选择第一个对象或 [放弃(U)/多段线(P)/半径
(R)/修剪(T)/多个(M)]：T ✓（更改修剪模式）
输入修剪模式选项 [修剪(T)/不修剪(N)] <
修剪>：N ✓（选择修剪模式为不修剪）
选择第一个对象或 [放弃(U)/多段线(P)/半径(R)/
修剪(T)/多个(M)]：（选择左侧 R30 圆弧的下端）
选择第二个对象，或按住 <Shift> 键选择对象以应
用角点或 [半径(R)]：（选择 R18 圆弧的左侧）
命令：_fillet（绘制右边 R4 圆角）
当前设置：模式 = 不修剪，半径 = 4.0000
选择第一个对象或 [放弃(U)/多段线(P)/半径(R)/
修剪(T)/多个(M)]：（选择右侧 R30 圆弧的下端）
选择第二个对象，或按住 <Shift> 键选择对象以应
用角点或 [半径(R)]：（选择 R18 圆弧的右侧）
```

（8）单击"默认"选项卡"修改"面板中的"修剪"按钮 ⅄，修剪 R30 圆，如图 5-116 所示。

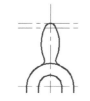

图 5-116 修剪圆（5）

❻ 选择菜单栏中的"修改"→"拉长"命令，调整中心线长度；单击"快速访问"工具栏中的"保存"按钮 🔙，保存文件。命令行提示如下。

```
命令：_lengthen（"拉长"命令，对图中的中心
线进行调整）
选择要测量的对象或 [增量(DE)/百分比(P)/总计
(T)/动态(DY)] <总计(T)>：DY ✓（选择动态
调整）
选择要修改的对象或 [放弃(U)]：（分别选择欲调
整的中心线）
指定新端点：（将选择的中心线调整到新的长度）
选择要修改的对象或 [放弃(U)]：
命令：EARSE ✓（删除多余的中心线）
选择对象：（选择最上边的两条水平中心线）
……找到 1 个，总计 2 个
命令：SAVEAS ✓（将绘制完成的图形以"挂轮架
.dwg"为文件名保存在指定的路径中）
```

5.5.6 倒角命令

"倒角"命令即"斜角"命令，其作用是用斜线连接两个不平行的线对象。可以用斜线连接直线段、双向无限长线、射线和多义线。

系统采用两种方法确定连接两个对象的斜线，下面分别介绍这两种方法。

1. 指定两个斜线距离

斜线距离是指从被连接对象与斜线的交点到被连接的两个对象交点之间的距离，如图 5-117 所示。

2. 指定夹角和斜线距离

采用这种方法连接对象时，需要输入两个参数：斜线与该对象的夹角和斜线与一个对象的斜线距离，如图 5-118 所示。

图 5-117 两个斜线距离   **图 5-118 夹角与斜线距离**

执行方式

命令行：CHAMFER（快捷命令：CHA）

菜单栏："修改"→"倒角"

工具栏：单击"修改"工具栏中的"倒角"按钮。

功能区：单击"默认"选项卡"修改"面板中的"倒角"按钮。

操作步骤

命令：CHAMFER↙

（"不修剪"模式） 当前倒角距离 1 = 0.0000，距离 2 = 0.0000
选择第一条直线或 ［ 放弃(U)/ 多段线(P)/ 距离(D)/ 角度(A)/ 修剪(T)/ 方式(E)/ 多个(M)］：（选择第一条直线或别的选项）
选择第二条直线，或按住<Shift>键选择直线以应用角点或 ［ 距离(D)/ 角度(A)/ 方法(M)］：（选择第二条直线）

选项说明

（1）多段线（P）：对多段线的各个交叉点倒斜角。为了得到好的连接效果，一般设置斜线是相等的值，系统根据指定的斜线距离把多段线的每个交叉点都做斜线连接，连接的斜线成为多段线新的构成部分，如图 5-119 所示。

 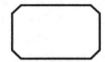

（a）选择多段线　（b）倒斜角结果

图 5-119　斜线连接多段线

（2）距离（D）：选择倒角的两个斜线距离。这两个斜线距离可以相同也可以不相同，若二者均为0，则系统不绘制连接的斜线，而是把两个对象延伸至相交并修剪超出的部分。

（3）角度（A）：选择第一条直线的斜线距离和第一条直线的倒角角度。

（4）修剪（T）：与圆角连接命令"FILLET"相同，该选项决定连接对象后是否剪切源对象。

（5）方式（E）：设置采用"距离"方式还是"角度"方式来进行倒斜角编辑。

（6）多个（M）：同时对多个对象进行倒斜角编辑。

实例教学

下面以图 5-120 所示的洗菜盆为例，介绍"倒角"命令的使用方法。

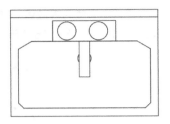

图 5-120　洗菜盆

STEP 绘制步骤

❶ 单击"默认"选项卡"绘图"面板中的"直线"按钮，绘制出初步轮廓，如图 5-121 所示。

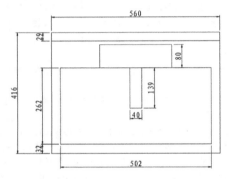

图 5-121　初步轮廓图

❷ 单击"默认"选项卡"绘图"面板中的"圆"按钮，在适当位置绘制一个圆，如图 5-122 所示。

❸ 单击"默认"选项卡"修改"面板中的"复制"按钮，对上一步绘制的圆进行复制，如图 5-123 所示。

 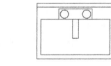

图 5-122　绘制圆　　　　图 5-123　复制圆

❹ 单击"默认"选项卡"绘图"面板中的"圆"按钮，绘制出水口，如图 5-124 所示。

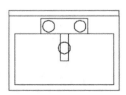

图 5-124　绘制出水口

❺ 单击"默认"选项卡"修改"面板中的"修剪"按钮￼，对出水口进行修剪。命令行提示如下。

```
命令 : _trim
当前设置 : 投影 =UCS，边 = 延伸 ，模式 = 标准
选择剪切边 ...
选择对象或 [ 模式 (O)] < 全部选择 >:（选择水
龙头的两条竖线）
找到 1 个
选择对象 :
找到 1 个，总计 2 个
选择对象 : ✓
选择要修剪的对象，或按住<Shift> 键选择要延伸
的对象或 [ 剪切边 (T)/ 栏选 (F)/ 窗交 (C)/ 模
式 (O)/ 投影 (P)/ 边 (E)/ 删除 (R)]:（选择两
竖直线段之间的其中一段圆弧）
选择要修剪的对象，或按住<Shift> 键选择要延伸
的对象或 [ 剪切边 (T)/ 栏选 (F)/ 窗交 (C)/ 模
式 (O)/ 投影 (P)/ 边 (E)/ 删除 (R)/ 放弃 (U)]:
（选择两竖直线段之间的另一圆弧）
选择要修剪的对象，或按住<Shift> 键选择要延伸的
对象或 [ 剪切边 (T)/ 栏选 (F)/ 窗交 (C)/ 模式
(O)/ 投影 (P)/ 边 (E)/ 删除 (R)/ 放弃 (U)]: ✓
```

绘制结果如图 5-125 所示。

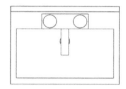

图 5-125 修剪出水口

❻ 单击"默认"选项卡"修改"面板中的"倒角"按钮￼，对四角进行倒角。命令行提示如下。

```
命令 : _chamfer
（"修剪"模式 ) 当前倒角距离 1 = 0.0000，距
离 2 = 0.0000
选择第一条直线或 [ 放弃 (U) / 多段线 (P)/ 距
离 (D)/ 角度 (A)/ 修剪 (T)/ 方式 (E) / 多个
(M)]: D ✓
指定第一个倒角距离 <0.0000>: 50 ✓
指定第二个倒角距离 <50.0000>: 30 ✓
选择第一条直线或 [ 放弃 (U)/ 多段线 (P)/ 距
离 (D)/ 角度 (A)/ 修剪 (T)/ 方式 (E)/ 多个
(M)]:M ✓
选择第一条直线或 [ 放弃 (U)/ 多段线 (P)/ 距
离 (D)/ 角度 (A)/ 修剪 (T)/ 方式 (E)/ 多个
(M)]:（选择左上角水平线段）
选择第二条直线，或按住<Shift> 键选择直线以应
用角点或 [ 距离 (D)/ 角度 (A)/ 方法 (M)]:（选
择左上角竖直线段）
```

```
选择第一条直线或 [ 放弃 (U)/ 多段线 (P)/ 距
离 (D)/ 角度 (A)/ 修剪 (T)/ 方式 (E)/ 多个
(M)]:（选择右上角水平线段）
选择第二条直线，或按住<Shift> 键选择直线以应
用角点或 [ 距离 (D)/ 角度 (A)/ 方法 (M)]:（选
择右上角竖直线段）
选择第一条直线或 [ 放弃 (U)/ 多段线 (P)/ 距离 (D)/
角度 (A)/ 修剪 (T)/ 方式 (E)/ 多个 (M)]: ✓
命令 : _chamfer
（"修剪"模式) 当前倒角距离 1 = 50.0000，距
离 2 = 30.0000
选择第一条直线或 [ 放弃 (U)/ 多段线 (P)/ 距离 (D)/
角度 (A)/ 修剪 (T)/ 方式 (E)/ 多个 (M)]: A ✓
指定第一条直线的倒角长度 <20.0000>: ✓
指定第一条直线的倒角角度 <0>: 45 ✓
选择第一条直线或 [ 放弃 (U)/ 多段线 (P)/ 距离 (D)/
角度 (A)/ 修剪 (T)/ 方式 (E)/ 多个 (M)]: M ✓
选择第一条直线或 [ 放弃 (U)/ 多段线 (P)/ 距离
(D)/ 角度 (A)/ 修剪 (T)/ 方式 (E)/ 多个 (M)]:
选择左下角水平线段）
选择第二条直线，或按住<Shift> 键选择直线以应
用角点或 [ 距离 (D)/ 角度 (A)/ 方法 (M)]:（选
择左下角竖直线段）
选择第一条直线或 [ 放弃 (U)/ 多段线 (P)/ 距离
(D)/ 角度 (A)/ 修剪 (T)/ 方式 (E)/ 多个 (M)]:
选择右下角水平线段）
选择第二条直线，或按住<Shift> 键选择直线以应
用角点或 [ 距离 (D)/ 角度 (A)/ 方法 (M)]:（选
择右下角竖直线段）
选择第一条直线或 [ 放弃 (U)/ 多段线 (P)/ 距离 (D)/
角度 (A)/ 修剪 (T)/ 方式 (E)/ 多个 (M)]: ✓
```

最终绘制结果如图 5-120 所示。

5.5.7 打断命令

执行方式

命令行: BREAK（快捷命令: BR）

菜单栏:"修改"→"打断"

工具栏: 单击"修改"工具栏中的"打断"按钮￼

功能区: 单击"默认"选项卡"修改"面板中的"打断"按钮￼

操作步骤

命令行提示如下。

```
命令: BREAK ✓
选择对象 :（选择要打断的对象）
指定第二个打断点或 [ 第一点 (F)]:（指定第二个
断开点或输入"F"）
```

如果选择"第一点（F）"选项，系统将放弃前面选择的第一个点，重新提示用户指定两个断开点。

 实例教学

下面以图 5-126 所示的法兰盘为例，介绍"打断"命令的使用方法。

图 5-126　法兰盘

STEP 绘制步骤

❶ 单击"默认"选项卡"修改"面板中的"打断"按钮⛌，按命令行提示在过长的中心线上指定第一个打断点，如图 5-127（a）所示。

❷ 指定第二个打断点，如图 5-127（b）所示。在中心线的延长线上选择第二点，多余的中心线被删除，如图 5-127（c）所示。

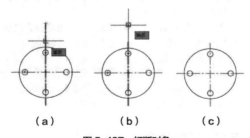

（a）　　　　　（b）　　　　　（c）

图 5-127　打断对象

 注意 机械制图国家标准中规定，中心线使用细点划线表示，一般超出轮廓线的 3mm ~ 5mm。

5.5.8　打断于点命令

"打断于点"命令是指在对象上指定一点，从而把对象在此点拆分成两部分，此命令与"打断"命令类似。

执行方式

工具栏：单击"修改"工具栏中的"打断于点"按钮⛌

功能区：单击"默认"选项卡"修改"面板中的"打断于点"按钮⛌

操作步骤

单击"修改"工具栏中的"打断于点"按钮⛌，命令行提示如下。

```
命令：_breakatpoint
选择对象：（选择要打断的对象）
指定打断点：（选择打断点）
```

5.5.9　分解命令

执行方式

命令行：EXPLODE（快捷命令：X）

菜单栏："修改"→"分解"

工具栏：单击"修改"工具栏中的"分解"按钮⛌

功能区：单击"默认"选项卡"修改"面板中的"分解"按钮⛌

操作步骤

命令行提示如下。

```
命令：EXPLODE ✓
选择对象：（选择要分解的对象）
```

选择一个对象后，该对象会被分解，系统继续提示"选择对象："，即允许分解多个对象。

 注意 "分解"命令用于将一个合成图形分解为其部件。例如，一个矩形被分解后就会变成 4 条直线，有宽度的直线分解后会失去其宽度属性。

 实例教学

下面以图 5-128 所示的圆头平键为例，介绍"分解"命令的使用方法。

图 5-128　圆头平键

STEP 绘制步骤

❶ 选择菜单栏中的"格式"→"图层"命令，新建 3 个图层，如图 5-129 所示。

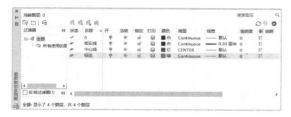

图 5-129 新建图层

（1）第一个图层名称为"粗实线"，线宽为0.3mm，其余属性为默认值。

（2）第二个图层名称为"中心线"，颜色为红色，线型为 CENTER，其余属性为默认值。

（3）第三个图层名称为"标注"，颜色为绿色，其余属性为默认值。

（4）打开线宽显示。

❷ 选择菜单栏中的"视图"→"缩放"→"圆心"命令，命令行提示如下。

```
命令：'_zoom
指定窗口角点，输入比例因子 (nX 或 nXP)，或者
[ 全部 (A) / 中心 (C) / 动态 (D) / 范围 (E) / 上一个
(P) / 比例 (S) / 窗口 (W) / 对象 (O) ] < 实时 >：_c
指定中心点：50,-10 ✓
输入比例或高度 <967.9370>：70 ✓
```

❸ 将当前图层设置为"中心线"图层。单击"默认"选项卡"绘图"面板中的"直线"按钮 ╱。以端点坐标（-5,-21）（@110,0）绘制线段，如图 5-130 所示。

图 5-130 绘制中心线

❹ 将当前图层设为"粗实线"图层。单击"默认"选项卡"绘图"面板中的"矩形"按钮 ▭，以角点坐标（0,0）（@100,11）绘制平键主视图，如图 5-131 所示。

图 5-131 绘制平键主视图

❺ 单击"默认"选项卡"绘图"面板中的"直线"按钮 ╱，以端点坐标（0,2）（@100,0）和（0,9）（@100,0）绘制主视图。绘制结果如图 5-132所示。

❻ 单击"默认"选项卡"绘图"面板中的"矩形"按钮 ▭，设置两个角点的坐标分别为（0,-30）和（@100,18），绘制矩形。

图 5-132 绘制主视图

❼ 单击"默认"选项卡"修改"面板中的"偏移"按钮 ⊂，选择上步绘制的矩形，向内侧偏移"2"。绘制结果如图 5-133 所示。

图 5-133 偏移矩形

❽ 利用"分解"命令分解主视图中的矩形，主视图矩形被分解成 4 条线段。

> **注意** "分解"命令是将合成对象分解为其部件对象，可以分解的对象包括矩形、尺寸标注、块体、多边形等。将矩形分解成线段是为下一步进行倒角做准备。

❾ 单击"默认"选项卡"修改"面板中的"倒角"按钮 ╱，倒角距离设为"2"，对图 5-134所示的直线进行倒角处理，结果如图 5-135所示。

图 5-134 倒角所选择的两条直线

图 5-135 倒角之后的图形

❿ 对其他边进行倒角处理，结果如图 5-136 所示。

图 5-136 倒角处理

> **注意** 倒角需要指定倒角的距离和对象。如果需要倒角的两个对象在同一图层，AutoCAD 将在这个图层进行倒角；否则，AutoCAD 将在当前图层上进行倒角。倒角的颜色、线型和线宽的设置也是如此。

⑪ 单击"默认"选项卡"修改"面板中的"圆角"按钮⌐，对图形进行圆角处理（见图 5-137）。命令行提示如下。

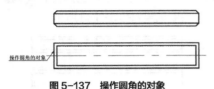

图 5-137　操作圆角的对象

```
命令：_fillet
当前设置：模式 = 修剪，半径 = 0.0000
选择第一个对象或 [ 放弃 (U)/ 多段线 (P)/ 半
径 (R)/ 修剪 (T)/ 多个 (M)]:R ↙
指定圆角半径 <0.0000>: 9 ↙
选择第一个对象或 [ 放弃 (U)/ 多段线 (P)/ 半
径 (R)/ 修剪 (T)/ 多个 (M)]: P ↙
选择二维多段线或 [ 半径 (R)]:（选择图 5-137
中的外矩形）
```

圆角处理完毕之后，结果如图 5-138 所示。

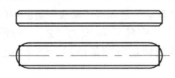

图 5-138　倒圆角之后的图形

⑫ 按上步操作对图 5-137 中的内矩形进行圆角处理，结果如图 5-139 所示。

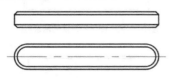

图 5-139　圆角处理

> **注意** 可以对多段线的直线线段进行圆角处理，这些直线可以相邻、不相邻、相交或由线段隔开。如果多段线的线段不相邻，则被延伸以适应圆角。如果它们是相交的，则被修剪以适应圆角。图形界限检查打开时，要创建圆角，则多段线的线段必须收敛于图形界限之内。

最终结果是包含圆角（作为弧线段）的单个多段线。这条新多段线的所有特性（例如图层、颜色和线型）将继承所选的第一条多段线的特性。

5.5.10 | 合并命令

"合并"命令可以将直线、圆、椭圆弧和样条曲线等独立的图线合并为一个对象，如图 5-140 所示。

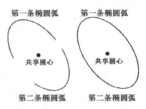

图 5-140　合并对象

执行方式

命令行：JOIN

菜单栏："修改"→"合并"

工具栏：单击"修改"工具栏中的"合并"按钮➡➡

功能区：单击"默认"选项卡"修改"面板中的"合并"按钮➡➡

操作步骤

命令行提示如下。

```
命令：JOIN ↙
选择源对象或要一次合并的多个对象：（选择一个对象）
选择要合并的对象：（选择另一个对象）
选择要合并的对象：↙
```

5.6　综合演练——螺母

本实例绘制的螺母如图 5-141 所示。

STEP 绘制步骤

❶ 由于图形中出现了两种不同的线型，所以需要通过图层来管理。选择菜单栏中的"格式"→"图层"命令，或者单击"默认"选项卡"图层"面板中的"图层特性"按钮🖇，新建两个图层，如图 5-142 所示。

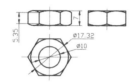

图 5-141　螺母

（1）"粗实线"图层，线宽为 0.5mm，其余属性为默认值。

（2）"中心线"图层，线宽为 0.3mm，线型为 CENTER，颜色设为红色，其余属性为默认值。

（3）打开线宽显示。

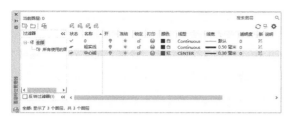

图 5-142　新建图层

❷ 单击"视图"选项卡"导航"面板"范围"下拉列表下的"圆心"按钮，缩放至合适比例。命令行提示如下。

```
命令：_zoom
指定窗口的角点，输入比例因子 (nX 或 nXP)，或者 [ 全部 (A)/ 中心 (C)/ 动态 (D)/ 范围 (E)/ 上一个 (P)/ 比例 (S)/ 窗口 (W)/ 对象 (O)] < 实时 >:_c
指定中心点：15,10 ✓
输入比例或高度 <39.8334>: 40 ✓
```

❸ 将当前图层设为"中心线"图层。单击"默认"选项卡"绘图"面板中的"直线"按钮，以点坐标（-13,0）（@26,0）和（0,-11）（@0,22）绘制中心线，如图 5-143 所示。

❹ 将当前图层设为"粗实线"图层。单击"默认"选项卡"绘图"面板中的"多边形"按钮，绘制中心点为（0,0），内接于半径为"10"的圆的正六边形，结果如图 5-144 所示。

图 5-143　绘制中心线（1）　图 5-144　绘制正六边形（1）

> **注意** 正多边形的绘制方法有 3 种。
> （1）指定中心点和外接圆半径，正多边形的所有顶点都在此圆周上。
> （2）指定中心点和内切圆半径，并指定正多边形中心点到各边中点的距离。
> （3）指定边，通过指定第一条边的端点来定义正多边形。

❺ 单击"默认"选项卡"绘图"面板中的"圆"按钮，绘制圆心为（0,0），半径分别为"8.66"和"5"的圆，结果如图 5-145 所示。

❻ 单击"默认"选项卡"绘图"面板中的"矩形"按钮，将两个角点的坐标分别设为（-10,15）和（@20,7），绘制主视图矩形，结果如图 5-146 所示。

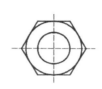 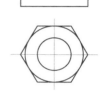

图 5-145　绘制圆（1）　　图 5-146　绘制主视图矩形

❼ 单击"默认"选项卡"绘图"面板中的"构造线"按钮，指定点 A 和点 B 通过点（@0,10），绘制构造线，如图 5-147 所示。

❽ 单击"默认"选项卡"绘图"面板中的"圆"按钮，绘制圆心为（0,7）、半径为"15"的圆，如图 5-148 所示。

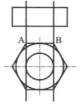 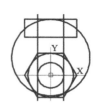

图 5-147　绘制构造线（1）　图 5-148　绘制圆（2）

❾ 单击"默认"选项卡"修改"面板中的"修剪"按钮，修剪图形，结果如图 5-149 所示。

❿ 单击"默认"选项卡"绘图"面板中的"构造线"按钮，指定点 A 通过点（@10,0），绘制构造线，结果如图 5-150 所示。

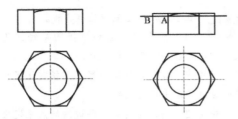

图 5-149　修剪图形（1）　　　图 5-150　绘制构造线（2）

⑪ 单击"默认"选项卡"绘图"面板中的"圆弧"按钮╱，绘制圆弧。命令行提示如下。

```
命令：_arc
指定圆弧的起点或 [ 圆心 (C) ]：（捕捉图 5-150
中的点 A）
指定圆弧的第二个点或 [ 圆心 (C)/ 端点
(E) ]:-7.5,22 ↙
指定圆弧的端点 ：（捕捉图 5-150 中的点 B）
```

⑫ 单击"默认"选项卡"修改"面板中的"删除"按钮╱，删除构造线，结果如图 5-151 所示。

⑬ 单击"默认"选项卡"修改"面板中的"镜像"按钮⚠，选择上步绘制的圆弧，以（0,0）（0,10）为镜像线上的两点进行镜像，结果如图 5-152 所示。

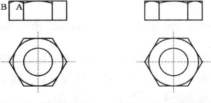

图 5-151　删除构造线　　　图 5-152　镜像处理（1）

⑭ 同样以（−10,18.5）（10,18.5）为镜像线上的两点，对上面的 3 条圆弧进行镜像处理，结果如图 5-153 所示。

⑮ 单击"默认"选项卡"修改"面板中的"修剪"按钮╲，修剪图形，结果如图 5-154 所示。

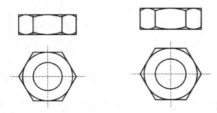

图 5-153　镜像处理（2）　　　图 5-154　修剪图形（2）

⑯ 单击"默认"选项卡"绘图"面板中的"直线"按钮╱，以点坐标（0,13）（@0,11）绘制中心线，结果如图 5-155 所示。

⑰ 单击"默认"选项卡"绘图"面板中的"多边形"按钮⬠，绘制边端点为（33.6603,13.5）（@0,10）的正六边形，如图 5-156 所示。

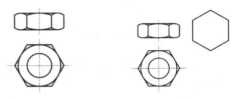

图 5-155　绘制中心线（2）　　　图 5-156　绘制正六边形（2）

⑱ 单击"默认"选项卡"绘图"面板中的"构造线"按钮╱，以点坐标（0,15）（@10,0）绘制构造线。

⑲ 按上述操作，通过点（0,22）和（@10,0），以及图 5-157 中的点 A 和点（@0,10）绘制两条构造线，结果如图 5-157 所示。

⑳ 单击"默认"选项卡"绘图"面板中的"修剪"按钮╲，修剪图形，如图 5-158 所示。

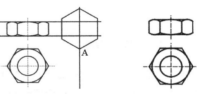

图 5-157　绘制构造线（3）　　　图 5-158　修剪图形（3）

㉑ 单击"默认"选项卡"绘图"面板中的"构造线"按钮╱，指定图 5-159 中的点 A 通过点（@10,0）绘制构造线，结果如图 5-159 所示。

㉒ 选择菜单栏中的"绘图"→"圆弧"→"三点"命令，或者单击"默认"选项卡"绘图"面板中的"三点"按钮╱。捕捉图 5-160 中的 A、B、C 3 点，其中点 B 为该直线的 1/4 点，如果捕捉不到，可以选择"绘图"→"打断"命令在中点位置将其打断，再以捕捉其中点。

㉓ 绘制好圆弧之后单击"默认"选项卡"修改"面板中的"镜像"按钮⚠，镜像线分别为（25,18.5）（@10,0），以及点 C 和（@0,10），做两次镜像操作，如图 5-160 所示。

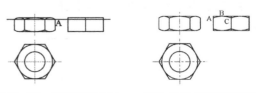

图 5-159　绘制构造线（4）　　　图 5-160　镜像处理（3）

㉔ 单击"默认"选项卡"修改"面板中的"修剪"按钮，修剪图形，结果如图 5-161 所示。

㉕ 将当前图层设置为"中心线"图层。单击"默认"选项卡"绘图"面板中的"直线"按钮，以点坐标（25,13）（@0,11）绘制中心线。最终绘制结果如图 5-141 所示。

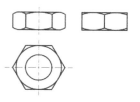

图 5-161　修剪操作

5.7　上机实验

【实验 1】绘制轴

1. 目的要求

轴如图 5-162 所示，本实验除了要用到基本的绘图命令外，还要用到"偏移""修剪"和"倒角"等编辑命令。通过本实验，读者应灵活掌握绘图的基本技巧，巧妙利用一些编辑命令来快速灵活地完成绘图工作。

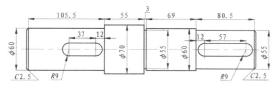

图 5-162　轴

2. 操作提示

（1）设置新图层。

（2）利用"直线""圆"和"偏移"命令绘制初步轮廓。

（3）利用"修剪"命令修剪掉多余的图线。

（4）利用"倒角"命令对轴端进行倒角处理。

【实验 2】绘制吊钩

1. 目的要求

吊钩如图 5-163 所示，本实验除了要用到基本的绘图命令外，还要用到"偏移""修剪""圆角"等编辑命令。通过本实验，读者应灵活掌握绘图的基本技巧。

2. 操作提示

（1）设置新图层。

（2）利用"直线"命令绘制定位轴线。

（3）利用"偏移"和"圆"命令绘制圆心定位线并绘制圆。

（4）利用"偏移"和"修剪"命令绘制钩上端图线。

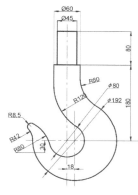

图 5-163　吊钩

（5）利用"圆角"和"修剪"命令绘制钩圆弧图线。

【实验 3】绘制均布结构图形

1. 目的要求

本实验设计的均布结构图形是一个常见的机械零件，如图 5-164 所示。在绘制的过程中，除了要用到"直线""圆"等基本绘图命令外，还要用到"剪切"和"阵列"等编辑命令。通过本实验，读者应熟练掌握"剪切"和"阵列"编辑命令的用法。

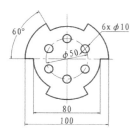

图 5-164　均布结构图形

2. 操作提示

（1）设置新图层。

（2）绘制中心线和基本轮廓。

（3）进行阵列编辑。

（4）进行剪切编辑。

【实验4】绘制轴承座

1. 目的要求

本实验要绘制的是一个轴承座，如图5-165所示。除了要用到一些基本的绘图命令外，还要用到"镜像"命令及"圆角""剪切"等编辑命令。通过本实验，读者应进一步熟悉常见编辑命令的应用。

2. 操作提示

（1）利用"图层"命令设置3个图层。

（2）利用"直线"命令绘制中心线。

（3）利用"直线"命令和"圆"命令绘制部分轮廓线。

（4）利用"圆角"命令进行圆角处理。

（5）利用"直线"命令绘制螺孔线。

（6）利用"镜像"命令对左端局部结构进行镜像复制。

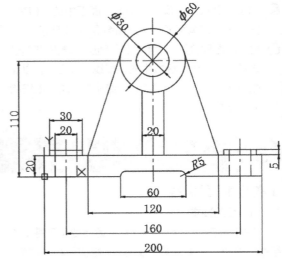

图5-165 轴承座

第6章

复杂二维绘图与编辑命令

本章将循序渐进地讲解 AutoCAD 2023 复杂二维绘图和编辑命令的应用，帮助读者熟练掌握应用 AutoCAD 2023 绘制复杂几何元素（包括多段线、样条曲线及多线等）的方法，以及利用编辑命令修正图形的方法。

重点与难点

- ⊃ 多段线
- ⊃ 样条曲线
- ⊃ 多线
- ⊃ 图案填充
- ⊃ 对象编辑命令

6.1 多段线

多段线是一种由线段和圆弧组合而成的，可以有不同线宽的线条。多段线组合形式多样，线宽可以变化，弥补了直线或圆弧的不足，适合用于绘制各种复杂的图形的轮廓，在绘图中得到了广泛的应用。

执行方式

命令行：PLINE（快捷命令：PL）

菜单栏："绘图"→"多段线"

工具栏：单击"绘图"工具栏中的"多段线"按钮⤵

功能区：单击"默认"选项卡"绘图"面板中的"多段线"按钮⤵

操作步骤

命令行提示如下。

```
命令 : PLINE ↙
指定起点 :（指定多段线的起点）
当前线宽为 0.0000
指定下一个点或 [ 圆弧 (A)/ 半宽 (H)/ 长度 (L)/
放弃 (U)/ 宽度 (W)]:（指定多段线的下一个点）
```

选项说明

多段线主要由连续且宽度不同的线段或圆弧组成，如果在上述提示中选择"圆弧（A）"选项，则命令行提示如下。

```
指定圆弧的端点 ( 按住 <Ctrl> 键以切换方向 ) 或 [ 角度
(A)/ 圆心 (CE)/ 闭合 (CL)/ 方向 (D)/ 半宽 (H)/ 直线
(L)/ 半径 (R)/ 第二个点 (S)/ 放弃 (U)/ 宽度 (W)]:
```

绘制圆弧的方法与"圆弧"命令的使用方法相似。

实例教学

下面以图 6-1 所示的交通标志为例，介绍"多段线"命令的使用方法。

图 6-1 交通标志

STEP 绘制步骤

❶ 绘制"禁止"标志。

（1）单击"默认"选项卡"绘图"面板中的"圆

环"按钮◎，绘制圆心坐标为（100,100）、内径为"110"、外径为"140"的圆环。结果如图 6-2 所示。

（2）单击"默认"选项卡"绘图"面板中的"多段线"按钮⤵，绘制斜线。命令行提示如下。

```
命令 : _pline
指定起点 :（在圆环左上方适当捕捉一点）
当前线宽为 0.0000
指定下一个点或 [ 圆弧 (A)/ 半宽 (H)/ 长度
(L)/ 放弃 (U)/ 宽度 (W)]: W ↙
指定起点宽度 <0.0000>: 20 ↙
指定端点宽度 <20.0000>: ↙
指定下一个点或 [ 圆弧 (A)/ 半宽 (H)/ 长度 (L)/
放弃 (U)/ 宽度 (W)]:（斜向向下在圆环上捕捉一点）
指定下一点或 [ 圆弧 (A)/ 闭合 (C)/ 半宽
(H)/ 长度 (L)/ 放弃 (U)/ 宽度 (W)]: ↙
```

结果如图 6-3 所示。

图 6-2 绘制圆环

图 6-3 绘制斜线

❷ 绘制载货汽车图案。

（1）设置当前图层颜色为黑色。单击"默认"选项卡"绘图"面板中的"圆环"按钮◎，分别绘制圆心坐标为（128,83）和（83,83），内径为"9"、外径为"14"的两个圆环。结果如图 6-4 所示。

 注意 这里巧妙地运用了绘制实心圆环的命令来绘制汽车轮胎。

（2）单击"默认"选项卡"绘图"面板中的"多段线"按钮⤵，绘制车身。命令行提示如下。

```
命令 : _pline
指定起点 : 140,83 ↙
当前线宽为 0.0000
指定下一个点或 [ 圆弧 (A)/ 半宽 (H)/ 长度
(L)/ 放弃 (U)/ 宽度 (W)]: 136,83 ↙
指定下一点或 [ 圆弧 (A)/ 闭合 (C)/ 半宽
(H)/ 长度 (L)/ 放弃 (U)/ 宽度 (W)]: A ↙
指定圆弧的端点 ( 按住 <Ctrl> 键以切换方向 ) 或
[ 角度 (A)/ 圆心 (CE)/ 闭合 (CL)/ 方向 (D)/
半宽 (H)/ 直线 (L)/ 半径 (R)/ 第二个点 (S)/
放弃 (U)/ 宽度 (W)]: CE ↙
指定圆弧的圆心 : 128,83 ↙
```

指定圆弧的端点（按住<Ctrl>键以切换方向）或
[角度（A）/长度（L）]：指定一点（在极限追踪的
条件下拖动鼠标向左并在屏幕上单击）

指定圆弧的端点（按住 <Ctrl>键以切换方向）
或[角度（A）/圆心（CE）/闭合（CL）/方向
（D）/半宽（H）/直线（L）/半径（R）/第二个
点（S）/放弃（U）/宽度（W）]：L ✓

指定下一点或[圆弧（A）/闭合（C）/半
宽（H）/长度（L）/放弃（U）/宽度（W）]：
@-27.22,0 ✓

指定下一点或[圆弧（A）/闭合（C）/半宽
（H）/长度（L）/放弃（U）/宽度（W）]：A ✓

指定圆弧的端点（按住<Ctrl>键以切换方向）或[
角度（A）/圆心（CE）/闭合（CL）/方向（D）/半宽
（H）/直线（L）/半径（R）/第二个点（S）/放弃
（U）/宽度（W）]：ce ✓

指定圆弧的圆心：83,83 ✓

指定圆弧的端点（按住 Ctrl 键以切换方向）或[
角度（A）/长度（L）]：A ✓

指定夹角（按住 Ctrl 键以切换方向）：180 ✓

指定圆弧的端点（按住<Ctrl>键以切换方向）或
[角度（A）/圆 心（CE）/闭 合（CL）/方 向（D）/半
宽（H）/直线 （L）/半径（R）/第二个点（S）/放弃
（U）/宽度（W）]：L ✓

指定下一点或[圆弧（A）/闭合（C）/半宽（H）/
长度（L）/放弃（U）/宽度（W）]：58,83 ✓

指定下一点或[圆弧（A）/闭合（C）/半宽
（H）/长度（L）/放弃（U）/宽度（W）]：58,104.5 ✓

指定下一点或[圆弧（A）/闭合（C）/半宽（H）/
长度（L）/放弃（U）/宽度（W）]：71,127 ✓

指定下一点或[圆弧（A）/闭合（C）/半宽
（H）/长度（L）/放弃（U）/宽度（W）]：82,127 ✓

指定下一点或[圆弧（A）/闭合（C）/半宽
（H）/长度（L）/放弃（U）/宽度（W）]：82,106 ✓

指定下一点或[圆弧（A）/闭合（C）/半宽
（H）/长度（L）/放弃（U）/宽度（W）]：140,106 ✓

指定下一点或[圆弧（A）/闭合（C）/半宽
（H）/长度（L）/放弃（U）/宽度（W）]：C ✓

结果如图6-5所示。

| 图6-4　绘制轮胎 | 图6-5　绘制车身 |

> **注意** 在绘制载货汽车时，调用了绘制多段线
> 的命令。该命令的执行过程比较繁杂，
> 反复使用了绘制圆弧和绘制直线的选项，注意灵
> 活调用各个选项，尽量使绘制过程简单明了。

（3）单击"默认"选项卡"绘图"面板中的"矩
形"按钮□，在车身后部合适的位置绘制
几个矩形作为货箱。最终绘制结果如图6-1
所示。

6.2　样条曲线

在 AutoCAD 中使用的样条曲线为非一致有理
B 样条（NURBS）曲线，使用 NURBS 曲线能够
在控制点之间产生一条光滑的曲线，如图6-6所示。
样条曲线可用于绘制形状不规则的图形，如为地理
信息系统（GIS）或在汽车设计环节绘制轮廓线。

图6-6　样条曲线

执行方式

命令行：SPLINE（快捷命令：SPL）

菜单栏："绘图"→"样条曲线"

工具栏：单击"绘图"工具栏中的"样条曲线"
按钮∿

功能区：单击"默认"选项卡"绘图"面板中的
"样条曲线拟合"按钮∿或"样条曲线控制点"按钮∿

操作步骤

命令行提示如下。

命令：SPLINE ✓

当前设置：方式 = 拟合　　　节点 = 弦

指定第一个点或[方式（M）/节点（K）/对象
（O）]：（指定第一点或选择"对象（O）"选项）

输入下一个点或[起点切向（T）/公差（L）]：（指
定第二点）

输入下一个点或[端点相切（T）/公差（L）/放
弃（U）]：（指定第三点）

输入下一个点或[端点相切（T）/公差（L）/放
弃（U）/闭合（C）]：C ✓

选项说明

（1）对象（O）：将二维或三维的二次或三次

样条曲线拟合多段线转换为等价的样条曲线，然后（根据"DELOBJ"系统变量的设置）删除该多段线。

（2）闭合（C）：将最后一点定义与第一点一致，并使其在连接处相切，以闭合样条曲线。

（3）端点相切（T）：选择该选项，命令行提示如下。

> 指定端点切向：（指定点或按 <Enter> 键）

用户可以指定一点来定义切向矢量，或单击状态栏中的"对象捕捉"按钮 □，使用"切点"和"垂足"对象捕捉模式使样条曲线与现有对象相切或垂直。

（4）公差（L）：修改当前样条曲线的拟合公差，根据新拟合公差以现有点重新定义样条曲线。拟合公差表示样条曲线拟合所指定拟合点集时的拟合精度，拟合公差越小，样条曲线与拟合点越接近。拟合公差为 0，样条曲线将通过该点；输入大于 0 的拟合公差，将使样条曲线在指定的拟合公差范围内通过拟合点。在绘制样条曲线时，可以改变拟合公差以查看拟合效果。

 实例教学

下面以图 6-7 所示的凸轮为例，介绍"样条曲线"命令的使用方法。

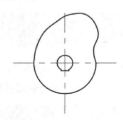

图 6-7 凸轮

STEP 绘制步骤

❶ 选择菜单栏中的"格式"→"图层"命令，或者单击"默认"选项卡"图层"面板中的"图层特性"按钮 ，新建 3 个图层，如图 6-8 所示。

（1）第一个图层命名为"粗实线"，线宽设为 0.3mm，其余属性为默认值。

（2）第二个图层命名为"细实线"，所有属性为默认值。

（3）第三个图层命名为"中心线"，颜色为红色，线型为 CENTER，其余属性为默认值。

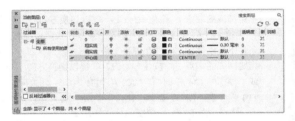

图 6-8 新建图层

❷ 将"中心线"图层设为当前图层，单击"默认"选项卡"绘图"面板中的"直线"按钮 ，指定端点坐标为（-40,0）（40,0）和（0,40）（0,-40），绘制中心线，如图 6-9 所示。

❸ 将"细实线"图层设为当前图层，单击"默认"选项卡"绘图"面板中的"直线"按钮 ，指定端点坐标为（0,0）（@40<30）和（0,0）（@40<100），以及（0,0）（@40<120），绘制辅助线，如图 6-10 所示。

图 6-9 绘制中心线　　图 6-10 绘制辅助线

❹ 单击"默认"选项卡"绘图"面板中的"圆弧"按钮 ，设置圆心坐标为（0,0），圆弧起点坐标分别为（30<120）（@30<30），夹角分别为 60°和 70°，绘制两条辅助线圆弧，如图 6-11 所示。

❺ 在命令行输入"DDPTYPE"命令，或者选择菜单栏中的"格式"→"点样式"命令，系统弹出"点样式"对话框，如图 6-12 所示。将点样式设为 ，选择左边圆弧进行 3 等分，另一圆弧 7 等分，绘制结果如图 6-13 所示。用直线连接中心点与右边圆弧的等分点，如图 6-14 所示。

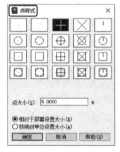

图 6-11 绘制辅助线圆弧　　图 6-12 "点样式"对话框

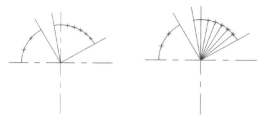

图 6-13　等分圆弧　　**图 6-14　连接等分点与中心点**

❻ 将"粗实线"图层设置为当前图层，单击"默认"选项卡"绘图"面板中的"圆弧"按钮◠，设置圆心坐标为（0,0），圆弧起点坐标为（24,0），夹角为 −180°，绘制凸轮下半部分圆弧，结果如图 6-15 所示。

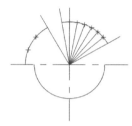

图 6-15　绘制凸轮下半部分圆弧

❼ 绘制凸轮上半部分样条曲线。

（1）选择菜单栏中的"绘图"→"点"→"多点"命令标记样条曲线的端点，命令行提示如下。

```
命令 : _point
当前点模式 : PDMODE=2 PDSIZE=-2.0000
指定点 : 24.5<160 ✓
```

以相同的方法，依次标记点（26.5<140）（30<120）（34<100）（37.5<90）（40<80）（42<70）（41<60）（38<50）（33.5<40）（26<30）。

> **注意** 这些点刚好在等分点与圆心连线延长线上，可以通过"对象捕捉"中的"捕捉到延长线"功能选项确定这些点的位置。"对象捕捉"工具栏中的"捕捉到延长线"按钮如图 6-16 所示。

图 6-16　"捕捉到延长线"按钮

（2）单击"默认"选项卡"绘图"面板中的"样条曲线拟合"按钮◠，绘制样条曲线，命令行提示如下。

```
命令 : _SPLINE
当前设置 : 方式 = 拟合 节点 = 弦
指定第一个点或 [ 方式 (M)/ 节点 (K)/ 对象 (O)]: _M
输入样条曲线创建方式 [ 拟合 (F)/ 控制点 (CV)]< 拟合 >: _FIT
当前设置 : 方式 = 拟合 节点 = 弦
指定第一个点或 [ 方式 (M)/ 节点 (K)/ 对象 (O)]:（选择下方圆弧的右端点）
输入下一个点或 [ 起点切向 (T)/ 公差 (L)]: [ 选择 (26<30) 点]
输入下一个点或 [ 端点相切 (T)/ 公差 (L)/ 放弃 (U)]:[ 选择 (33.5<40) 点]
输入下一个点或 [ 端点相切 (T)/ 公差 (L)/ 闭合 (C)]:[ 选择 (38<50) 点]
……（ 依次选择上面标记的各点 )
输入下一个点或 [ 端点相切 (T)/ 公差 (L)/ 放弃 (U)/ 闭合 (C)]: T ✓
指定端点切向 :（指定竖直向下方向，如图 6-17 所示)
```

绘制结果如图 6-18 所示。

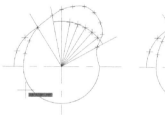

图 6-17　指定样条曲线　　**图 6-18　绘制样条曲线**
**　　　　的端点切向**

> **注意** 绘制样条曲线时，除了需要指定各个点之外，还需要指定初始与末位置的点的切线方向，读者可以试着绘制两条具有相同点但是初始与末位置的切线方向不同的样条曲线。

❽ 单击"默认"选项卡"修改"面板中的"删除"按钮✐，选择绘制的辅助线、圆弧和点，将其删除，如图 6-19 所示。

❾ 单击"默认"选项卡"绘图"面板中的"圆"按钮⊙，以点（0,0）为圆心，以"6"为半径绘制圆。

❿ 单击"默认"选项卡"绘图"面板中的"直线"按钮╱，指定坐标为（−3,0）（@0, −6）（@6, 0）（@0,6），命令行提示如下。

```
命令 : _line
指定第一个点 : -3,0 ✓
```

指定下一点或 [放弃 (U)]: @0,-6 ✓
指定下一点或 [放弃 (U)]: @6,0 ✓
指定下一点或 [闭合 (C) / 放弃 (U)]:@0,6 ✓
指定下一点或 [闭合 (C) / 放弃 (U)]: ✓
绘制结果如图 6-20 所示。

⑪ 单击"默认"选项卡"修改"面板中的"修剪"
按钮 ，对键槽位置的圆弧进行修剪，单击状
态栏中的"线宽"按钮 ，显示线宽。最终绘

制结果如图 6-7 所示。

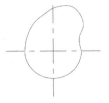

| 图 6-19 修剪凸轮轮廓 | 图 6-20 绘制直线段 |

6.3 多线

多线是一种复合线，由连续的直线段组成。多线的突出优点是能够大大提高绘图效率，保证图线之间的
统一性。

6.3.1 绘制多线

执行方式

命令行：MLINE（快捷命令：ML）
菜单栏："绘图"→"多线"

操作步骤

命令行提示如下。

命令：MLINE ✓
当前设置：对正 = 上，比例 = 20.00，样式 =
STANDARD
指定起点或 [对正 (J)/ 比例 (S)/ 样式 (ST)]：
（指定起点）
指定下一点：（指定下一点）
指定下一点或 [放弃 (U)]：（继续指定下一点绘制
线段；输入"U"，则放弃前一段多线的绘制；单击鼠
标右键或按<Enter>键，结束命令）
指定下一点或 [闭合 (C) / 放弃 (U)]：（继续给
定下一点绘制线段；输入"C"，则闭合线段，结束
命令）

选项说明

（1）对正（J）：该选项用于指定绘制多线的基
准。共有 3 种对正类型："上""无"和"下"。其中，
"上"表示以多线上侧的线为基准，其他两项依此
类推。

（2）比例（S）：选择该选项，系统将要求用户
设置平行线的间距。输入值为 0 时，平行线重合；
输入值小于 0 时，多线的排列倒置。

（3）样式（ST）：用于设置当前使用的多线
样式。

6.3.2 定义多线样式

执行方式

命令行：MLSTYLE

执行上述命令后，系统打开图 6-21 所示的"多
线样式"对话框。在该对话框中，用户可以对多线
样式进行新建、保存和加载等操作。

图 6-21 "多线样式"对话框

下面通过新建一个新的多线样式来介绍该对话
框的使用方法。欲定义的多线样式由 3 条平行线组
成，上下两条平行的实线相对于中心轴线上、下各
偏移"0.5"，其操作步骤如下。

（1）在"多线样式"对话框中单击"新建"
按钮，系统打开"创建新的多线样式"对话框，
如图 6-22 所示。

（2）❶在"创建新的多线样式"对话框的"新样式名"文本框中输入"THREE"，❷单击"继续"按钮。

图 6-22 "创建新的多线样式"对话框

（3）系统打开"新建多线样式"对话框，如图 6-23 所示。

❶ 在"封口"选项组中可以设置多线起点和端点的特性，包括直线、外弧、内弧封口，以及封口线段和圆弧的角度。

❷ 在"填充颜色"下拉列表中可以选择多线填充的颜色。

❸ 在"图元"选项组中可以设置组成多线元素的特性。单击"添加"按钮，可以为多线添加元素；单击"删除"按钮，可以为多线删除元素。在"偏移"文本框中可以设置选中元素的位置偏移值；在"颜色"下拉列表中可以为选中的元素选择颜色。单击"线型"按钮，系统打开"选择线型"对话框，可以为选中的元素设置线型。设置完线型后，单击"确定"按钮，返回"新建多线样式"对话框。

❹ 单击"确定"按钮，返回"多线样式"对话框。

"样式"列表框中会显示刚设置的多线样式名，选择该样式，单击"置为当前"按钮，则将刚设置的多线样式设置为当前样式，下面的预览框中会显示所选的多线样式。

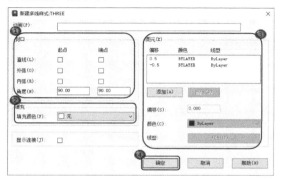

图 6-23 "新建多线样式"对话框

（4）单击"确定"按钮，完成多线样式设置。

图 6-24 所示为按设置后的多线样式绘制的多线。

图 6-24 绘制的多线

6.3.3 编辑多线

执行方式

命令行：MLEDIT

菜单栏："修改"→"对象"→"多线"

执行上述操作后，打开"多线编辑工具"对话框，如图 6-25 所示。

图 6-25 "多线编辑工具"对话框

利用该对话框，可以创建或修改多线的模式。对话框中分 4 列显示示例图形。其中，第一列管理十字交叉形多线，第二列管理 T 形多线，第三列管理拐角接合点和节点，第四列管理多线被剪切或连接的形式。

单击选择某个示例图形，就可以调用该项多线编辑工具。

下面以"十字打开"多线编辑工具为例，介绍多线编辑的方法，对选择的两条多线进行打开交叉。命令行提示如下。

选择第一条多线 ：（选择第一条多线）
选择第二条多线 ：（选择第二条多线）

选择完毕后，第二条多线被第一条多线横断交叉。命令行提示如下。

选择第一条多线或 [放弃 (U)]：
选择第二条多线 ：（选择第二条多线）

可以继续选择多线进行操作，选择"放弃"选项会撤销前次操作。执行结果如图 6-26 所示。

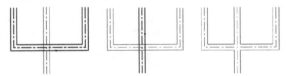

（a）选择第一条多线 （b）选择第二条多线 （c）执行结果
图 6-26 "十字打开"多线编辑工具

实例教学

下面以图 6-27 所示的墙体为例，介绍"多线"命令的使用方法。

图 6-27 墙体

STEP 绘制步骤

❶ 单击"默认"选项卡"绘图"面板中的"构造线"按钮，绘制一条水平构造线和一条竖直构造线，组成"十"字辅助线，如图 6-28 所示。继续绘制辅助线，命令行提示如下。

图 6-28 "十"字辅助线

```
命令：_xline
指定点或 [ 水平 (H)/ 垂直 (V)/ 角度 (A)/
二等分 (B)/ 偏移 (O)]：O ↙
指定偏移距离或 [ 通过（T）< 通过 >：4200 ↙
选择直线对象 ：（选择水平构造线）
指定向哪侧偏移 ：（指定上边一点）
选择直线对象 ：（继续选择水平构造线）
```

采用相同的方法依次将偏移得到的水平构造线向上偏移"5100""1800"和"3000"，绘制的水平构造线如图 6-29 所示。采用同样的方法绘制竖直构造线，依次将该线和偏移得到的竖直构造线向右偏移"3900""1800""2100"和"4500"，绘制完成的居室辅助线网格如图 6-30 所示。

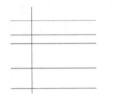

图 6-29 水平构造线

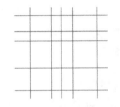

图 6-30 居室辅助线网格

❷ 选择菜单栏中的"格式"→"多线样式"命令，系统打开"多线样式"对话框，如图 6-31 所示。单击"多线样式"对话框中的"新建"按钮，系统打开"创建新的多线样式"对话框，如图 6-32 所示，❶在该对话框的"新样式名"文本框中输入"墙体线"，❷单击"继续"按钮。

图 6-31 "多线样式"对话框

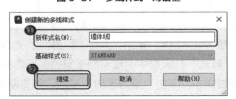

图 6-32 "创建新的多线样式"对话框

❸ 系统打开"新建多线样式"对话框，如图 6-33 所示，在其中进行多线样式的设置。

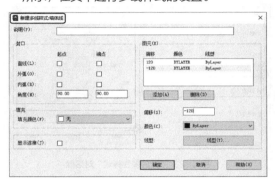

图 6-33 设置多线样式

❹ 选择菜单栏中的"绘图"→"多线"命令，绘制多线墙体。命令行提示如下。

```
命令 : _mline ✓
当前设置 : 对正 = 上, 比例 = 20.00, 样式 = 墙体线
指定起点或 [ 对正 (J)/ 比例 (S)/ 样式 (ST)]: S ✓
输入多线比例 <20.00>: 1 ✓
当前设置 : 对正 = 上, 比例 = 1.00, 样式 = 墙体线
指定起点或 [ 对正 (J)/ 比例 (S)/ 样式 (ST)]: J ✓
输入对正类型 [ 上 (T)/ 无 (Z)/ 下 (B)] < 上>: Z ✓
当前设置 : 对正 = 无, 比例 = 1.00, 样式 = 墙体线
指定起点或 [ 对正 (J)/ 比例 (S)/ 样式 (ST)]: (在绘制的辅助线交点上指定一点)
指定下一点 : (在绘制的辅助线交点上指定下一点)
指定下一点或 [ 放弃 (U)]: (在绘制的辅助线交点上指定下一点)
指定下一点或 [ 闭合 (C)/ 放弃 (U)]: (在绘制的辅助线交点上指定下一点)
......
指定下一点或 [ 闭合 (C)/ 放弃 (U)]: C ✓
```

采用相同的方法根据辅助线网格绘制多线，绘制结果如图 6-34 所示。

❺ 选择菜单栏中的"修改"→"对象"→"多线"命令，系统打开"多线编辑工具"对话框，如图 6-35 所示。选择"T 形合并"选项，命令行提示如下。

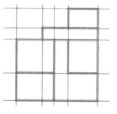

图 6-34　绘制多线

```
命令 : _mledit
选择第一条多线 :（选择多线）
第二条多线 :（选择多线）
选择第一条多线或 [ 放弃 (U)]:（选择多线）
......
选择第一条多线或 [ 放弃 (U)]: ✓
```

图 6-35　"多线编辑工具"对话框

采用同样的方法继续进行多线编辑，最终结果如图 6-27 所示。

6.4 图案填充

当用户需要用一个重复的图案填充一个区域时，可以使用"BHATCH"命令创建一个相关联的填充阴影对象，这就是图案填充。

6.4.1 基本概念

1. 图案边界

在进行图案填充时，首先要确定填充图案的边界。定义边界的对象只能是直线、双向射线、单向射线、多义线、样条曲线、圆弧、圆、椭圆、椭圆弧、面域等对象或用这些对象定义的块，而且作为边界的对象在当前图层上必须全部可见。

2. 孤岛

在进行图案填充时，位于总填充区域内的封闭区被称为孤岛，如图 6-36 所示。在使用"BHATCH"

命令填充时，AutoCAD 允许用户以拾取点的方式确定填充边界，即在希望填充的区域内任意拾取一点，系统会自动确定出填充边界，同时也确定该边界内的孤岛。如果用户以选择对象的方式确定填充边界，则必须确切地选取这些孤岛，有关知识将在 6.4.2 小节中介绍。

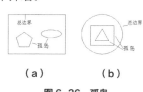

（a）　　　　（b）

图 6-36　孤岛

3. 填充方式

在进行图案填充时，需要控制填充的范围，AutoCAD 为用户设置了以下 3 种方式以实现对填充范围的控制。

（1）普通方式。该方式从边界开始，从每条填充线或每个填充符号的两端向里填充，遇到内部对象与之相交时，填充线或符号断开，直到遇到下一次相交时再继续填充，如图 6-37（a）所示。采用这种填充方式时，要避免剖面线或符号与内部对象的相交次数为奇数，该方式为系统的默认方式。

（2）最外层方式。该方式从边界向里填充，只要在边界内部与对象相交，剖面符号就会断开，而不再继续填充，如图 6-37（b）所示。

（3）忽略方式。该方式忽略边界内的对象，所有内部结构都被剖面符号覆盖，如图 6-37（c）所示。

（a）普通方式　（b）最外层方式　（c）忽略方式

图 6-37　填充方式

6.4.2　图案填充的操作

执行方式

命令行：BHATCH（快捷命令：H）

菜单栏："绘图"→"图案填充"或"渐变色"

工具栏：单击"绘图"工具栏中的"图案填充"按钮██或"渐变色"按钮██

功能区：单击"默认"选项卡"绘图"面板中的"图案填充"按钮██

执行上述操作后，系统打开图 6-38 所示的"图案填充创建"选项卡。各选项和按钮含义介绍如下。

图 6-38　"图案填充创建"选项卡

1."边界"面板

（1）拾取点██：通过选择由一个或多个对象形成的封闭区域内的点，确定图案填充边界，如图 6-39 所示。指定内部点时，可以随时在绘图区中单击鼠标右键以显示包含多个命令的快捷菜单。

（a）选择一点　（b）填充区域　（c）填充结果

图 6-39　边界确定

（2）选取边界对象██：指定基于选定对象的图案填充边界。使用该选项时，不会自动检测内部对象，必须选定边界对象，以按照当前孤岛检测样式填充这些对象，如图 6-40 所示。

（a）原始图形　（b）选取边界对象　（c）填充结果

图 6-40　选取边界对象

（3）删除边界对象██：从边界定义中删除之前添加的任何对象，如图 6-41 所示。

（a）选取边界对象　（b）删除边界　（c）填充结果

图 6-41　删除边界对象

（4）重新创建边界██：围绕选定的图案填充或填充对象创建多段线或面域，并使其与图案填充对象相关联（可选）。

（5）显示边界对象██：选择构成选定关联图案填充对象的边界的对象，使用显示的夹点可修改图案填充边界。

（6）保留边界对象██：指定如何处理图案填充边界对象。

其选项包括以下几项。

① 不保留边界（仅在图案填充创建期间可用）。不创建独立的图案填充边界对象。

② 保留边界—多段线（仅在图案填充创建期间

可用）。创建封闭图案填充对象的多段线。

③ 保留边界—面域（仅在图案填充创建期间可用）。创建封闭图案填充对象的面域对象。

（7）选择新边界集。指定对象的有限集（称为边界集），以便通过创建图案填充时的拾取点进行计算。

2."图案"面板

显示所有预定义和自定义图案的预览图像。

3."特性"面板

（1）图案填充类型：指定是使用纯色、渐变色、图案还是用户定义的填充。

（2）图案填充颜色：替代实体填充和填充图案的当前颜色。

（3）背景色：指定填充图案背景的颜色。

（4）图案填充透明度：设定新图案填充或填充的透明度，替代当前对象的透明度。

（5）图案填充角度：指定图案填充或填充的角度。

（6）填充图案比例：放大或缩小预定义或自定义填充图案。

（7）相对图纸空间（仅在布局中可用）：相对于图纸空间单位缩放填充图案。使用此选项，可很容易地做到以适用于布局的比例显示填充图案。

（8）交叉线（仅当"图案填充类型"设定为"用户定义"时可用）：将绘制第二组直线，与原始直线垂直，从而构成交叉线。

（9）ISO 笔宽（仅对于预定义的 ISO 图案可用）：基于选定的笔宽缩放 ISO 图案。

4."原点"面板

（1）设定原点：直接指定新的图案填充原点。

（2）左下：将图案填充原点设定在图案填充边界矩形范围的左下角。

（3）右下：将图案填充原点设定在图案填充边界矩形范围的右下角。

（4）左上：将图案填充原点设定在图案填充边界矩形范围的左上角。

（5）右上：将图案填充原点设定在图案填充边界矩形范围的右上角。

（6）中心：将图案填充原点设定在图案填充边界矩形范围的中心。

（7）使用当前原点：将图案填充原点设定在"HPORIGIN"系统变量存储的默认位置。

（8）存储为默认原点：将图案填充原点的值存储在"HPORIGIN"系统变量中。

5."选项"面板

（1）关联：指定图案填充或填充为关联图案。关联的图案填充或填充在用户修改其边界对象时将会更新。

（2）注释性：指定图案填充为注释性。此特性会自动完成缩放注释过程，从而使注释能够以合适的大小在图纸上显示或打印。

（3）特性匹配。

① 使用当前原点：使用选定图案填充对象（除图案填充原点外）设定图案填充的特性。

② 用源图案填充的原点：使用选定图案填充对象（包括图案填充原点）设定图案填充的特性。

（4）允许的间隙：设定将对象用作图案填充边界时可以忽略的最大间隙。默认值为 0，表示对象必须为封闭区域且没有间隙。

（5）创建独立的图案填充：控制当指定了几个单独的闭合边界时，是创建单个图案填充对象，还是创建多个图案填充对象。

（6）孤岛检测。

① 普通孤岛检测：从外部边界向内填充。如果遇到内部孤岛，填充将关闭，直到遇到孤岛中的另一个孤岛。

② 外部孤岛检测：从外部边界向内填充。此选项仅填充指定的区域，不会影响内部孤岛。

③ 忽略孤岛检测：忽略所有内部的对象，填充图案时将通过这些对象。

④ 无孤岛检测：关闭以使用传统孤岛检测方法。

（7）绘图次序：为图案填充或填充指定绘图次序，选项包括不更改、后置、前置、置于边界之后和置于边界之前。

6."关闭"面板

关闭"图案填充创建"：结束"BHATCH"命令并关闭选项卡。也可以按 <Enter> 键或 <Esc>键结束"BHATCH"命令。

6.4.3 | 渐变色的操作

执行方式

命令行：GRADIENT

菜单栏："绘图"→"渐变色"

工具栏：单击"绘图"工具栏中的"渐变色"按钮▦

功能区：单击"默认"选项卡"绘图"面板中的"渐变色"按钮▦

操作步骤

执行上述操作后，系统打开图6-42所示的"图案填充创建"选项卡。各面板中的按钮含义与6.4.2小节中的类似，这里不再赘述。

图6-42 "图案填充创建"选项卡（1）

实例教学

下面以图6-43所示的足球为例，介绍"图案填充"命令的使用方法。

图6-43 足球

STEP 绘制步骤

❶ 单击"默认"选项卡"绘图"面板中的"多边形"按钮⬡，绘制中心点为（240,120）、内接于半径为"20"的圆的正六边形，如图6-44所示。

❷ 单击"默认"选项卡"修改"面板中的"镜像"按钮⚊，对正六边形进行镜像操作，结果如图6-45所示。

图6-44 绘制正六边形　　图6-45 镜像正六边形

❸ 单击"默认"选项卡"修改"面板中的"环形阵列"按钮⬡，生成图6-46所示的图形。

图6-46 环形阵列图形

命令行提示如下。

```
命令：_arraypolar
选择对象：找到 1 个（选择图 6-45 下方的正六边形为源对象）
选择对象：✓
```

```
类型 = 极轴 关联 = 是
指定阵列的中心点或 [ 基点 (B)/ 旋转轴 (A)]：
240,120 ✓
选择夹点以编辑阵列或 [ 关联 (AS)/ 基点 (B)/ 项目 (I)/ 项目间角度 (A)/ 填充角度 (F)/ 行 (ROW)/ 层 (L)/ 旋转项目 (ROT)/ 退出 (X)] < 退出 >：I✓
输入阵列中的项目数或 [ 表达式 (E)] <6>：6 ✓
选择夹点以编辑阵列或 [ 关联 (AS)/ 基点 (B)/ 项目 (I)/ 项目间角度 (A)/ 填充角度 (F)/ 行 (ROW)/ 层 (L)/ 旋转项目 (ROT)/ 退出 (X)] < 退出 >：✓
```

❹ 单击"默认"选项卡"绘图"面板中的"圆"按钮⊙，指定圆心坐标为（250,115），半径为"35"，绘制圆。绘制结果如图6-47所示。

❺ 单击"默认"选项卡"修改"面板中的"修剪"按钮▼，对图形进行修剪，结果如图6-48所示。

图6-47 绘制圆　　　　图6-48 修剪图形

❻ 执行"图案填充"命令，系统打开图6-49所示的"图案填充创建"选项卡，设置"图案填充图案"为"SOLID"。用鼠标拾取填充区域内一点，按 <Enter> 键，完成图案的填充。最终绘制结果如图6-43所示。

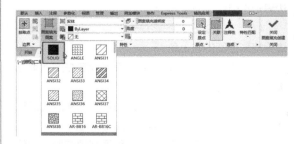

图6-49 "图案填充创建"选项卡（2）

6.5 对象编辑命令

在对图形进行编辑时，还可以对图形对象本身的某些特性进行编辑，以便绘制图形。

6.5.1 钳夹功能

利用钳夹功能可以快速、方便地编辑对象。AutoCAD 在图形对象上定义了一些特殊点，这些点称为夹点。利用夹点可以灵活地控制对象，如图 6-50 所示。

图 6-50 夹点

要使用钳夹功能编辑对象，必须先打开钳夹功能，方法是：选择菜单栏中的"工具"→"选项"命令，系统打开"选项"对话框；单击"选择集"选项卡，勾选"夹点"选项组中的"显示夹点"复选框。在该选项卡中还可以设置代表夹点的小方格的尺寸和颜色。也可以通过"GRIPS"系统变量打开或关闭钳夹功能，1 代表打开，0 代表关闭。

打开钳夹功能后，应该在编辑对象之前选择对象。夹点表示对象的控制位置。

使用夹点编辑对象时，要选择一个夹点作为基点，该点称为基准夹点；然后，选择一种编辑操作（镜像、移动、旋转、拉伸和缩放）。可以按 <Space> 键或 <Enter> 键重复选择这些功能。

下面以其中的拉伸对象操作为例进行讲解，其他操作类似。

在图形上选择一个夹点，改变该夹点颜色，此点为夹点编辑的基准夹点。此时命令行提示如下。

```
** 拉伸 **
指定拉伸点或 [ 基点 (B) / 复制 (C) / 放弃 (U) /
退出 (X)]：
```

在上述拉伸编辑提示下输入镜像命令或单击鼠标右键，选择快捷菜单中的"镜像"命令，系统就会执行"镜像"操作，其他操作类似。

6.5.2 修改对象属性

执行方式

命令行：DDMODIFY 或 PROPERTIES

菜单栏："修改"→"特性"

工具栏：单击"标准"工具栏中的"特性"按钮

功能区：单击"视图"选项卡"选项板"面板中的"特性"按钮（见图 6-51），或单击"默认"选项卡"特性"面板中的"对话框启动器"按钮

图 6-51 "选项板"面板

执行上述操作后，系统打开"特性"选项板，如图 6-52 所示。利用它可以方便地设置或修改对象的各种属性，不同的对象属性种类和值不同。

图 6-52 "特性"选项板

 实例教学

下面以图 6-53 所示的花朵为例，介绍钳夹功能的使用方法。

图 6-53 花朵

STEP 绘制步骤

❶ 单击"默认"选项卡"绘图"面板中的"圆"按钮⊙，绘制花蕊，如图 6-54 所示。

图 6-54　绘制花蕊

❷ 单击"默认"选项卡"绘图"面板中的"多边形"按钮⬠，以图 6-55 所示的圆心为正多边形的中心点，绘制正五边形，结果如图 6-56 所示。

图 6-55　捕捉圆心　　　图 6-56　绘制正五边形

> **注意**　一定要先绘制中心的圆，因为正五边形的外接圆与此圆同圆心，必须通过捕捉中心圆圆心来获得正五边形的外接圆圆心位置。如果反过来，先画正五边形，再画圆，系统无法捕捉正五边形外接圆圆心。

❸ 单击"默认"选项卡"绘图"面板中的"圆弧"按钮⌒，以最上斜边的中点为圆弧起点，左上斜边的中点为圆弧终点，绘制一段圆弧。绘制结果如图 6-57 所示。以同样的方法绘制另外 4 段圆弧，结果如图 6-58 所示。

图 6-57　绘制一段圆弧　　　图 6-58　绘制所有圆弧

最后删除正五边形，结果如图 6-59 所示。

❹ 单击"默认"选项卡"绘图"面板中的"多段线"按钮⌐⊃，绘制枝叶。在命令行提示下捕捉右下

角圆弧的交点为起点，依次输入"W""4"，按 <Enter> 键，输入"A""S""适当一点""适当一点"，按 <Enter> 键完成花枝绘制。再次执行"多段线"命令。在命令行提示下捕捉花枝上一点为起点，依次输入"H""12""3""A""S""适当一点""适当一点"，按 <Enter> 键完成叶子绘制。以同样的方法绘制另外两片叶子，结果如图 6-60 所示。

图 6-59　删除正五边形　　　图 6-60　绘制枝叶

❺ 选择枝叶，枝叶上显示夹点，在一个夹点上单击鼠标右键，打开快捷菜单，选择"特性"命令，如图 6-61 所示。系统打开"特性"选项板，在"颜色"下拉列表中选择"绿"，如图 6-62 所示。

以同样的方法修改花朵颜色为红色，花蕊颜色为洋红色。最终绘制结果如图 6-53 所示。

图 6-61　选择"特性"命令　　　图 6-62　修改枝叶颜色

6.6　综合演练——深沟球轴承

本实例绘制图 6-63 所示的深沟球轴承。

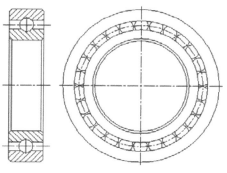

图 6-63　深沟球轴承

STEP 绘制步骤

❶ 选择菜单栏中的"格式"→"图层"命令或
单击"默认"选项卡"图层"面板中的"图
层特性"按钮，新建 3 个图层，如图 6-64
所示。

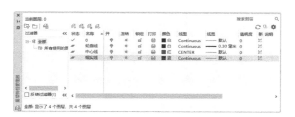

图 6-64　新建图层

❷ 将"中心线"图层设置为当前图层，单击"默认"
选项卡"绘图"面板中的"直线"按钮，在
水平方向上取两点绘制直线。将"轮廓线"图
层设置为当前图层，重复上述操作，绘制竖直
直线。结果如图 6-65 所示。

❸ 单击"默认"选项卡"修改"面板中的"偏
移"按钮，将水平直线分别向上偏移
"20""25""27""29"和"34"，将竖直直线分
别向右偏移"7.5"和"15"。

❹ 选取偏移后的直线，将其所在图层修改为"轮廓
线"图层（偏移距离为"27"的水平点画线除
外）。结果如图 6-66 所示。

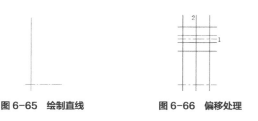

图 6-65　绘制直线　　　　**图 6-66　偏移处理**

❺ 单击"默认"选项卡"绘图"面板中的"圆"按
钮，指定圆心为直线 1 和直线 2 的交点、半
径为"3"，绘制圆。结果如图 6-67 所示。

❻ 单击"默认"选项卡"修改"面板中的"圆角"
按钮，选择直线 3 和直线 4、直线 4 和直线
5 进行倒圆角处理，圆角半径为"1.5"。结果如
图 6-68 所示。

图 6-67　绘制圆（1）　　**图 6-68　倒圆角处理**

❼ 单击"默认"选项卡"修改"面板中的"倒角"
按钮，选择直线 3 和直线 6、直线 5 和直线 6
进行倒角处理，倒角距离为"1"。结果如图 6-69
所示。

❽ 单击"默认"选项卡"修改"面板中的"修剪"
按钮，修剪相关图线。结果如图 6-70 所示。

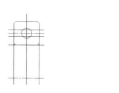　　

图 6-69　倒角处理　　　**图 6-70　修剪处理（1）**

❾ 单击"默认"选项卡"绘图"面板中的"直线"
按钮，绘制倒角线。结果如图 6-71 所示。

❿ 单击"默认"选项卡"修改"面板中的"镜像"
按钮，选择全部图形，在最下方的直线上选
择两点作为镜像点，对图形进行镜像处理。结
果如图 6-72 所示。

　　　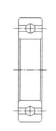

图 6-71　绘制倒角线　　　　**图 6-72　镜像处理**

⓫ 将"中心线"图层设置为当前图层，单击"默认"
选项卡"绘图"面板中的"直线"按钮，绘制

左视图的中心线。结果如图 6-73 所示。

⑫ 转换图层，单击"默认"选项卡"绘图"面板中的"圆"按钮⊙，以中心线的交点为圆心，分别绘制半径为"34""29""27""25""21"和"20"的圆，再以半径为"27"的圆和竖直中心线的上方交点为圆心，绘制半径为"3"的圆。其中半径为"27"的圆为点画线，其他为粗实线。结果如图 6-74 所示。

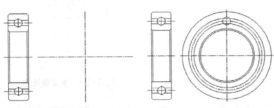

图 6-73　绘制中心线　　　图 6-74　绘制圆（2）

⑬ 单击"默认"选项卡"修改"面板中的"修剪"按钮，对半径为"3"的圆进行修剪。结果如

图 6-75 所示。

⑭ 单击"默认"选项卡"修改"面板中的"环形阵列"按钮，对上步修剪得到的圆弧进行环形阵列处理。结果如图 6-76 所示。

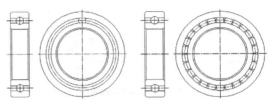

图 6-75　修剪处理（2）　　图 6-76　环阵列处理

⑮ 将"细实线"图层设置为当前图层，单击"默认"选项卡"绘图"面板中的"图案填充"按钮，系统打开"图案填充创建"选项卡，选择"用户定义"类型，设置角度为 45°、比例为"3"，并选择相应的填充区域。最终绘制结果如图 6-63 所示。

6.7　上机实验

【实验 1】绘制浴缸

1. 目的要求

本实验要绘制的是一个浴缸（见图 6-77），对尺寸要求不太严格，涉及的命令有"多段线"和"椭圆"。通过本实验，读者应掌握多段线相关命令的使用方法。

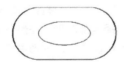

图 6-77　浴缸

2. 操作提示

（1）利用"多段线"命令绘制浴缸外沿。

（2）利用"椭圆"命令绘制缸底。

【实验 2】绘制墙体

1. 目的要求

本实验要绘制的是一个墙体（见图 6-78），对尺寸要求不太严格，涉及的命令有"多线样式""多线"和"多线编辑工具"。通过本实验，读者应掌握多线相关命令的使用方法。

图 6-78　墙体

2. 操作提示

（1）设置多线格式。

（2）利用"多线"命令绘制多线。

（3）打开"多线编辑工具"对话框。

（4）编辑多线。

【实验 3】绘制灯具

1. 目的要求

本实验要绘制的是一个灯具（见图 6-79），涉及的命令有"多段线""圆弧"和"样条曲线"等。本实验对尺寸要求不是很严格，在绘图时可以适当指定位置。通过本实验，读者应掌握样条曲线的绘制方法，同时复习多段线的绘制方法。

2. 操作提示

（1）利用"直线"和"圆弧"等命令绘制左半

边基础图形。

图6-79 灯具

（2）利用"镜像"命令绘制对称结构。

利用"样条曲线"命令绘制灯罩上的褶皱。

【实验4】绘制油杯

1. 目的要求

本实验要绘制的是一个油杯的半剖视图（见图6-80），其中有两处图案填充。通过本实验，读者应掌握图案填充的设置和绘制方法。

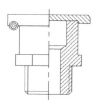

图6-80 油杯

2. 操作提示

（1）利用"直线""矩形""偏移""修剪"等命令绘制油杯左边部分图形。

（2）利用"镜像"命令生成右边部分图形，并进行适当修改。

（3）利用"图案填充"命令填充相应区域。

第二篇 二维绘图进阶

第 7 章

尺寸标注

AutoCAD 提供了方便、准确的尺寸标注功能。尺寸标注是绘图设计过程中相当重要的一个环节。图形的主要作用是表达物体的形状，而物体各部分的真实大小和各部分之间确切的位置关系只能通过尺寸标注来表达。没有正确的尺寸标注，绘制出的图纸对加工制造就没有意义。

重点与难点

- ⊃ 尺寸样式
- ⊃ 标注尺寸
- ⊃ 引线标注
- ⊃ 几何公差

7.1 尺寸样式

组成尺寸标注的尺寸线、尺寸界线、尺寸文本、圆心标记和尺寸箭头有多种形式，尺寸标注以什么形式出现取决于当前所采用的尺寸标注样式。在 AutoCAD 2023 中，用户可以利用"标注样式管理器"对话框方便地设置自己需要的尺寸标注样式。

7.1.1 新建或修改尺寸标注样式

在进行尺寸标注前，先要创建尺寸标注的样式。如果用户不创建样式而直接进行标注，系统会默认使用名称为"Standard"的样式。如果用户认为使用的尺寸标注样式中的某些设置不合适，也可以进行修改。

执行方式

命令行：DIMSTYLE（快捷命令：D）

菜单栏："格式"→"标注样式"或"标注"→"标注样式"

工具栏：单击"标注"工具栏中的"标注样式"按钮

功能区：单击"默认"选项卡"注释"面板中的"标注样式"按钮（见图 7-1），或单击"注释"选项卡"标注"面板上"标注样式"下拉列表中的"管理标注样式"按钮（见图 7-2），又或者单击"注释"选项卡"标注"面板中的"对话框启动器"按钮

图 7-1 "注释"面板

图 7-2 "标注"面板

执行上述操作后，系统打开"标注样式管理器"对话框，如图 7-3 所示。利用此对话框可方便直观地定制和浏览尺寸标注样式，包括创建新的标注样式、修改已存在的标注样式、设置当前尺寸标注样式、重命名样式、删除已有标注样式等。

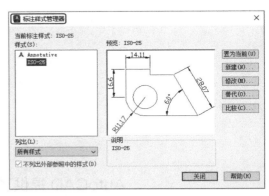

图 7-3 "标注样式管理器"对话框

选项说明

（1）"置为当前"按钮：单击此按钮，可把在"样式"列表框中选择的样式设置为当前标注样式。

（2）"新建"按钮：创建新的尺寸标注样式。单击此按钮，系统打开"创建新标注样式"对话框，如图 7-4 所示。利用此对话框可创建一个新的尺寸标注样式，其中各项功能说明如下。

图 7-4 "创建新标注样式"对话框

①"新样式名"文本框：为新的尺寸标注样式命名。

②"基础样式"下拉列表：选择创建新样式以何种尺寸标注样式为基础。该下拉列表包含当前已有的样式，从中选择一个作为定义新样式的基

础，新的样式是在所选样式的基础上修改一些特性得到的。

③"用于"下拉列表：指定新样式应用于何种尺寸类型。如果新建样式应用于所有尺寸，则选择"所有标注"选项；如果新建样式只应用于特定的尺寸标注（如只在标注直径时使用此样式），则选择相应的尺寸类型。

④"继续"按钮：各选项设置好以后，单击"继续"按钮，系统打开"新建标注样式"对话框，如图 7-5 所示。利用此对话框可对新样式的各项特性进行设置。

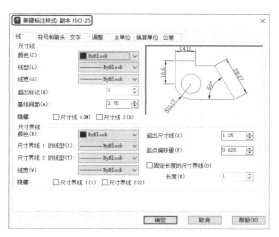

图 7-5 "新建标注样式"对话框

（3）"修改"按钮：修改一个已存在的尺寸标注样式。单击此按钮，系统打开"修改标注样式"对话框，该对话框中的各选项与"新建标注样式"对话框中的各选项完全相同，可以对已有标注样式进行修改。

（4）"替代"按钮：设置临时覆盖尺寸标注样式。单击此按钮，系统打开"替代当前样式"对话框，该对话框中各选项与"新建标注样式"对话框中的各选项完全相同，用户可改变选项的设置，以覆盖原来的设置。但这种修改只对指定的尺寸标注起作用，而不影响当前其他尺寸标注的设置。

（5）"比较"按钮：比较两个尺寸标注样式在参数上的区别，或浏览一个尺寸标注样式的参数设置。单击此按钮，系统打开"比较标注样式"对话框，如图 7-6 所示。可以把比较结果复制到剪贴板上，然后粘贴到其他的 Windows 应用软件上。

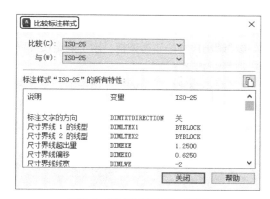

图 7-6 "比较标注样式"对话框

7.1.2 | 线

在"新建标注样式"对话框中，第一个选项卡就是"线"选项卡，如图 7-5 所示。该选项卡用于设置尺寸线、尺寸界线的形式和特性。下面对"线"选项卡中的选项进行说明。

（1）"尺寸线"选项组

①"颜色"下拉列表：用于设置尺寸线的颜色。可直接输入颜色名，也可从下拉列表中选择。如果选择"选择颜色"选项，系统打开"选择颜色"对话框供用户选择其他颜色。

②"线型"下拉列表：用于设置尺寸线的线型。

③"线宽"下拉列表：用于设置尺寸线的线宽，下拉列表中列出了各种线宽的名称和宽度。

④"超出标记"微调框：当尺寸箭头设置为短斜线、短波浪线等，或尺寸线上无箭头时，可利用此微调框设置尺寸线超出尺寸界线的距离。

⑤"基线间距"微调框：设置以基线方式标注尺寸时，相邻两尺寸线之间的距离。

⑥"隐藏"复选框组：确定是否隐藏尺寸线及相应的箭头。勾选"尺寸线 1"复选框，表示隐藏第一条尺寸线；勾选"尺寸线 2"复选框，表示隐藏第二条尺寸线。

（2）"尺寸界线"选项组

①"颜色"下拉列表：用于设置尺寸界线的颜色。

②"尺寸界线 1 的线型"下拉列表：用于设置第一条尺寸界线的线型（"DIMLTEX1"系统变量）。

③"尺寸界线 2 的线型"下拉列表：用于设置

第二条尺寸界线的线型（"DIMLTEX2"系统变量）。

④"线宽"下拉列表：用于设置尺寸界线的线宽。

⑤"超出尺寸线"微调框：用于确定尺寸界线超出尺寸线的距离。

⑥"起点偏移量"微调框：用于确定尺寸界线的实际起始点相对于指定尺寸线起始点的偏移量。

⑦"隐藏"复选框组：确定是否隐藏尺寸界线。

勾选"尺寸界线 1"复选框，表示隐藏第一条尺寸界线；勾选"尺寸界线 2"复选框，表示隐藏第二条尺寸界线。

⑧"固定长度的尺寸界线"复选框：勾选该复选框，系统以固定长度的尺寸界线标注尺寸，可以在其下面的"长度"文本框中输入长度值。

"新建标注样式"对话框中的其他选项设置与"线"选项卡类似，这里不赘述。

7.2 标注尺寸

正确地进行尺寸标注是设计绘图工作中非常重要的一个环节，AutoCAD 2023 提供了方便、快捷的尺寸标注方法，可通过执行命令实现，也可利用菜单或工具按钮实现。本节重点介绍如何对各种类型的尺寸进行标注。

7.2.1 长度型尺寸标注

执行方式

命令行：DIMLINEAR（快捷命令：DLI）

菜单栏："标注"→"线性"

工具栏：单击"标注"工具栏中的"线性"按钮 ⊢┤

功能区：单击"默认"选项卡"注释"面板中的"线性"按钮 ⊢┤（见图 7-7），或单击"注释"选项卡"标注"面板中的"线性"按钮 ⊢┤（见图 7-8）

图 7-7 "注释"面板

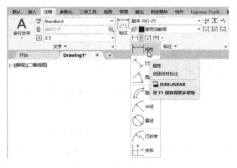

图 7-8 "标注"面板

操作步骤

命令行提示如下。

```
命令：_dimlinear
指定第一个尺寸界线原点或 < 选择对象 >：
```

（1）直接按 <Enter> 键：十字光标变为拾取框，命令行提示如下。

```
选择标注对象：（用拾取框选择要标注尺寸的线段）
指定尺寸线位置或 [ 多行文字 (M) / 文字 (T) / 角度 (A) / 水平 (H) / 垂直 (V) / 旋转 (R)]：
```

（2）选择对象：指定第一条与第二条尺寸界线的起始点。

选项说明

（1）指定尺寸线位置：用于确定尺寸线的位置。用户可移动鼠标选择合适的尺寸线位置，然后按 <Enter> 键或单击鼠标左键，AutoCAD 会自动测量要标注线段的长度并标注出相应的尺寸。

（2）多行文字（M）：用多行文字编辑器确定尺寸文本。

（3）文字（T）：用于在命令行提示下输入或编辑尺寸文本。选择此选项后，命令行提示如下。

```
输入标注文字 < 默认值 >：
```

其中的默认值是 AutoCAD 自动测量得到的被标注线段的长度，直接按 <Enter> 键即可采用此长度值，也可输入其他数值代替默认值。当尺寸文本中包含默认值时，可使用尖括号 "< >" 表示默认值。

（4）角度（A）：用于确定尺寸文本的倾斜角度。

（5）水平（H）：水平标注尺寸，不论标注什么方向的线段，尺寸线总保持水平放置。

（6）垂直（V）：垂直标注尺寸，不论标注什么方向的线段，尺寸线总保持垂直放置。

（7）旋转（R）：输入尺寸线旋转的角度值，旋转标注尺寸。

 注意 线性标注可水平、垂直或对齐放置。使用对齐标注时，尺寸线将平行于两尺寸延伸线原点之间的直线（想象或实际）。基线（或平行）和连续（或链）标注是一系列基于线性标注的连续标注，连续标注是指首尾相连的多个标注。在创建基线或连续标注之前，必须创建线性、对齐或角度标注。可从当前任务最近创建的标注中以增量方式创建基线标注。

实例教学

下面以图 7-9 所示的螺栓尺寸标注为例，介绍长度型尺寸标注命令的使用方法。

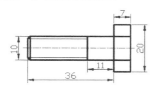

图 7-9 螺栓尺寸标注

STEP 绘制步骤

❶ 在命令行输入"DIMSTYLE"命令，按 <Enter>键，系统打开"标注样式管理器"对话框，如图 7-10 所示。

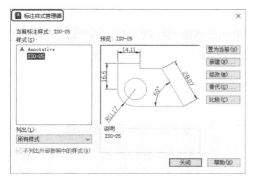

图 7-10 "标注样式管理器"对话框

如果系统的默认的尺寸标注样式有些不符合要求，可以根据图 7-9 所示的尺寸标注样式，对角度、直径、半径尺寸标注样式进行设置。单击"新建"按钮，打开"创建新标注样式"对话框，如图 7-11 所示。❶在"用于"下拉列表中选择"线性标注"选项，❷单击"继续"按钮，打开"新建标注样式"对话框，选择"文字"选项卡，设置文字高度为"5"，其他选项保持默认设置，单击"确定"按钮，返回"标注样式管理器"对话框。单击"置为当前"按钮，将设置的标注样式置为当前标注样式，再单击"关闭"按钮。

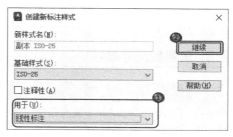

图 7-11 "创建新标注样式"对话框

❷ 打开状态栏中的"对象捕捉"按钮，再单击"默认"选项卡"注释"面板中的"线性"按钮，标注主视图高度。命令行提示如下。

```
命令：_dimlinear
指定第一个尺寸界线原点或 < 选择对象 >：（捕捉标注为"11"的边的一个端点，作为第一条尺寸界线的原点）
指定第二条尺寸界线原点 ：（捕捉标注为"11"的边的另一个端点，作为第二条尺寸界线的原点）
指定尺寸线位置或[多行文字(M)/文字(T)/角度(A)/水平(H)/垂直(V)/旋转(R)]:T✓（系统在命令行显示尺寸的自动测量值，可以对尺寸值进行修改）
输入标注文字 <11>：✓（采用尺寸的自动测量值"11"）
指定尺寸线位置或[ 多行文字 (M)/ 文字 (T)/ 角度 (A)/ 水平 (H)/ 垂直 (V)/ 旋转 (R)]:（指定尺寸线的位置。拖动鼠标，将出现动态的尺寸标注，在合适的位置单击，确定尺寸线的位置）
标注文字 =11
```

❸ 单击"默认"选项卡"注释"面板中的"线性"按钮，标注其他水平与竖直方向的尺寸，方法与上面相同，结果如图 7-9 所示。

7.2.2 对齐标注

执行方式

命令行：DIMALIGNED（快捷命令：DAL）

菜单栏："标注"→"对齐"

工具栏：单击"标注"工具栏中的"对齐"按钮

功能区：单击"默认"选项卡"注释"面板中的"对齐"按钮，或单击"注释"选项卡"标注"面板中的"已对齐"按钮

操作步骤

命令行提示如下。

命令：DIMALIGNED ✓
指定第一个尺寸界线原点或 < 选择对象 >：

应用这种命令标注的尺寸线与所标注的轮廓线平行，标注起始点到终点之间的距离尺寸。

7.2.3 角度型尺寸标注

执行方式

命令行：DIMANGULAR（快捷命令：DAN）

菜单栏："标注"→"角度"

工具栏：单击"标注"工具栏中的"角度"按钮。

功能区：单击"默认"选项卡"注释"面板中的"角度"按钮，或单击"注释"选项卡"标注"面板中的"角度"按钮

操作步骤

命令行提示如下。

命令：DIMANGULAR ✓
选择圆弧、圆、直线或 < 指定顶点 >：

选项说明

（1）选择圆弧：标注圆弧的中心角。当用户选择一段圆弧后，命令行提示如下。

指定标注弧线位置或 [多行文字 (M) / 文字 (T) /
角度 (A) / 象限点 (Q)]：

在此提示下确定尺寸线的位置，AutoCAD 按自动测量得到的值标注出相应的角度。在此之前用户可以选择"多行文字""文字"或"角度"选项，然后通过多行文字编辑器或命令行来输入或编辑尺寸文本，以及指定尺寸文本的倾斜角度。

（2）选择圆：标注圆上某段圆弧的中心角。当用户选择圆上的一点后，命令行提示如下。

指定角的第二个端点 ：（选择另一点，该点可在圆上，
也可不在圆上）
指定标注弧线位置或 [多行文字 (M) / 文字 (T) /
角度 (A) / 象限点 (Q)]：

在此提示下确定尺寸线的位置，AutoCAD 标注出一个角度值，该角度以圆心为顶点，两条尺寸

界线通过所选取的两点，第二点可以不必在圆周上。用户还可以选择"多行文字""文字"或"角度"选项，然后编辑其尺寸文本或指定尺寸文本的倾斜角度，如图 7-12 所示。

（3）选择直线：标注两条直线间的夹角。当用户选择一条直线后，命令行提示如下。

选择第二条直线：（选择另一条直线）
指定标注弧线位置或 [多行文字 (M) / 文字 (T) /
角度 (A) / 象限点 (Q)]：

在此提示下确定尺寸线的位置，系统自动标注出两条直线之间的夹角。该角以两条直线的交点为顶点，以两条直线为尺寸界线，所标注角度取决于尺寸线的位置，如图 7-13 所示。用户还可以选择"多行文字""文字"或"角度"选项，然后编辑其尺寸文本或指定尺寸文本的倾斜角度。

图 7-12 标注角度　　**图 7-13 标注两直线间的夹角**

（4）指定顶点，直接按 <Enter> 键。命令行提示如下。

指定角的顶点：（指定顶点）
指定角的第一个端点：（输入角的第一个端点）
指定角的第二个端点：（输入角的第二个端点，创建
无关联的标注）
指定标注弧线位置或 [多行文字 (M) / 文字 (T) /
角度 (A) / 象限点 (Q)]：（输入一点作为角的顶点）

在此提示下给定尺寸线的位置，AutoCAD 根据指定的 3 个点标注出角度，如图 7-14 所示。另外，用户还可以选择"多行文字""文字"或"角度"选项，然后编辑其尺寸文本或指定尺寸文本的倾斜角度。

图 7-14 指定三点确定的角度

（5）指定标注弧线位置：指定尺寸线的位置并确定绘制延伸线的方向。指定位置之后，"DIMANGULAR"命令将结束。

（6）多行文字（M）：显示在位文字编辑器，可用它来编辑标注文字。如果要添加前缀或后缀，请在生成的测量值前后输入前缀或后缀。可用控制代码和 Unicode 字符串来输入特殊字符或符号。

（7）文字（T）：自定义标注文字，生成的标注测量值显示在尖括号"＜＞"中。命令行提示如下。

> 输入标注文字 ＜ 当前 ＞：

输入标注文字，或直接按 <Enter> 键接受生成的测量值。如果要包括生成的测量值，请用尖括号"＜＞"表示。

（8）角度（A）：修改标注文字的角度。

（9）象限点（Q）：指定标注应锁定到的象限。指定象限点后，将标注文字放置在角度标注外时，尺寸线会延伸超过延伸线。

> 注意　角度标注可以测量指定的象限点，该象限点是在直线或圆弧的端点、圆心或两个顶点之间对角度进行标注时形成的。创建角度标注时，可以测量 4 个可能的角度。指定象限点可以确保标注出的角度正确。

7.2.4 | 直径标注

执行方式

命令行：DIMDIAMETER（快捷命令：DDI）

菜单栏："标注"→"直径"

工具栏：单击"标注"工具栏中的"直径"按钮⌀

功能区：单击"默认"选项卡"注释"面板中的"直径"按钮⌀，或单击"注释"选项卡"标注"面板中的"直径"按钮⌀

操作步骤

命令行提示如下。

> 命令：DIMDIAMETER ✓
> 选择圆弧或圆：（选择要标注直径的圆或圆弧）
> 指定尺寸线位置或 ［ 多行文字 (M)/ 文字 (T)/ 角度 (A)］：（确定尺寸线的位置或选择某一选项）

用户可以选择"多行文字""文字"或"角度"选项来输入、编辑尺寸文本或指定尺寸文本的倾斜角度，也可以直接确定尺寸线的位置，标注出指定圆或圆弧的直径。

选项说明

（1）尺寸线位置：指定尺寸线的角度和标注文字的位置。如果未将标注放置在圆弧上而导致标注指向圆弧外，则 AutoCAD 会自动绘制圆弧延伸线。

（2）多行文字（M）：显示在位文字编辑器，可用它来编辑标注文字。如果要添加前缀或后缀，请在生成的测量值前后输入前缀或后缀。可用控制代码和 Unicode 字符串来输入特殊字符或符号。

（3）文字（T）：自定义标注文字，生成的标注测量值显示在尖括号"＜＞"中。

（4）角度（A）：修改标注文字的角度。半径标注与直径标注类似，这里不赘述。

实例教学

下面以图 7-15 所示的卡槽尺寸标注为例，介绍直径标注命令的使用方法。

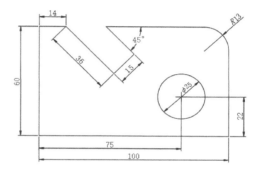

图 7-15　卡槽尺寸标注

STEP 绘制步骤

❶ 利用学过的绘图命令与编辑命令绘制图形，结果如图 7-16 所示。

图 7-16　绘制图形

❷ 单击"默认"选项卡"图层"面板中的"图层特性"按钮⛁，系统打开"图层特性管理器"选项板，如图 7-17 所示。❶单击"新建图层"按钮⛁，❷创建一个新图层"CHC"，颜色为绿色，线型为 Continuous，线宽为默认值，并将其设置为当前图层。

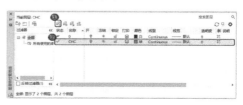

图 7-17　"图层特性管理器"选项板

❸ 由于系统的标注样式有些不符合要求，因此根据图 7-15 所示的标注样式，进行角度、直径、半径标注样式的设置。

命令：DIMSTYLE ✓

执行上述命令后，系统打开"标注样式管理器"对话框，如图 7-18 所示。单击"新建"按钮，打开"创建新标注样式"对话框，如图 7-19 所示。❶在"用于"下拉列表中选择"角度标注"选项，❷单击"继续"按钮，打开"新建标注样式"对话框。选择"文字"选项卡，进行图 7-20 所示的设置，设置完成后，单击"确定"按钮，返回"标注样式管理器"对话框。方法同上，新建"半径"标注样式，如图 7-21 所示。新建"直径"标注样式，如图 7-22 所示。

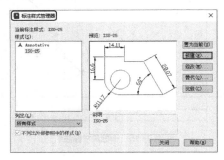

图 7-18 "标注样式管理器"对话框

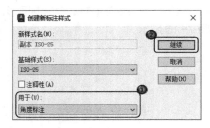

图 7-19 "创建新标注样式"对话框

图 7-20 "角度"标注样式

图 7-21 "半径"标注样式

图 7-22 "直径"标注样式

❹ 标注长度型尺寸。

（1）单击"默认"选项卡"注释"面板中的"线性"按钮⊢┤，标注长度型尺寸"60"。命令行提示如下。

命令：DIMLINEAR ✓
指定第一个尺寸界线原点或 < 选择对象 >：
_endp 于：（捕捉标注为"60"的边的一个端点，作为第一条尺寸界线的原点）
指定第二条尺寸界线原点 :
_endp 于：（捕捉标注为"60"的边的另一个端点，作为第二条尺寸界线的原点）
指定尺寸线位置或 [多行文字 (M) / 文字 (T) / 角度 (A) / 水平 (H) / 垂直 (V) / 旋转 (R)]：T✓（系统在命令行显示尺寸的自动测量值，可以对尺寸值进行修改）
输入标注文字 <60>： ✓（采用尺寸的自动测量值"60"）
指定尺寸线位置或 [多行文字 (M) / 文字 (T) / 角度 (A) / 水平 (H) / 垂直 (V) / 旋转 (R)]：（指定尺寸线的位置，移动鼠标，将出现动态的尺寸标注，在合适的位置单击，确定尺寸线的位置）
标注文字 =60

采用相同的方法，标注长度型尺寸"14"。

（2）选择菜单栏中的"标注"→"圆心标记"命令，添加圆心标记。命令行提示如下。

```
命令：_dimcenter
选择圆弧或圆：（选择 R12.5 圆，添加该圆的圆心符号）
```

（3）单击"默认"选项卡"注释"面板中的"线性"按钮┤┤，标注长度型尺寸"75"。命令行提示如下。

```
命令：_dimlinear
指定第一个尺寸界线原点或 < 选择对象 >：
_endp 于：（捕捉标为"75"的线段的左端点，作为第一条尺寸界线的原点）
指定第二条尺寸界线原点：
_cen 于：（捕捉圆的中心，作为第二条尺寸界线的原点）
指定尺寸线位置或 [ 多行文字 (M)/ 文字 (T)/ 角度 (A)/ 水平 (H)/ 垂直 (V)/ 旋转 (R)]：（指定尺寸线的位置）
标注文字 =75
```

采用相同的方法，标注长度型尺寸"22"。

（4）单击"注释"选项卡"标注"面板中的"基线"按钮┝┥，标注长度型尺寸"100"。命令行提示如下。

```
命令：_dimbaseline
指定第二个尺寸界线原点或 [ 选择 (S)/ 放弃 (U)]< 选择 >：✓（选择作为基准的尺寸标注）
选择基准标注：（选择尺寸标注"75"为基准标注）
指定第二个尺寸界线原点或 [ 选择 (S)/ 放弃 (U)]< 选择 >：
_endp 于：（捕捉标注为"100"的底边的左端点）
标注文字 =100
指定第二个尺寸界线原点或 [ 选择 (S)/ 放弃 (U)]< 选择 >：✓
选择基准标注：✓
```

（5）单击"注释"选项卡"标注"面板中的"已对齐"按钮┕，标注对齐尺寸"36"。命令行提示如下。

```
命令：_dimaligned
指定第一个尺寸界线原点或 < 选择对象 >：
_endp 于：（捕捉标注为"36"的斜边的一个端点）
指定第二条尺寸界线原点：
_endp 于：（捕捉标注为"36"的斜边的另一个端点）
指定尺寸线位置或 [ 多行文字 (M)/ 文字 (T)/ 角度 (A)]：（指定尺寸线的位置）
标注文字 =36
```

采用相同的方法，标注对齐尺寸"15"。

❺ 标注其他尺寸。

（1）单击"默认"选项卡"注释"面板中的"直径"按钮 ⊘，标注 R12.5 圆。命令行提示如下。

```
命令：_dimdiameter
选择圆弧或圆：（选择标注为"R12.5"的圆）标注文字 =25
指定尺寸线位置或 [ 多行文字 (M)/ 文字 (T)/ 角度 (A)]：（指定尺寸线位置）
```

（2）单击"注释"选项卡"标注"面板中的"半径"按钮 ⟍，标注 R13 圆弧。命令行提示如下。

```
命令：_dimradius
选择圆弧或圆：（选择标注为"R13"的圆弧）
标注文字 =13
指定尺寸线位置或 [ 多行文字 (M)/ 文字 (T)/ 角度 (A)]：（指定尺寸线位置）
```

（3）单击"注释"选项卡"标注"面板中的"角度"按钮△，标注 45° 角。命令行提示如下。

```
命令：_dimangular
选择圆弧、圆、直线或 < 指定顶点 >：（选择标注为"45°"角的一条边）
选择第二条直线：（选择标注为"45°"角的另一条边）
指定标注弧线位置或 [ 多行文字 (M)/ 文字 (T)/ 角度 (A) / 象限点 (Q)]：（指定标注弧线的位置）
标注文字 =45
```

最终标注结果如图 7-15 所示。

7.2.5 基线标注

基线标注用于产生一系列基于同一尺寸界线的尺寸标注，适用于长度型、角度型尺寸和坐标的标注。在使用基线标注方式之前，应该标注出一个相关的尺寸作为基线标准。

执行方式

命令行：DIMBASELINE（快捷命令：DBA）

菜单栏："标注"→"基线"

工具栏：单击"标注"工具栏中的"基线"按钮┝┥

功能区：单击"注释"选项卡"标注"面板中的"基线"按钮┝┥

操作步骤

命令行提示如下。

```
命令：DIMBASELINE ✓
指定第二个尺寸界线原点或 [ 选择 (S)/ 放弃 (U)]< 选择 >：
```

选项说明

（1）指定第二个尺寸界线原点：直接确定另一

个尺寸的第二个尺寸界线的起点，AutoCAD 以上次标注的尺寸为基准标注，标注出相应尺寸。

（2）选择（S）：在上述提示下直接按<Enter>键，命令行提示如下。

> 选择基准标注：（选择作为基准的尺寸标注）

7.2.6 连续标注

连续标注又叫尺寸链标注，用于产生一系列连续的尺寸标注，后一个尺寸标注均把前一个标注的第二条尺寸界线作为它的第一条尺寸界线，适用于长度型、角度型尺寸和坐标的标注。在使用连续标注方式之前，应该标注出一个相关的尺寸。

执行方式

命令行：DIMCONTINUE（快捷命令：DCO）

菜单栏："标注"→"连续"

工具栏：单击"标注"工具栏中的"连续"按钮卌

功能区：单击"注释"选项卡"标注"面板中的"连续"按钮卌

操作步骤

命令行提示如下。

> 命令：DIMCONTINUE ✓
> 指定第二个尺寸界线原点或〔选择（S）/放弃（U）〕
> <选择>：

此提示下的各选项与基线标注中的选项完全相同，此处不再赘述。

>
> 注意　AutoCAD 允许用户利用基线标注方式和连续标注方式进行角度标注，如图 7-23 所示。

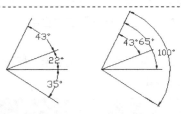

（1）连续型　　（2）基线型

图 7-23　连续型和基线型角度标注

实例教学

下面以图 7-24 所示的轴承座尺寸标注为例，介绍连续标注命令的使用方法。

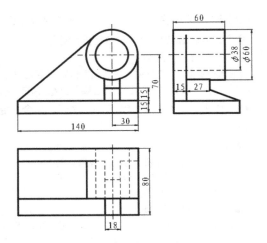

图 7-24　轴承座尺寸标注

STEP　绘制步骤

❶ 选择菜单栏中的"格式"→"文字样式"命令，设置文字样式，为后面进行尺寸标注时输入文字做准备，如图 7-25 所示。

图 7-25　"文字样式"对话框

❷ 选择菜单栏中的"格式"→"标注样式"命令，设置标注样式，如图 7-26 所示。

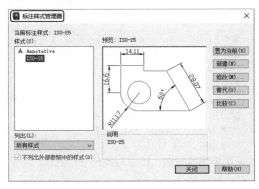

图 7-26　"标注样式管理器"对话框

❸ 单击"注释"选项卡"标注"面板中的"线性"按钮卜卜，标注轴承座的部分长度型尺寸。其中

在标注左视图尺寸"Ø60"时，命令行提示如下。

```
命令：_dimlinear
指定第一个尺寸界线原点或 < 选择对象 >：（打开
对象捕捉功能，捕捉 Ø60 圆的上端点）
指定第二条尺寸界线原点：（捕捉 Ø60 圆的下端点）
指定尺寸线位置或 [ 多行文字(M)/ 文字(T)/ 角度(A)
/ 水平（H）/ 垂直（V）/ 旋转（R）]:T ✓
输入标注文字 <60>：%%C60 ✓
指定尺寸线位置或 [ 多行文字（M）/ 文字（T）/
角度（A）/ 水平（H）/ 垂直（V）/ 旋转（R）]：
（移动鼠标，在适当位置单击，确定尺寸线位置）
```

用同样的方法标注左视图中的尺寸"60""15"
和"Ø38"，如图 7-27 所示。

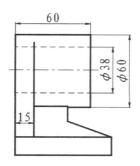

图 7-27　标注左视图中的尺寸

❹ 单击"注释"选项卡"标注"面板中的"基线"
按钮，标注轴承座主视图中的基线尺寸，如
图 7-28 所示。命令行提示如下。

```
命令：_dimbaseline
指定第二个尺寸界线原点或 [ 选择 (S)/ 放弃
(U)]< 选择 >：✓
选择基准标注：（选择尺寸标注 30）
指定第二个尺寸界线原点或 [ 选择 (S)/ 放弃
(U)]< 选择 >：✓ 标注文字 =140
指定第二个尺寸界线原点或 [ 选择 (S)/ 放弃
(U)]< 选择 >：✓
选择基准标注：✓
```

用同样的方法标注主视图中的尺寸"15"，如
图 7-29 所示。

❺ 单击"注释"选项卡"标注"面板中的"连续"
按钮，标注轴承座主视图中的连续尺寸，如

图 7-30 所示。命令行提示如下。

```
命令：_dimcontinue
指定第二个尺寸界线原点或 [ 选择 (S)/ 放弃
(U)]< 选择 >：✓
选择连续标注：（选择主视图尺寸"15"）
指定第二个尺寸界线原点或 [ 选择 (S)/ 放弃
(U)]< 选择 >：（捕捉图 7-30 中的交点 1）
标注文字 =15
指定第二个尺寸界线原点或 [ 选择 (S)/ 放弃
(U)]< 选择 >：✓
选择连续标注：✓
```

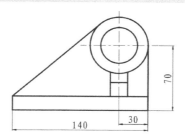

图 7-28　标注主视图基线尺寸

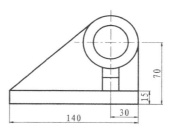

图 7-29　标注主视图中的尺寸

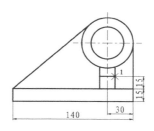

图 7-30　标注连续尺寸

用同样的方法标注连续尺寸"27"，最后标注俯
视图。最终标注结果如图 7-24 所示。

7.3　引线标注

　　AutoCAD 提供了引线标注功能，利用该功能不仅可以标注特定的尺寸，如圆角、倒角等，还可以实现
在图中添加多行旁注、说明。在引线标注中，指引线可以是折线，也可以是曲线；指引线的末端可以有箭头，
也可以没有箭头。

7.3.1 利用"LEADER"命令进行引线标注

利用"LEADER"命令可以创建灵活多样的引线标注形式。注释文本可以是多行文本，也可以是几何公差；注释文本可以从图形某个部分复制，也可以从一个图块复制。

执行方式

命令行：LEADER（快捷命令：LEAD）

操作步骤

命令行提示如下。

```
命令：LEADER ✓
指定引线起点：（输入指引线的起始点）
指定下一点：（输入指引线的另一点）
指定下一点或 [ 注释 (A)/ 格式 (F)/ 放弃 (U)]
< 注释 >：
```

选项说明

（1）指定下一点：直接输入一点，AutoCAD将根据前面的点绘制出折线作为指引线。

（2）注释（A）：输入注释文本，为默认项。在此提示下直接按 <Enter> 键，命令行提示如下。

```
输入注释文字的第一行或 < 选项 >：
```

① 输入注释文字。在此提示下输入第一行文字后按 <Enter> 键，用户可继续输入第二行文字，如此反复执行，直到输入全部注释文字。然后在此提示下直接按 <Enter> 键，AutoCAD 会在指引线末端标注出所输入的多行文字，并结束"LEADER"命令。

② 直接按 <Enter> 键。如果在上面的提示下直接按 <Enter> 键，命令行提示如下。

```
输入注释选项 [ 公差 (T)/ 副本 (C)/ 块 (B)/
无 (N)/ 多行文字 (M)] < 多行文字 >：
```

在此提示下选择一个注释选项或直接按 <Enter> 键，默认选择"多行文字"选项，其他各选项的含义如下。

a）公差（T）：标注几何公差。几何公差的标注方法见 7.4 节。

b）副本（C）：把已利用"LEADER"命令创建的注释复制到当前指引线的末端。选择该选项，命令行提示如下。

```
选择要复制的对象：
```

在此提示下选择一个已创建的注释文本，

AutoCAD 将把它复制到当前指引线的末端。

c）块（B）：插入块，把已经定义好的图块插入指引线的末端。选择该选项，命令行提示如下。

```
输入块名或 [?]：
```

在此提示下输入一个已定义好的图块名，AutoCAD 将把该图块插入指引线的末端；或输入"？"列出当前已有图块，用户可从中选择。

d）无（N）：不进行注释，没有注释文本。

e）多行文字（M）：用多行文字编辑器标注注释文本，并定制文本格式，为默认选项。

（3）格式（F）：确定指引线的形式。选择该选项，命令行提示如下。

```
输入引线格式选项 [ 样条曲线 (S)/ 直线 (ST)/
箭头 (A)/ 无 (N)] < 退出 >：
```

选择指引线形式，或直接按 <Enter> 键返回上一级提示。

① 样条曲线（S）：设置指引线为样条曲线。

② 直线（ST）：设置指引线为折线。

③ 箭头（A）：在指引线的起始位置画箭头。

④ 无（N）：不在指引线的起始位置画箭头。

⑤ 退出：此项为默认选项，选择该选项将退出"格式（F）"选项，返回"指定下一点或 [注释（A）/格式（F）/放弃（U）]< 注释 >："提示，并且指引线形式按默认方式设置。

7.3.2 快速引线标注

利用"QLEADER"命令可快速生成指引线及注释，而且可以通过命令行优化对话框进行用户自定义，从而消除不必要的命令行提示，提高工作效率。

执行方式

命令行：QLEADER（快捷命令：LE）

操作步骤

命令行提示如下。

```
命令：QLEADER ✓
指定第一个引线点或 [ 设置 (S)] < 设置 >：
```

（1）指定第一个引线点：确定一点作为指引线的第一点，命令行提示如下。

```
指定下一点：（确定指引线的第二点）
指定下一点：（确定指引线的第三点）
```

AutoCAD 提示用户确定点的数目，须在"引线设置"对话框（见图 7-31）中确定。

图 7-31 "引线设置"对话框

确定完指引线的点后，命令行提示如下。

指定文字宽度 <0.0000>：（输入多行文本文字的宽度）
输入注释文字的第一行 < 多行文字 (M) >：

此时，有两个选项，含义如下。

① 输入注释文字的第一行：在命令行输入第一行文本文字，命令行提示如下。

输入注释文字的下一行：（输入另一行文本文字）
输入注释文字的下一行：（输入另一行文本文字或按 <Enter> 键）

② 多行文字（M）：打开多行文字编辑器，输入并编辑多行文字。

输入全部注释文本后，在此提示下直接按 <Enter> 键，结束 "QLEADER" 命令，系统将会把多行文本标注在指引线的末端附近。

（2）设置：直接按 <Enter> 键或输入 "S"，系统打开图 7-31 所示的 "引线设置"对话框，在其中可对引线标注进行设置。该对话框包含 "注释""引线和箭头""附着" 3 个选项卡，下面分别进行介绍。

① "注释"选项卡（见图 7-32）：用于设置引线标注中的注释类型、多行文字的格式，并确定注释文本是否多次使用。

图 7-32 "注释"选项卡

② "引线和箭头"选项卡（见图 7-31）：用来设置引线标注中指引线和箭头的形式。其中 "点数" 选

项组用于设置执行 "QLEADER" 命令时，AutoCAD 2023 提示用户确定点的数目。例如，设置点数为 "3"，系统执行 "QLEADER" 命令时，当用户在提示下指定 3 个点后，AutoCAD 2023 会自动提示用户输入注释文本。注意，设置的点数要比用户希望的指引线的段数多 1，可利用微调框进行设置。如果勾选 "无限制"复选框，AutoCAD 2023 会一直提示用户输入点，直到连续按两次 <Enter> 键为止。"角度约束"选项组用于设置第一段和第二段指引线的角度约束。

③ "附着"选项卡（见图 7-33）：用于设置注释文本和指引线的相对位置。如果最后一段指引线指向右边，AutoCAD 将自动把注释文本放在右侧；如果最后一段指引线指向左边，AutoCAD 将自动把注释文本放在左侧。可利用本选项卡左侧和右侧的单选钮分别设置位于左侧和右侧的注释文本与最后一段指引线的相对位置，二者可相同也可不相同。

另外，还可以利用 "多重引线"命令进行多重引线标注，具体方法读者可自行练习体会。

图 7-33 "附着"选项卡

实例教学

下面以图 7-34 所示的齿轮轴套尺寸标注为例，介绍快速引线标注命令的使用方法。

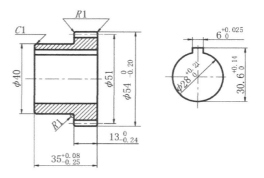

图 7-34 齿轮轴套尺寸标注

STEP 绘制步骤

❶ 选择菜单栏中的"格式"→"文字样式"命令，在"文字样式"对话框中设置文字样式，如图7-35所示。

图7-35 "文字样式"对话框

❷ 选择菜单栏中的"格式"→"标注样式"命令，在"标注样式管理器"对话框中设置标注样式为"机械图样"，如图7-36所示。

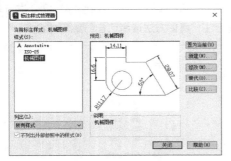

图7-36 "标注样式管理器"对话框

❸ 单击"注释"选项卡"标注"面板中的"线性"按钮┤┤，标注齿轮主视图中的长度型尺寸"∅40""∅51""∅54"，如图7-37所示。

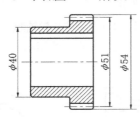

图7-37 标注长度型尺寸

❹ 方法同前，标注齿轮轴套主视图中的长度型尺寸"13"；然后单击"注释"选项卡"标注"面板中的"基线"按钮┤┤，标注基线尺寸"35"。结果如图7-38所示。

❺ 单击"注释"选项卡"标注"面板中的"半径"按钮，标注齿轮轴套主视图中的半径尺寸

"R1"。命令行提示如下。

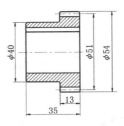

图7-38 标注长度型尺寸和基线尺寸

命令 : _dimradius
选择圆弧或圆 : (选取齿轮轴套主视图中的圆角)
标注文字 =1
指定尺寸线位置或 [多行文字 (M)/ 文字 (T)/ 角度 (A)]:(拖动鼠标，确定尺寸线位置)

结果如图7-39所示。

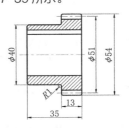

图7-39 标注半径尺寸"R1"

❻ 在命令行中输入"Leader"，用引线标注齿轮轴套主视图上部的圆角半径。命令行提示如下。

命令 :Leader ✓ (引线标注)
指定引线起点 :_nea 到 (捕捉离齿轮轴套主视图上部圆角最近的点)
指定下一点 : (拖动鼠标，在适当位置单击)
指定下一点或 [注释 (A)/ 格式 (F)/ 放弃 (U)] < 注释 >:< 正交 开 >(打开正交功能，向右拖动鼠标，在适当位置单击)
指定下一点或 [注释 (A)/ 格式 (F)/ 放弃 (U)] <注释 >: ✓
输入注释文字的第一行或 < 选项 >:R1 ✓
输入注释文字的下一行 : ✓(结果如图 7-40 所示)
命令 : ✓ (继续引线标注)
指定引线起点 :_nea 到 (捕捉离齿轮轴套主视图上部右端圆角最近的点)
指定下一点 : (利用对象追踪功能，捕捉上一个引线标注的端点，拖动鼠标，在适当位置单击)
指定下一点或 [注释 (A)/ 格式 (F)/ 放弃 (U)] <注释 >:(捕捉上一个引线标注的端点)
指定下一点或 [注释 (A)/ 格式 (F)/ 放弃 (U)] <注释 >: ✓
输入注释文字的第一行或 < 选项 >: ✓
输入注释选项 [公 差 (T)/ 副 本 (C)/ 块 (B)/ 无 (N)/ 多行文字 (M)] < 多行文字 >:N ✓ (无注释的引线标注)

结果如图 7-41 所示。

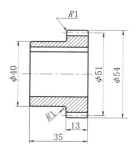

图 7-40 引线标注"R1"

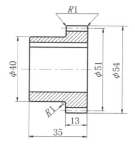

图 7-41 引线标注

❼ 在命令行中输入"Qleader"，用引线标注齿轮轴套主视图的倒角。命令行提示如下。

> 命令 :Qleader ✓
> 指定第一个引线点或 [设置 (S)] < 设置 >: ✓
> (按<Enter> 键，弹出"引线设置"对话框，分别在不同的选项卡上进行设置，如图7-42和图7-43所示，设置完成后单击"确定"按钮)
> 指定第一个引线点或 [设置 (S)] < 设置 >:(捕捉齿轮轴套主视图中上端倒角的端点)
> 指定下一点 :(拖动鼠标，在适当位置单击)
> 指定下一点 :(拖动鼠标，在适当位置单击)
> 指定文字宽度 <0>: ✓
> 输入注释文字的第一行 < 多行文字 (M)>: C1 ✓
> 输入注释文字的下一行 : ✓

图 7-42 "引线和箭头"选项卡

图 7-43 "附着"选项卡

结果如图 7-44 所示。

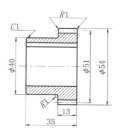

图 7-44 引线标注倒角尺寸

❽ 单击"注释"选项卡"标注"面板中的"线性"按钮，标注齿轮轴套局部视图中的尺寸。命令行提示如下。

> 命令 : _dimlinear（标注长度型尺寸"6"）
> 指定第一个尺寸界线原点或 < 选择对象 >: ✓
> 选择标注对象 :(选取齿轮轴套局部视图上端水平线)
> 指定尺寸线位置或 [多行文字 (M)/ 文字 (T)/ 角度 (A)/ 水平 (H)/ 垂直 (V)/ 旋转 (R)]:T ✓
> 输入标注文字 <6>: 6{\H0.7x;\S+0.025^ 0;} ✓
> （其中"H0.7x"表示公差字高比例系数为0.7，需要注意的是"x"为小写）
> 指定尺寸线位置或 [多行文字 (M)/ 文字 (T)/ 角度 (A)/ 水平 (H)/ 垂直 (V)/ 旋转 (R)]:(拖动鼠标，在适当位置单击，结果如图 7-45 所示)
> 标注文字 =6

方法同前，标注长度型尺寸"30.6"，上偏差为"+0.14"，下偏差为"0"。

结果如图 7-45 所示。

图 7-45 标注尺寸偏差

❾ 方法同前，单击"注释"选项卡"标注"面板中的"直径"按钮，标注直径尺寸"Ø28"，输入标注文字为"%%C28{\H0.7x;\S+0.21^ 0;}"，结果如图 7-46 所示。

❿ 单击"注释"选项卡"标注"面板中的"对话框启动器"按钮，修改齿轮轴套主视图中的长度型尺寸，为其添加尺寸偏差。命令行提示如下。

图 7-46 局部视图中的直径尺寸

命令:DDIM ✓（修改标注样式的命令。也可以使用设置标注样式的命令"DIMSTYLE"，或选择"标注"→"标注样式"命令，修改长度型尺寸"13"及"35"）

⓫ 修改齿轮轴套主视图的尺寸标注样式。

（1）在弹出的"标注样式管理器"对话框的"样式"列表框中选择"机械图样"样式，❷单击"替代"按钮，如图 7-47 所示。

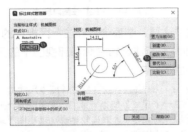

图 7-47　替代"机械图样"标注样式

（2）系统弹出"修改标注样式"对话框，如图 7-48 所示，❶选择"主单位"选项卡。❷将"线性标注"选项区中的"精度"值设置为"0.00"。❸选择"公差"选项卡，❹在"公差格式"选项区中，设置"方式"为"极限偏差"，设置"上偏差"为"0"，"下偏差"为"0.24"，"高度比例"为"0.7"，如图 7-49 所示。设置完成后单击"确定"按钮，命令行提示如下。

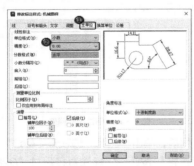

图 7-48　"主单位"选项卡

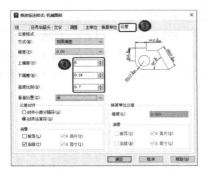

图 7-49　"公差"选项卡

命令 : -dimstyle（或单击"标注"工具栏中的"标注更新"按钮 ）
当前标注样式 : 机械图样　注释性 : 否
输入标注样式选项 [注 释 性（ A N ）/ 保存(S)/ 恢复(R)/ 状态(ST)/ 变量 (V)/ 应用 (A)/?] < 恢复 >: _apply
选择对象:（选取长度型尺寸"13"，即可为该尺寸添加尺寸偏差）

（3）方法同前，继续设置替代样式。设置"公差"选项卡中的"上偏差"为"0.08"，"下偏差"为"0.25"。单击"注释"选项卡"标注"面板中的"快速标注"按钮，选取长度型尺寸"35"，即可为该尺寸添加尺寸偏差，结果如图 7-50 所示。

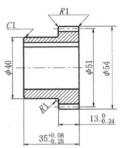

图 7-50　修改长度型尺寸"13"及"35"

⓬ 在命令行中输入"Explode"命令，分解尺寸标注，双击分解后的标注文字，修改齿轮轴套主视图中的线性尺寸"Ø 54"，为其添加尺寸偏差。命令行提示如下。

命令 : Explode ✓
选择对象 :（选择尺寸"Ø 54"，按 <Enter> 键）
命令 : Mtedit ✓（编辑多行文字命令）
选择多行文字对象:（选择分解的"Ø54"尺寸，在弹出的多行文字编辑器中，将标注的文字修改为"%%C54 0^-0.20"，选取"0^-0.20"，单击"堆叠"按钮，此时标注变为尺寸偏差的形式，单击"关闭文字编辑器"按钮）

结果如图 7-51 所示。

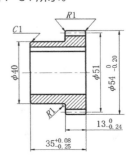

图 7-51　修改线性尺寸"Ø 54"

7.4 几何公差

为方便用户进行机械设计工作，AutoCAD 提供了标注几何公差的功能。几何公差的标注形式如图 7-52 所示，包括指引线、特征符号、公差值和附加符号，以及基准代号及附加符号。

图 7-52 几何公差标注

命令行：TOLERANCE（快捷命令：TOL）

菜单栏："标注"→"公差"

工具栏：单击"标注"工具栏中的"公差"按钮

功能区：单击"注释"选项卡"标注"面板中的"公差"按钮

执行上述操作后，系统打开图 7-53 所示的"形位公差"对话框，可在其中对几何公差标注进行设置。

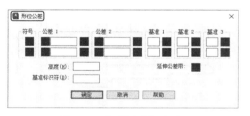

图 7-53 "形位公差"对话框

选项说明

（1）符号：用于设定或改变公差代号。单击下面的黑块，系统打开图 7-54 所示的"特征符号"列表框，可从中选择需要的公差代号。

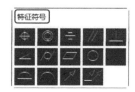

图 7-54 "特征符号"列表框

（2）公差 1/2：用于产生第一 / 第二个公差的

公差值及"附加符号"。白色文本框左侧的黑块用于控制是否在公差值之前加一个直径符号，单击它，则出现一个直径符号，再单击则直径符号消失。白色文本框用于确定公差值，可在其中输入一个具体数值。右侧黑块用于插入"包容条件"符号，单击它，系统打开图 7-55 所示的"附加符号"列表框，用户可从中选择所需符号。

图 7-55 "附加符号"列表框

（3）基准 1/2/3：用于确定第一 / 二 / 三个基准代号及材料状态符号。在白色文本框中输入一个基准代号，单击其右侧的黑块，系统打开"附加符号"列表框，可从中选择适当的符号。

（4）"高度"文本框：用于确定标注复合几何公差的高度。

（5）延伸公差带：单击此黑块，可在复合公差带后面加一个复合公差符号，如图 7-56 所示。

（6）"基准标识符"文本框：用于产生一个标识符号，用一个字母表示。

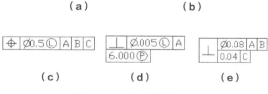

图 7-56 几何公差标注示例

> **注意** "形位公差"对话框中有两行参数，可用于同时对几何公差进行设置，实现复合几何公差的标注。如果两行中输入的公差代号相同，则得到图 7-56（e）所示的样式。

实例教学

下面以图 7-57 所示的轴尺寸标注为例，介绍几何公差标注命令的使用方法。

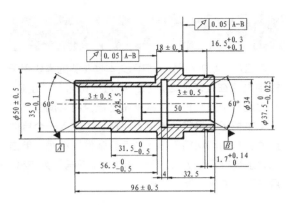

图 7-57　轴尺寸标注

STEP 绘制步骤

❶ 单击"默认"选项卡"图层"面板中的"图层特性"按钮，打开"图层特性管理器"选项板，单击"新建图层"按钮，创建如图 7-58 所示的图层。

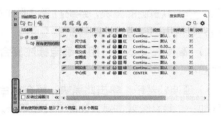

图 7-58　创建图层

❷ 利用绘图命令与编辑命令绘制图形，结果如图 7-59 所示。

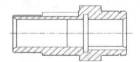

图 7-59　绘制图形

❸ 在系统默认的 ISO-25 标注样式中，设置箭头大小为"3"，文字高度为"4"，文字对齐方式为"与尺寸线对齐"，如图 7-60 所示，在"主单位"选项卡中设置精度为"0.0"。

❹ 图 7-61 中包括 3 个长度型尺寸和两个直径尺寸，实际上这两个直径尺寸也是按长度型尺寸的标注方法进行标注的，单击状态栏中的"对象捕捉"按钮。

（1）单击"默认"选项卡"注释"面板中的"线性"按钮，标注长度型尺寸"4"，命令行提示如下。

图 7-60　设置尺寸标注样式

```
命令：_dimlinear
指定第一个尺寸界线原点或 < 选择对象 >：(捕捉第一条尺寸界线原点)
指定第二条尺寸界线原点 :(捕捉第二条尺寸界线原点)
指定尺寸线位置或 [ 多行文字 (M) / 文字 (T) / 角度 (A) / 水平 (H) / 垂直 (V) / 旋转（R）]：(指定尺寸线位置)
标注文字 =4
```

采用相同的方法，标注长度型尺寸"32.5""50""Ø34"和"Ø24.5"，结果如图 7-61 所示。

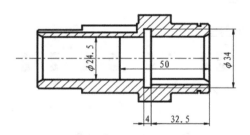

图 7-61　标注长度型尺寸

（2）单击"标注"工具栏中的"角度"按钮，标注角度型尺寸"60°"，命令行提示如下。

```
命令：_dimangular
选择圆弧、圆、直线或 < 指定顶点 >：(选择要标注的轮廓线)
选择第二条直线 :(选择第二条轮廓线)
指定标注弧线位置或 [ 多行文字 (M) / 文字 (T) / 角度 (A) / 象限点 (Q)]：(指定尺寸线位置)
标注文字 =60°
```

采用相同的方法，标注另一个角度型尺寸"60°"，结果如图 7-62 所示。

❺ 选择菜单栏中的"标注"→"标注样式"命令，打开"标注样式管理器"对话框。单击对话框

中的"替代"按钮，打开"替代当前样式"对话框，选择"公差"选项卡，按尺寸要求对公差进行替代设置，如图 7-63 所示。完成设置后，单击"默认"选项卡"注释"面板中的"线性"按钮┝┥，进行尺寸标注，命令行提示如下。

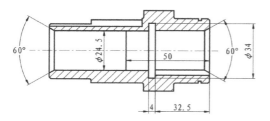

图 7-62 标注角度型尺寸

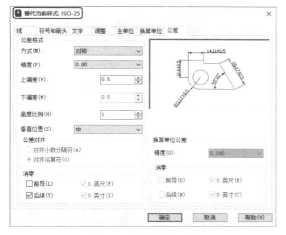

图 7-63 "公差"选项卡

```
命令：_dimlinear
指定第一个尺寸界线原点或 < 选择对象 >：（捕捉
第一条尺寸界线原点）
指定第二条尺寸界线原点：（捕捉第二条尺寸界线原
点，创建无关联的标注）
指定尺寸线位置或 [ 多行文字 (M)/ 文字 (T)/ 角
度 (A)/ 水平 (H)/ 垂直 (V)/ 旋转 (R)]:M ✓
（并在多行文字编辑器中的尖括号前加"%%C"，标注
直径符号）
指定尺寸线位置或 [ 多行文字 (M)/ 文字 (T)/ 角
度 (A)/ 水平 (H)/ 垂直 (V)/ 旋转 (R)]：✓
标注文字 =50
```

按尺寸要求对公差进行替代设置。

采用相同的方法，对标注样式进行替代设置，然后标注尺寸"35""3""31.5""56.5""96""18""3""1.7""16.5"和"37.5"，结果如

图 7-64 所示。

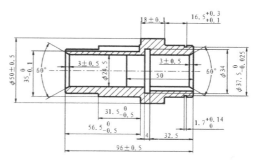

图 7-64 标注尺寸公差

❻ 选择菜单栏中的"标注"→"公差"命令，打开"形位公差"对话框，进行图 7-65 所示的设置，确定后放置在图形上指定位置，对几何公差进行标注。命令行提示如下。

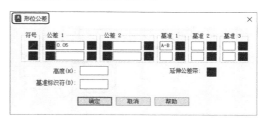

图 7-65 "形位公差"对话框

```
命令：LEADER ✓
指定引线起点：（指定起点）
指定下一点：（指定下一点）
指定下一点或 [ 注释 (A)/ 格式 (F)/ 放弃 (U)]
< 注释 >：✓
输入注释文字的第一行或 < 选项 >：✓
输入注释选项 [ 公 差(T)/ 副 本(C)/ 块(B)/ 无
(N)/ 多行文字(M)] < 多行文字>：N ✓（引线指
向几何公差符号，故无注释文本）
```

采用相同的方法，标注另一个几何公差，结果如图 7-66 所示。

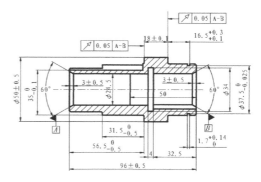

图 7-66 标注几何公差

❼ 几何公差的基准可以通过引线标注命令、绘图命令及单行文字命令绘制，此处不赘述。最后标注的结果如图 7-57 所示。

❽ 在命令行中输入"QSAVE"，或选择菜单栏中的"文件"→"保存"命令，又或者单击"快速访问"工具栏中的"保存"按钮 🔒，保存标注的图形文件。

7.5 综合演练——标注阀盖尺寸

标注图 7-67 所示的阀盖尺寸。

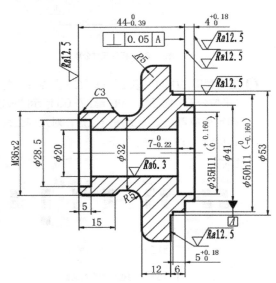

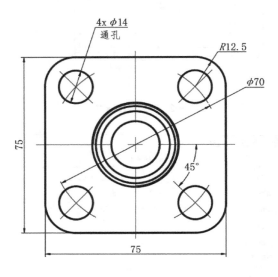

图 7-67　阀盖尺寸

STEP 绘制步骤

❶ 单击"默认"选项卡"注释"面板中的"文字样式"按钮 **A**，设置文字样式，如图 7-68 所示。

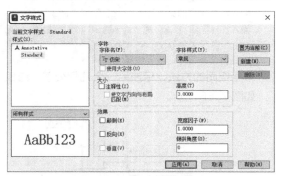

图 7-68　"文字样式"对话框

❷ 新建并设置"机械设计"标注样式。

（1）单击"默认"选项卡"注释"面板中的"标注样式"按钮 ⊬，设置尺寸标注样式。在弹出的"标注样式管理器"对话框中，单击"新建"按钮，创建新的尺寸标注样式并命名为"机械

设计"，用于标注图样中的尺寸。

（2）单击"继续"按钮，在弹出的"新建标注样式"对话框中进行设置，如图 7-69 和图 7-70 所示。设置完成后，单击"确定"按钮，返回"标注样式管理器"对话框。

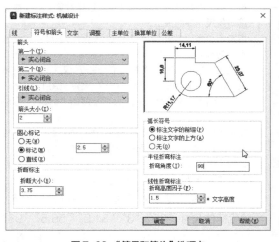

图 7-69　"符号和箭头"选项卡

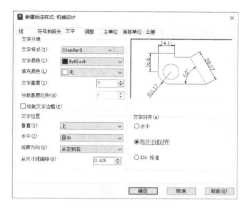

图 7-70 "文字"选项卡

（3）选择"样式"列表框中的"机械设计"选项，单击"新建"按钮，分别设置直径、半径及角度标注样式。其中，在直径及半径标注样式的"调整"选项卡中勾选"手动放置文字"复选框，如图 7-71 所示；在角度标注样式的"文字"选项卡的"文字对齐"选项组中选中"水平"单选钮，如图 7-72 所示。其他选项卡的设置均保持默认。

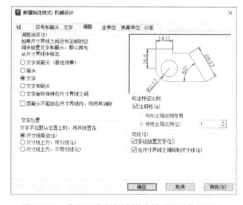

图 7-71 直径及半径标注样式的"调整"选项卡

图 7-72 角度标注样式的"文字"选项卡

（4）在"标注样式管理器"对话框中，选择"样式"列表框中的"机械设计"标注样式，单击"置为当前"按钮，将其设置为当前标注样式。

❸ 标注阀盖主视图中的长度型尺寸。

（1）单击"默认"选项卡"注释"面板中的"线性"按钮┠┤，从左至右，依次标注阀盖主视图中的竖直长度型尺寸"M36×2""∅28.5""∅ 20""∅ 32""∅ 35""∅ 41""∅ 50"及"∅ 53"。在标注尺寸"∅ 35"时，需要输入标注文字"%%C35H11({\H0.7x;\S+ 0.160^0;})"；在标注尺寸"∅ 50"时，需要输入标注文字"%%C50h11({\H0.7x;\S0^−0.160;})"。结果如图 7-73 所示。

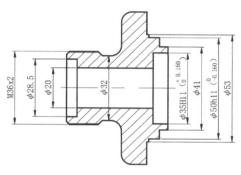

图 7-73 标注主视图竖直长度型尺寸

（2）单击"默认"选项卡"注释"面板中的"线性"按钮┠┤，标注阀盖主视图上部的长度型尺寸"44"；单击"注释"选项卡"标注"面板中的"连续"按钮┠┠┤，标注连续尺寸"4"。单击"默认"选项卡"注释"面板中的"线性"按钮┠┤，标注阀盖主视图中部的长度型尺寸"7"和阀盖主视图下部左边的长度型尺寸"5"；单击"注释"选项卡"标注"面板中的"基线"按钮┠┤，标注基线尺寸"15"。单击"默认"选项卡"注释"面板中的"线性"按钮┠┤，标注阀盖主视图下部右边的长度型尺寸"5"；单击"注释"选项卡"标注"面板中的"基线"按钮┠┤，标注基线尺寸"6"；单击"注释"选项卡"标注"面板中的"连续"按钮┠┠┤，标注连续尺寸"12"。结果如图 7-74 所示。

❹ 为主视图长度型尺寸添加尺寸偏差。

（1）单击"默认"选项卡"注释"面板中的"标注样式"按钮┠┩，打开"标注样式管理器"对话框，在"样式"列表框中选择"机械设计"选项，单击"替代"按钮，系统弹出"替代当前样式"对话框。切换到"主单位"选项卡，将"线性标注"选项组中的"精度"值设置为"0.00"；切换到"公差"选项卡，在"公差格式"选项组中，将"方式"设置为"极限偏差"，设置"上偏差"为"0"、"下偏差"为"0.39"、"高度比例"为"0.7"，设置完成后单击"确定"按钮。

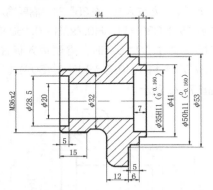

图 7-74 标注主视图水平长度型尺寸

（2）单击"注释"选项卡"标注"面板中的"更新"按钮，选取主视图上的长度型尺寸"44"，即可为该尺寸添加尺寸偏差。

（3）按同样的方式分别为主视图中的长度型尺寸"4""7""5"添加尺寸偏差。结果如图 7-75 所示。

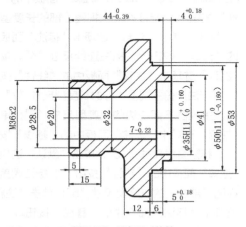

图 7-75 添加尺寸偏差

❺ 标注阀盖主视图中的倒角及圆角半径。

（1）在命令行中输入"QLEADER"命令，标注主视图中的倒角尺寸"C3"。

（2）单击"默认"选项卡"注释"面板中的"半径"按钮，标注主视图中的半径尺寸 R5。

结果如图 7-76 所示。

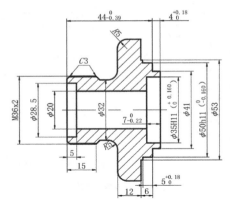

图 7-76 标注倒角尺寸及圆角半径

❻ 标注阀盖左视图中的尺寸。

（1）单击"默认"选项卡"注释"面板中的"线性"按钮，标注阀盖左视图中的长度型尺寸"75"。单击"默认"选项卡"注释"面板中的"直径"按钮，标注阀盖左视图中的直径尺寸"Ø70"及"4×Ø14"。在标注尺寸"4×Ø14"时，需要输入标注文字"4×<>"。

（2）单击"默认"选项卡"注释"面板中的"半径"按钮，标注左视图中的半径尺寸"R12.5"。

（3）单击"默认"选项卡"注释"面板中的"角度"按钮，标注左视图中的角度型尺寸"45°"。

（4）单击"默认"选项卡"注释"面板中的"文字样式"按钮，创建新文字样式"HZ"，用于输入汉字，设置该文字样式的"字体名"为"仿宋_GB2312"、"宽度比例"为"0.7"。

（5）在命令行中输入"TEXT"，设置文字样式为"HZ"，在尺寸"4×Ø14"的引线下部输入文字"通孔"。结果如图 7-77 所示。

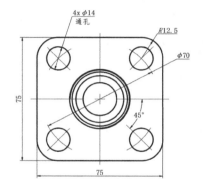

图 7-77 标注左视图中的尺寸

❼ 在命令行输入"QLEADER"命令，标注阀盖主视图中的几何公差。命令行提示如下。

命令：QLEADER ✓（利用"快速引线"命令标注几何公差）

指定第一个引线点或 [设置（S）] < 设置 >：✓（按<Enter> 键，在弹出的"引线设置"对话框中，设置各个选项卡，如图7-78和图7-79所示。设置完成后，单击"确定"按钮）

指定第一个引线点或 [设置（S）] < 设置 >：（捕捉阀盖主视图尺寸"44"右端延伸线上较近的一点）

指定下一点：（向左移动鼠标，在适当位置单击，弹出"形位公差"对话框，在其中进行设置，如图7-80所示，设置完成后单击"确定"按钮）

图 7-78 "注释"选项卡

图 7-79 "引线和箭头"选项卡

❽ 利用相关绘图命令绘制基准符号，结果如图 7-81 所示。

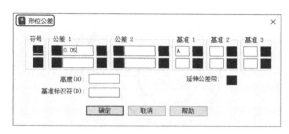

图 7-80 "形位公差"对话框

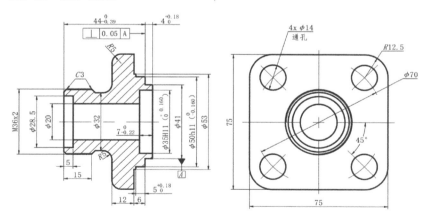

图 7-81 绘制基准符号

❾ 利用图块相关命令绘制粗糙度图块，然后插入相应位置。

7.6 上机实验

【实验 1】标注挂轮架尺寸

1. 目的要求

挂轮架尺寸标注如图 7-82 所示，本实验有长度型、连续、直径、半径、角度型 5 种尺寸需要标注，由于具体尺寸的要求不同，需要重新设置和转换尺寸标注样式。通过本实验，读者应掌握各种标注尺寸的基本方法。

2. 操作提示

（1）利用"格式"→"文字样式"命令设置文字样式，为后面的尺寸标注做准备。

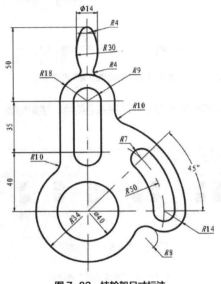

图 7-82　挂轮架尺寸标注

（2）利用"标注"→"线性"命令标注图形中的长度型尺寸。

（3）利用"标注"→"连续"命令标注图形中的连续尺寸。

（4）利用"标注"→"直径"命令标注图形中的直径尺寸，其中需要重新设置标注样式。

（5）利用"标注"→"半径"命令标注图形中的半径尺寸，其中需要重新设置标注样式。

（6）利用"标注"→"角度"命令标注图形中的角度型尺寸，其中需要重新设置标注样式。

【实验 2】标注轴尺寸

1. 目的要求

轴尺寸标注如图 7-83 所示，本实验有长度型、连续、直径、引线 4 种尺寸需要标注，由于具体尺寸的要求不同，需要重新设置和转换尺寸标注样式。通过本实验，读者应掌握尺寸标注的各种基本方法。

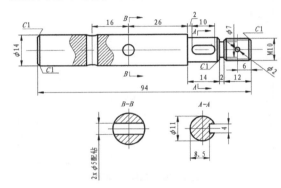

图 7-83　轴尺寸标注

2. 操作提示

（1）设置和转换各种尺寸标注样式。

（2）标注各种尺寸。

第8章

图块及其属性

本章主要介绍图块及其属性等知识。在绘图设计的过程中，我们经常会用到一些重复出现的图形（例如机械设计中的螺钉、螺帽，建筑设计中的桌椅、门窗等），如果每次都重新绘制这些图形，不仅会产生大量的重复性工作，而且存储这些图形及其信息会占据相当大的磁盘空间。AutoCAD 提供了图块来解决这些问题。

重点与难点

- ● 图块操作
- ● 图块属性

8.1 图块操作

图块也称块，它是由一组图形对象组成的集合。一组对象一旦被定义为图块，就将成为一个整体，选中图块中任意一个图形对象即可选中构成该图块的所有对象。AutoCAD 把一个图块作为一个对象进行编辑等操作，用户可根据绘图需要把图块插入图中指定的位置，在插入时还可以指定缩放比例和旋转角度。如果需要对组成图块的单个图形对象进行修改，可以利用"分解"命令把图块分解成若干个对象。图块还可以重新定义，一旦被重新定义，所有基于该图块的对象都将随之改变。

8.1.1 定义图块

执行方式

命令行：BLOCK（快捷命令：B）

菜单栏："绘图"→"块"→"创建"

工具栏：单击"绘图"工具栏中的"创建块"按钮

功能区：单击"默认"选项卡"块"面板中的"创建"按钮，或单击"插入"选项卡"块定义"面板中的"创建块"按钮

执行上述操作后，系统将打开图 8-1 所示的"块定义"对话框，利用该对话框可定义图块并为之命名。

图 8-1 "块定义"对话框

选项说明

（1）"基点"选项组：确定图块的基点，默认值是（0,0,0），也可以在下面的"X""Y""Z"文本框中输入块的基点坐标值。单击"拾取点"按钮，系统临时切换到绘图区，在绘图区选择一点后，返回"块定义"对话框中，刚刚选择的点将作为图块的放置基点。

（2）"对象"选项组：用于选择制作图块的对象，以及设置图块对象的相关属性。把图 8-2（a）中的正五边形定义为图块，图 8-2（b）为选中"删除"单选钮的结果，图 8-2（c）为选中"保留"单选钮的结果。

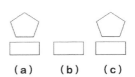

（a） （b） （c）

图 8-2 设置图块对象

（3）"设置"选项组：指定从 AutoCAD 设计中心拖动图块时用于设置图块的单位和超链接等。

（4）"在块编辑器中打开"复选框：勾选此复选框，可以在块编辑器中定义动态块，后面将详细介绍。

（5）"方式"选项组：指定块的行为。"注释性"复选框用于指定在图纸空间中块参照的方向是否与布局方向匹配；"按统一比例缩放"复选框用于指定是否阻止块参照不按统一比例缩放；"允许分解"复选框用于指定块参照是否可以被分解。

8.1.2 图块的存盘

利用"BLOCK"命令定义的图块保存在其所属的图形当中，该图块只能插入该图形，而不能插入其他的图形。但是有些图块需要用在多个图形中，这时可以用"WBLOCK"命令把图块以图形文件的形式（后缀名为.dwg）写入磁盘。图形文件可以在任意图形中用"INSERT"命令插入。

执行方式

命令行：WBLOCK（快捷命令：W）

功能区：单击"插入"选项卡"块定义"面板中的"写块"按钮

执行上述操作后，系统打开"写块"对话框，如图 8-3 所示。利用此对话框可把图形对象保存为图形文件或把图块转换成图形文件。

图 8-3 "写块"对话框（1）

 选项说明

（1）"源"选项组：确定要保存为图形文件的图块或图形对象。选中"块"单选钮，打开右侧的下拉列表，在其中选择一个图块，将其保存为图形文件；选中"整个图形"单选钮，则把当前的整个图形保存为图形文件；选中"对象"单选钮，则把不属于图块的图形对象保存为图形文件。对象的选择通过"对象"选项组来完成。

（2）"目标"选项组：用于指定图形文件的名称、保存路径和插入单位。

 实例教学

下面以将图 8-4 所示的图形定义为图块为例，介绍定义图块命令的使用方法。

图 8-4 定义图块

STEP 绘制步骤

❶ 选择菜单栏中的"绘图"→"块"→"创建"命令，或单击"插入"选项卡"块定义"面板中的"创建块"按钮，打开"块定义"对话框，如图 8-5 所示。

❷ 将"名称"设为"HU3"。

❸ 单击"拾取点"按钮，切换到绘图区，选择圆心为插入基点，返回"块定义"对话框。

图 8-5 "块定义"对话框

❹ 单击"选择对象"按钮，切换到绘图区，选择对象后，按 <Enter> 键返回"块定义"对话框。

❺ 单击"确定"按钮，关闭对话框。

❻ 在命令行输入"WBLOCK"命令，按 <Enter> 键，系统打开"写块"对话框，如图 8-6 所示。在"源"选项组中选中"块"单选钮，在右侧的下拉列表中选择"HU3"选项，单击"确定"按钮，即把图形定义为"HU3"图块。

图 8-6 "写块"对话框（2）

8.1.3 图块的插入

在 AutoCAD 绘图过程中，可根据需要随时把已经定义好的图块或图形文件插入当前图形的任意位置，在插入的同时还可以改变图块的大小、将图块旋转一定角度、把图块分解等。插入图块的方法有多种，本小节将逐一进行介绍。

执行方式

命令行：INSERT（快捷命令：I）

菜单栏："插入"→"块选项板"

工具栏：单击"插入"工具栏中的"插入块"按钮或"绘图"工具栏中的"插入块"按钮

功能区：选择"默认"选项卡"块"面板中的"插入"下拉列表中的选项，或选择"插入"选项卡"块"面板中的"插入"下拉列表中的选项，如图 8-7 所示

执行上述操作后，系统打开"块"选项板，如图 8-8 所示。在其中可以指定要插入的图块及插入位置。

（3）"最近使用"选项卡：显示当前和上一个任务中最近插入或创建的块定义的预览或列表。这些块可能来自各种图形。

> **注意** 可以删除"最近使用"选项卡中显示的块（方法是在其上单击鼠标右键，并选择"从最近列表中删除"命令）。若要删除"最近使用"选项卡中显示的所有块，请将"BLOCKMRULIST"系统变量设置为 0。

（4）"收藏夹"选项卡：显示收藏块定义的预览或列表。这些块是"块"选项板中其他选项卡的常用块的副本。

（5）"库"选项卡：显示单个指定图形或文件夹中的预览或块定义列表。将图形文件作为块插入还会将其所有块定义输入当前图形中。单击"打开块库"按钮，可以浏览其他图形文件或文件夹。

> **提示** 可以创建存储所有相关块定义的"块库图形"。使用此方法时，在插入块库图形时勾选选项板中的"分解"复选框，可防止图形本身在预览区域中显示或列出。

图 8-7 "插入"下拉列表　　**图 8-8** "块"选项板

选项说明

1. 控制选项

"块"选项板的整个顶部区域提供以下显示和访问控件。

（1）过滤器：接受使用通配符的条件，以按名称显示可用的块。有效通配符为用于单个字符的"?"和用于多个字符的"*"。例如，"4??A*"可显示名为"40xA123"和"4x8AC"的块。下拉列表会显示之前使用的通配符字符串。

（2）浏览：显示文件选择对话框，用于选择要作为块插入当前图形中的图形文件或其块定义之一。

（3）图标或列表样式：显示列出或预览可用块的多个选项。

2. 选项卡

可通过拖放、单击并放置选项卡，或单击鼠标右键并从快捷菜单中选择一个命令，从这些选项卡插入块。

（1）预览区域：显示基于当前选项卡可用块的预览或列表。

（2）"当前图形"选项卡：显示当前图形中可用块定义的预览或列表。

3. 插入选项

（1）"插入点"复选框：指定块的插入点。如果勾选该复选框，则插入块时使用定点设备或手动输入坐标，即可指定插入点。如果取消勾选该复选框，将使用之前指定的坐标。

> **注意** 若要使用先前指定的坐标定位块，必须在选项板中双击该块。

（2）"比例"复选框：指定插入块的缩放比例。如果取消勾选该复选框，则需要指定 X、Y 和 Z 方向的比例系数。如果 X、Y 和 Z 方向的比例系数为负值，则块将作为围绕该轴的镜像图像插入。如果勾选该复选框，将使用之前指定的比例。图 8-9（a）是被插入的图块；图 8-9（b）为按比例系数 1.5 插入该图块的结果；图 8-9（c）为按比例系数 0.5 插入的结果，X 方向和 Y 方向的比例系数也可以取不同值；在图 8-9（d）中，插入的图块的 X 方向的比例系数为 1，Y 方向的比例系数为 1.5。另外，比例系数为负数时，其效果如图 8-10 所示。

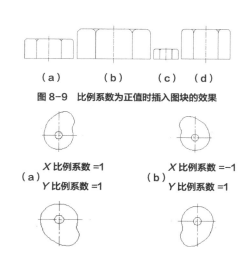

该复选框，将插入指定的块一次。

实例教学

下面以图 8-12 所示的花园小屋为例，介绍插入图块命令的使用方法。

图 8-12 花园小屋

图 8-12 所示的花园是由各式各样的花组成的。因此，可以将绘制的花朵图案定义为一个块，然后对该块进行插入操作，就可以绘制出花园的图案；再将这个花园的图案定义为一个块，并将其插入源文件"花园小屋 .dwg"的图案中，即可形成一幅温馨的画面。

图 8-9　比例系数为正值时插入图块的效果

（a）　X 比例系数 =1　　（b）　X 比例系数 =-1
　　　　Y 比例系数 =1　　　　　　Y 比例系数 =1

（c）　X 比例系数 =1　　（d）　X 比例系数 =-1
　　　　Y 比例系数 =-1　　　　　Y 比例系数 =-1

图 8-10　比例系数为负值时插入图块的效果

（3）"旋转"复选框：在当前 UCS 中指定插入块的旋转角度。如果取消勾选该复选框，可直接在右侧的"角度"文本框中输入旋转角度。图 8-11（a）为原图块，图 8-11（b）为图块旋转 30° 后插入的效果，图 8-11（c）为图块旋转 -30° 后插入的效果。

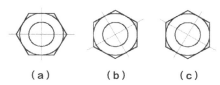

（a）　　　　　（b）　　　　　（c）

图 8-11　以不同旋转角度插入图块的效果

如果勾选"旋转"复选框，系统切换到绘图区，在绘图区选择一点，AutoCAD 将自动测量插入点与该点连线和 X 轴正方向之间的夹角，并把它作为块的旋转角。也可以在命令行直接指定角度，最后按 <Enter> 键或单击以确定图块旋转角度。

（4）"分解"复选框：控制块在插入时是否自动分解为其部件对象。

如果勾选该复选框，则块中的部件对象将解除关联并恢复其原有特性。使用 BYBLOCK 颜色的对象为白色。具有 BYBLOCK 线型的对象使用 CONTINUOUS 线型。

如果取消勾选此复选框，将在块不分解的情况下插入指定块。

（5）"重复放置"复选框：控制是否自动重复块插入。如果勾选该复选框，系统将自动提示其他插入点，直到按 <Esc> 键取消命令。如果取消勾选

STEP　绘制步骤

❶ 打开随书资源中的"源文件 / 第 8 章 / 花朵 .dwg"图形文件。依次进行复制，命令行如下所示，结果如图 8-13 所示。

> 命令：DDMODIFY ✓（将 3 朵花分别修改为不同的颜色）

系统打开"特性"选项板，如图 8-14 所示，选择第二朵花的花瓣，在"特性"选项板中将其颜色改为洋红。用同样的方法改变另两朵花的颜色，如图 8-15 所示。

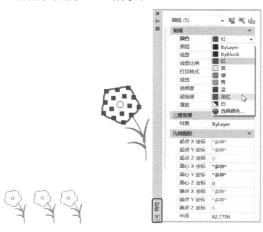

图 8-13　复制花朵　　　　图 8-14　修改颜色

> 命令：B ✓（创建块的快捷命令。方法同前，将所得到的 3 朵不同颜色的花分别定义为块"flower1""flower2""flower3"）

图 8-15　修改结果

❷ 分别将块"flower1""flower2""flower3"插入当前的图形中，并将其定义为块"garden"，命令行如下所示。

> 命令：DDINSERT ✓

❸ 方法同前，依次将块"flower1""flower2""flower3"以不同比例、不同角度多次插入，形成花园的图案，如图 8-16 所示。

图 8-16　花园

> 命令：WBLOCK ✓（块存盘命令，将当前图形中的块或图形存为图形文件，可以被其他图形文件引用）

❹ 按 <Enter> 键，弹出"写块"对话框，如图 8-17 所示。❶在"源"选项组中选中"整个图形"单选钮，将整个图形转换为块，❷在"目标"选项组中的"文件名和路径"文本框中设置块名称和块存盘路径，❸单击"确定"按钮，则生成一个文件"garden.dwg"。

图 8-17　"写块"对话框

❺ 在命令行输入"OPEN"命令后按 <Enter> 键，打开"花园小屋"图形文件，如图 8-18 所示。选择"默认"选项卡"块"面板"插入"下拉列表中"最近使用的块"选项，打开"块"选项板，

单击"库"选项卡中的"浏览块库"按钮📇，打开"为块库选择文件夹或文件"对话框，从中选择文件"garden.dwg"，设置后的"块"选项板如图 8-19 所示。对定义的块"garden"进行插入操作，生成图 8-12 所示的图形。

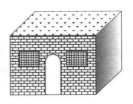

图 8-18　"花园小屋"图形文件

图 8-19　"块"选项板

❻ 单击"快速访问"工具栏中的"另存为"按钮，保存文件。命令行提示如下。

> 命令：SAVEAS ✓（将所生成的图形以"home"为文件名进行保存）

8.1.4　动态块

　　动态块具有灵活性和智能性。用户在操作时可以轻松地更改图形中的动态块参照，通过自定义夹点或自定义特性来操作动态块参照中的几何图形，可以根据需要调整块，而不用搜索另一个块以插入或重定义现有的块。

　　如果在图形中插入一个门块参照，编辑图形时可能需要更改门的大小。如果该块是动态的，并且定义为可调整大小，那么只需拖动自定义夹点或在"特性"选项板中指定不同的大小就可以修改门的大小。用户还可以修改门的打开角度，如图 8-20 所示。该门块还可能会包含对齐夹点，使用对齐夹点可以轻松地将门块参照与图形中的其他几何图形对齐，如图 8-21 所示。

图 8-20　改变角度　　　　图 8-21　对齐

可以使用块编辑器创建动态块。块编辑器是一个专门的编写区域，用于添加能够使块成为动态块的元素。用户可以创建新的块，也可以向现有的块定义中添加动态行为，还可以像在绘图区中一样创建几何图形。

执行方式

命令行：BEDIT（快捷命令：BE）

菜单栏："工具"→"块编辑器"

工具栏：单击"标准"工具栏中的"块编辑器"按钮

功能区：单击"插入"选项卡"块定义"面板中的"块编辑器"按钮

快捷菜单：选择一个块参照，在绘图区单击鼠标右键，选择快捷菜单中的"块编辑器"命令

执行上述操作后，系统打开"编辑块定义"对话框，如图 8-22 所示。在"要创建或编辑的块"文本框中输入图块名，或者在列表框中选择已定义的块或当前图形。确认后，系统打开"块编写"选项板和"块编辑器"选项卡，如图 8-23 所示。用

户可以利用"块编辑器"选项卡对动态块进行编辑。

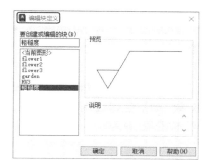

图 8-22　"编辑块定义"对话框

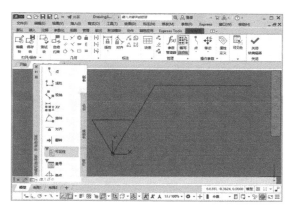

图 8-23　"块编写"选项板和"块编辑器"选项卡

实例教学

下面以标注图 8-24 所示图形中的粗糙度符号为例，介绍动态块功能标注命令的使用方法。

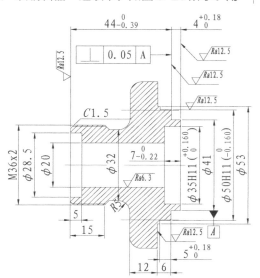

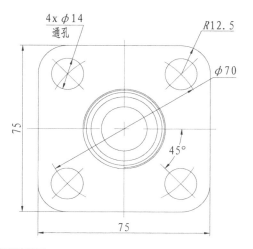

图 8-24　标注粗糙度符号

❶ 单击"默认"选项卡"绘图"面板中的"直线"
按钮／，绘制图 8-25 所示的粗糙度符号。

❷ 在命令行中输入"WBLOCK"命令并按 <Enter>
键，打开"写块"对话框，如图 8-26 所示，❶拾
取图 8-25 所示图形的下角点为基点，❷以该图
形为对象，❸指定图块名称和保存路径，❹单击
"确定"按钮退出对话框。

图 8-25 绘制粗糙度符号

图 8-26 "写块"对话框

❸ 选择"默认"选项卡"块"面板"插入"下拉列表
中的"库"选项，打开"块"选项板，如图 8-27
所示。单击"库"选项卡中的"浏览块库"按钮，
找到刚才保存的图块，将该图块插入图形中，结果
如图 8-28 所示。

图 8-27 "块"选项板

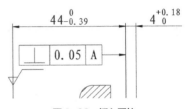

图 8-28 插入图块

❹ 单击"插入"选项卡"块定义"面板中的"块
编辑器"按钮。打开"编辑块定义"对话框，
如图 8-29 所示。选择刚保存的图块，打开"块
编辑器"选项卡和"块编写"选项板，如图 8-30
所示。在"块编写"选项板的"参数"选项卡
中选择"旋转参数"选项，命令行提示如下。

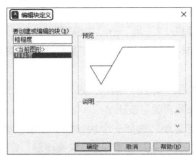

图 8-29 "编辑块定义"对话框

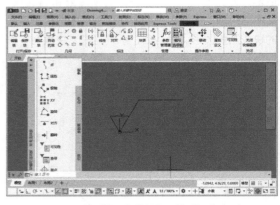

图 8-30 "块编辑器"选项卡和"块编写"选项板

```
命令 : _BParameter 旋转
指定基点或 [ 名称(N)/ 标签(L)/ 链(C)/ 说明
(D)/ 选项板 (P)/ 值集 (V)]：(指定粗糙度图块
下角点为基点)
指定参数半径 ：(指定适当半径)
指定默认旋转角度或 [ 基准角度 (B)] <0>：(指
定适当角度)
指定标签位置 ： (指定适当位置)
```

在"块编写"选项板的"动作"选项卡中选择"旋转"选项，命令行提示如下。

```
命令 : _BActionTool 旋转
选择参数 ：（选择刚设置的旋转参数） 指定动作的选择集
选择对象 ：（选择粗糙度图块）
```

⑤ 关闭"块编辑器"选项卡。

⑥ 在当前图形中选择刚才标注的图块，系统显示图块的动态旋转标记，选中该标记，按住鼠标左键拖动，如图 8-31 所示。直到图块旋转到满意的位置为止，如图 8-32 所示。

⑦ 单击"默认"选项卡"注释"面板中的"多行文字"按钮，添加标注文字，注意对文字进行旋转。

⑧ 利用插入图块的方法标注其他粗糙度。

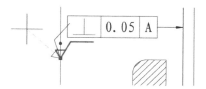

图 8-31　旋转粗糙度符号

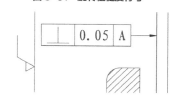

图 8-32　旋转结果

8.2　图块属性

图块除了包含图形对象以外，还可以具有非图形信息。例如把一个椅子的图形定义为图块后，还可把椅子的号码、材料、重量、价格及说明等文本信息一并加入图块。图块的这些非图形信息叫作图块的属性，它是图块的一个组成部分，与图形对象一起构成一个整体。在插入图块时 AutoCAD 会把图形对象及属性一起插入图形中。

8.2.1　定义图块属性

执行方式

命令行：ATTDEF（快捷命令：ATT）

菜单栏："绘图"→"块"→"定义属性"

功能区：单击"默认"选项卡"块"面板中的"定义属性"按钮，或单击"插入"选项卡"块定义"面板中的"定义属性"按钮

执行上述操作后，AutoCAD 将打开"属性定义"对话框，如图 8-33 所示。

图 8-33　"属性定义"对话框

选项说明

（1）"模式"选项组：用于确定属性的模式。

①"不可见"复选框：勾选此复选框，属性不可见，即插入图块并输入属性值后，属性值在图中并不显示出来。

②"固定"复选框：勾选此复选框，属性值为常量，即属性值在属性定义时给定，在插入图块时系统不再提示输入属性值。

③"验证"复选框：勾选此复选框，当插入图块时，系统重新显示属性值，提示用户验证该值是否正确。

④"预设"复选框：勾选此复选框，当插入图块时，系统自动把事先设置好的默认值赋予属性，而不再提示输入属性值。

⑤"锁定位置"复选框：锁定块参照中属性的位置。解锁后，属性可以相对于使用夹点编辑块的其他部分移动，并且可以调整多行文字的大小。

⑥"多行"复选框：勾选此复选框，可以指定属性值包含多行文字，也可以指定属性的边界宽度。

（2）"属性"选项组：用于设置属性值。在每个文本框中，AutoCAD 允许输入不超过 256 个字符。

①"标记"文本框：输入属性标签。属性标签可由除空格和感叹号以外的所有字符组成，系统会自动把小写字母改为大写字母。

②"提示"文本框：输入属性提示。属性提示是插入图块时系统要求输入属性值的提示，如果不在此文本框中输入文字，则以属性标签作为提示。如果在"模式"选项组中勾选"固定"复选框，即设置属性为常量，则不需设置属性提示。

③"默认"文本框：设置默认的属性值。可把使用次数较多的属性值作为默认值，也可不设默认值。

（3）"插入点"选项组：用于确定属性文本的位置。可以在插入时由用户在图形中确定属性文本的位置，也可在 X、Y、Z 文本框中直接输入属性文本的位置坐标。

（4）"文字设置"选项组：用于设置属性文本的对齐方式、文本样式、字高和倾斜角度。

（5）"在上一个属性定义下对齐"复选框：勾选此复选框表示把属性标签直接放在前一个属性的下面，而且该属性继承前一个属性的文本样式、字高、倾斜角度等特性。

 在动态块中，由于属性的位置包括在动作的选择集中，因此必须将其锁定。

8.2.2 | 修改属性的定义

在定义图块之前，可以对属性的定义加以修改。用户不仅可以修改属性标签，还可以修改属性提示和属性默认值。

执行方式

命令行：DDEDIT 或者 TEXTEDIT（快捷命令：ED）

菜单栏："修改"→"对象"→"文字"→"编辑"

执行上述操作后，AutoCAD 将打开"编辑属性定义"对话框，如图 8-34 所示。该对话框表示要修改属性的标记为"文字"，提示为"数值"，无默认值，可在各文本框中对相应项进行修改。

图 8-34 "编辑属性定义"对话框

8.2.3 | 图块属性编辑

当属性被定义到图块当中，甚至图块被插入图形当中之后，用户还是可以对图块属性进行编辑。利用"ATTEDIT"命令不仅可以通过对话框对指定图块的属性值进行修改，而且可以对属性的位置、文本等进行编辑。

执行方式

命令行：ATTEDIT（快捷命令：ATE）

菜单栏："修改"→"对象"→"属性"→"单个"

工具栏：单击"修改 II"工具栏中的"编辑属性"按钮

功能区：单击"插入"选项卡"块"面板中的"编辑属性"按钮

操作步骤

命令行提示如下。

命令：ATTEDIT ↙
选择块参照：

执行上述命令后，十字光标变为拾取框，选择要修改属性的图块，系统打开图 8-35 所示的"编辑属性"对话框。对话框中显示所选图块中包含的前 15 个属性值，用户可对这些属性值进行修改。如果该图块中还有其他的属性，可单击"上一个"和"下一个"按钮进行查看和修改。

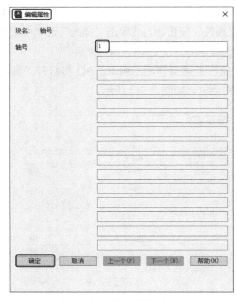

图 8-35 "编辑属性"对话框

当用户通过菜单栏或工具栏执行上述操作后，系统打开"增强属性编辑器"对话框，如图 8-36 所示。用户利用该对话框不仅可以编辑属性值，还可以编辑属性的文字选项和图层、线型、颜色等特性。

图 8-36 "增强属性编辑器"对话框

另外，还可以通过"块属性管理器"对话框来编辑属性。选择菜单栏中的"修改"→"对象"→"属性"→"块属性管理器"命令，系统打开"块属性管理器"对话框，如图 8-37 所示。单击"编辑"按钮，系统打开"编辑属性"对话框，如图 8-38 所示，可

以通过该对话框编辑属性。

图 8-37 "块属性管理器"对话框

图 8-38 "编辑属性"对话框

实例教学

下面以图 8-39 所示图形中的粗糙度符号为例，介绍图块属性编辑命令的使用方法。

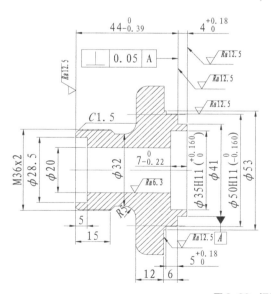

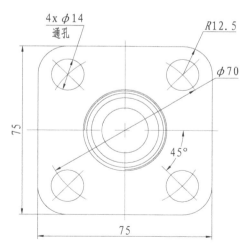

图 8-39 阀盖粗糙度

STEP 绘制步骤

❶ 单击"默认"选项卡"绘图"面板中的"直线"按钮✎，绘制粗糙度符号，如图 8-40 所示。

❷ 选择菜单栏中的"绘图"→"块"→"定义属性"命令，系统打开"属性定义"对话框，进行图 8-41 所示的设置，其中插入点为粗糙度符号水平线的中点，单击"确定"按钮。

图 8-40 绘制粗糙度符号

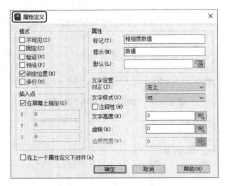

图 8-41 "属性定义"对话框

❸ 在命令行输入"WBLOCK"命令，按 <Enter> 键，打开"写块"对话框，如图 8-42 所示。❶单击"拾取点"按钮🔍，选择图形的下角点为基点，❷单击"选择对象"按钮🔲，选择上步绘制的粗糙度符号为对象，❸指定图块名称和保存路径，❹单击"确定"按钮。

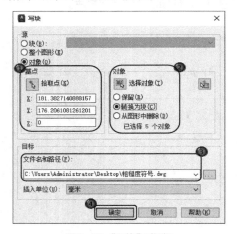

图 8-42 "写块"对话框

❹ 选择菜单栏中的"插入"→"块选项板"命令，打开"块"选项板，如图 8-43 所示。"最近使用"选项卡中显示保存的"粗糙度符号"图块，勾选"插入点"复选框，在绘图区指定插入点、比例和旋转角度，单击"粗糙度符号"图块，将该图块插入绘图区的适当位置。这时打开"编辑属性"对话框，输入粗糙度数值"12.5"，单击"确定"按钮，最后结合"多行文字"命令输入"*Ra*"，就完成了一个粗糙度的标注。

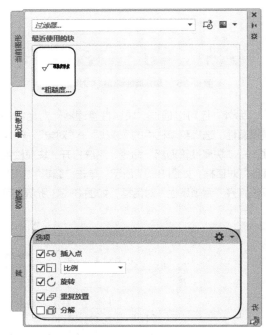

图 8-43 "块"选项板

❺ 继续插入粗糙度图块，输入不同属性值作为粗糙度数值，直到完成所有粗糙度标注。最终结果如图 8-39 所示。

8.3 综合演练——微波炉电路图

　　本节要绘制的微波炉电路图如图 8-44 所示。首先观察和分析图纸的结构，并绘制出结构框图，也就是绘制出主要的电路图导线，然后绘制出各个电子元件并制作成图块，接着将各个电子元件图块插入结构框图中相应的位置，最后在电路图中适当的位置添加相应的文字和注释说明，完成电路图的绘制。

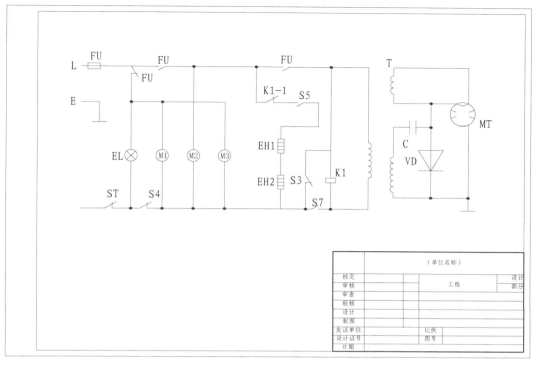

图 8-44　微波炉电路图

8.3.1 | 绘制元器件

　　电路图是由电路线和各个元器件组成的，所以在绘制电路图前，要绘制各个元器件。

STEP 绘制步骤

❶ 设置绘图环境。

　　（1）启动 AutoCAD 2023 应用程序，单击"快速访问"工具栏中的"新建"按钮，系统弹出"选择样板"对话框，如图 8-45 所示。❶在该对话框中选择所需的图形样板，❷单击"打开"按钮，添加图形样板，图形样板左下角顶点的坐标为（0,0）。本例选用 A3 图形样板，如图 8-46 所示。

图 8-45　"选择样板"对话框

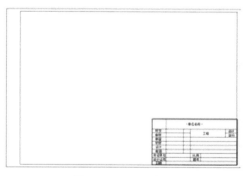

图 8-46　A3 图形样板

　　（2）选择菜单栏中的"格式"→"图层"命令，弹出"图层特性管理器"选项板，新建两个图层，并分别命名为"连线图层"和"实体符号层"，图层的颜色、线型、线宽等属性设置如图 8-47 所示。

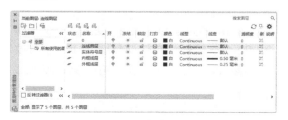

图 8-47　新建图层

❷ 绘制线路结构图。

图 8-48 所示为在 A3 图形样板中绘制完成的线路结构图。

（1）单击"默认"选项卡"绘图"面板中的"直线"按钮 ╱，绘制正交直线，在绘制过程中，开启"对象捕捉"和"正交模式"。绘制相邻直线时，可以单击"默认"选项卡"修改"面板中的"偏移"按钮 ⊏，对已经绘制好的直线进行偏移。观察图 8-48 可知，线路结构图中有多条折线，可以先绘制水平直线和竖直直线，然后单击"默认"选项卡"修改"面板中的"修剪"按钮 ⅓，对绘制的直线进行修剪，得到这些折线。

（2）图 8-48 所示的结构图中，各连接直线的长度分别为：AB=40mm，BC=50mm，CD=50mm，DE =60mm，EF =30mm，GH =60mm，JK = 25mm，LM = 25mm，NO = 50mm，TU =30 mm，PQ =30 mm，RS =20 mm，VY =20mm，BJ =30mm，$JA2$=90mm，DN = 30mm，OP = 20mm，ES = 70mm，GT =30mm，$WT1$=60mm。

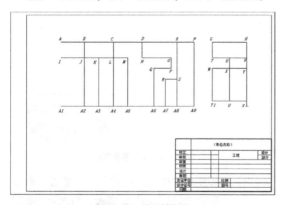

图 8-48　线路结构图

❸ 绘制熔断器。

（1）绘制矩形。单击"默认"选项卡"绘图"面板中的"矩形"按钮 ▭，绘制一个长为10mm、宽为 5mm 的矩形，如图 8-49 所示。

（2）分解矩形。单击"默认"选项卡"修改"面板中的"分解"按钮 ▱，将矩形分解为直线，如图 8-50 所示。

（3）绘制中点连接线。开启"对象捕捉"模式，单击"默认"选项卡"绘图"面板中的"直线"

按钮 ╱，捕捉直线 2 和直线 4 的中点作为直线 5 的起点和终点，绘制的连接线如图 8-51 所示。

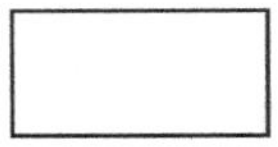

图 8-49　绘制矩形 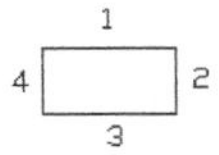　　　**图 8-50　分解矩形**

（4）拉长直线。选择菜单栏中的"修改"→"拉长"命令，将直线 5 分别向左和向右拉长 5mm，绘制的熔断器如图 8-52 所示。

图 8-51　绘制中点连接线　　**图 8-52　熔断器**

（5）在命令行输入"WBLOCK"命令并按 <Enter>键，系统打开图 8-53 所示的"写块"对话框。❶指定基点，❷选择保存对象，❸指定保存路径和块名，❹单击"确定"按钮保存，以便后面设计电路图时调用。

图 8-53　"写块"对话框

❹ 绘制功能选择开关。

（1）绘制直线。单击"默认"选项卡"绘图"面板中的"直线"按钮 ╱，依次绘制 3 条首尾相连、长度均为 5mm 的水平直线，如图 8-54 所示。

（2）旋转直线。单击"默认"选项卡"修改"面板中的"旋转"按钮 ⟳，开启"对象捕捉"模式，捕捉中间直线的右端点为旋转中心，将中间直线逆时针旋转 30°，绘制功能选择开关，如图 8-55 所示。

图 8-54　绘制直线（1） 　　**图 8-55　功能选择开关**

（3）在命令行输入"WBLOCK"命令并按<Enter>键，系统打开"写块"对话框，指定块名、保存路径、基点等，单击"确定"按钮保存，以便后面设计电路图时调用。

❺ 绘制门联锁开关。

（1）绘制直线。单击"默认"选项卡"绘图"面板中的"直线"按钮╱，依次绘制长度为5mm、6mm、4mm首尾相连的直线1、直线2和直线3，如图8-56所示。

（2）旋转直线。单击"默认"选项卡"修改"面板中的"旋转"按钮↻，开启"对象捕捉"模式，捕捉直线2的右端点为旋转中心，将直线2逆时针旋转30°，结果如图8-57所示。

图 8-56 绘制直线（2）　　图 8-57 旋转直线

（3）拉长直线。单击"默认"选项卡"修改"面板中的"拉长"按钮╱，将旋转后的直线2向下拉长2mm，如图8-58所示。

（4）完成门联锁开关的绘制。单击"默认"选项卡"绘图"面板中的"直线"按钮╱，开启"正交模式"，捕捉直线1的右端点，向下绘制一条长为5mm的直线。绘制的门联锁开关如图8-59所示。

图 8-58 拉长直线 　　图 8-59 门联锁开关

（5）在命令行输入"WBLOCK"命令并按<Enter>键，系统打开"写块"对话框，指定块名、保存路径、基点等，单击"确定"按钮保存，以便后面设计电路图时调用。

❻ 绘制炉灯。

（1）绘制圆。单击"默认"选项卡"绘图"面板中的"圆"按钮⊙，绘制一个半径为5mm的圆，如图8-60所示。

（2）绘制正交直线。单击"默认"选项卡"绘图"面板中的"直线"按钮╱，开启"对象捕捉"和"正交模式"，捕捉圆心作为直线的端点，指定直线的长度为5mm，使该直线的另一个端点落在圆上，如图8-61所示。

（3）采用同样的方法绘制其他3条正交直线，

如图8-62所示。

图 8-60 绘制圆（1）图 8-61 正交直线 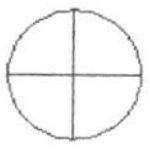　图 8-62 其他
正交直线

（4）旋转直线。单击"默认"选项卡"修改"面板中的"旋转"按钮↻，选择旋转对象，如图8-63所示。以圆心为基点，将图像旋转45°，绘制的炉灯如图8-64所示。

图 8-63 选择旋转对象 　　图 8-64 炉灯

（5）在命令行输入"WBLOCK"命令并按<Enter>键，系统打开"写块"对话框，指定块名、保存路径、基点等，单击"确定"按钮保存，以便后面设计电路图时调用。

❼ 绘制电动机。

（1）单击"默认"选项卡"绘图"面板中的"圆"按钮⊙，绘制一个半径为5mm的圆，如图8-65所示。

（2）输入文字。选择菜单栏中的"绘图"→"文字"→"多行文字"命令，在圆的中心位置输入大写字母"M"。绘制的电动机如图8-66所示。

图 8-65 绘制圆（2）　　图 8-66 电动机

（3）在命令行输入"WBLOCK"命令并按<Enter>键，系统打开"写块"对话框，指定块名、保存路径、基点等，单击"确定"按钮保存，以便后面设计电路图时调用。

❽ 绘制石英发热管。

（1）单击"默认"选项卡"绘图"面板中的"直线"按钮╱，开启"正交模式"，绘制一条长为12mm的水平直线1，如图8-67所示。

（2）偏移水平直线。单击"默认"选项卡"修改"面板中的"偏移"按钮⊂，选择直线1作为偏移对象，输入偏移距离为4mm，向下偏移，偏移后的图形如图8-68所示。

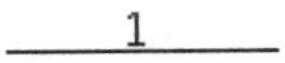

图 8-67　绘制水平直线（1） 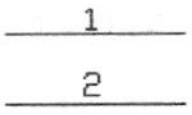　　　图 8-68　偏移水平直线

（3）单击"默认"选项卡"绘图"面板中的"直线"按钮／，开启"对象捕捉"模式，分别捕捉直线1和直线2的左端点作为竖直直线3的起点和终点，绘制直线3，如图8-69所示。

（4）单击"默认"选项卡"修改"面板中的"偏移"按钮⊆，选择直线3作为偏移对象，依次向右偏移3mm、6mm、9mm和12mm，如图8-70所示。

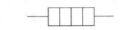

图 8-69　绘制竖直直线（1） 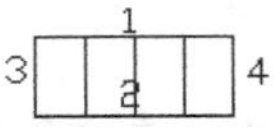　　　图 8-70　偏移竖直直线

（5）单击"默认"选项卡"绘图"面板中的"直线"按钮／，捕捉直线3的中点，向左侧绘制一条长5mm的水平直线；按照同样的方法，在直线4的右侧绘制一条长为5mm的水平直线，如图8-71所示。

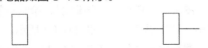

图 8-71　绘制水平直线（2）

（6）在命令行输入"WBLOCK"命令并按<Enter>键，系统打开"写块"对话框，指定块名、保存路径、基点等，单击"确定"按钮保存，以便后面设计电路图时调用。

❾ 绘制烧烤控制继电器。

（1）单击"默认"选项卡"绘图"面板中的"矩形"按钮▭，绘制一个长为4mm、宽为8mm的矩形，如图8-72所示。

（2）单击"绘图"工具栏"默认"选项卡"绘图"面板中的"直线"按钮／，开启"对象捕捉"模式，分别捕捉矩形两条竖直直线的中点，向左和向右绘制长度为5mm的水平直线。绘制的烧烤控制继电器如图8-73所示。

图 8-72　绘制矩形　　　图 8-73　烧烤控制继电器

（3）在命令行输入"WBLOCK"命令并按<Enter>键，系统打开"写块"对话框，指定块

名、保存路径、基点等，单击"确定"按钮保存，以便后面设计电路图时调用。

知识延伸——高压变压器组成结构

绘制高压变压器之前，先了解一下它的结构。

高压变压器由套在一个闭合铁芯上的两个或多个线圈（绕组）构成，铁芯和线圈是变压器的基本组成部分，铁芯构成了电磁感应所需的磁路。为了减少磁通变化时所引起的涡流损失，变压器的铁芯要用厚度为0.35mm～0.5mm的硅钢片叠成，片间用绝缘漆隔开。变压器与电源相连的线圈称为原绕组（或原边、初级绕组），其匝数为$N1$；与负载相连的线圈称为副绕组（或副边、次级绕组），其匝数为$N2$。绕组与绕组及绕组与铁芯之间都是绝缘的。

由变压器的组成结构可以看出，我们只需要绘制出线圈绕组和铁芯，然后根据需要将它们插入前面绘制的结构线路图中即可。

---

❿ 绘制高压变压器。

（1）单击"默认"选项卡"绘图"面板中的"圆"按钮⊙，绘制一个半径为2.5mm的圆。单击"默认"选项卡"修改"面板中的"矩形阵列"按钮▦，将"行数"设为"1"，"列数"设为"3"，"行偏移"设为"1"，"列偏移"设为"5"，"阵列角度"设为"0"，并选择之前绘制的圆作为阵列对象，阵列后的图形如图8-74所示。

（2）单击"默认"选项卡"绘图"面板中的"直线"按钮／，开启"正交模式"和"对象捕捉"，分别捕捉第一个圆和第三个圆的圆心作为水平直线的起点和终点，绘制水平直线，如图8-75所示。

图 8-74　阵列圆 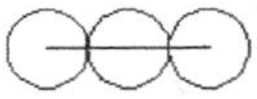　　　图 8-75　绘制水平直线（3）

（3）单击"默认"选项卡"修改"面板中的"拉长"按钮／，选择水平直线作为拉长对象，将直线分别向左和向右拉长2.5mm，如图8-76所示。

（4）单击"默认"选项卡"修改"面板中的"修剪"按钮⊬，对图中的多余部分进行修剪，完成匝数为3的线圈的绘制，结果如图8-77所示。

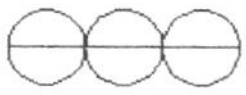

图 8-76 拉长水平直线

图 8-77 匝数为 3 的线圈

（5）绘制匝数为 6 的线圈。单击"默认"选项卡"修改"面板中的"矩形阵列"按钮▦，系统打开"阵列创建"选项卡，如图 8-78 所示。将"行数"设为"1"、"列数"设为"2"、"行偏移"设为"1"、"列偏移"设为"15"，并选择匝数为 3 的线圈作为阵列对象，完成匝数为 6 的线圈的绘制，如图 8-79 所示。

（6）在命令行输入"WBLOCK"命令并按 <Enter> 键，系统打开"写块"对话框，指定块名、保存路径、基点等，单击"确定"按钮保存，以便后面设计电路图时调用。

⓫ 绘制高压电容器。

（1）单击"默认"选项卡"绘图"面板中的"直线"按钮／，绘制高压电容器，如图 8-80 所示。

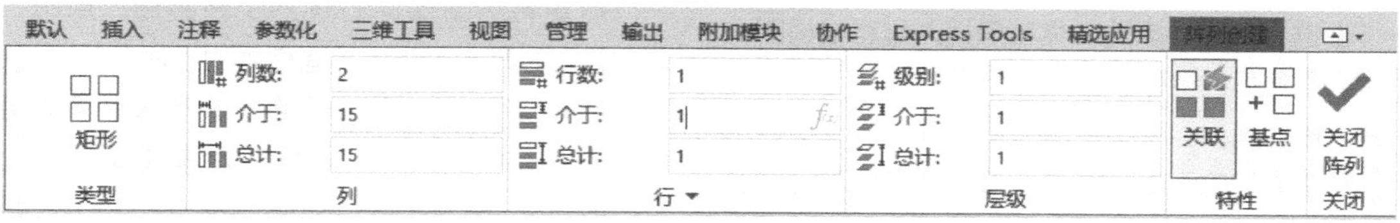

图 8-78 "阵列创建"选项卡

图 8-79 匝数为 6 的线圈    **图 8-80 高压电容器**

（2）在命令行输入"WBLOCK"命令并按 <Enter> 键，系统打开"写块"对话框，指定块名、保存路径、基点等，单击"确定"按钮保存，以便后面设计电路图时调用。

⓬ 绘制高压二极管。

（1）单击"默认"选项卡"绘图"面板中的"直线"按钮／，绘制高压二极管，如图 8-81 所示。

（2）在命令行输入"WBLOCK"命令并按 <Enter> 键，系统打开"写块"对话框，指定块名、保存路径、基点等，单击"确定"按钮保存，以便后面设计电路图时调用。

⓭ 绘制磁控管。

（1）单击"默认"选项卡"绘图"面板中的"圆"按钮⊙，绘制一个半径为 10mm 的圆，如图 8-82 所示。

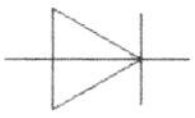

图 8-81 高压二极管 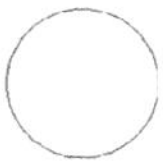   **图 8-82 绘制圆（3）**

（2）单击"默认"选项卡"绘图"面板中的"直线"按钮／，开启"正交模式"和"对象捕捉"，捕捉圆心作为直线的起点，分别向上和向下绘制长为 10mm 的直线，如图 8-83 所示。

（3）单击"默认"选项卡"绘图"面板中的"直线"按钮／，关闭"正交模式"，绘制 4 条短小直线，如图 8-84 所示。

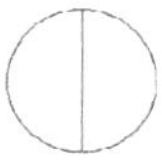

图 8-83 绘制竖直直线（2） 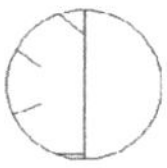   **图 8-84 绘制短小直线**

（4）单击"默认"选项卡"修改"面板中的"镜像"按钮⚊，开启"捕捉对象"模式，选择刚刚绘制的 4 条直线作为镜像对象，选择竖直直线作为镜像线进行镜像操作，镜像结果如图 8-85 所示。

（5）单击"默认"选项卡"修改"面板中的"修剪"按钮✂，对图形进行修剪，修剪结果如图 8-86 所示。

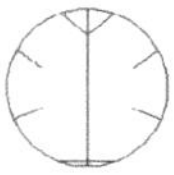

图 8-85 镜像直线 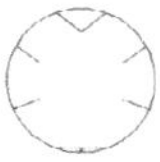   **图 8-86 修剪图形**

（6）在命令行输入"WBLOCK"命令并按 <Enter> 键，系统打开"写块"对话框，指定块名、保存路径、基点等，单击"确定"按钮保存。以便后面设计电路图时调用。

8.3.2 | 完成电路图绘制

在绘制好各个元器件后，可以用图块的方式将这些元器件插入电路图中，并添加文字说明，最终完成电路图的绘制。

STEP 绘制步骤

❶ 将实体符号插入线路结构图。

将前面绘制好的实体符号插入线路结构图中合适的位置，由于实体符号的大小以能看清楚为标准，所以插入的符号可能会不协调，可以根据实际需要调用"缩放"功能来及时调整。在插入实体符号的过程中，开启"对象捕捉""对象追踪"或"正交模式"等，选择合适的插入点。下面选择几个典型的实体符号插入线路结构图，来介绍具体的操作步骤。

❷ 插入熔断器。

我们需要做的工作是将图 8-87 所示的熔断器插入图 8-88 所示导线 AB 的合适位置，具体操作步骤如下。

图 8-87　熔断器　　　　图 8-88　导线 AB

（1）选择"插入"选项卡"块"面板中的"插入"下拉列表中"最近使用的块"选项，打开"块"选项板，如图 8-89 所示。单击熔断器图块，将其插入图形中。

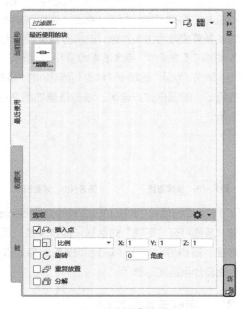

图 8-89　"块"选项板

（2）开启"对象捕捉"模式，单击"默认"选项卡"修改"面板中的"移动"按钮✛，选择需要

移动的熔断器，如图 8-90 所示。系统提示选择移动基点，选择点 A2 作为基点，如图 8-91 所示。捕捉导线 AB 的左端点 A 作为移动熔断器时点 A2 的插入点，插入结果如图 8-92 所示。

图 8-90　选择移动对象　　　图 8-91　选择移动基点

（3）图 8-92 所示的熔断器插入位置不够协调，需要将熔断器向右移动少许距离。单击"默认"选项卡"修改"面板中的"移动"按钮✛，选择熔断器为移动对象，输入水平移动距离为 5mm，调整位移后的熔断器如图 8-93 所示。

图 8-92　插入熔断器　　　图 8-93　移动熔断器

❸ 插入定时开关。

将图 8-94 所示的定时开关插入图 8-95 所示的导线 BJ 中。

图 8-94　定时开关　　　图 8-95　导线 BJ

（1）单击"默认"选项卡"修改"面板中的"旋转"按钮↻，选择定时开关作为旋转对象，系统提示选择旋转基点，选择开关的点 B2 作为基点，输入旋转角度为 90°，旋转后的定时开关如图 8-96 所示。

（2）单击"默认"选项卡"修改"面板中的"移动"按钮✛，开启"对象捕捉"模式，首先选择开关符号为平移对象，然后选择点 B2 作为基点，最后捕捉导线 BJ 的端点 B 作为插入点，平移后的效果如图 8-97 所示。

图 8-96　旋转定时开关　　　图 8-97　平移图形

（3）单击"默认"选项卡"修改"面板中的"修剪"按钮▾，修剪掉多余的部分，结果如图 8-98

所示。按照同样的步骤,将门联锁开关、功能选择开关等插入线路结构图中。

❹ 插入炉灯。将图 8-99 所示的炉灯插入图 8-100 所示的导线 JA2 中。

图 8-98　修剪多余部分　　　图 8-99　炉灯

(1)单击"默认"选项卡"修改"面板中的"移动"按钮✛,开启"对象捕捉"模式,首先选择炉灯符号为平移对象,然后选择圆心为移动基点,最后捕捉导线 JA2 上的一点作为插入点,插入图形后的结果如图 8-101 所示。

图 8-100　导线 JA2　　　图 8-101　插入炉灯

(2)单击"默认"选项卡"修改"面板中的"修剪"按钮✄,选择需要修剪的对象,如图 8-102 所示。修剪图形,结果如图 8-103 所示。

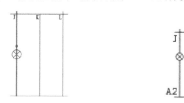

图 8-102　选择需要修剪的对象　　图 8-103　修剪图形

按照同样的方法插入电动机。

❺ 插入高压变压器。前面介绍过变压器的组成,在实际绘图过程中,可以根据需要,将不同匝数的线圈插入线路结构图中合适的位置。下面以将图 8-104 所示的匝数为 3 的线圈插入图 8-105 所示的导线 GT 中为例,介绍其操作步骤。

(1)单击"默认"选项卡"修改"面板中的"旋转"按钮⟳,选择线圈作为旋转对象,系统提示选择旋转基点,选择线圈的点 G2 作为基点,输入旋转角度为 90°,旋转结果如图 8-106 所示。

图 8-104　线圈　　　　　图 8-105　导线 GT

(2)单击"默认"选项卡"修改"面板中的"移动"按钮✛,开启"对象捕捉"模式,首先选择线圈符号为平移对象,然后选择点 G2 作为移动基点,最后捕捉竖直导线 GT 的端点 G 作为插入点,插入线圈,如图 8-107 所示。

图 8-106　旋转线圈　　　图 8-107　插入线圈

(3)单击"默认"选项卡"修改"面板中的"移动"按钮✛,选择线圈为平移对象,选择点 G2 为移动基点,将线圈向下移动 7mm,结果如图 8-108 所示。

(4)单击"默认"选项卡"修改"面板中的"修剪"按钮✄,修剪掉多余的直线,结果如图 8-109 所示。

图 8-108　平移线圈结果　　图 8-109　修剪线圈结果

按照同样的方法,插入匝数为 6 的线圈。

❻ 插入磁控管。将图 8-110 所示的磁控管插入图 8-111 所示的导线 VY 中。

(1)单击"默认"选项卡"修改"面板中的"移动"按钮✛,开启"对象捕捉"模式,关闭"正交模式",选择磁控管为平移对象,捕捉点 H2 为平移基点,捕捉导线 VY 的端点 V 作为插入点,平移结果如图 8-112 所示。

(2)单击"默认"选项卡"修改"面板中的"修剪"按钮✄,修剪掉多余的直线,结果如图 8-113 所示。

图 8-110　磁控管　　　　图 8-111　导线 VY

图 8-112　平移磁控管

图 8-113　修剪导线

应用类似的方法将其他电气符号平移到合适的位置，并结合"移动""修剪"等命令对图形进行调整，将所有实体符号插入结构线路图后的结果如图 8-114 所示。

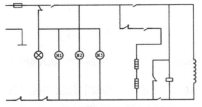

图 8-114　插入所有实体符号

在 A3 图形样板中的绘制结果如图 8-115 所示。

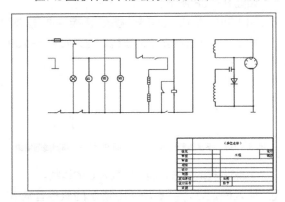

图 8-115　绘制结果

❼ 添加文字和注释。

（1）选择菜单栏中的"格式"→"文字样式"命令，

弹出"文字样式"对话框。

（2）单击"新建"按钮，弹出"新建文字样式"对话框，设置样式名为"注释"，单击"确定"按钮，返回"文字样式"对话框，❶选择"样式"列表框中的"注释"选项，❷在"字体名"下拉列表中选择"仿宋_GB2312"，❸设置"宽度因子"为"1"，❹设置"倾斜角度"为"0"，❺勾选"注释性"复选框，❻单击"应用"按钮，如图 8-116 所示。

（3）选择菜单栏中的"绘图"→"文字"→"多行文字"命令，在需要添加注释的地方绘制一个矩形框，弹出图 8-117 所示的文本框。

（4）根据需要调整文字的高度，结合"左对齐""居中""右对齐"等功能，添加文字和注释，完成微波炉电路图的绘制。最终绘制结果如图 8-44 所示。

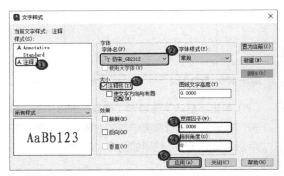

图 8-116　"文字样式"对话框

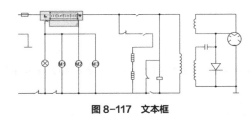

图 8-117　文本框

8.4　上机实验

【实验1】标注穹顶展览馆立面图形的标高符号

1. 目的要求

本实验要标注的标高符号如图 8-118 所示，绘制重复性的图形单元最简单快捷的办法是将重复性的图形单元制作成图块，然后将图块插入图形。通过对标高符号的标注，读者可掌握图块的相关操作。

2. 操作提示

（1）利用"直线"命令绘制标高符号。

（2）定义标高符号的属性，将标高值设置为其中需要验证的标记。

（3）将绘制的标高符号及其属性定义成图块。

（4）保存图块。

（5）在建筑图形中插入标高图块，每次插入时输入不同的标高值作为属性值。

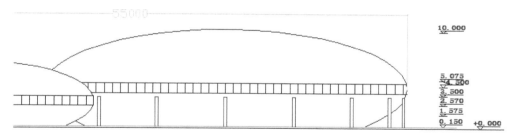

图 8-118　标注标高符号

【实验 2】标注齿轮表面粗糙度

1. 目的要求

本实验要标注的粗糙度如图 8-119 所示，粗糙度符号是常用的图形单元，这里将其制作成图块，然后将图块插入图形。通过对粗糙度符号的标注，读者可掌握图块的相关操作。

2. 操作提示

（1）利用"直线"命令绘制粗糙度符号。

（2）绘制图块。

（3）利用各种方式插入图块。

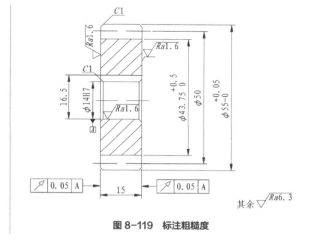

图 8-119　标注粗糙度

第三篇　三维绘图

第 9 章

三维实体绘制

三维实体绘制是绘图设计过程当中相当重要的一个环节。因为二维绘图的主要作用是表达物体的外形，而物体的真实度则需三维建模来表现。因此，如果不进行三维建模，绘制出的图形几乎都是"平面"的。

重点与难点

- ⊃ 三维坐标系统
- ⊃ 观察模式
- ⊃ 创建基本三维实体
- ⊃ 布尔运算
- ⊃ 特征操作
- ⊃ 特殊视图
- ⊃ 建模三维操作

9.1 三维坐标系统

AutoCAD 2023 使用的是笛卡儿坐标系。其使用的直角坐标系有两种类型，一种是世界坐标系（WCS），另一种是用户坐标系（UCS）。绘制二维图形时，常用的坐标系为世界坐标系（WCS），由系统默认提供。世界坐标系又称通用坐标系或绝对坐标系。对二维绘图来说，世界坐标系足以满足要求。为了方便创建三维模型，AutoCAD 2023 允许用户根据自己的需要设定坐标系，即用户坐标系（UCS）。

9.1.1 右手法则与坐标系

在 AutoCAD 中通过右手法则确定直角坐标系 Z 轴的正方向和绕轴线旋转的正方向。这是因为用户只需要简单地使用右手就可确定所需要的坐标信息。

在 AutoCAD 中输入坐标时可采用绝对坐标和相对坐标两种格式。绝对坐标格式：$X，Y，Z$。相对坐标格式：$@X，Y，Z$。

AutoCAD 可以用柱坐标和球坐标定义点的位置。

柱面坐标系统类似于 2D 极坐标输入，由该点在 XY 平面的投影点到 Z 轴的距离、该点与坐标原点的连线在 XY 平面的投影同 X 轴的夹角及该点沿 Z 轴的距离来定义。绝对坐标形式：XY 距离＜角度，Z 距离。相对坐标形式：$@XY$ 距离＜角度，Z 距离。

例如，绝对坐标"10<60,20"，10 表示在 XY 平面的投影点距离 Z 轴 10 个单位，该投影点与原点在 XY 平面的连线同 X 轴的夹角为 60°，坐标点沿 Z 轴距离原点 20 个单位，如图 9-1 所示。

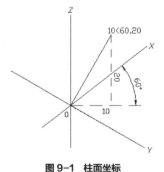

图 9-1 柱面坐标

球面坐标系统中，3D 球面坐标的输入类似于 2D 极坐标的输入。球面坐标系统由坐标点到原点的距离、该点与坐标原点的连线在 XY 平面内的投影同 X 轴的夹角，以及该点与坐标原点的连线同 XY

平面的夹角来定义。绝对坐标形式：XYZ 距离＜XY 平面内投影角度＜与 XY 平面夹角。相对坐标形式：$@ XYZ$ 距离＜XY 平面内投影角度＜与 XY 平面夹角。

例如，坐标"10<60<15"表示该点距离原点 10 个单位，与原点的连线在 XY 平面内的投影同 X 轴的夹角为 60°，与坐标原点的连线同 XY 平面的夹角为 15°，如图 9-2 所示。

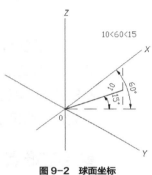

图 9-2 球面坐标

9.1.2 创建坐标系

在三维绘图的过程中，有时根据操作的要求，需要转换坐标系，这个时候就需要新建一个坐标系来取代原来的坐标系。具体操作方法如下。

执行方式

命令行：UCS

菜单栏："工具"→"新建 UCS"

工具栏：单击"UCS"工具栏中的"UCS"按钮 ↳.

功能区：单击"视图"选项卡"坐标"面板中的"UCS"按钮 ↳.

操作步骤

命令行提示如下。

```
命令 : _ucs
当前 UCS 名称 : * 世界 *
```

指定 UCS 的原点或 [面 (F) / 命名 (NA) / 对象 (OB) / 上一个 (P) / 视图 (V) / 世界 (W) / X / Y / Z / Z 轴 (ZA)] < 世界 >：

选项说明

（1）指定 UCS 的原点：使用一点、两点或三点定义一个新的 UCS。如果指定单个点 1，当前 UCS 的原点将会移动而不会更改 X、Y 和 Z 轴的方向。选择该选项，命令行提示如下。

指定 X 轴上的点或 < 接受 >：（继续指定 x 轴通过的点 2 或直接按 <Enter> 键，接受原坐标系 x 轴为新坐标系的 x 轴）
指定 XY 平面上的点或 < 接受 >：（继续指定 XY 平面通过的点 3 以确定 Y 轴或直接按 <Enter> 键，接受原坐标系 XY 平面为新坐标系的 XY 平面，根据右手法则，相应的 z 轴也同时确定）

示意图如图 9-3 所示。

（a）原坐标系　　（b）指定一点

（c）指定两点　　　　（d）指定三点

图 9-3　指定原点

（2）面（F）：将 UCS 与三维实体的选定面对齐。要选择一个面，请在此面的边界内或面的边上单击，被选中的面将高亮显示，UCS 的 X 轴将与找到的第一个面上最近的边对齐。选择该选项，命令行提示如下。

选择实体面、曲面或网格：（选择面）
输入选项 [下一个 (N) / X 轴反向 (X) / Y 轴反向 (Y)] < 接受 >：✓（结果如图 9-4 所示）

如果选择"下一个"选项，系统将 UCS 定位于邻接的面或选定边的后向面。

（3）对象（OB）：根据选定的三维对象定义新的坐标系，如图 9-5 所示。新建 UCS 的拉伸方向（Z 轴正方向）与选定对象的拉伸方向相同。选择该选项，命令行提示如下。

选择对齐 UCS 的对象：（选择对象）

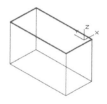

图 9-4　选择面确定坐标系　　图 9-5　选择对象确定坐标系

对于大多数对象，新 UCS 的原点位于离选定对象最近的顶点处，并且 X 轴与一条边对齐或相切。对于平面对象，UCS 的 XY 平面与该对象所在的平面对齐。对于复杂对象，将重新定位原点，但是轴的当前方向保持不变。

（4）视图（V）：以垂直于观察方向（平行于屏幕）的平面为 XY 平面，创建新的坐标系，UCS 原点保持不变。

（5）世界（W）：将当前 UCS 设置为世界坐标系。WCS 是所有 UCS 的基准，不能被重新定义。

> **注意** 该选项不能用于下列对象：三维多段线、三维网格和构造线。

（6）X、Y、Z：绕指定轴旋转当前 UCS。

（7）Z 轴（ZA）：利用指定的 Z 轴正半轴定义 UCS。

9.1.3 动态 UCS

打开动态 UCS 的具体操作方法是单击状态栏中的"允许 / 禁止动态 UCS"按钮 。可以使用动态 UCS 在三维实体的平整面上创建对象，而无须手动更改 UCS 方向。在执行命令的过程中，当将十字光标移动到面上方时，动态 UCS 会临时将 UCS 的 XY 平面与三维实体的平整面对齐，如图 9-6 所示。

（a）原坐标系　　（b）绘制圆柱体时的动态 UCS

图 9-6　动态 UCS

动态 UCS 激活后，指定的点和绘图工具（如极轴追踪和栅格）都将与动态 UCS 建立的临时 UCS 相关联。

9.2 观察模式

AutoCAD 2023 大大增强了图形的观察功能，在增强原有的动态观察功能和相机功能的前提下，又增加了控制盘和视图控制器等功能。

9.2.1 动态观察

AutoCAD 2023 提供了具有交互控制功能的三维动态观测器。利用三维动态观测器，用户可以实时地控制和改变当前视口中创建的三维视图，以得到期望的效果。动态观察分为 3 类：受约束的动态观察、自由动态观察和连续动态观察。下面以自由动态观察为例进行具体介绍。

执行方式

命令行：3DFORBIT

菜单栏："视图"→"动态观察"→"自由动态观察"

快捷菜单：启用交互式三维视图后，在视口中单击鼠标右键，打开快捷菜单，选择"自由动态观察"命令（见图 9-7）

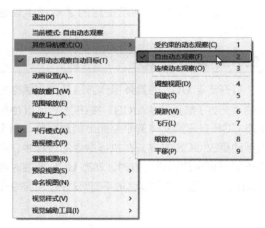

图 9-7　快捷菜单

工具栏：单击"动态观察"工具栏中的"自由动态观察"按钮或"三维导航"工具栏中的"自由动态观察"按钮

功能区：单击"视图"选项卡"导航"面板中的"动态观察"下拉按钮，在弹出的下拉列表中选择"自由动态观察"选项

执行上述操作后，当前视口出现一个绿色的大圆，在大圆上有 4 个绿色的小圆，如图 9-8 所示。

此时拖动鼠标指针就可以对视图进行旋转观察。

在三维动态观测器中，观察对象的点被固定，用户可以利用鼠标指针控制相机绕观察对象运动以得到动态的观测效果。当鼠标指针在绿色大圆的不同位置移动时，鼠标指针的表现形式不同，视图的旋转方

图 9-8　自由动态观察

向也不同。视图的旋转是由鼠标指针的表现形式和其位置决定的，鼠标指针在不同位置有、、、几种表现形式，可分别对视图进行不同形式的旋转。

> **注意** "3DFORBIT"命令处于活动状态时，无法编辑对象。

9.2.2 视图控制器

使用视图控制器功能，可以方便地转换方向视图。

执行方式

命令行：NAVVCUBE

操作步骤

命令行提示如下。

命令：NAVVCUBE ✓
输入选项 [开 (ON) / 关 (OFF) / 设置 (S)] <ON>：

上述命令用于控制视图控制器的打开与关闭，当视图控制器开启时，绘图区的右上角将自动显示视图控制器，如图 9-9 所示。

图 9-9　显示视图控制器

单击视图控制器的显示面或 ⌂ 按钮，界面图形将自动转换到相应的方向视图。图 9-10 所示为单击视图控制器"上"面后，转换到上视图的情形。单击视图控制器上的 ⌂ 按钮，回到西南等轴测视图。

还有其他一些三维模型观察模式，这里不赘述，读者可自行练习体会。

图 9-10　单击视图控制器"上"面后的视图

9.3 创建基本三维实体

9.3.1 | 螺旋体

螺旋体是一种特殊的基本三维实体，如图 9-11 所示。

图 9-11　螺旋体

如果没有专门的命令，要绘制一个螺旋体是很困难的。AutoCAD 提供了螺旋绘制功能来完成螺旋体的绘制。具体操作方法如下。

执行方式

命令行：HELIX

菜单栏："绘图"→"螺旋"

工具栏：单击"建模"工具栏中的"螺旋"按钮 ⧢

功能区：单击"默认"选项卡"绘图"面板中的"螺旋"按钮 ⧢

操作步骤

命令行提示如下。

```
命令：HELIX ✓
圈数 = 3.0000    扭曲 =CCW
指定底面的中心点 ：(指定点)
指定底面半径或 [ 直径 (D)] <1.0000>：(输入底
面半径或直径)
指定顶面半径或 [ 直径 (D)] <26.5531>：(输入
顶面半径或直径)
指定螺旋高度或 [ 轴端点 (A)/ 圈数 (T)/ 圈高
(H)/ 扭曲 (W)] <1.0000>：
```

选项说明

（1）轴端点（A）：指定螺旋轴的端点位置。它定义了螺旋的长度和方向。

（2）圈数（T）：指定螺旋的圈（旋转）数。螺旋的圈数不能超过 500。

（3）圈高（H）：指定螺旋内一个完整圈的高度。当指定圈的高度值时，螺旋中的圈数将相应地自动更新。如果已指定螺旋的圈数，则不能指定圈的高度值。

（4）扭曲（W）：指定是以顺时针（CW）方向还是以逆时针方向（CCW）绘制螺旋，默认逆时针方向。

9.3.2 | 长方体

长方体是最简单的实体单元。下面讲述其绘制方法。

执行方式

命令行：BOX

菜单栏："绘图"→"建模"→"长方体"

工具栏：单击"建模"工具栏中的"长方体"按钮 ⬚

功能区：单击"默认"选项卡"建模"面板中的"长方体"按钮 ⬚

操作步骤

命令行提示如下。

```
命令：BOX ✓
指定第一个角点或 [ 中心 (C)] ：(指定第一点或
按<Enter>键表示原点是长方体的角点，或者输入
"c"以指定中心点)
```

选项说明

1. 指定第一个角点

用于确定长方体一个角点的位置。选择该选项后，命令行提示如下。

> 指定其他角点或 [立方体 (C)/ 长度 (L)]：（指定第二点或输入选项）

（1）指定其他角点：用于指定长方体的其他角点。输入另一角点的坐标值，即可确定该长方体。如果输入的是正值，则沿着当前 UCS 的 X、Y 和 Z 轴的正向绘制长方体。如果输入的是负值，则沿着 X、Y 和 Z 轴的负向绘制长方体。图 9-12（a）所示为利用"角点"命令创建的长方体。

（2）立方体（C）：用于创建一个长、宽、高相等的长方体。图 9-12（b）所示为利用"立方体"命令创建的长方体。

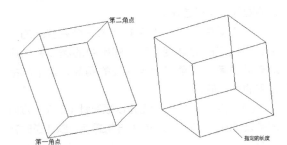

（a）利用"角点"命令创建的 （b）利用"立方体"命令创建的
长方体 长方体
图 9-12 创建长方体

（3）长度（L）：指定长方体长、宽、高的值。图 9-13 所示为利用"长度"命令创建的长方体。

2. 中心点

根据指定的中心点创建长方体。图 9-14 所示为利用"中心点"命令创建的长方体。

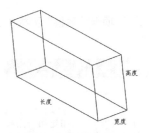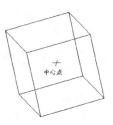

图 9-13 利用"长度"命令 图 9-14 利用"中心点"
创建的长方体 命令创建的长方体

 注意 如果在创建长方体时选择"立方体"或"长度"选项，则还可以在单击以指定长度时指定长方体在 XY 平面中的旋转角度。

9.3.3 圆柱体

圆柱体也是一种简单的实体单元。下面讲述其绘制方法。

执行方式

命令行：CYLINDER（快捷命令：CYL）
菜单栏："绘图"→"建模"→"圆柱体"
工具栏：单击"建模"工具栏中的"圆柱体"按钮
功能区：单击"三维工具"选项卡"建模"面板中的"圆柱体"

操作步骤

命令行提示如下。

> 命令：CYLINDER ✓
> 指定底面的中心点或 [三点 (3P)/ 两点 (2P)/ 切点、切点、半径 (T)/ 椭圆 (E)]：

选项说明

（1）指定底面的中心点：先输入底面圆心的坐标，然后指定底面半径和高度，此选项为系统的默认选项。AutoCAD 按指定的高度创建圆柱体，且圆柱体的中心线与当前坐标系的 Z 轴平行，如图 9-15 所示。AutoCAD 也可以指定另一个端面的圆心，根据圆柱体两个端面的圆心来创建圆柱体，该圆柱体的中心线就是两个端面的连线，如图 9-16 所示。

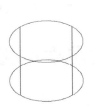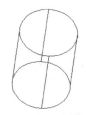

图 9-15 按指定高度 图 9-16 指定圆柱体另一个
创建圆柱体 端面的圆心

（2）椭圆（E）：创建椭圆柱体。椭圆端面的绘制方法与平面椭圆一样，创建的椭圆柱体如图 9-17 所示。

图 9-17　椭圆圆柱体

其他形体（如楔体、圆锥体、球体、圆环体等）的基本建模方法与长方体和圆柱体类似。

注意　　建模模型除了边和面，还有在其表面内由计算机确定的质量。与线框模型和曲面模型相比，建模模型的信息最完整，创建方式最直接。所以，在 AutoCAD 三维绘图中，建模模型的应用最为广泛。

📝 实例教学

下面以图 9-18 所示的弯管接头为例，介绍"圆柱体"命令的使用方法。

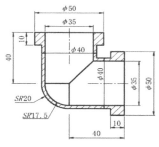

图 9-18　弯管接头

STEP 绘制步骤

❶ 单击"视图"选项卡"命名视图"面板中的"西南等轴测"按钮◈，设置视图。

❷ 单击"三维工具"选项卡"建模"面板中的"圆柱体"按钮▢，绘制底面中心点为（0,0,0）、半径为"20"、高度为"40"的圆柱体。命令行提示如下。

```
命令：_cylinder
指定底面的中心点或 [ 三点 (3P)/ 两点 (2P)/ 切
点、切点、半径 (T)/ 椭圆 (E)]: 0,0,0 ✓
指定底面半径或 [ 直径 (D)] <20.0000>: 20 ✓
指定高度或 [ 两点 (2P)/ 轴端点 (A)] <10.0000>:
40 ✓
```

结果如图 9-19 所示。

❸ 单击"三维工具"选项卡"建模"面板中的"圆

柱体"按钮▢，绘制底面中心点为（0,0,40）、半径为"25"、高度为"-10"的圆柱体，如图 9-20 所示。

图 9-19　绘制圆柱体（1）　　图 9-20　绘制圆柱体（2）

❹ 单击"三维工具"选项卡"建模"面板中的"圆柱体"按钮▢，绘制底面中心点为（0,0,0）、半径为"20"、顶面圆的中心点为（40,0,0）的圆柱体，如图 9-21 所示。

❺ 单击"三维工具"选项卡"建模"面板中的"圆柱体"按钮▢，绘制底面中心点为（40,0,0）、半径为"25"、顶面圆的中心点为（@-10,0,0）的圆柱体，如图 9-22 所示。

图 9-21　绘制圆柱体（3）　　图 9-22　绘制圆柱体（4）

❻ 单击"三维工具"选项卡"建模"面板中的"球体"按钮◯，绘制一个中心点在原点、半径为"20"的球体，如图 9-23 所示。

❼ 单击"视图"选项卡"视觉样式"面板中的"隐藏"按钮◈，对绘制好的建模进行消隐。此时图形如图 9-24 所示。

图 9-23　绘制球体（1）　　图 9-24　弯管主体（1）

❽ 单击"三维工具"选项卡"实体编辑"面板中的"并集"按钮◢，将上步绘制的所有建模模型组合为一个整体。此时图形如图 9-25 所示。

❾ 单击"三维工具"选项卡"建模"面板中的"圆柱体"按钮▢，绘制底面中心点在原点、直径为"35"、高度为"40"的圆柱体，如图 9-26 所示。

图 9-25　弯管主体（2）　　图 9-26　绘制圆柱体（5）

❿ 单击"三维工具"选项卡"建模"面板中的"圆柱体"按钮▣，绘制底面中心点在原点、直径为"35"、顶面圆的中心点为（40,0,0）的圆柱体，如图 9-27 所示。

⓫ 单击"三维工具"选项卡"建模"面板中的"球体"按钮◯，绘制一个中心点在原点、直径为"35"的球体，如图 9-28 所示。

⓬ 单击"三维工具"选项卡"实体编辑"面板中的"差集"按钮▣，对弯管、底面直径为"35"的圆柱体、直径为"35"的球体进行布尔运算，

如图 9-29 所示。

图 9-27　绘制圆柱体（6）　　图 9-28　绘制球体（2）

⓭ 单击"视图"选项卡"视觉样式"面板中的"隐藏"按钮▣，对绘制好的建模进行消隐。此时图形如图 9-30 所示。最终绘制效果如图 9-18 所示。

图 9-29　差集运算　　图 9-30　弯管消隐图

9.4　布尔运算

　　布尔运算在数学的集合运算中有广泛应用，AutoCAD 将该运算应用到了模型的创建过程中。用户可以对三维建模对象进行并集、交集、差集运算。三维建模对象的布尔运算与平面图形类似。图 9-31 所示为 3 个圆柱体进行交集运算的示例。

（a）求交集前　　（b）求交集后　　（c）交集后的立体图

图 9-31　3 个圆柱体进行交集运算

实例教学

　　下面以图 9-32 所示的凸透镜为例，介绍布尔运算命令的使用方法。

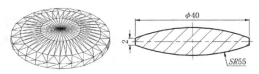

图 9-32　凸透镜

STEP 绘制步骤

❶ 单击"视图"选项卡"命名视图"面板中的"西

南等轴测"按钮◈，设置视图。

❷ 单击"三维工具"选项卡"建模"面板中的"圆柱体"按钮▣，绘制一个圆柱体。命令行提示如下。

```
命令：_cylinder
指定底面的中心点或 [ 三点 (3P)/ 两点 (2P)/ 切点、切点、半径 (T)/ 椭圆 (E)]:0, 0, 0 ✓
指定底面半径或 [ 直径 (D) ] <10.0000>: D ✓
指定直径 <20.0000>: 40 ✓
指定高度或 [ 两点 (2P)/ 轴端点 (A)] <50.0000>: 100 ✓
```

结果如图 9-33 所示。

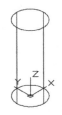

图 9-33　绘制圆柱体

❸ 单击"三维工具"选项卡"建模"面板中的"球体"按钮◯，绘制一个中心点在原点、半径为"55"的球体，如图 9-34 所示。

❹ 单击"三维工具"选项卡"建模"面板中的"球体"按钮◯，绘制一个中心点在（0,0,100）、

半径为"55"的球体。结果如图 9-35 所示。

图 9-34 绘制球体（1）

❺ 单击"三维工具"选项卡"实体编辑"面板中的"交集"按钮⬚，对上面绘制的实体进行交集运算。

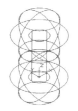

图 9-35 绘制球体（2）

❻ 单击"视图"选项卡"视觉样式"面板中的"隐藏"按钮⬚，对实体进行消隐。最终结果如图 9-32 所示。

9.5 特征操作

9.5.1 拉伸

执行方式

命令行：EXTRUDE（快捷命令：EXT）
菜单栏："绘图"→"建模"→"拉伸"
工具栏：单击"建模"工具栏中的"拉伸"按钮⬚
功能区：单击"三维工具"选项卡"建模"面板中的"拉伸"按钮⬚

操作步骤

命令行提示如下。

```
命令：EXTRUDE ✓
当前线框密度：ISOLINES=4，闭合轮廓创建模式 ＝实体
选择要拉伸的对象或 [ 模式 (MO)]：（选择绘制好的二维对象）
选择要拉伸的对象或 [ 模式 (MO)]：（可继续选择对象或按 <Enter> 键结束选择）
指定拉伸的高度或 [ 方向 (D) / 路径 (P) / 倾斜角 (T) / 表达式 (E)] <100.00000>：
```

选项说明

（1）拉伸的高度：按指定的高度拉伸出三维建模对象。输入高度值后，可根据实际需要指定拉伸的倾斜角度。如果指定的角度值为"0"，则 AutoCAD 把二维对象按指定的高度拉伸成柱体；如果指定了角度值，则建模截面沿拉伸方向按此角度值拉伸，形一个棱台或圆台体。图 9-36 所示为以不同角度拉伸圆的结果。

（a）拉伸前

（b）拉伸角度为 0°

（c）拉伸角度为 10°

（d）拉伸角度为 −10°

图 9-36 拉伸圆

（2）路径（P）：以现有的图形对象作为拉伸路径创建三维建模对象。图 9-37 所示为沿圆弧曲线路径拉伸圆的结果。

（a）拉伸前　　　（b）拉伸后

图 9-37 沿圆弧曲线路径拉伸圆

注意　　可以使用创建圆柱体的"轴端点"命令确定圆柱体的高度和方向。轴端点是指圆柱体顶面的中心点，可以位于三维空间的任意位置。

实例教学

下面以图 9-38 所示的石栏杆为例，介绍"拉伸"命令的使用方法。

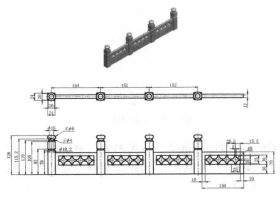

图 9-38 石栏杆

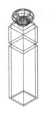 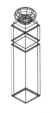

图 9-41 移动实体　　　图 9-42 圆角处理

STEP **绘制步骤**

❶ 单击"视图"选项卡"命名视图"面板中的"西南等轴测"按钮❖，设置视图。

❷ 单击"三维工具"选项卡"建模"面板中的"长方体"按钮🗔，以（0,0,0）和（@20,20,110）为角点绘制长方体，以（-2,-2,0）和（@24,24,78）为角点绘制长方体，以（-2,-2,82）和（@24,24,24）为角点绘制长方体。结果如图 9-39 所示。

❸ 单击"视图"选项卡"命名视图"面板中的"前视"按钮🗐，切换视图。单击"默认"选项卡"绘图"面板中的"多段线"按钮⌐，绘制图 9-40所示的图形。单击"默认"选项卡"绘图"面板中的"面域"按钮◎，将绘制的图形组成面域。

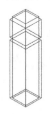

图 9-39 绘制长方体

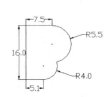

图 9-40 绘制图形

❹ 单击"三维工具"选项卡"建模"面板中的"旋转"按钮🌀，将面域绕长为"16"的边旋转。切换到"西南等轴测"视图，单击"默认"选项卡"修改"面板中的"移动"按钮✛，将旋转后的实体移动到长方体的顶端。结果如图 9-41 所示。

❺ 在命令行输入"UCS"命令并按 <Enter> 键，将坐标系统X轴旋转-90°，单击"默认"选项卡"修改"面板中的"圆角"按钮╭，对长方体的棱边倒圆角，圆角半径为1。结果如图 9-42 所示。

❻ 单击"三维工具"选项卡"建模"面板中的"长方体"按钮🗔，以（22,4,0）和（@130,12,70）为角点绘制长方体，以（32,4,30）和（@110,12,30）为角点绘制长方体。

❼ 单击"三维工具"选项卡"实体编辑"面板中的"差集"按钮◳，对两个长方体进行差集运算。结果如图 9-43 所示。

❽ 单击"视图"选项卡"命名视图"面板中的"前视"按钮🗐，切换到前视图。

❾ 单击"默认"选项卡"绘图"面板中的"矩形"按钮❑，以（34.5,32.5,-5）和（@25,25）为角点绘制矩形；用"CIRCLE"命令，分别以矩形的4个角点为圆心，绘制半径为"10"的圆。结果如图 9-44 所示。

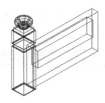 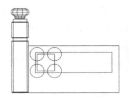

图 9-43 差集运算　　　图 9-44 绘制矩形和圆

❿ 单击"默认"选项卡"修改"面板中的"修剪"按钮✂，修剪图形。结果如图 9-45 所示。

⓫ 单击"默认"选项卡"修改"面板中的"矩形阵列"按钮▦，对修剪后的图形进行矩形阵列处理，行数为"1"，列数为"4"，列间距为"26.5"。结果如图 9-46 所示。

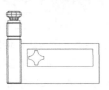 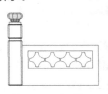

图 9-45 修剪处理　　　图 9-46 阵列处理

⓬ 单击"默认"选项卡"绘图"面板中的"面域"按钮◎，将阵列后的图形组成面域；单击"三

维工具"选项卡"建模"面板中的"拉伸"按钮🗖,拉伸面域,拉伸高度为"-10"。命令行提示如下。

```
命令： _extrude
当前线框密度：ISOLINES=4 闭合轮廓创建模式 =
实体
选择要拉伸的对象或 [ 模式 (MO)]：(选择用阵列
后的图形创建的面域)
选择要拉伸的对象或 [ 模式 (MO)]： ✓
指定拉伸的高度或 [ 方向 (D)/ 路径 (P)/ 倾斜
角 (T)/ 表达式 (E)] <20.0000>： -10 ✓
```

切换到"西南等轴测"视图,结果如图 9-47 所示。

⑬ 单击"三维工具"选项卡"建模"面板中的"长方体"按钮🗖,以(32,5,30)和(@110,10,30)为角点绘制长方体。结果如图 9-48 所示。

图 9-47 创建并拉伸面域

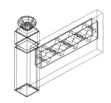
图 9-48 绘制长方体

⑭ 单击"三维工具"选项卡"实体编辑"面板中的"差集"按钮🗗,从长方体中减去拉伸的实体。

⑮ 单击"默认"选项卡"修改"面板中的"复制"按钮🗗,复制上步完成的实体。命令行提示如下。

```
命令： _copy
选择对象 ： (选择图形的左侧部分)
选择对象 ： ✓
当前设置：复制模式 = 多个
指定基点或 [ 位移 (D)/ 模式 (O)] < 位移>：0,0,0 ✓
指定第二个点或 [ 阵列 (A)] < 使用第一个点作
为位移 >：@154,0,0 ✓
指定第二个点或 [ 阵列 (A)/ 退出 (E)/ 放弃
(U)]< 退出 >： ✓
```

结果如图 9-49 所示。重复复制实体,删除多余部分,结果如图 9-50 所示。

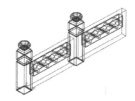
图 9-49 复制实体

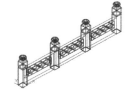
图 9-50 重复复制实体

9.5.2 旋转

旋转是指将一个平面图形围绕某个轴转一定角度以形成实体。

执行方式

命令行：REVOLVE（快捷命令：REV）

菜单栏："绘图"→"建模"→"旋转"

工具栏：单击"建模"工具栏中的"旋转"按钮🗖

功能区：单击"三维工具"选项卡"建模"面板中的"旋转"按钮🗖

操作步骤

命令行提示如下。

```
命令： REVOLVE ✓
当前线框密度：ISOLINES=4,闭合轮廓创建模式 =
实体
选择要旋转的对象或 [ 模式 (MO)]：(选择绘制好
的二维对象)
选择要旋转的对象或 [ 模式 (MO)]：(继续选择对
象或按 <Enter> 键结束选择)
指定轴起点或根据以下选项之一定义轴 [ 对象 (O)/
X/Y/Z] < 对象 >：
```

选项说明

（1）指定轴起点：通过两个点来定义旋转轴。AutoCAD 将按指定的角度或旋转轴旋转二维对象。

（2）对象（O）：选择已经绘制好的直线或用多段线命令绘制的直线段作为旋转轴。

（3）X（Y/Z）轴：将二维对象绕当前坐标系（UCS）的 X（或 Y、Z）轴旋转。图 9-51 所示为矩形平面绕 X 轴旋转的结果。

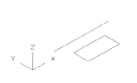
（a）旋转前

（b）旋转后

图 9-51 旋转

实例教学

下面以图 9-52 所示的吸顶灯为例,介绍旋转命令的使用方法。

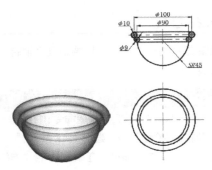

图 9-52 吸顶灯

STEP 绘制步骤

❶ 单击"视图"选项卡"命名视图"面板中的"西南等轴测"按钮◈，将当前视图设为西南等轴测视图。

❷ 单击"三维工具"选项卡"建模"面板中的"圆环体"按钮◎，命令行提示如下。

```
命令：_torus
指定中心点或 [ 三点 (3P)/ 两点 (2P)/ 切点、
切点、半径 (T)]：0,0,0 ✓
指定半径或 [ 直径 (D)] <50.0000>：50 ✓
指定圆管半径或 [ 两点 (2P)/ 直径 (D)] <5.0000>：
5 ✓
```

结果如图 9-53 所示。

用同样的方法绘制另一个圆环体，在命令行提示下依次输入"（0,0,-8）""45""4.5"，结果如图 9-54 所示。

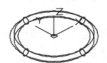

图 9-53 绘制圆环体（1）　图 9-54 绘制圆环体（2）

❸ 绘制直线和圆弧。

（1）单击"视图"选项卡"命名视图"面板中的"前视"按钮🔲，切换到"前视"视图，如图 9-55 所示。

（2）单击"默认"选项卡"绘图"面板中的"直线"按钮╱，以（0,-9.5）和（@0,-45）为端点绘制直线，如图 9-56 所示。

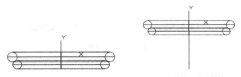

图 9-55　切换到"前视"视图　图 9-56　绘制直线

（3）单击"默认"选项卡"绘图"面板中的"圆弧"按钮╱，绘制圆弧。在命令行提示下选择直线的

下端点为起点，依次输入"E"（45,-8）"R""45"，结果如图 9-57 所示。

❹ 单击"三维工具"选项卡"建模"面板中的"旋转"按钮◉，旋转对象。命令行提示如下。

```
命令：_revolve
当前线框密度：ISOLINES=4，闭合轮廓创建模式 =
实体
选择要旋转的对象或 [ 模式 (MO)]：(选择圆弧)
选择要旋转的对象或 [ 模式 (MO)]：✓
指定轴起点或根据以下选项之一定义轴 [ 对象 (O)/
X/Y/Z] < 对象 >：(选择直线的一端点)
指定轴端点：(选择直线的另一端点)
指定旋转角度或 [ 起点角度 (ST)/ 反转 (R)/
表达式 (EX)] <360>：
```

切换到西南等轴测视图，绘制下半球面，结果如图 9-58 所示。

图 9-57　绘制圆弧　　图 9-58　绘制下半球面

❺ 选择菜单栏中的"视图"→"渲染"→"材质浏览器"命令，在"材质浏览器"选项板中选择适当的材质。单击"可视化"选项卡"渲染"面板中的"渲染到尺寸"按钮，对实体进行渲染，渲染后的效果如图 9-52 所示。

9.5.3 | 扫掠

执行方式

命令行：SWEEP

菜单栏："绘图"→"建模"→"扫掠"

工具栏：单击"建模"工具栏中的"扫掠"按钮🔲

功能区：单击"三维工具"选项卡"建模"面板中的"扫掠"按钮🔲

操作步骤

命令行提示如下。

```
命令：SWEEP ✓
当前线框密度：ISOLINES=2000，闭合轮廓创建模
式 = 实体
选择要扫掠的对象或 [ 模式 (MO)]：(选择对象，
如图 9-59 (a) 中的圆)
选择要扫掠的对象或 [ 模式 (MO)]：✓
```

选择扫掠路径或 ［对齐（A）/ 基点（B）/ 比例（S）/ 扭曲（T）］:（选择对象，如图 9-59（a）中的螺旋线）
扫掠结果如图 9-59（b）所示。

（a）对象和路径   （b）结果

图 9-59 扫掠示意图

选项说明

（1）对齐（A）: 指定是否对齐轮廓以使其作为扫掠路径切向的法向，默认情况下轮廓是对齐的。选择该选项，命令行提示如下。

扫掠前对齐垂直于路径的扫掠对象 ［是(Y)/ 否(N)]< 是 >:（输入"n"，指定轮廓无须对齐；按 <Enter> 键，指定轮廓对齐）

 注意 　使用"扫掠"命令，可以通过沿开放或闭合的二维或三维路径扫掠开放或闭合的平面曲线（轮廓）来创建新模型或曲面。"扫掠"命令用于沿指定路径以指定的形状（扫掠对象）创建模型或曲面。可以扫掠多个对象，但是这些对象必须在同一平面内。如果沿一条路径扫掠闭合的曲线，则生成模型。

（2）基点（B）: 指定要扫掠对象的基点。如果指定的点不在选定对象所在的平面上，则该点将被投影到该平面上。选择该选项，命令行提示如下。

指定基点：指定选择集的基点

（3）比例（S）: 指定比例因子以进行扫掠操作。从扫掠路径的开始到结束，比例因子将始终应用在扫掠对象上。选择该选项，命令行提示如下。

输入比例因子或 ［参照 (R)/ 表达式 (E)］<1.0000>:（指定比例因子，输入"r"，调用参照选项；按<Enter> 键，选择默认值）

其中"参照（R）"选项表示通过拾取点或输入值来根据参照的长度缩放选定的对象。

（4）扭曲（T）: 设置正被扫掠的对象的扭曲角度。扭曲角度是指沿整条扫掠路径的旋转量。选择该选项，命令行提示如下。

输入扭曲角度或允许非平面扫掠路径倾斜 ［倾斜 (B)/ 表达式 (EX)］<n>:（指定小于 360° 的角度值，输入"b"，允许倾斜；按<Enter> 键，选择默认角度值）

其中"倾斜（B）"选项用于指定被扫掠的曲线是否沿三维扫掠路径（三维多线段、三维样条曲线或螺旋线）自然倾斜（旋转）。

图 9-60 所示为扭曲扫掠示意图。

（a）对象和路径   （b）不扭曲   （c）扭曲 45°

图 9-60 扭曲扫掠示意图

实例教学

下面以图 9-61 所示的锁为例，介绍扫掠命令的使用方法。

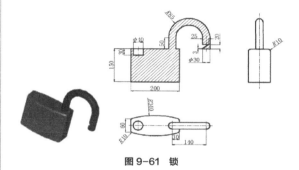

图 9-61 锁

STEP **绘制步骤**

❶ 单击"默认"选项卡"绘图"面板中的"矩形"按钮▭，绘制角点坐标为（-100,30）和（100,-30）的矩形，如图 9-62 所示。

❷ 单击"默认"选项卡"绘图"面板中的"圆弧"按钮╱，绘制起点坐标为（100,30）、端点坐标为（-100,30）、半径为"340"的圆弧，如图 9-63 所示。

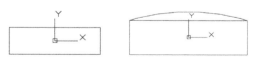

图 9-62 绘制矩形   **图 9-63 绘制圆弧（1）**

❸ 单击"默认"选项卡"绘图"面板中的"圆弧"按钮╱，绘制起点坐标为（-100,-30）、端点坐标为（100,-30）、半径为"340"的圆弧，如图 9-64 所示。

❹ 单击"默认"选项卡"修改"面板中的"修剪"

按钮，对上述圆弧和矩形进行修剪，结果如图 9-65 所示。

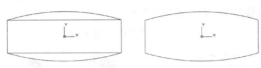

图 9-64　绘制圆弧（2）　　图 9-65　修剪后的图形

❺ 单击"默认"选项卡"修改"面板中的"编辑多段线"按钮，将上述多段线合并为一个整体。

❻ 单击"默认"选项卡"绘图"面板中的"面域"按钮，将图形组成面域。单击"视图"选项卡"命名视图"面板中的"西南等轴测"按钮，切换到西南等轴测视图。

❼ 单击"三维工具"选项卡"建模"面板中的"拉伸"按钮，选择上步创建的面域，设置拉伸高度为"150"，结果如图 9-66 所示。

❽ 在命令行输入"UCS"命令并按 <Enter> 键，将坐标原点移动到（0,0,150）。选择菜单栏中的"视图"→"三维视图"→"平面视图"→"当前 UCS"命令，切换视图。

❾ 单击"默认"选项卡"绘图"面板中的"圆"按钮，指定圆心坐标为（-70,0）、半径为"15"，绘制一个圆。重复上述指令，在右边的对称位置再绘制一个同样大小的圆，结果如图 9-67 所示。单击"视图"选项卡"命名视图"面板中的"前视"按钮，切换到前视视图。

图 9-66　拉伸后的图形　　图 9-67　绘制圆

❿ 在命令行输入"UCS"命令并按 <Enter> 键，将坐标原点移动到（0,150,0）。

⓫ 单击"默认"选项卡"绘图"面板中的"多段线"按钮，绘制多段线。在命令行提示下依次输入"（-70,-30）""（@80<90）""A""A""-180""R""70""0""L""（70,0）"，结果如图 9-68 所示。

⓬ 单击"视图"选项卡"命名视图"面板中的"西南等轴测"按钮，切换到西南等轴测视图。

⓭ 单击"三维工具"选项卡"建模"面板中的"扫

掠"按钮，对绘制的圆与多段线进行扫掠处理。命令行提示如下。

```
命令：_sweep
当前线框密度：ISOLINES=4，闭合轮廓创建模式 =实体
选择要扫掠的对象或 [模式 (MO)]：找到 1 个（选择圆）
选择要扫掠的对象或 [模式 (MO)]：（选择圆）
选择扫掠路径或 [对齐 (A)/ 基点 (B)/ 比例 (S)/ 扭曲 (T)]：（选择多段线）
```

结果如图 9-69 所示。

图 9-68　绘制多段线　　图 9-69　扫掠后的结果

⓮ 单击"三维工具"选项卡"建模"面板中的"圆柱体"按钮，绘制底面中心点为（-70,0,0）、底面半径为"20"、轴端点为（-70,-30,0）的圆柱体。结果如图 9-70 所示。

⓯ 在命令行输入"UCS"命令并按 <Enter> 键，将坐标原点绕 X 轴旋转 90°。

⓰ 单击"三维工具"选项卡"建模"面板中的"楔体"按钮，绘制楔体。命令行提示如下。

```
命令：_wedge
指定第一个角点或 [中心 (C)]：-50,-70,10 ✓
指定其他角点或 [立方体 (C)/ 长度 (L)]：-80,70,10 ✓
指定高度或 [两点 (2P)] <30.0000>：20 ✓
```

⓱ 单击"三维工具"选项卡"实体编辑"面板中的"差集"按钮，对圆柱体与楔体进行差集运算，如图 9-71 所示。

图 9-70　绘制圆柱体　　图 9-71　差集运算

⓲ 利用"三维旋转"命令，将锁柄绕着右边的圆的中心垂线旋转 180°。命令行提示如下。

```
命令：_3drotate
UCS 当前的正角方向：ANGDIR= 逆时针 ANGBASE=0
```

选择对象 ：（选择锁柄）

选择对象 ： ✓

指定基点 ：（指定右边的圆的圆心）

拾取旋转轴 ：（选择 Z 轴）

指定角的起点或键入角度 ： 180 ✓

旋转的结果如图 9-72 所示。

⑲ 单击"三维工具"选项卡"实体编辑"面板中的"差集"按钮⬚，对左边的小圆柱体与锁体进行差集运算，在锁体上打孔。

⑳ 单击"默认"选项卡"修改"面板中的"圆角"按钮⌒，设置圆角半径为"10"，对锁体四周的边进行圆角处理。

㉑ 单击"视图"选项卡"视觉样式"面板中的"隐藏"按钮⬚，对实体进行消隐，结果如图 9-73 所示。

图 9-72　旋转处理　　**图 9-73　消隐处理**

9.5.4 放样

放样是指按指定的导向曲线生成实体，使实体的某几个截面形状刚好是指定的平面图形的形状。

执行方式

命令行：LOFT

菜单栏："绘图"→"建模"→"放样"

工具栏：单击"建模"工具栏中的"放样"按钮⬚

功能区：单击"三维工具"选项卡"建模"面板中的"放样"按钮⬚

操作步骤

命令行提示如下。

命令：LOFT ✓

当前线框密度 ： ISOLINES=4，闭合轮廓创建模式 = 实体

按放样次序选择横截面或 ［ 点（PO）/ 合并多条边（J）/ 模式（MO）］:（依次选择图 9-74 所示的 3 个截面）

按放样次序选择横截面或 ［ 点（PO）/ 合并多条边（J）/ 模式（MO）］ : ✓

输入选项 ［ 导向（G）/ 路径（P）/ 仅横截面（C）/ 设置（S）］ < 仅横截面 >：

图 9-74　选择截面

（1）设置（S）：选择该选项，系统弹出"放样设置"对话框，如图 9-75 所示。其中有 4 个单选钮，图 9-76（a）所示为选中"直纹"单选钮的放样结果示意图；图 9-76（b）所示为选中"平滑拟合"单选钮的放样结果示意图；图 9-76（c）所示为选中"法线指向"单选钮并选择"所有横截面"选项的放样结果示意图；图 9-76（d）所示为选中"拔模斜度"单选钮并设置"起点角度"为 45°、"起点幅值"为"10"、"端点角度"为 60°、"端点幅值"为"10"的放样结果示意图。

图 9-75　"放样设置"对话框

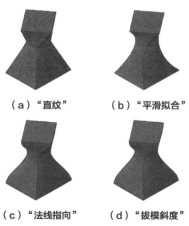

（a）"直纹"　　　（b）"平滑拟合"

（c）"法线指向"　　　（d）"拔模斜度"

图 9-76　放样结果示意图

（2）导向（G）：指定控制放样建模或曲面形状的导向曲线。导向曲线是直线或曲线，可通过将其他线框信息添加至对象来进一步定义建模或曲面的形状，如图9-77所示。选择该选项，命令行提示如下。

选择导向轮廓或［合并多条边（J）］：（选择放样建模或曲面形状的导向曲线，然后按 <Enter> 键）

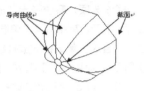

图9-77　导向放样

 每条导向曲线必须满足以下条件才能正常工作。
（1）与每个横截面相交。
（2）从第一个横截面开始。
（3）到最后一个横截面结束。
可以为放样建模或曲面选择任意数量的导向曲线。

（3）路径（P）：指定放样建模或曲面的单一路径，如图9-78所示。选择该选项，命令行提示如下。

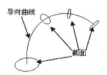

图9-78　路径放样

选择路径轮廓：（指定放样建模或曲面的单一路径）

注意 路径曲线必须与横截面的所有平面相交。

9.5.5 拖曳

拖曳实际上是一种对三维实体对象的夹点编辑，可通过拖动三维实体上的夹点来改变三维实体的形状。

执行方式

命令行：PRESSPULL

工具栏：单击"建模"工具栏中的"按住并拖动"按钮

功能区：单击"三维工具"选项卡"实体编辑"面板中的"按住并拖动"按钮

操作步骤

命令行提示如下。

命令：PRESSPULL ✓
选择对象或边界区域：
指定拉伸高度或［多个（M）］：
已创建 1 个拉伸

选择有限区域后，按住鼠标左键并拖动，相应的部分就会变形。图9-79所示为选择圆台上表面，按住并拖动的结果。

（a）圆台　　　（b）向下拖动　　　（c）向上拖动

图9-79　按住并拖动

9.6 特殊视图

9.6.1 剖切

剖切是指将实体沿某个截面剖切，以得到剩下的实体。

执行方式

命令行：SLICE（快捷命令：SL）

菜单栏："修改"→"三维操作"→"剖切"

功能区：单击"三维工具"选项卡"实体编辑"面板中的"剖切"按钮

操作步骤

命令行提示如下。

命令：_slice
选择要剖切的对象：（选择要剖切的实体）找到 1 个
选择要剖切的对象：（继续选择或按 <Enter> 键结束选择）
指定切面的起点或［平面对象（O）/曲面（S）/Z轴（Z）/视图（V）/XY（XY）/YZ（YZ）/ZX（ZX）/三点（3）］< 三点 >：
指定平面上的第二个点：

在所需的侧面上指定点或 ［ 保留两个侧面 （B）］ ＜
保留两个侧面 ＞：

选项说明

（1）平面对象（O）：将所选对象所在的平面作
为剖切面。

（2）Z轴（Z）：通过平面指定的一点与在平面
的Z轴（法线）上指定的另一点来定义剖切平面。

（3）视图（V）：以平行于当前视图的平面作为
剖切平面。

（4）XY（XY）/YZ（YZ）/ZX（ZX）：将剖切
平面与当前UCS的XY平面/YZ平面/ZX平面对齐。

（5）三点（3）：根据空间的3个点确定的平面
作为剖切平面。确定剖切平面后，系统会提示保留
一侧或两侧。

图9-80所示为剖切三维实体的示例。

（a）剖切前的三维实体　（b）剖切后的三维实体

图9-80　剖切三维实体

9.6.2 剖切截面

剖切截面功能与剖切相对应，是指用平面剖切
实体，以得到截面的形状。

执行方式

命令行：SECTION（快捷命令：SEC）

操作步骤

命令行提示如下。

```
命令：SECTION ↙
选择对象：（选择要剖切的实体）
指定截面平面上的第一个点，依照 ［ 对象(O)/Z 轴
(Z)/ 视图(V)/XY/YZ/ZX/ 三点(3)］ ＜ 三点 ＞：
（指定一点或输入一个选项）
```

图9-81所示为断面图形。

（a）剖切平面与断面　（b）移出的断面图形　（c）填充剖面线的
断面图形

图9-81　断面图形

实例教学

下面以图9-82所示的小闹钟为例，介绍"剖
切"命令的使用方法。

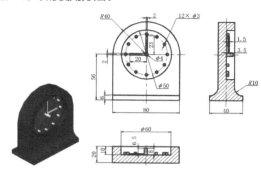

图9-82　小闹钟

STEP 绘制步骤

❶ 绘制闹钟主体。

（1）单击"视图"选项卡"命名视图"面板中
的"西南等轴测"按钮❖，设置视图。

（2）单击"三维工具"选项卡"建模"面板中
的"长方体"按钮▯，绘制中心点在原点、长度
为"80"、宽度为"80"、高度为"20"的长方
体，如图9-83所示。

（3）选择菜单栏中的"修改"→"三维操作"→
"剖切"命令，对长方体进行剖切。命令行提示
如下。

```
命令：_slice
选择要剖切的对象：（选择长方体）
选择要剖切的对象：↙
指定切面的起点或 ［ 平面对象 (O)/ 曲面 (S)/Z
轴(Z)/ 视图(V)/XY/YZ/ZX/ 三点 (3)］ ＜ 三
点 ＞：ZX ↙
指定 ZX 平面上的点 <0,0,0>：↙
在所需的侧面上指定点或 ［ 保留两个侧面 (B)］ ＜保
留两个侧面 ＞：（ 选择长方体的右半部分） ↙
```

结果如图9-84所示。

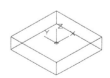 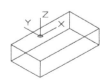

图9-83　绘制长方体　　图9-84　剖切处理

（4）单击"三维工具"选项卡"建模"面板
中的"圆柱体"按钮▯，绘制底面中心点为
（0,0,−10）、直径为"80"、高为"20"的圆柱

体，如图9-85所示。

（5）单击"三维工具"选项卡"实体编辑"面板中的"并集"按钮，对两个实体进行并集运算。

（6）单击"视图"选项卡"视觉样式"面板中的"隐藏"按钮，对实体进行消隐。结果如图9-86所示。

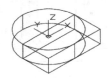 

图9-85　绘制圆柱体（1）　　图9-86　消隐处理（1）

（7）单击"三维工具"选项卡"建模"面板中的"圆柱体"按钮，绘制底面中心点为（0,0,10）、直径为"60"、高为"-10"的圆柱体，如图9-87所示。

（8）单击"三维工具"选项卡"实体编辑"面板中的"差集"按钮，求底面直径为"60"的圆柱体与求并集后所得实体的差集。

❷ 绘制时间刻度和指针。

（1）单击"三维工具"选项卡"建模"面板中的"圆柱体"按钮，绘制底面中心点为（0,0,0）、直径为"4"、高为"8"的圆柱体，如图9-88所示。

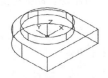 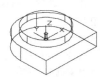

图9-87　绘制圆柱体（2）　　图9-88　绘制圆柱体（3）

（2）单击"三维工具"选项卡"建模"面板中的"圆柱体"按钮，绘制底面中心点为（0,25,0）、直径为"3"、高为"3"的圆柱体。结果如图9-89所示。

（3）单击"默认"选项卡"修改"面板中的"环形阵列"按钮，对底面直径为"3"的圆柱体进行阵列处理，设置项目数为"12"，填充角度为360°，结果如图9-90所示。

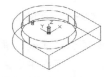 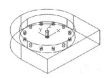

图9-89　绘制圆柱体（4）　　图9-90　阵列结果

（4）单击"三维工具"选项卡"建模"面板中的"长方体"按钮，绘制小闹钟的时针。命令行提示如下。

```
命令 : _box
指定第一个角点或 [ 中心 (C)]: -1,0,0 ✓
指定其他角点或 [ 立方体 (C) / 长度 (L)]: L ✓
指定长度 : 20 ✓
指定宽度 : 2 ✓
指定高度或 [ 两点 (2P)] <2>: 1.5 ✓
```

结果如图9-91所示。

（5）单击"三维工具"选项卡"建模"面板中的"长方体"按钮，在点（-1,0,2）处绘制长度为"2"、宽度为"23"、高度为"1.5"的长方体作为小闹钟的分针。

（6）单击"视图"选项卡"视觉样式"面板中的"隐藏"按钮，对实体进行消隐。结果如图9-92所示。

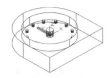 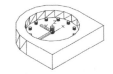

图9-91　绘制时针　　　图9-92　消隐处理（2）

❸ 绘制闹钟底座。

（1）单击"三维工具"选项卡"建模"面板中的"长方体"按钮，再以（-40,-40,20）为第一个角点、以（40,-56,-20）为第二个角点绘制长方体，如图9-93所示。

（2）单击"三维工具"选项卡"建模"面板中的"圆柱体"按钮，绘制底面中心点为（-40,-40,20）、直径为"20"、顶圆轴端点为（@80,0,0）的圆柱体，如图9-94所示。

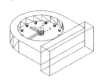 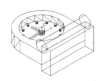

图9-93　绘制长方体　　图9-94　绘制圆柱体（5）

（3）单击"默认"选项卡"修改"面板中的"复制"按钮，对刚绘制的直径为"20"的圆柱体进行复制。命令行提示如下。

```
命令 : _copy
选择对象 : （ 选择直径为"20"的圆柱体 ）
选择对象 : ✓
```

```
当前设置：复制模式 = 多个
指定基点或 [位移(D)/模式(O)] <位移>:-
40,-40,20 ✓
指定第二个点或 [阵列(A)] <使用第一个点作
为位移>:@0,0,-40 ✓
指定第二个点或 [阵列(A)/退出(E)/放弃
(U)]<退出>: ✓
```

结果如图 9-95 所示。

（4）单击"三维工具"选项卡"实体编辑"面板中的"差集"按钮⬚，求长方体与两个直径为"20"的圆柱体的差集。

（5）单击"三维工具"选项卡"实体编辑"面板中的"并集"按钮⬚，将求差集得到的实体与闹钟主体合并。

（6）单击"视图"选项卡"视觉样式"面板中的"隐藏"按钮⬚，对上一步得到的实体进行消隐。结果图 9-96 所示。

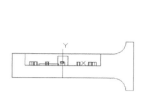

图 9-97 切换到左视图　　**图 9-98 旋转小闹钟**

（10）单击"视图"选项卡"命名视图"面板中的"西南等轴测"按钮⬚，切换视图，如图 9-99 所示。

（11）单击"视图"选项卡"视觉样式"面板中的"隐藏"按钮⬚，对实体进行消隐。结果如图 9-100 所示。

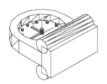
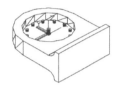

图 9-95 复制圆柱体　　**图 9-96 消隐处理（3）**

（7）单击"视图"选项卡"命名视图"面板中的"左视"按钮⬚，切换到左视图，如图 9-97 所示。

（8）选择菜单栏中的"修改"→"三维操作"→"三维旋转"命令，将小闹钟绕原点旋转 -90°，如图 9-98 所示。

（9）单击"视图"选项卡"命名视图"面板中的"前视"按钮⬚，切换视图。

图 9-99 切换视图　　**图 9-100 消隐处理（4）**

❹ 着色与渲染。

（1）单击"三维工具"选项卡"实体编辑"面板中的"着色面"按钮⬚，为小闹钟的不同部分着上不同的颜色。根据命令行提示，为闹钟的外表面着上棕色，钟面着上红色，时针和分针着上白色。

（2）单击"可视化"选项卡"渲染"面板中的"渲染到尺寸"按钮⬚，对小闹钟进行渲染。渲染结果如图 9-82 所示。

9.7 建模三维操作

9.7.1 倒角

执行方式

命令行：CHAMFEREDGE
菜单栏："修改"→"实体编辑"→"倒角边"
工具栏：单击"实体编辑"工具栏中的"倒角边"按钮⬚

功能区：单击"三维工具"选项卡"实体编辑"面板中的"倒角边"按钮⬚

操作步骤

命令行提示如下。

```
命令：CHAMFEREDGE ✓
距离 1 = 0.0000，距离 2 = 0.0000
选择一条边或 [环(L)/距离(D)]:
```

选项说明

（1）选择一条边：选择建模的一条边，此选项为系统的默认选项。选择某一条边以后，该边高亮显示。

（2）环（L）：对一个面上的所有边建立倒角，命令行提示如下。

```
选择环边或 [ 边 (E)/ 距离 (D)]：（选择环边）
输入选项 [ 接受 (A)/ 下一个 (N)] < 接受 >：✓
选择环边或 [ 边 (E)/ 距离 (D)]：✓
按 <Enter> 键接受倒角或 [ 距离 (D)]：✓
```

（3）距离（D）：输入倒角距离。图 9-101 所示为对长方体倒角的示例。

（a）选择倒角边　（b）边倒角结果　（c）环倒角结果

图 9-101　对长方体倒角

 实例教学

下面以图 9-102 所示的平键为例，介绍倒角命令的使用方法。

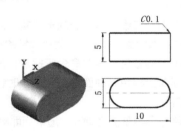

图 9-102　平键

STEP　绘制步骤

❶ 选择菜单栏中的"文件"→"新建"命令，弹出"选择样板"对话框，如图 9-103 所示。❶单击"打开"按钮右侧的下拉按钮□，❷以"无样板打开－公制"方式建立新文件，并命名为"键 .dwg"保存。

❷ 在命令行输入"ISOLINES"命令并按 <Enter> 键，设置线框密度。默认设置是"4"，有效值的范围为 0 ~ 2047。设置对象上每个曲面的轮廓线数目，命令行提示如下。

```
命令 ：ISOLINES ✓
输入 ISOLINES 的新值 <4>：10 ✓
```

图 9-103　"选择样板"对话框

❸ 单击"视图"选项卡"命名视图"面板中的"前视"按钮，将当前视图设置为前视图。

❹ 单击"默认"选项卡"绘图"面板中的"多段线"按钮，绘制多段线。在命令行提示下依次输入"(0,0)""(@5,0)""A""A""−180""(@0,−5)""L""(@−5,0)""A""A""−180""(0,0)"，结果如图 9-104 所示。

❺ 单击"视图"选项卡"命名视图"面板中的"西南等轴测"按钮，切换到西南等轴测视图，结果如图 9-105 所示。

图 9-104　绘制多段线　　**图 9-105　切换视图**

❻ 单击"三维工具"选项卡"建模"面板中的"拉伸"按钮，对多段线进行拉伸。命令行提示如下。

```
命令 ：_extrude
当前线框密度 ：ISOLINES=10，闭合轮廓创建模式 =
实体
选择要拉伸的对象或 [ 模式 (MO)]：（用鼠标选
择绘制的多段线）
选择要拉伸的对象或 [ 模式 (MO)]：✓
指定拉伸的高度或 [ 方向 (D)/ 路径 (P)/ 倾斜
角 (T)/
表达式 (E)] <−86.5617>：5 ✓
```

结果如图 9-106 所示。

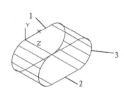

图 9-106　拉伸处理

❼ 利用"倒角边"命令，对拉伸体进行倒角操作。命令行提示如下。

```
命令：_CHAMFEREDGE
距离 1 = 0.1000，距离 2 = 0.1000
选择一条边或 [ 环 (L)/ 距离 (D)]: D ↙
指定距离 1 或 [ 表达式 (E)] <0.1000>: 0.1 ↙
指定距离 2 或 [ 表达式 (E)] <0.1000>: 0.1 ↙
选择一条边或 [ 环 (L)/ 距离 (D)]: (选择图 9-107
所示的边 2)
选择同一个面上的其他边或 [ 环 (L)/ 距离 (D)]:
L ↙
选择环边或 [ 边 (E)/ 距离 (D)]: (选择图 9-108
所示的环边 3)
选择环边或 [ 边 (E)/ 距离 (D)]: ↙
按 <Enter> 键接受倒角或 [ 距离 (D)]: ↙
```

倒角结果如图 9-109 所示。

重复"倒角"命令，将图 9-106 所示的 1 处倒角，倒角参数与上面相同，结果如图 9-109 所示。请读者自行练习，熟悉立体图倒角中基面的选择方法。

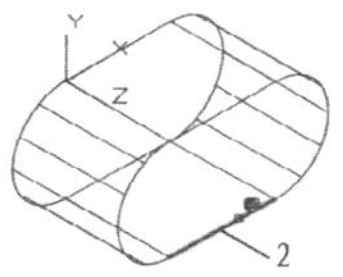

图 9-107　选择边 2

图 9-108　选择环边 3

图 9-109　倒角

❽ 单击"视图"选项卡"视觉样式"面板中的"真实面样式"按钮●，结果如图 9-102 所示。

9.7.2 | 圆角

执行方式

命令行：FILLETEDGE

菜单栏："修改"→"三维编辑"→"圆角边"

工具栏：单击"实体编辑"工具栏中的"圆角边"按钮

功能区：单击"三维工具"选项卡"实体编辑"面板中的"圆角边"按钮

操作步骤

命令行提示如下。

```
命令：FILLETEDGE ↙ 半径 = 1.0000
选择边或 [ 链 (C)/ 环 (L)/ 半径 (R)]: (选
择建模上的一条边) ↙
选择边或 [ 链 (C)/ 环 (L)/ 半径 (R)]:
已选定 1 条边用于圆角
按 <Enter> 键接受圆角或 [ 半径 (R)]: ↙
```

选项说明

链（C）: 表示与此边相邻的边都被选中，并进行倒圆角操作。图 9-110 所示为对长方体倒圆角的示例。

（a）选择倒圆角边 1　（b）边倒圆角结果　（c）链倒圆角结果

图 9-110　对长方体倒圆角

实例教学

下面以图 9-111 所示的电脑显示器为例，介绍"圆角"命令的使用方法。

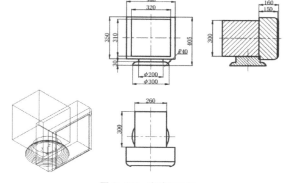

图 9-111　电脑显示器

STEP 绘制步骤

❶ 单击"三维工具"选项卡"建模"面板中的"圆柱体"按钮，绘制一个圆柱体。命令行提示如下。

```
命令：_cylinder
指定底面的中心点或 [ 三点 (3P)/ 两点 (2P)/ 切
点、切点、半径 (T)/ 椭圆 (E)]:0, 0, 0 ↙
指定底面半径或 [ 直径 (D)] <10.0000>: 150 ↙
指定高度或 [ 两点 (2P)/ 轴端点 (A)] <20.0000>:
30 ↙
```

结果如图 9-112 所示。

❷ 单击"三维工具"选项卡"建模"面板中的"圆柱体"按钮圆,绘制底面中心点为(0,0,30)、半径为"100"、高度为"50"的圆柱体,如图 9-113 所示。

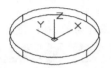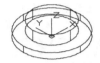

图 9-112 绘制圆柱体（1） 图 9-113 绘制圆柱体（2）

❸ 单击"三维工具"选项卡"实体编辑"面板中的"并集"按钮,合并圆柱体。命令行提示如下。

```
命令：_union
选择对象：(选择第一步绘制的圆柱体) 找到 1 个
选择对象：(选择第二步绘制的圆柱体) 找到 1 个,
总计 2 个
选择对象：✓
```

❹ 单击"三维工具"选项卡"实体编辑"面板中的"圆角边"按钮,倒圆角。命令行提示如下。

```
命令：_FILLETEDGE
半径 = 1.0000
选择边或 [ 链 (C)/ 环 (L)/ 半径 (R)]: R ✓
输入圆角半径或 [ 表达式 (E)] <1.0000>: 40 ✓
选择边或 [ 链 (C)/ 环 (L)/ 半径 (R)]: (选
择第 3 步所绘圆柱体的上边)
选择边或 [ 链 (C)/ 环 (L)/ 半径 (R)]: ✓
已选定 1 条边用于圆角
按 <Enter> 键接受圆角或 [ 半径 (R)]: ✓
```

结果如图 9-114 所示。

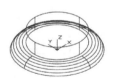

图 9-114 倒圆角（1）

❺ 单击"三维工具"选项卡"建模"面板中的"长方体"按钮圆,绘制一个长方体。命令行提示如下。

```
命令：_box
指定第一个角点或 [ 中心 (C)]: -130,210,80 ✓
指定其他角点或 [ 立方体 (C)/ 长度 (L)]:
@260,-300,300 ✓
```

结果如图 9-115 所示。

❻ 单击"三维工具"选项卡"建模"面板中的"长方体"按钮圆,绘制一个长方体,角点坐标为（-200,-90,55）和（@400,-160,350），如图 9-116 所示。

图 9-115 绘制长方体（1） 图 9-116 绘制长方体（2）

❼ 单击"三维工具"选项卡的"实体编辑"面板中的"圆角边"按钮,进行倒圆角处理。命令行提示如下。

```
命令：_FILLETEDGE
半径 = 40.0000
选择边或 [ 链 (C)/ 环 (L)/ 半径 (R)]: R ✓
输入圆角半径或 [ 表达式 (E)] <40.0000>: 40 ✓
选择边或 [ 链 (C)/ 环 (L)/ 半径 (R)]: L ✓
选择环边或 [ 边 (E)/ 链 (C)/ 半径 (R)]: (选
择上一步所绘长方体后面的边)
选择环边或 [ 边 (E)/ 链 (C)/ 半径 (R)]: ✓
已选定 4 条边用于圆角
按 <Enter> 键接受圆角或 [ 半径 (R)]: ✓
```

结果如图 9-117 所示。

❽ 单击"三维工具"选项卡"建模"面板中的"长方体"按钮圆,绘制一个长方体,角点坐标为（-160,-250,75）和（@320,10, 310），如图 9-118 所示。

图 9-117 倒圆角（2） 图 9-118 绘制长方体（3）

❾ 单击"三维工具"选项卡"实体编辑"面板中的"差集"按钮,进行差集运算。命令行提示如下。

```
命令：_subtract
选择要从中减去的实体、曲面和面域 ...
选择对象：(选择第 6 步绘制的长方体)
选择对象：✓
选择要减去的实体、曲面和面域 ...
选择对象：(选择第 8 步绘制的长方体)
选择对象：✓
```

最终结果如图 9-111 所示。

9.7.3 干涉检查

干涉检查主要通过对比两组对象或一对一地检查所有建模来检查建模模型中的干涉（三维建模相交或重叠的区域）。系统将在建模相交处创建和高亮显示临时建模。

干涉检查常用于检查装配体立体图是否干涉，从而判断设计是否正确。

执行方式

命令行：INTERFERE（快捷命令：INF）

菜单栏："修改"→"三维操作"→"干涉检查"

功能区：单击"三维工具"选项卡"实体编辑"面板中的"干涉检查"按钮

操作步骤

下面以图 9-119 所示的零件图为例进行干涉检查。命令行提示如下。

```
命令 : INTERFERE ✓
选择第一组对象或 [ 嵌套选择 (N)/ 设置 (S)]：
（选择图 9-119 (a) 中的手柄）
选择第一组对象或 [ 嵌套选择 (N)/ 设置 (S)]：✓
选择第二组对象或 [ 嵌套选择 (N)/ 检查第一组
(K)]< 检查 >：（选择图 9-119 (a) 中的套环）
选择第二组对象或 [ 嵌套选择 (N)/ 检查第一组
(K)]< 检查 >：✓
```

（a）零件图　　　　（b）装配图

图 9-119　干涉检查

系统打开"干涉检查"对话框，如图 9-120 所示。该对话框中列出了找到的干涉点对数量，并可

以通过"上一个"和"下一个"按钮来高亮显示干涉点对，如图 9-121 所示。

图 9-120　"干涉检查"对话框

图 9-121　高亮显示干涉点对

选项说明

（1）嵌套选择（N）：选择该选项，用户可以选择嵌套在块和外部参照中的单个建模对象。

（2）设置（S）：选择该选项，系统打开"干涉设置"对话框，如图 9-122 所示，在其中可以设置干涉的相关参数。

图 9-122　"干涉设置"对话框

9.8 综合演练——饮水机

分析图 9-123 所示的饮水机，其绘制思路是，先利用"长方体""圆角"等命令绘制饮水机主体及水龙头放置口，利用"平移网格""楔体"等命令绘制放置台，然后利用"长方体""圆柱体""剖切""拉伸""三维镜像"等命令绘制水龙头，再利用"圆锥体"命令绘制水桶接口，接着利用"旋转网格"命令绘制水桶，最后进行渲染。

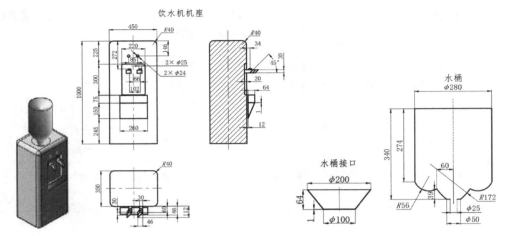

饮水机机座

图 9-123 饮水机

9.8.1 饮水机机座

绘制步骤

❶ 启动 AutoCAD，新建一个空图形文件，在命令行输入"Limits"命令并按 <Enter> 键，输入图纸左下角和右上角的坐标（0,0）和（1200,1200）。

❷ 单击"三维工具"选项卡"建模"面板中的"长方体"按钮▣，输入起始点（100,100,0）。在命令行输入"L"命令并按 <Enter> 键，然后指定长方体的长、宽和高分别为"450""350"和"1000"，绘制长方体，如图 9-124 所示。

❸ 单击"视图"选项卡"命名视图"面板中的"西南等轴测"按钮❖，将视图切换到西南等轴测视图。然后选择菜单栏中的"视图"→"显示"→"UCS 图标"→"开"命令，隐藏坐标轴。饮水机主体如图 9-125 所示。

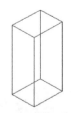

图 9-124 绘制长方体（1）　　图 9-125 饮水机主体

❹ 单击"默认"选项卡"修改"面板中的"圆角"按钮▔，进行倒圆角处理。设置圆角半径为"40"，然后选择除地面 4 条棱之外要倒圆角的各条棱。倒圆角完成后的效果如图 9-126 所示。

❺ 单击"视图"选项卡"视觉样式"面板中的"隐藏"按钮◈，对已绘制的图形进行消隐，消隐后的效果如图 9-127 所示。

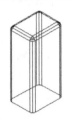

图 9-126 倒圆角（1）　　图 9-127 消隐后的效果

❻ 单击"三维工具"选项卡"建模"面板中的"长方体"按钮▣，绘制一个长、宽、高分别为"220""20"和"300"的长方体，如图 9-128 所示。

❼ 单击"默认"选项卡"修改"面板中的"圆角"按钮▔，设置圆角半径为"10"，然后选择倒圆角的各条棱。倒圆角完成后的效果如图 9-129 所示。

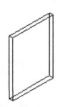

图 9-128 绘制长方体（2）　　图 9-129 倒圆角（2）

❽ 单击状态栏上的"对象捕捉"按钮，单击"默认"选项卡"修改"面板中的"移动"按钮✛，捕捉刚生成的长方体的一个顶点为移动的基点，

将长方体移动至图 9-130 所示的位置。

⑨ 单击"三维工具"选项卡"实体编辑"面板中的"差集"按钮⬚，选择大长方体为"从中减去的对象"，选择小长方体为"减去对象"，生成放置水龙头的空间。

⑩ 单击"视图"选项卡"视觉样式"面板中的"隐藏"按钮⬚，对已绘制的图形进行消隐，消隐后的效果如图 9-131 所示。

图 9-130 移动长方体   图 9-131 生成放置
水龙头的空间

⑪ 单击"视图"选项卡"命名视图"面板中的"俯视"按钮⬚，切换到俯视图，如图 9-132 所示。

⑫ 单击"默认"选项卡"绘图"面板中的"多段线"按钮⬚，绘制长度分别为"64""260"和"64"的 3 段直线，如图 9-133 所示。

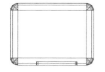

图 9-132 切换到俯视图   图 9-133 绘制多段线

⑬ 单击"视图"选项卡"命名视图"面板中的"西南等轴测"按钮⬚，切换到西南等轴测视图。单击"默认"选项卡"绘图"面板中的"直线"按钮⬚，绘制长度为"75"的直线。如图 9-134 所示。

图 9-134 绘制直线

⑭ 选择菜单栏中的"绘图"→"建模"→"网格"→"平移网格"命令。命令行提示如下。

```
命令：_tabsurf
当前线框密度：SURFTAB1=6
选择用作轮廓曲线的对象：(选择用"多段线"命令
生成的图形)
```

选择用作方向矢量的对象：(选择用"直线"命令生成的直线)

平移后的效果如图 9-135 所示。

⑮ 单击"默认"选项卡"修改"面板中的"删除"按钮⬚，删除作为平移方向矢量的直线。

⑯ 在命令行输入"ucs"命令并按 <Enter> 键，将坐标系绕 Z 轴旋转 90°。单击"三维工具"选项卡"建模"面板中的"楔体"按钮⬚，绘制楔体。命令行提示如下。

```
命令：_wedge
指定第一个角点或 [ 中心 (C)]：(适当指定一点)
指定其他角点或 [ 立方体 (C)/ 长度 (L)]：L ✓
指定长度 <10.0000>：-64 ✓
指定宽度 <10.0000>：-260 ✓
指定高度或 [ 两点 (2P)]：-150 ✓
```

然后对图形进行抽壳处理，抽壳距离为"1"。结果如图 9-136 所示。

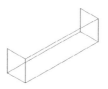

图 9-135 平移网格   图 9-136 绘制楔体

⑰ 单击"默认"选项卡"修改"面板中的"移动"按钮⬚，将楔形表面移动至图 9-137 所示的位置。

⑱ 单击"默认"选项卡"修改"面板中的"移动"按钮⬚，将图 9-137 所示的图形移至图 9-138 所示的位置。

图 9-137 移动楔形表面   图 9-138 移动图形

⑲ 单击"视图"选项卡"视觉样式"面板中的"隐藏"按钮⬚，对已绘制的图形进行消隐，消隐后的效果如图 9-139 所示。

⑳ 单击"三维工具"选项卡"建模"面板中的"圆柱体"按钮⬚，绘制直径为"25"、高度为"12"的圆柱体作为饮水机水龙头开关，如图 9-140 所示。

㉑ 单击"三维工具"选项卡"建模"面板中的"长方体"按钮⬚，绘制一个长、宽、高分别为

"80""30"和"30"的长方体作为水管，如图 9-141 所示。

图 9-139 消隐后的效果（2）

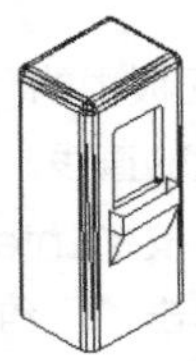

图 9-140 绘制圆柱体

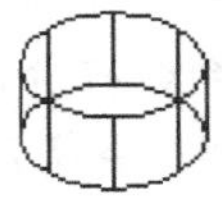

㉒ 单击"默认"选项卡"修改"面板中的"移动"按钮✣，将圆柱体移动至图 9-142 所示位置，生成水管开关。在移动圆柱体时，可以选择移动的基点为上表面或下表面的圆心。

图 9-141 绘制水管

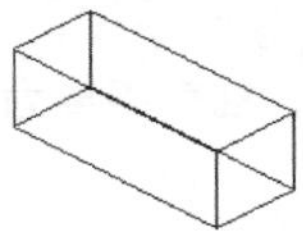

图 9-142 生成水管开关

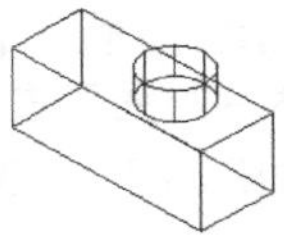

㉓ 选择菜单栏中的"修改"→"三维操作"→"剖切"命令，选择长方体为剖切对象，指定 3 点以确定剖切面，使剖切面与长方体表面成 45° 角，并且剖切面经过长方体的一条棱。剖切后的效果如图 9-143 所示。

㉔ 将水管左侧面所在的平面设置为当前 UCS 所在平面，单击"默认"选项卡"绘图"面板中的"多段线"按钮⌐，绘制多边形，其中多边形的一条边与水管斜棱重合，如图 9-144 所示。

图 9-143 剖切水管

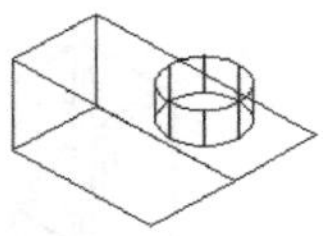

图 9-144 绘制多边形

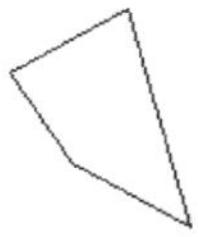

㉕ 单击"三维工具"选项卡"建模"面板中的"拉伸"按钮▮，指定拉伸高度"30"；也可以使用拉伸路径，用鼠标在垂直于多边形所在平面的方向上指定距离为"30"的两点。指定拉伸的倾斜角度 0°，生成水龙头的嘴，如图 9-145 所示。

㉖ 单击"默认"选项卡"修改"面板中的"移动"按钮✣，选择水龙头的嘴作为移动对象，选择水龙头实体的一个顶点为基点，将其移动至图 9-146 所示的位置。

图 9-145 生成水龙头的嘴

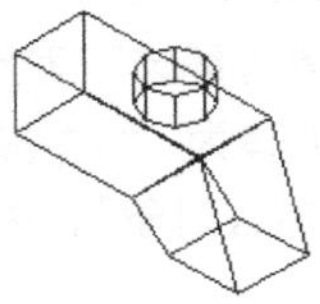

图 9-146 移动水龙头

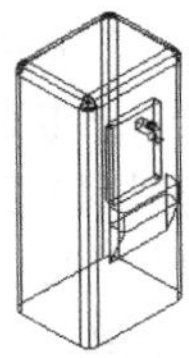

㉗ 单击"视图"选项卡"视觉样式"面板中的"隐藏"按钮◈，对已绘制的图形进行消隐，消隐后的效果如图 9-147 所示。

㉘ 选择菜单栏中的"工具"→"新建 UCS"→"上一个"命令，将当前 UCS 转换到原来的 UCS。

㉙ 选择菜单栏中的"修改"→"三维操作"→"三维镜像"命令。选择水龙头作为镜像的对象，指定镜像平面为 YZ 平面，打开对象捕捉功能，捕捉中点作为 YZ 平面上的一点。保留镜像的源对象，结果如图 9-148 所示。

图 9-147 消隐后的效果（3）

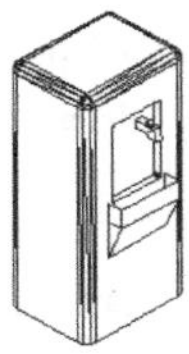

图 9-148 镜像水龙头

㉚ 单击"默认"选项卡"绘图"面板中的"圆"按钮⊙，绘制一个半径为"12"的圆，作为饮水机加热完成的指示灯。

㉛ 单击"默认"选项卡"修改"面板中的"移动"按钮✣，选择指示灯作为移动对象，将其移动至水龙头上方，如图 9-149 所示。

㉜ 单击"默认"选项卡"修改"面板中的"镜像"按钮⚖，选择指示灯作为镜像对象，选择饮水机前面水平的两条棱的中点所在直线为镜像线，生成一个表示饮水机正在加热的指示灯，如图 9-150 所示。

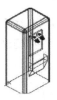

图 9-149 移动指示灯

图 9-150 镜像指示灯

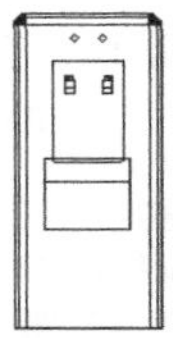

9.8.2 | 水桶

STEP 绘制步骤

❶ 在命令行输入"ISOLINES"命令并按 <Enter> 键，设置线密度为"12"。选择菜单栏中的"绘图"→"建模"→"圆锥体"命令，绘制水桶接口圆锥体。命令行提示如下。

```
命令 : _cone
指定底面的中心点或 [ 三点 (3P)/ 两点 (2P)/ 切
点、切点、半径 (T)/ 椭圆 (E)]：(适当指定一点)
指定底面半径或 [ 直径 (D)] <50.0000>:50 ✓
指定高度或 [ 两点 (2P)/ 轴端点 (A)/ 顶面半径
(T)]<64.0000>: T ✓
指定顶面半径 <100.0000>:100 ✓
指定高度或 [ 两点 (2P)/ 轴端点 (A)] <64.0000>:
64 ✓
```

结果如图 9-151 所示。

然后对图锥体进行抽壳处理，抽壳距离为"1"，结果如图 9-152 所示。

图 9-151 绘制圆锥体　　　图 9-152 抽壳处理

❷ 单击"默认"选项卡"修改"面板中的"移动"按钮✛，选择圆锥体作为移动对象，将圆锥体移动到饮水机上，如图 9-153 所示。

❸ 单击"默认"选项卡"绘图"面板中的"直线"按钮✎，绘制一条垂直于 XY 平面的直线。单击"默认"选项卡"绘图"面板中的"多段线"按钮⌐⌐⌐，绘制一条多段线。多段线上面的水平线段长度为"140"，垂直线段长度为"340"，下面的水平线段长度为"25"，如图 9-154 所示。

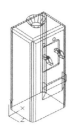 

图 9-153 生成饮水机　　　图 9-154 用于生成
　　　与水桶的接口　　　　　水桶的多段线

❹ 选择菜单栏中的"绘图"→"建模"→"网格"→

"旋转网格"命令，指定多段线为旋转对象，指定直线为旋转轴，指定起点角度为 0°，包含角为 360°，旋转生成水桶，如图 9-155 所示。

❺ 单击"默认"选项卡"修改"面板中的"移动"按钮✛，选择水桶作为移动对象，选择水桶的下底中点为基点，将其移动至水桶接口下底中点位置。

❻ 单击"视图"选项卡"视觉样式"面板中的"隐藏"按钮◈，对已绘制的图形进行消隐，消隐后的效果如图 9-156 所示。

图 9-155 旋转生成水桶　　　图 9-156 消隐后的效果

❼ 单击"可视化"选项卡"材质"面板中的"材质浏览器"按钮⊗，系统弹出"材质浏览器"选项板，选择适当的材质，如图 9-157 所示。

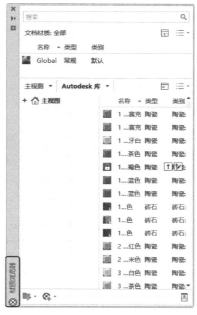

图 9-157 "材质浏览器"选项板

❽ 单击"可视化"选项卡"渲染"面板中的"渲染到尺寸"按钮◫，进行渲染。渲染效果如图 9-123 所示。

9.9 上机实验

【实验1】绘制透镜

1. 目的要求

本实验所绘制的透镜（见图9-158）相对简单，主要会用到一些基本三维建模命令和布尔运算命令。通过本实验，读者应掌握基本三维建模命令的使用方法。

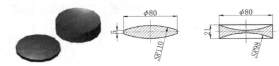

图9-158 透镜

2. 操作提示

（1）分别绘制圆柱体和球体。

（2）利用"并集"和"差集"命令进行处理。

【实验2】绘制绘图模板

1. 目的要求

本实验所绘制的绘图模板（见图9-159）相对简单，主要用到"拉伸"命令和布尔运算命令。通过本实验，读者应掌握"拉伸"命令和布尔运算命令的使用方法。

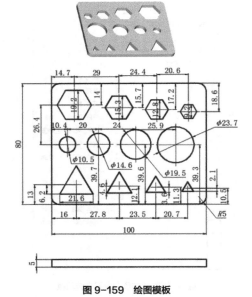

图9-159 绘图模板

2. 操作提示

（1）绘制长方体。

（2）在长方体底面绘制一些平面图形并进行拉伸。

（3）利用"差集"命令进行处理。

【实验3】绘制接头

1. 目的要求

本实验所绘制的接头（见图9-160）相对简单，主要用到基本三维建模命令、"拉伸"命令以及布尔运算命令。通过本实验，读者应掌握各种基本三维建模命令和布尔运算命令的使用方法。

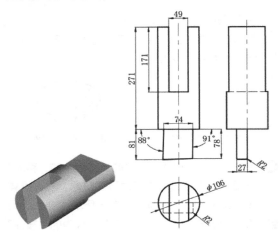

图9-160 接头

2. 操作提示

（1）绘制圆柱体。

（2）绘制矩形并进行拉伸。

（3）绘制长方体并进行复制。

（4）利用"差集"命令进行处理。

第 10 章

三维实体编辑

三维实体编辑主要是对三维物体进行编辑。本章主要内容包括编辑三维曲面、编辑实体、显示形式，以及渲染实体。

重点与难点

- ➲ 编辑三维曲面
- ➲ 编辑实体
- ➲ 显示形式
- ➲ 渲染实体

10.1 编辑三维曲面

10.1.1 三维阵列

执行方式

命令行：3DARRAY

菜单栏："修改"→"三维操作"→"三维阵列"

工具栏：单击"建模"工具栏中的"三维阵列"按钮

操作步骤

命令行提示如下。

```
命令：3DARRAY ✓
正在初始化 ... 已加载 3DARRAY。
选择对象：选择下一个对象或按 <Enter> 键
输入阵列类型 [ 矩形（R）/ 环形（P）]< 矩形 >：
```

选项说明

（1）矩形（R）：对图形进行矩形阵列复制，是系统的默认选项。选择该选项后，命令行提示如下。

```
输入行数（---）<1>：（输入行数）
输入列数（|||）<1>：（输入列数）
输入层数（…）<1>：（输入层数）
指定行间距（---）：（输入行间距）
指定列间距（|||）：（输入列间距）
指定层间距（…）：（输入层间距）
```

（2）环形（P）：对图形进行环形阵列复制。选择该选项后，命令行提示如下。

```
输入阵列中的项目数目：（输入阵列的数目）
指定要填充的角度（+= 逆时针，-= 顺时针）<360>：
（输入环形阵列的圆心角）
旋转阵列对象？ [ 是（Y）/ 否（N）]< Y >：（确
定阵列上的每一个图形是否根据旋转轴线的位置进行
旋转）
指定阵列的中心点：（输入旋转轴线上一点的坐标）
指定旋转轴上的第二点：（输入旋转轴线上另一点的
坐标）
```

图 10-1 所示为 3 层 3 行 3 列，间距是"300"的圆柱的矩形阵列，图 10-2 所示为圆柱的环形阵列。

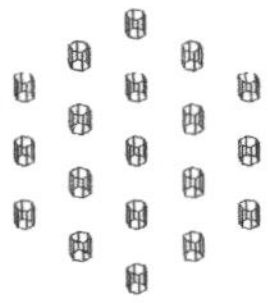

图 10-1 三维图形的
矩形阵列 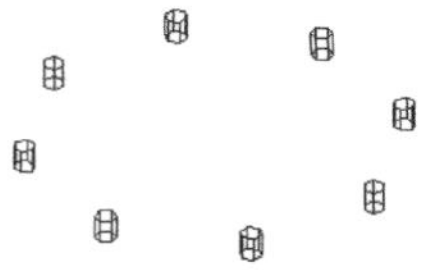　　　　图 10-2 三维图形的
环形阵列

实例教学

下面以图 10-3 所示的立体法兰盘为例，介绍"三维阵列"命令的使用方法。

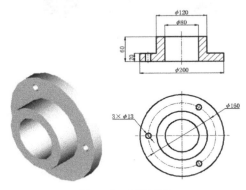

图 10-3　立体法兰盘

STEP　绘制步骤

❶ 单击"默认"选项卡"绘图"面板中的"多段线"按钮，绘制立体法兰盘主体结构的轮廓线。在命令行提示下依次输入"（40,0）""（@60,0）""（@0,20）""（@-40,0）""（@0,40）""（@-20,0）""C"，如图 10-4 所示。

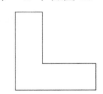

图 10-4　绘制轮廓线

❷ 单击"三维工具"选项卡"建模"面板中的"旋转"按钮，把上一步得到的轮廓线旋转成立体法兰盘主体结构的主体轮廓。命令行提示如下。

```
命令：_revolve
当前线框密度：ISOLINES=4，闭合轮廓创建模式 =
实体
选择要旋转的对象或 [ 模式（MO）]：（选择上一步
所绘制的轮廓线）✓
选择要旋转的对象或 [ 模式（MO）]：✓
指定轴起点或根据以下选项之一定义轴 [ 对象
（O）/ X/Y/Z] < 对象 >：Y ✓
指定旋转角度或 [ 起点角度（ST）/ 反转（R）/
表达式（EX）] <360>：✓
```

结果如图 10-5 所示。

❸ 单击"视图"选项卡"命名视图"面板中的"西北等轴测"按钮◈，切换视图。结果如图 10-6 所示。

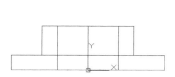
图 10-5 旋转轮廓线

图 10-6 切换视图

❹ 在命令行输入"UCS"命令并按 <Enter> 键，变换坐标系。命令行提示如下。

```
命令 : UCS ✓
指定 UCS 的原点或 [面 (F) / 命名 (NA) / 对象
(OB) / 上一个 (P) / 视图 (V) / 世界 (W) /X/Y/Z/Z
轴 (ZA)]< 世界 >: X ✓
指定绕 X 轴的旋转角度 <90>: ✓
```

❺ 单击"三维工具"选项卡"建模"面板中的"圆柱体"按钮◻，绘制一个以（-80,0,0）为底面的中心点、底面半径为"6.5"、高度为"-20"的圆柱体，如图 10-7 所示。

❻ 选择菜单栏中的"修改"→"三维操作"→"三维阵列"命令，对上一步绘制的圆柱体进行阵列。命令行提示如下。

```
命令 : _3darray
选择对象 :（选择上一步绘制的圆柱体）✓
选择对象 : ✓
输入阵列类型 [ 矩形 (R) / 环形 (P)] < 矩
形 >:P ✓
输入阵列中的项目数目 : 3 ✓
指定要填充的角度 (+= 逆时针 , -= 顺时针 )
<360>: ✓
旋转阵列对象？ [ 是 (Y) / 否 (N)] <Y>: ✓
指定阵列的中心点 :0,0,0 ✓
指定旋转轴上的第二点 :0,0,-100 ✓
```

结果如图 10-8 所示。

图 10-7 绘制圆柱体

图 10-8 阵列圆柱体

❼ 单击"三维工具"选项卡"实体编辑"面板中的"差集"按钮◻，减去上一步阵列得到的圆柱体。

命令行提示如下。

```
命令 : _subtract
选择要从中减去的实体、曲面或面域 ...
选择对象 :（选择法兰盘的主体结构的体轮廓）
选择要减去的实体、曲面或面域 ...
选择对象 :（依次选择所复制的 3 个圆柱体）✓
选择对象 : ✓
```

结果如图 10-9 所示。

图 10-9 差集处理后的图形

❽ 单击"可视化"选项卡"渲染"面板中的"渲染到尺寸"按钮◻，渲染图形。最终结果如图 10-3 所示。

10.1.2 | 三维镜像

执行方式

命令行：MIRROR3D

菜单栏："修改"→"三维操作"→"三维镜像"

操作步骤

命令行提示如下。

```
命令：MIRROR3D ✓
选择对象 :（选择要镜像的对象）
选择对象 :（选择下一个对象或按 <Enter> 键）
指定镜像平面 （三点） 的第一个点或 [ 对象 (O) /
最近的 (L) /Z 轴 (Z) / 视图 (V) /XY 平面 (XY) /YZ
平面 (YZ) /ZX 平面 (ZX) / 三点 (3)] < 三点 >:
在镜像平面上指定第一点 :
```

选项说明

（1）三点：输入镜像平面上点的坐标。该选项通过 3 个点确定镜像平面，是系统的默认选项。

（2）Z 轴（Z）：以指定的平面作为镜像平面。选择该选项后，命令行提示如下。

```
在镜像平面上指定点 :（输入镜像平面上一点的坐标）
在镜像平面的 z 轴 （法向）上指定点 :（输入与镜
像平面垂直的任意一条直线上任意一点的坐标）
是否删除源对象？ [ 是 (Y) / 否 (N)] < 否 >:
（根据需要确定是否删除源对象）
```

（3）视图（V）：指定一个平行于当前视图的平面作为镜像平面。

（4）XY（YZ、ZX）平面：指定一个平行于当前坐标系的XY（YZ、ZX）平面作为镜像平面。

实例教学

下面以图10-10所示的泵轴为例，介绍三维镜像命令的使用方法。

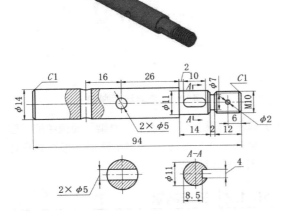

图10-10　泵轴

STEP 绘制步骤

❶ 在命令行输入"UCS"命令并按<Enter>键，设置用户坐标系，将坐标系绕X轴旋转90°。

❷ 单击"三维工具"选项卡"建模"面板中的"圆柱体"按钮，以坐标原点为底面中心点，绘制直径为"14"、高为"66"的圆柱体；依次绘制直径为"11"和高为"14"、直径为"7.5"和高为"2"、直径为"8"和高为"12"的圆柱体，如图10-11所示。

❸ 单击"三维工具"选项卡"实体编辑"面板中的"并集"按钮，对创建的圆柱体进行并集运算。单击"视图"选项卡"视觉样式"面板中的"隐藏"按钮，进行消隐处理，结果如图10-12所示。

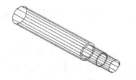

图10-11　绘制圆柱体（1）

图10-12　消隐后的效果

❹ 在命令行输入"UCS"命令并按<Enter>键，设置用户坐标系，将坐标系绕Y轴旋转-90°。

❺ 单击"三维工具"选项卡"建模"面板中的"圆

柱体"按钮，以（40,0）为底面中心点，绘制直径为"5"、高为"7"的圆柱体；以（88,0）为底面中心点，绘制直径为"2"、高为"4"的圆柱体，如图10-13所示。

图10-13　绘制圆柱体（2）

❻ 绘制二维图形，并创建为面域。

（1）单击"默认"选项卡"绘图"面板中的"直线"按钮，以端点坐标（70,0）和（@6,0）绘制直线，如图10-14所示。

（2）单击"默认"选项卡"修改"面板中的"偏移"按钮，将步骤（1）中绘制的直线分别向上、下偏移"2"，如图10-15所示。

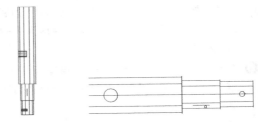

图10-14　绘制直线　　图10-15　偏移直线

（3）单击"默认"选项卡"修改"面板中的"圆角"按钮，对两条直线进行倒圆角处理，圆角半径为"2"，如图10-16所示。

图10-16　倒圆角处理

（4）单击"默认"选项卡"绘图"面板中的"面域"按钮，将二维图形创建为面域，如图10-17所示。

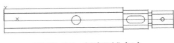

图10-17　创建面域（1）

❼ 单击"视图"选项卡"命名视图"面板中的"西南等轴测"按钮，切换到西南等轴测视图。利用"三维镜像"命令，对Ø5及Ø2圆柱以当前XY面为镜像面，进行镜像操作。命令行提示如下。

```
命令：_mirror3d
选择对象：(选择Ø5 及 Ø2 圆柱)
选择对象：↙
指定镜像平面（三点）的第一个点或 [ 对象 (O) / 最
近的 (L) /Z 轴 (Z) / 视图 (V) /XY 平面 (XY) /YZ 平
面 (YZ) /ZX 平面 (ZX) / 三点 (3)] < 三点 >: xy ↙
指定 XY 平面上的点 <0,0,0>: ↙
是否删除源对象？[ 是 (Y) / 否 (N)] < 否 >: ↙
（结果如图 10-18 所示）
```

❽ 单击"三维工具"选项卡"建模"面板中的"拉伸"
按钮▣，将创建的面域拉伸"2.5"，如图 10-19
所示。

图 10-18 镜像操作

图 10-19 拉伸面域

❾ 单击"默认"选项卡"修改"面板中的"移动"
按钮✛，移动拉伸实体，相对坐标为（@0,0,3），
如图 10-20 所示。

❿ 单击"三维工具"选项卡"实体编辑"面板中的
"差集"按钮▣，对外形圆柱与内形圆柱及拉伸
实体进行差集运算，结果如图 10-21 所示。

图 10-20 移动实体

图 10-21 差集运算后的实体

⓫ 创建螺纹。

（1）在命令行输入"WCS"命令并按 <Enter>
键，将坐标系切换到世界坐标系，然后绕 X 轴旋
转 90°。单击"默认"选项卡"绘图"面板中的
"螺旋"按钮 ，绘制螺纹线。命令行提示如下。

```
命令：_Helix
圈数 = 8.0000 扭曲 =CCW
指定底面的中心点：0,0,95 ↙
指定底面半径或 [ 直径 (D) ] <1.000>:4 ↙
指定顶面半径或 [ 直径 (D) ] <4>: ↙
指定螺旋高度或 [ 轴端点 (A) / 圈数 (T) / 圈高
(H) / 扭曲 (W)] <10.2000>: T ↙
输入圈数 <3.0000>:8 ↙
指定螺旋高度或 [ 轴端点 (A) / 圈数 (T) / 圈高
(H) / 扭曲 (W)] <10.2000>: -14 ↙
```

结果如图 10-22 所示。

（2）在命令行输入"UCS"命令并按 <Enter>
键，命令行提示如下。

```
命令：UCS ↙
当前 UCS 名称：* 世界 *
指定 UCS 的原点或 [面 (F)/命名 (NA)/对象
(OB)/上一个 (P)/视图 (V)/世界 (W)/X/Y/Z/Z
轴 (ZA)]< 世界 >:(捕捉螺旋线的上端点)
指定 X 轴上的点或 < 接受 >:(捕捉螺旋线上一点)
指定 XY 平面上的点或 < 接受 >:
```

（3）在命令行输入"UCS"命令并按 <Enter> 键，
将坐标系绕 Y 轴旋转 -90°，结果如图 10-23 所示。

图 10-22 绘制螺旋线

图 10-23 切换坐标系

（4）选择菜单栏中的"视图"→"三维视图"→
"平面视图"→"当前 UCS（C）"命令。

（5）单击"默认"选项卡"绘图"面板中的"直
线"按钮╱，捕捉螺旋线的上端点绘制牙型截
面轮廓，绘制一个正三角形，其边长为"1.5"，
如图 10-24 所示。

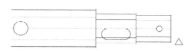

图 10-24 绘制牙型截面轮廓

（6）单击"默认"选项卡"绘图"面板中的"面域"
按钮◎，创建面域，结果如图 10-25 所示。

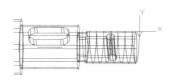

图 10-25 创建面域（2）

（7）单击"视图"选项卡"命名视图"面板中
的"西南等轴测"按钮❖，将视图切换到西南等
轴测视图。

（8）单击"三维工具"选项卡"建模"面板中
的"扫掠"按钮 ，命令行提示如下。

```
命令：_sweep
当前线框密度：ISOLINES=4,闭合轮廓创建模式 =
实体
选择要扫掠的对象或 [ 模式 (MO)]：(选择三角
牙型截面轮廓)
```

选择要扫掠的对象或 [模式 (MO)]：✓

选择扫掠路径或 [对齐 (A) / 基点 (B) / 比例
(S) / 扭曲 (T)]：(选择螺纹线)

结果如图 10-26 所示。

（9）将坐标系切换到世界坐标系，然后将坐标系绕 X 轴旋转 90°。

（10）单击"三维工具"选项卡"建模"面板中的"圆柱体"按钮🛢，以坐标点（0,0,94）为底面中心点，绘制半径为"6"、高为"2"的圆柱体；以坐标点（0,0,82）为底面中心点，绘制半径为"6"、高为"-2"的圆柱体；以坐标点（0,0,82）为底面中心点，绘制直径为"7.5"、高为"-2"的圆柱体，结果如图 10-27 所示。

图 10-26 扫掠实体　　　　**图 10-27 绘制圆柱体（3）**

（11）单击"三维工具"选项卡"实体编辑"面板中的"并集"按钮🔲，对螺纹与主体进行并集运算。

（12）单击"三维工具"选项卡"实体编辑"面板中的"差集"按钮🔎，从主体左端半径为"6"的圆柱体中减去直径为"7.5"的圆柱体，然后从螺纹主体中减去半径为"6"的圆柱体和上一步差集运算得到的实体，结果如图 10-28 所示。

⓬ 在命令行输入"WCS"命令并按 <Enter> 键，将坐标系切换到世界坐标系，然后将坐标系绕 Z 轴旋转 -90°。

⓭ 单击"三维工具"选项卡"建模"面板中的"圆柱体"按钮🛢，以坐标点（24,0,0）为底面中心点、绘制直径为"5"、高为"7"的圆柱体，如图 10-29 所示。

图 10-28 进行差集运算　　**图 10-29 绘制圆柱体（4）**

⓮ 利用"三维镜像"命令，将上一步绘制的圆柱体以当前 XY 面为镜像面，进行镜像操作，结果如图 10-30 所示。

⓯ 单击"三维工具"选项卡"实体编辑"面板中的

"差集"按钮🔎，对轴与镜像得到的圆柱体进行差集运算。

⓰ 单击"默认"选项卡"修改"面板中的"倒角"按钮◢，对左轴端及 ⌀11 轴径进行倒角操作，倒角距离为"1"。单击"视图"选项卡"视觉样式"面板中的"隐藏"按钮🔲，对实体进行消隐，如图 10-31 所示。

图 10-30 镜像圆柱体　　　**图 10-31 消隐后的实体**

⓱ 单击"可视化"选项卡"材质"面板中的"材质浏览器"按钮⊗，系统打开"材质浏览器"选项板，如图 10-32 所示。选择适当的材质，单击"可视化"选项卡"渲染"面板中的"渲染到尺寸"按钮🖼，对实体进行渲染，如图 10-33 所示。

图 10-32 "材质浏览器"选项板

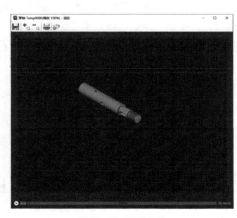

图 10-33 渲染实体

10.1.3 | 对齐对象

执行方式

命令行：ALIGN（快捷命令：AL）

菜单栏："修改"→"三维操作"→"对齐"

操作步骤

命令行提示如下。

命令：ALIGN ✓
选择对象：（选择要对齐的对象）
选择对象：（选择下一个对象或按 <Enter> 键指定
一对、两对或三对点，将选定对象对齐）
指定第一个源点：（选择点 1）
指定第一个目标点：（选择点 2）
指定第二个源点：✓

一对点对齐结果如图 10-34 所示。对齐两对点
和三对点与对齐一对点类似。

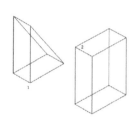

（a）对齐前　　　　（b）对齐后

图 10-34　一对点对齐

10.1.4 | 三维移动

执行方式

命令行：3DMOVE

菜单栏："修改"→"三维操作"→"三维移动"

工具栏：单击"建模"工具栏中的"三维移动"
按钮⬚。

操作步骤

命令行提示如下。

命令：3DMOVE ✓
选择对象：找到 1 个
选择对象：✓
指定基点或 [位移（D）] < 位移 >：（指定基点）
指定第二个点或 < 使用第一个点作为位移 >：（指
定第二个点）

其操作方法与"二维移动"命令类似，图 10-35
所示为将滚珠从轴承中移出的情形。

图 10-35　三维移动示例

🖈 实例教学

下面以图 10-36 所示的阀盖为例，介绍三维移
动命令的使用方法。

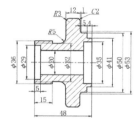 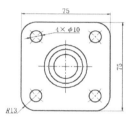

图 10-36　阀盖

STEP 绘制步骤

❶ 单击"视图"选项卡"命名视图"面板中的"西
南等轴测"按钮◈，切换到西南等轴测视图。

❷ 在命令行输入"UCS"命令并按 <Enter> 键，
将坐标系绕 X 轴旋转 90°。命令行提示如下。

命令：UCS '
当前 UCS 名称：* 世界 *
UCS 的原点或 [面（F）/ 命名（NA）/ 对象（OB）/
上一个（P）/ 视图（V）/ 世界（W）/X/Y/Z/Z 轴
（ZA）] < 世界 >：X✓
指定绕 X 轴的旋转角度 <90>：✓

❸ 单击"三维工具"选项卡"建模"面板中的"圆
柱体"按钮⬚，以坐标点（0，0，0）为底面中心
点，绘制半径为"18"、高为"15"以及半径
为"16"、高为"26"的圆柱体，如图 10-37
所示。

❹ 设置用户坐标系。命令行提示如下。

命令：UCS ✓
当前 UCS 名称：* 世界 *

指定 UCS 的原点或 [面 (F)/ 命名 (NA)/ 对象
(OB)/ 上 一 个 (P)/ 视 图 (V)/ 世 界 (W)/X/
Y/Z/Z 轴 (ZA)] < 世界 >:0,0,32 ✓
指定 X 轴上的点或 < 接受 >: ✓

❺ 单击"三维工具"选项卡"建模"面板中的"长方体"按钮▣,绘制以原点为中心点、长度为"75"、宽度为"75"、高度为"12"的长方体,如图 10-38 所示。

 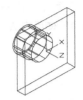

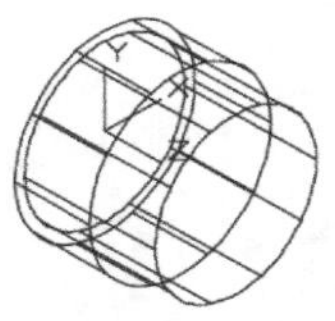

图 10-37　绘制圆柱体（1）　　**图 10-38　绘制长方体**

❻ 单击"默认"选项卡"修改"面板中的"圆角"按钮▭,指定圆角半径为"10.5",对长方体的 4 个 Z 轴方向的边倒圆角,如图 10-39 所示。

❼ 单击"三维工具"选项卡"建模"面板中的"圆柱体"按钮▣,捕捉圆角圆心为中心点,绘制直径为"10"、高为"12"的圆柱体,如图 10-40 所示。

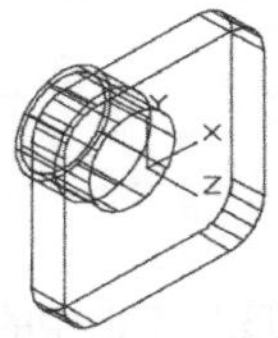

图 10-39　倒圆角处理（1） 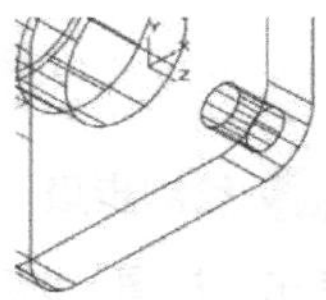　　**图 10-40　绘制圆柱体（2）**

❽ 单击"默认"选项卡"修改"面板中的"复制"按钮❀,将上步绘制的圆柱体以圆柱体的圆心为基点,复制到其余 3 个圆角圆心处,如图 10-41 所示。

❾ 单击"三维工具"选项卡"实体编辑"面板中的"差集"按钮▣,将上步得到的圆柱体从主体中减去,如图 10-42 所示。

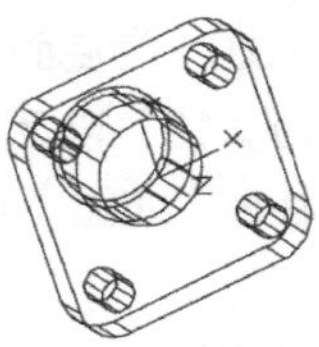

图 10-41　复制圆柱体 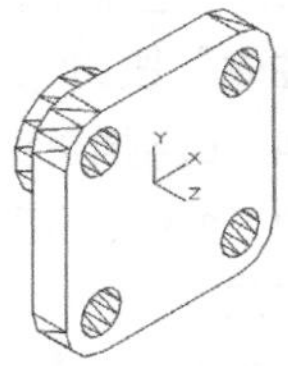　　**图 10-42　差集运算结果（1）**

❿ 单击"三维工具"选项卡"建模"面板中的"圆

柱体"按钮▣,以坐标点（0,0,0）为底面中心点,分别绘制直径为"53"、高为"7",直径为"50"、高为"12",以及直径为"41"、高为"16"的圆柱体。

⓫ 单击"三维工具"选项卡"实体编辑"面板中的"并集"按钮▣,对所有图形进行并集运算,并集后的实体如图 10-43 所示。

⓬ 单击"三维工具"选项卡"建模"面板中的"圆柱体"按钮▣,捕捉实体前端面圆心为中心点,分别绘制直径为"35"、高为"-7"及直径为"20"、高为"-48"的圆柱体;捕捉实体后端面圆心为中心点,绘制直径为"28.5"、高为"5"的圆柱体。

⓭ 单击"三维工具"选项卡"实体编辑"面板中的"差集"按钮▣,对实体与上步绘制的圆柱体进行差集运算,如图 10-44 所示。

图 10-43　并集运算结果（1）　　**图 10-44　差集运算结果（2）**

⓮ 单击"默认"选项卡"修改"面板中的"圆角"按钮▭,设置圆角半径分别为"1""3""5",进行倒圆角处理,如图 10-45 所示。

⓯ 单击"默认"选项卡"修改"面板中的"倒角"按钮▭,指定倒角距离为"1.5",对实体后端面进行倒角处理。

⓰ 单击"视图"选项卡"命名视图"面板中的"左视"按钮▣,切换到左视图。

⓱ 单击"视图"选项卡"视觉样式"面板中的"隐藏"按钮▣,对实体进行消隐。消隐后的效果如图 10-46 所示。

图 10-45　倒圆角处理（2） 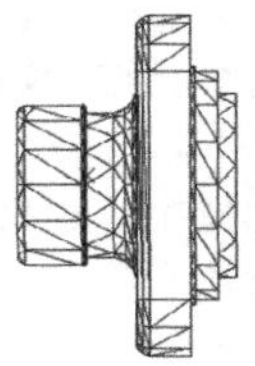　　**图 10-46　消隐后的效果**

⓲ 绘制螺纹。

（1）单击"默认"选项卡"绘图"面板中的"多

边形"按钮⬠，在实体旁边绘制一个正三角形，其边长为"2"，如图 10-47 所示。

（2）单击"默认"选项卡"绘图"面板中的"构造线"按钮，过正三角形底边绘制水平辅助线，如图 10-48 所示。

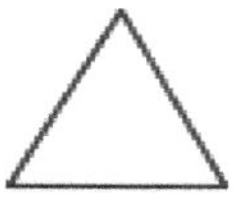

图 10-47 绘制 图 10-48 绘制水平辅助线

正三角形

（3）单击"默认"选项卡"修改"面板中的"偏移"按钮，将水平辅助线向上偏移"18"，如图 10-49 所示。

图 10-49 偏移水平辅助线

（4）单击"三维工具"选项卡"建模"面板中的"旋转"按钮，以偏移后的水平辅助线为旋转轴，选取正三角形，将其旋转 360°，如图 10-50 所示。

图 10-50 旋转处理

（5）单击"默认"选项卡"修改"面板中的"删除"按钮，删除绘制的辅助线。

（6）选择菜单栏中的"修改"→"三维操作"→"三维阵列"命令，对旋转形成的实体进行阵列处理，形成 1 行、8 列的矩形阵列，列间距为"2"，如图 10-51 所示。

（7）单击"三维工具"选项卡"实体编辑"面板中的"并集"按钮，对阵列后的实体进行并集运算，如图 10-52 所示。

⑲ 选择菜单栏中的"修改"→"三维操作"→"三维移动"命令，命令行提示如下。

图 10-51 三维

阵列实体

```
命令：_3dmove
选择对象：（用鼠标选取绘制的螺纹）
选择对象：✓
指定基点或 [ 位移 (D) ] < 位移 >：（用鼠标选取螺纹左端面圆心）
指定第二个点或 < 使用第一个点作为位移 >：（用鼠标选取实体左端圆心）
```

结果如图 10-53 所示。

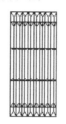 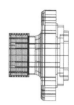

图 10-52 并集运算结果（2） 图 10-53 移动螺纹后的图形

⑳ 单击"三维工具"选项卡"实体编辑"面板中的"差集"按钮，对实体与螺纹进行差集运算。

㉑ 用同样的方法，为阀盖创建螺纹孔。最终结果如图 10-36 所示。

10.1.5 | 三维旋转

执行方式

命令行：3DROTATE

菜单栏："修改"→"三维操作"→"三维旋转"

工具栏：单击"建模"工具栏中的"三维旋转"按钮

执行方式

命令行提示如下。

```
命令：3DROTATE ✓
UCS 当前的正角方向：ANGDIR= 逆时针 ANGBASE=0
选择对象：（选择一个滚珠）
选择对象：✓
指定基点：（指定圆心位置）
拾取旋转轴：（选择图 10-54 所示的轴）
指定角的起点或键入角度：（选择图 10-54 所示的中心点）
```

旋转结果如图 10-55 所示。

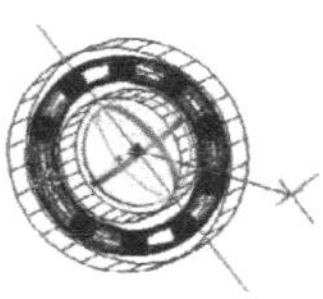

图 10-54 指定参数 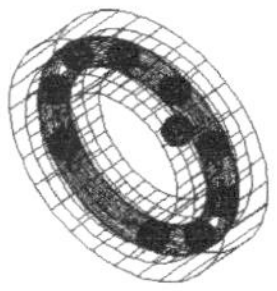 图 10-55 旋转结果

实例教学

下面以图 10-56 所示的沙发为例，介绍"三维旋转"命令的使用方法。

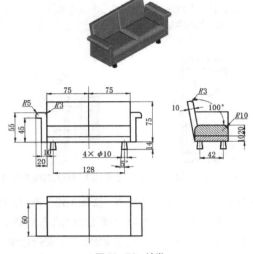

图 10-56 沙发

STEP **绘制步骤**

❶ 单击"视图"选项卡"命名视图"面板中的"西南等轴测"按钮◈，改变视图。

❷ 单击"三维工具"选项卡"建模"面板中的"长方体"按钮▤，以（0,0,5）为角点，绘制长为"150"、宽为"60"、高为"10"的长方体；以（0,0,15）和（@75,60,20）为角点绘制长方体；以（75,0,15）和（@75,60,20）为角点绘制长方体。结果如图 10-57 所示。

❸ 单击"默认"选项卡"绘图"面板中的"直线"按钮╱，过（0,0,5）（@0,0,55）（@-20,0,0）（@0,0,-10）（@10,0,0）（@0,0,-45）绘制多段线。结果如图 10-58 所示。

图 10-57 绘制长方体（1） **图 10-58 绘制多段线**

❹ 单击"默认"选项卡"绘图"面板中的"面域"按钮▣，将所绘多段线创建成面域。

❺ 单击"三维工具"选项卡"建模"面板中的"拉伸"按钮▤，将直线拉伸，拉伸高度为"60"。

结果如图 10-59 所示。

❻ 单击"默认"选项卡"修改"面板中的"圆角"按钮╭，对拉伸实体的棱边倒圆角，圆角半径为"5"。结果如图 10-60 所示。

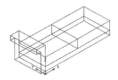 

图 10-59 拉伸处理 **图 10-60 倒圆角处理（1）**

❼ 单击"三维工具"选项卡"建模"面板中的"长方体"按钮▤，以（0,60,5）和（@75,-10,75）为角点绘制长方体。结果如图 10-61 所示。

❽ 利用"三维旋转"命令，将上步绘制的长方体旋转 -10°。命令行提示如下。

```
命令：3DROTATE ↙
当前正向角度：ANGDIR= 逆时针 ANGBASE=0
选择对象：（选择长方体）
选择对象：↙
指定基点：0,60,5 ↙
拾取旋转轴：
指定角的起点或键入角度：-10 ↙
```
结果如图 10-62 所示。

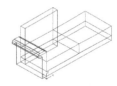 

图 10-61 绘制长方体（2） **图 10-62 三维旋转处理**

❾ 选择菜单栏中的"修改"→"三维操作"→"三维镜像"命令，将步骤❸～步骤❽得到的实体以过（75,0,15）（75,0,35）（75,60,35）3 点的平面为镜像面，进行镜像处理。结果如图 10-63 所示。

❿ 单击"默认"选项卡"修改"面板中的"圆角"按钮╭，进行倒圆角处理。坐垫的圆角半径为"10"，靠背的圆角半径为"3"，其他边的圆角半径为"1"。结果如图 10-64 所示。

图 10-63 三维镜像处理 **图 10-64 倒圆角处理（2）**

⑪ 单击"默认"选项卡"绘图"面板中的"圆"按钮⊙，以（11,9,-9）为圆心，绘制半径为"5"的圆。单击"三维工具"选项卡"建模"面板中的"拉伸"按钮▮，拉伸圆，拉伸高度为"15"，拉伸角度为5°。结果如图 10-65 所示。

⑫ 选择菜单栏中的"修改"→"三维操作"→"三维阵列"命令，对拉伸后的实体进行矩形阵列，行数为"2"，列数为"2"，行偏移为"42"，列偏移为"128"。结果如图 10-66 所示。

⑬ 单击"可视化"选项卡"材质"面板中的"材质

浏览器"按钮⊗，在"材质浏览器"选项板中选择适当的材质。单击"可视化"选项卡"渲染"面板中的"渲染到尺寸"按钮▦，对实体进行渲染。渲染后的效果如图 10-56 所示。

图 10-65　绘制圆并拉伸　　　**图 10-66　三维阵列处理**

10.2 编辑实体

10.2.1 | 拉伸面

执行方式

命令行：SOLIDEDIT

菜单栏："修改"→"实体编辑"→"拉伸面"

工具栏：单击"实体编辑"工具栏中的"拉伸面"按钮▮

功能区：单击"三维工具"选项卡"实体编辑"面板中的"拉伸面"按钮▮

操作步骤

命令行提示如下。

```
命令：_solidedit
实体编辑自动检查 : SOLIDCHECK=1
输入实体编辑选项 [ 面 (F)/ 边 (E)/ 体 (B)/
放弃 (U)/ 退出 (X)] < 退出 >：_face
输入面编辑选项 [ 拉伸 (E)/ 移动 (M)/ 旋
转 (R)/ 偏移 (O)/ 倾斜 (T)/ 删除 (D)/ 复
制 (C)/ 颜色 (L)/ 材质 (A)/ 放弃 (U)/退出
(X)]< 退出 >：_extrude
选择面或 [ 放弃 (U)/ 删除 (R)]：（选择要进行
拉伸的面）
选择面或 [ 放弃 (U)/ 删除 (R)/ 全部（ALL）]：
指定拉伸高度或 [ 路径（P）]：（输入拉伸高度）
指定拉伸的倾斜角度 <0>：（输入倾斜角度）
```

选项说明

（1）指定拉伸高度：按指定的高度值拉伸面。指定拉伸高度后，再指定拉伸的倾斜角度，即可完成拉伸操作。

（2）路径（P）：沿指定的路径曲线拉伸面。

图 10-67 所示为拉伸长方体顶面和侧面的结果。

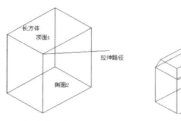

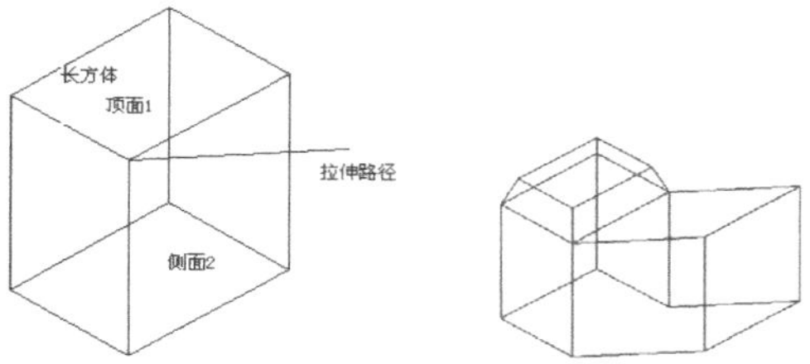

（a）拉伸前的长方体　　　（b）拉伸后的三维实体

图 10-67　拉伸长方体

📖 实例教学

下面以图 10-68 所示的顶针为例，介绍"拉伸面"命令的使用方法。

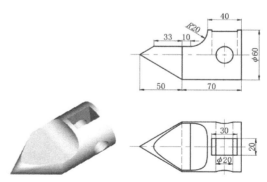

图 10-68　顶针

STEP 绘制步骤

❶ 单击"视图"选项卡"命名视图"面板中的"西南等轴测"按钮❖，切换到西南等轴测视图。

❷ 在命令行输入"UCS"命令并按 <Enter> 键，将坐标系绕 X 轴旋转 90°。

❸ 单击"三维工具"选项卡"实体编辑"面板中的"圆锥体"按钮△，绘制半径为"30"、高为"−50"的圆锥。单击"三维工具"选项卡"实体编辑"面板中的"圆柱体"按钮⬜，以坐标原点为底面中心点，绘制半径为"30"、高为"70"的圆柱。结果如图 10-69 所示。

❹ 选择菜单栏中的"修改"→"三维操作"→"剖切"命令，以 ZX 平面为剖切面，指定剖切面上的点为（0,10），对圆锥进行剖切处理，保留下半部分。结果如图 10-70 所示。

图 10-69 绘制圆锥及圆柱　　　　**图 10-70 剖切圆锥**

❺ 单击"三维工具"选项卡"实体编辑"面板中的"并集"按钮◪，对圆锥与圆柱体进行并集运算。

❻ 选择"拉伸面"命令，选取图 10-71 所示的实体表面，拉伸高度设为"−10"。命令行提示如下。

图 10-71 选取拉伸面

```
命令: _solidedit
实体编辑自动检查 : SOLIDCHECK=1
输入实体编辑选项 [ 面 (F)/ 边 (E)/ 体 (B)/
放弃 (U)/ 退出 (X)] < 退出 >: _face
输入面编辑选项[ 拉伸 (E)/ 移动 (M)/ 旋转 (R)/ 偏
移 (O)/ 倾斜 (T)/ 删除 (D)/ 复制 (C)/ 颜色 (L)/
材质 (A)/ 放弃 (U)/ 退出 (X)] < 退出 >: _extrude
选择面或 [ 放弃 (U)/ 删除 (R)]: （选取
图 10-71 所示的实体表面）
指定拉伸高度或 [ 路径 (P)]: -10 ↙
指定拉伸的倾斜角度 <0>: ↙
已开始实体校验。
已完成实体校验。
输入面编辑选项 [ 拉伸 (E)/ 移动 (M)/ 旋转 (R)/
偏移 (O)/ 倾斜 (T)/ 删除 (D)/ 复制 (C)/ 颜色
(L)/ 材质 (A)/ 放弃 (U)/ 退出 (X)] < 退出 >: ↙
  实体编辑自动检查 : SOLIDCHECK=1
输入实体编辑选项 [ 面 (F)/ 边 (E)/ 体 (B)/
放弃 (U)/ 退出 (X)] < 退出 >: ↙
```
结果如图 10-72 所示。

❼ 单击"视图"选项卡"命名视图"面板中的"左视"

按钮🔲，切换到左视图。以（10,30,−30）为底面中心点，绘制半径为"20"、高为"60"的圆柱体；以（50,0,−30）为底面中心点，绘制半径为"10"、高为"60"的圆柱体。结果如图10-73 所示。

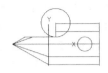

图 10-72 拉伸后的实体　　**图 10-73 绘制圆柱体**

❽ 单击"三维工具"选项卡"实体编辑"面板中的"差集"按钮◪，对实体图形与两个圆柱体进行差集运算。结果如图 10-74 所示。

❾ 单击"三维工具"选项卡"建模"面板中的"长方体"按钮◪，以（35,0,−10）为角点，绘制长为"30"、宽为"30"、高为"20"的长方体。然后对实体与长方体进行差集运算。消隐后的实体如图 10-75 所示。

图 10-74 进行差集运算后的实体　　**图 10-75 消隐后的实体**

❿ 单击"可视化"选项卡"材质"面板中的"材质浏览器"按钮⊗，在"材质浏览器"选项板中选择适当的材质。单击"可视化"选项卡"渲染"面板中的"渲染到尺寸"按钮📷，对实体进行渲染，渲染后的结果如图 10-68 所示。

⓫ 选择菜单栏中的"文件"→"保存"命令，将绘制完成的图形以"顶针立体图 .dwg"为文件名保存在指定的路径中。

10.2.2 | 删除面

执行方式

命令行：SOLIDEDIT

菜单栏："修改"→"实体编辑"→"删除面"

工具栏：单击"实体编辑"工具栏中的"删除面"按钮📷

功能区：单击"三维工具"选项卡"实体编辑"面板中的"删除面"按钮📷

命令行提示如下。

```
命令：_solidedit
实体编辑自动检查：SOLIDCHECK=1
输入实体编辑选项 [ 面 (F)/ 边 (E)/ 体 (B)/
放弃 (U)/ 退出 (X)] < 退出 >：_face
输入面编辑选项 [ 拉伸 (E)/ 移动 (M)/ 旋转 (R)/ 偏
移 (O)/ 倾斜 (T)/ 删除 (D)/ 复制 (C)/ 颜色 (L)/
材质 (A)/ 放弃 (U)/ 退出 (X)] < 退出 >：_ delete
选择面或 [ 放弃 (U)/ 删除 (R)]：(选择要删除
的面)
选择面或 [ 放弃 (U)/ 删除 (R)/ 全部 (ALL)]：
```

图 10-76 所示为删除长方体一个倒角面的示例。

（a）倒角后的长方体　（b）删除倒角面后的长方体

图 10-76　删除倒角面

实例教学

下面以图 10-77 所示的镶块为例，介绍"删除面"命令的使用方法。

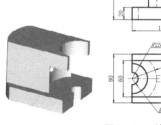 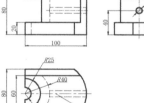

图 10-77　镶块

STEP 绘制步骤

❶ 单击"视图"选项卡"命名视图"面板中的"西南等轴测"按钮，切换到西南等轴测视图。

❷ 单击"三维工具"选项卡"建模"面板中的"长方体"按钮，以坐标原点为角点，绘制长为"50"、宽为"100"、高为"20"的长方体，如图 10-78 所示。

❸ 单击"三维工具"选项卡"建模"面板中的"圆柱体"按钮，以长方体右侧面底边中点为底面中心点，绘制半径为"50"、高为"20"的圆

柱体，如图 10-79 所示。

图 10-78　绘制长方体　　**图 10-79　绘制圆柱体（1）**

❹ 单击"三维工具"选项卡"实体编辑"面板中的"并集"按钮，对长方体与圆柱体进行并集运算。结果如图 10-80 所示。

❺ 选择菜单栏中的"修改"→"三维操作"→"剖切"命令，以 ZX 平面为剖切面，分别指定剖切面上的点为（0,10,0）和（0,90,0），对实体进行对称剖切，保留实体中部。结果如图 10-81 所示。

图 10-80　并集运算后的实体　**图 10-81　剖切后的实体**

❻ 单击"默认"选项卡"修改"面板中的"复制"按钮，将剖切后的实体向上复制一个，如图 10-82 所示。

❼ 单击"三维工具"选项卡"实体编辑"面板中的"拉伸面"按钮。选取上方实体前端面，指定拉伸高度为"-10"，如图 10-83 所示。继续将该实体后侧面拉伸"-10"。结果如图 10-84 所示。

图 10-82　复制实体　　**图 10-83　选取拉伸面**

❽ 选择"删除面"命令，选择删除面，对实体上的面进行删除，如图 10-85 所示。继续将实体后部对称侧面删除，结果如图 10-86 所示。

图 10-84　拉伸后的实体　**图 10-85　选择删除面并进行删除**

❾ 单击"三维工具"选项卡"实体编辑"面板中的"拉伸面"按钮，将实体顶面向上拉伸"40"。结果如图 10-87 所示。

图 10-86 删除面后的实体   **图 10-87 拉伸顶面后的实体**

❿ 单击"三维工具"选项卡"建模"面板中的"圆柱体"按钮，以实体底面左边中点为底面中心点，创建半径为"10"、高"20"的圆柱体。以 R10 圆柱体顶面圆心为中心点继续创建半径为"40"、高"40"及半径为"25"、高"60"的圆柱体。

⓫ 单击"三维工具"选项卡"实体编辑"面板中的"差集"按钮，对实体与 3 个圆柱体进行差集运算。结果如图 10-88 所示。

⓬ 在命令行输入"UCS"命令并按 <Enter> 键，将坐标原点移动到（0,50,40），并将坐标系绕 Y 轴旋转 90°。

⓭ 单击"三维工具"选项卡"建模"面板中的"圆柱体"按钮，以坐标原点为底面中心点，绘制半径为"5"、高为"100"的圆柱体。结果如图 10-89 所示。

图 10-88 差集运算后的实体   **图 10-89 绘制圆柱体（2）**

⓮ 单击"三维工具"选项卡"实体编辑"面板中的"差集"按钮，对实体与圆柱体进行差集运算。

⓯ 单击"可视化"选项卡"渲染"面板中的"渲染到尺寸"按钮，对步骤⓮得到的实体进行渲染。渲染后的结果如图 10-77 所示。

10.2.3 | 旋转面

执行方式

命令行：SOLIDEDIT

菜单栏："修改"→"实体编辑"→"旋转面"

工具栏：单击"实体编辑"工具栏中的"旋转面"按钮。

功能区：单击"三维工具"选项卡"实体编辑"面板中的"旋转面"按钮。

操作步骤

命令行提示如下。

```
命令：_solidedit
实体编辑自动检查 : SOLIDCHECK=1
输入实体编辑选项 [ 面 (F) / 边 (E) / 体 (B) /
放弃 (U) / 退出 (X) ] < 退出 >: _face
输入面编辑选项 [ 拉伸 (E) / 移动 (M) / 旋转 (R) /
偏移 (O) / 倾斜 (T) / 删除 (D) / 复制 (C) / 颜色 (L) /
材质 (A) / 放弃 (U) / 退出 (X) ] < 退出 >: _rotate
选择面或 [ 放弃 (U) / 删除 (R) ]:(选择要旋转的面)
选择面或 [ 放弃 (U) / 删除 (R) / 全部 (ALL) ]:
（继续选择或按 <Enter> 键结束选择）
指定轴点或 [ 经过对象的轴 (A) / 视图 (V) /X 轴
(X) /Y 轴 (Y) /Z 轴 (Z) ] < 两点 >:（选择一种确
定轴线的方式）
指定旋转角度或 [ 参照 (R) ]:（输入旋转角度）
```

图 10-90（b）所示为将图 10-90（a）中的开口槽旋转 90° 后的结果。

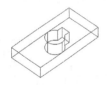 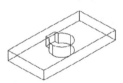

（a）旋转前   **（b）旋转后**

图 10-90 开口槽旋转 90° 前后的图形

实例教学

下面以图 10-91 所示的轴支架为例，介绍"旋转面"命令的使用方法。

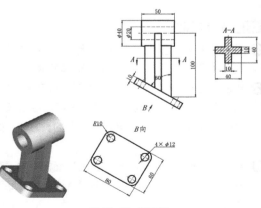

图 10-91 轴支架

STEP 绘制步骤

❶ 单击"视图"选项卡"命名视图"面板中的"西南等轴测"按钮❖，切换到西南等轴测视图。

❷ 单击"三维工具"选项卡"建模"面板中的"长方体"按钮▱，以（0,0,0）为角点坐标，长、宽、高分别为"80""60""10"，绘制长方体，如图 10-92 所示。

❸ 单击"默认"选项卡"修改"面板中的"圆角"按钮⌐，进行圆角处理，如图 10-93 所示。

图 10-92　绘制长方体（1）　　**图 10-93　圆角处理**

❹ 单击"三维工具"选项卡"建模"面板中的"圆柱体"按钮▱，绘制底面中心点为（10,10,0）、半径为"6"、高度为"10"的圆柱体，如图 10-94 所示。

❺ 单击"默认"选项卡"修改"面板中的"复制"按钮❀，选择上一步绘制的圆柱体进行复制，如图 10-95 所示。

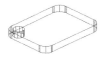
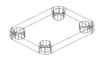

图 10-94　绘制圆柱体（1）　　**图 10-95　复制圆柱体**

❻ 单击"三维工具"选项卡"实体编辑"面板中的"差集"按钮◪，对长方体和圆柱体进行差集运算。

❼ 设置用户坐标系，命令行提示如下。

```
命令：UCS ✓
当前 UCS 名称：* 世界 *
指定 UCS 的原点或 [面 (F) /命名 (NA) /对象
(OB) /上一个 (P) /视图 (V) /世界 (W) /X/Y/Z/Z
轴 (ZA)]< 世界 >：40, 30, 60 ✓
指定 X 轴上的点或 < 接受 >：✓
```

❽ 单击"三维工具"选项卡"建模"面板中的"长方体"按钮▱，以坐标原点为长方体的中心点，分别绘制长为"40"、宽为"10"、高为"100"及长为"10"、宽为"40"、高为"100"的长方体，如图 10-96 所示。

❾ 在命令行输入"UCS"命令并按 <Enter> 键，移动坐标原点到（0,0,50），并将坐标系统 Y 轴

旋转 90°。

❿ 单击"三维工具"选项卡"建模"面板中的"圆柱体"按钮▱，以坐标原点为底面中心点，创建半径为"20"、高为"25"的圆柱体，如图 10-97 所示。

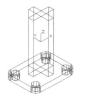

图 10-96　绘制长方体（2）　　**图 10-97　绘制圆柱体（2）**

⓫ 选择菜单栏中的"修改"→"三维操作"→"三维镜像"命令，选取圆柱，以 XY 轴为镜像线进行镜像操作，如图 10-98 所示。

⓬ 单击"三维工具"选项卡"实体编辑"面板中的"并集"按钮◪，对两个圆柱体与两个长方体进行并集运算。

⓭ 单击"三维工具"选项卡"建模"面板中的"圆柱体"按钮▱，捕捉 R20 圆柱的底面中心点为底面中心点，绘制半径为"10"、高为"50"的圆柱体，如图 10-99 所示。

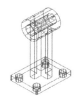

图 10-98　镜像圆柱体　　**图 10-99　绘制圆柱体（3）**

⓮ 单击"三维工具"选项卡"实体编辑"面板中的"差集"按钮◪，对并集得到的实体与圆柱进行差集运算。消隐处理后的实体，如图 10-100 所示。

⓯ 单击"三维工具"选项卡"实体编辑"面板中的"旋转面"按钮◪，旋转十字形上底面。命令行提示如下。

图 10-100　消隐处理后的实体（1）

```
命令：_solidedit
实体编辑自动检查：SOLIDCHECK=1
输入实体编辑选项 [ 面 (F) / 边 (E) / 体 (B) /
放弃 (U) / 退出 (X)] < 退出 >：_face
输入面编辑选项 [ 拉伸 (E) / 移动 (M) / 旋转
(R) / 偏移 (O) / 倾斜 / 删除 (D) / 复制 (C) /
颜色 (L) / 材质 (A) / 放弃
```

/ 退出 (X)] < 退出 >: _rotate
选择面或 [放弃 (U) / 删除 (R)]: (选择十字形上底面)
选择面或 [放弃 (U) / 删除 (R) / 全部 (ALL)]: ✓
指定轴点或 [经过对象的轴 (A) / 视图(V)/X 轴/Y 轴 (Y)/Z 轴 (Z)] < 两点 >: Y ✓
指定旋转原点 <0,0,0>:_endp 于 (捕捉十字形上底面的右端点)
指定旋转角度或 [参照 (R)]: 30 ✓

结果如图 10-101 所示。

⑯ 在命令行输入"Rotate3D"命令并按 <Enter> 键，旋转底板。命令行提示如下。

命令 : Rotate3D ✓
选择对象 : (选取底板)
选择对象 : ✓
指定轴上的第一个点或定义轴依据 [对象 (O) / 最近的 (L) / 视图 (V)/X 轴 (X)/Y 轴 (Y)/Z 轴 (Z) / 两点 (2)]: Y✓
指定 Y 轴上的点 <0,0,0>:_endp 于 (捕捉十字形下底面的右端点)
指定旋转角度或 [参照 (R)]: 30 ✓

⑰ 单击"视图"选项卡"命名视图"面板中的"前视"按钮🖼，切换到主视图。

⑱ 单击"视图"选项卡"视觉样式"面板中的"隐藏"按钮🔲，对实体进行消隐处理。消隐处理后的实体，如图 10-102 所示。

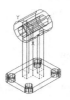

图 10-101 旋转十字形底面 图 10-102 消隐处理后的实体（2）

⑲ 单击"可视化"选项卡"材质"面板中的"材质浏览器"按钮⊗，选择适当材质。单击"可视化"选项卡"渲染"面板中的"渲染到尺寸"按钮🍷，对图形进行渲染。渲染后的结果如图 10-91 所示。

10.2.4 | 倾斜面

命令行: SOLIDEDIT
菜单栏:"修改"→"实体编辑"→"倾斜面"
工具栏: 单击"实体编辑"工具栏中的"倾斜面"按钮🖆

功能区：单击"三维工具"选项卡"实体编辑"面板中的"倾斜面"按钮🖆

操作步骤

命令行提示如下。

命令 : _solidedit
实体编辑自动检查 : SOLIDCHECK=1
输入实体编辑选项 [面 (F) / 边 (E) / 体 (B) / 放弃 (U) / 退出 (X)] < 退出 >: _face
输入面编辑选项 [拉伸 (E) / 移动 (M) / 旋转 (R) / 偏移 (O) / 倾斜 (T) / 删除 (D) / 复制 (C) / 颜色 (L) / 材质 (A) / 放弃 (U) / 退出 (X)] < 退出 >: _taper
选择面或 [放弃 (U) / 删除 (R)]: (选择要倾斜的面)
选择面或 [放弃 (U) / 删除 (R) / 全部 (ALL)]: (继续选择或按 <Enter> 键结束选择)
指定基点 : [选择倾斜的基点 (即倾斜后不动的点)]
指定沿倾斜轴的另一个点 : [选择另一点 (即倾斜后改变方向的点)]
指定倾斜角度 : (输入倾斜角度)

实例教学

下面以图 10-103 所示的回形窗为例，介绍"倾斜面"命令的使用方法。

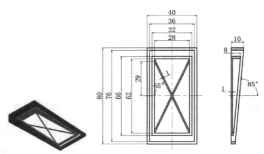

图 10-103   回形窗

STEP **绘制步骤**

❶ 单击"视图"选项卡"命名视图"面板中的"西南等轴测"按钮🖫，切换到西南等轴测视图。

❷ 单击"默认"选项卡"绘图"面板中的"矩形"按钮🔲，以（0,0）和（@40,80）为角点绘制矩形，再以（2,2）和（@36,76）为角点绘制矩形。结果如图 10-104 所示。

图 10-104   绘制矩形（1）

❸ 单击"三维工具"选项卡"建模"面板中的"拉伸"按钮█，拉伸矩形，拉伸高度为"10"。结果如图 10-105 所示。

❹ 单击"三维工具"选项卡"实体编辑"面板中的"差集"按钮◪，对两个拉伸实体进行差集运算。

❺ 单击"默认"选项卡"绘图"面板中的"直线"按钮∕，过（20,2）和（20,78）绘制直线。结果如图 10-106 所示。

图 10-105 拉伸处理（1）　　图 10-106 绘制直线

❻ 单击"三维工具"选项卡"实体编辑"面板中的"倾斜面"按钮◪，进行倾斜面处理。命令行提示如下。

```
命令 : _solidedit
实体编辑自动检查 : SOLIDCHECK=1
输入实体编辑选项 [ 面 (F)/ 边 (E)/ 体 (B)/
放弃 (U)/ 退出 (X)] < 退出 >: _face
输入面编辑选项 [ 拉伸 (E)/ 移动 (M)/ 旋转 (R)/ 偏
移 (O)/ 倾斜 (T)/ 删除 (D)/ 复制 (C)/ 颜色 (L)/
材质 (A)/ 放弃 (U)/ 退出 (X)] < 退出 >: _taper
选择面或 [ 放弃 (U)/ 删除 (R)]: （选择
图 10-107 所示的倾斜面）
选择面或 [ 放弃 (U)/ 删除 (R)/ 全部 (ALL)]: ↙
指定基点 : （选择直线左上方角点）
指定沿倾斜轴的另一个点: （选择直线右下方角点）
指定倾斜角度 : 5 ↙
已开始实体校验。已完成实体校验。
输入面编辑选项 [ 拉 伸 (E)/ 移 动 (M)/ 旋 转 (R)/
偏 移 (O)/ 倾 斜 (T)/ 删除 (D)/ 复制 (C)/ 颜色
(L)/ 材质 (A)/ 放弃 (U)/ 退出 (X)] < 退出 >: ↙
实体编辑自动检查 : SOLIDCHECK=1
输入实体编辑选项 [ 面 (F)/ 边 (E)/ 体 (B)/
放 弃 (U)/ 退 出 (X)] < 退 出 >: ↙
```

结果如图 10-108 所示。

图 10-107 选择倾斜面　　图 10-108 倾斜面处理（1）

❼ 单击"默认"选项卡"绘图"面板中的"矩形"按钮▭，以（4,7）和（@32,66）为角点绘制矩形，以（6,9）和（@28,62）为角点绘制矩形。

结果如图 10-109 所示。

❽ 单击"三维工具"选项卡"建模"面板中的"拉伸"按钮█，拉伸矩形，拉伸高度为"8"。结果如图 10-110 所示。

图 10-109 绘制矩形（2）　　图 10-110 拉伸处理（2）

❾ 单击"三维工具"选项卡"实体编辑"面板中的"差集"按钮◪，进行差集运算。

❿ 单击"三维工具"选项卡"实体编辑"面板中的"倾斜面"按钮◪，将差集得到的实体倾斜 5°，然后删除辅助直线。结果如图 10-111 所示。

⓫ 单击"三维工具"选项卡"建模"面板中的"长方体"按钮▭，以（0,0,15）和（@1,72,1）为角点绘制长方体。结果如图 10-112 所示。

图 10-111 倾斜面处理（2）　　图 10-112 绘制长方体

⓬ 单击"默认"选项卡"修改"面板中的"复制"按钮▫，复制长方体。

⓭ 选择菜单栏中的"修改"→"三维操作"→"三维旋转"命令，分别将两个长方体旋转 25° 和 −25°，结果如图 10-113 所示。

⓮ 单击"默认"选项卡"修改"面板中的"移动"按钮✛，移动旋转后的长方体。结果如图 10-114 所示。

图 10-113 旋转处理　　图 10-114 移动处理

⓯ 单击"可视化"选项卡"材质"面板中的"材质浏览器"按钮⊗，在"材质浏览器"选项板中选择适当的材质。单击"可视化"选项卡"渲染"面板中的"渲染到尺寸"按钮▨，对实体进行渲染。渲染后的效果如图 10-103 所示。

10.2.5 着色面

执行方式

命令行：SOLIDEDIT

菜单栏："修改"→"实体编辑"→"着色面"

工具栏：单击"实体编辑"工具栏中的"着色面"按钮🖎

功能区：单击"三维工具"选项卡"实体编辑"面板中的"着色面"按钮🖎

操作步骤

命令行提示如下。

```
命令：_solidedit
实体编辑自动检查：SOLIDCHECK=1
输入实体编辑选项 [ 面 (F)/ 边 (E)/ 体 (B)/
放弃 (U)/ 退出 (X)] < 退出 >：_face
输入面编辑选项 [ 拉伸 (E)/ 移动 (M)/ 旋转 (R)/ 偏
移(O)/ 倾斜 (T)/ 删除 (D)/ 复制 (C)/ 颜色 (L)/
材质 (A)/ 放弃 (U)/ 退出 (X)] < 退出 >：_color
选择面或 [ 放弃 (U)/ 删除 (R)]：(选择要着色的面)
选择面或 [ 放弃 (U)/ 删除 (R)/ 全部 (ALL)]：
（继续选择或按 <Enter> 键结束选择）
```

选择好要着色的面后，在"选择颜色"对话框中，用户可根据需要选择合适的颜色作为着色面的颜色。操作完成后，该表面将被相应的颜色覆盖。

10.2.6 抽壳

执行方式

命令行：SOLIDEDIT

菜单栏："修改"→"实体编辑"→"抽壳"

工具栏：单击"实体编辑"工具栏中的"抽壳"按钮🗔

功能区：单击"三维工具"选项卡"实体编辑"面板中的"抽壳"按钮🗔

操作步骤

命令行提示如下。

```
命令：_solidedit
实体编辑自动检查：SOLIDCHECK=1
输入实体编辑选项 [ 面 (F)/ 边 (E)/ 体 (B)/
放弃 (U)/ 退出 (X)] < 退出 >：_body
输入体编辑选项 [ 压印 (I)/ 分割实体 (P)/ 抽壳
(S)/ 清除 (L)/ 检查 (C)/ 放弃 (U)/ 退出 (X)]
< 退出 >：_shell
选择三维实体：（选择三维实体）
```

```
删除面或 [ 放弃 (U)/ 添加 (A)/ 全部 (ALL)]：
（选择开口面）
删除面或 [ 放弃 (U)/ 添加 (A)/ 全部 (ALL)]：✓
输入抽壳偏移距离：（指定壳体的厚度值）
```

图 10-115 所示为利用抽壳命令绘制的花盆。

（a）绘制初步轮廓　（b）完成绘制　（c）消隐结果

图 10-115　花盆

> **注意** 　抽壳是用指定的厚度创建一个空的薄层。可以为所有面指定一个固定的薄层厚度，通过选择面可以将这些面排除在壳外。一个三维实体只能有一个壳，可通过将现有面偏移出其原位置来创建新的面。

实体编辑功能还有其他命令，如检查、分割、清除、压印边、着色边、复制面、偏移面、移动面等。这里不赘述，读者可以自行练习体会。

 实例教学

下面以图 10-116 所示的闪存盘为例，介绍"抽壳"命令的使用方法。

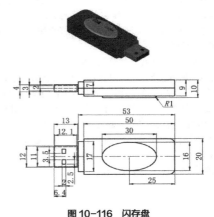

图 10-116　闪存盘

STEP　绘制步骤

❶ 单击"视图"选项卡"命名视图"面板中的"西南等轴测"按钮◈，转换视图。

❷ 单击"三维工具"选项卡"建模"面板中的"长方体"按钮🗔，以原点为角点，绘制长度为"50"、

宽度为"20"、高度为"9"的长方体。

❸ 单击"默认"选项卡"修改"面板中的"圆角"按钮◠，对长方体进行倒圆角，圆角半径为"3"。

❹ 单击"三维工具"选项卡"建模"面板中的"长方体"按钮◻，以（50,1.5,1）为角点，绘制长度为"3"、宽度为"17"、高度为"7"的长方体，如图 10-117 所示。

❺ 单击"三维工具"选项卡"实体编辑"面板中的"并集"按钮➊，将上面绘制的两个长方体合并在一起。

❻ 选择菜单栏中的"修改"→"三维操作"→"剖切"命令，对合并后的实体进行剖切。命令行提示如下。

```
命令：_slice
选择要剖切的对象：（选择合并的实体）
选择要剖切的对象：✓
指定切面的起点或 [ 平面对象 (O)/ 曲面 (S)/Z
轴 (Z)/ 视图 (V)/XY/YZ/ZX/ 三点 (3)] < 三
点 >: XY ✓
指定 XY 平面上的点 <0,0,0>: 0,0,4.5 ✓
在所需的侧面上指定点或 [ 保留两个侧面 (B)]< 保
留两个侧面 >: B ✓
```

结果如图 10-118 所示。

图 10-117　绘制长方体（1）　　**图 10-118　剖切后的实体**

❼ 单击"三维工具"选项卡"建模"面板中的"长方体"按钮◻，以（53,4,2.5）为角点，绘制长度为"13"、宽度为"12"、高度为"4"的长方体，如图 10-119 所示。

❽ 单击"视图"选项卡"命名视图"面板中的"西南等轴测"按钮◈，改变视图。

❾ 对长方体进行抽壳处理。单击"三维工具"选项卡"实体编辑"面板中的"抽壳"按钮◼，命令行提示如下。

```
命令：_solidedit
实体编辑自动检查：SOLIDCHECK=1
输入实体编辑选项 [ 面 (F)/ 边 (E)/ 体 (B)/ 放弃
(U)/ 退出 (X)] < 退出 >: _body
输入体编辑选项 [ 压印 (I)/ 分割实体 (P)/ 抽壳
(S)/ 清除 (L)/ 检查 (C)/ 放弃 (U)/ 退出 (X)] < 退
出 >: _shell
```

```
选择三维实体：（选择第 7 步绘制的长方体）
删除面或 [ 放弃 (U)/ 添加 (A)/ 全部 (ALL)]:（选
择长方体的右顶面作为删除面）
删除面或 [ 放弃 (U)/ 添加 (A)/ 全部 (ALL)]: ✓
输入抽壳偏移距离：0.5 ✓
已开始实体校验。
已完成实体校验。
输入体编辑选项 [ 压印 (I)/ 分割实体 (P)/ 抽壳
(S)/ 清除 (L)/ 检查 (C)/ 放弃 (U)/ 退出 (X)] < 退
出 >: X ✓
实体编辑自动检查：SOLIDCHECK=1
输入实体编辑选项 [ 面 (F)/ 边 (E)/ 体 (B)/ 放弃
(U)/ 退出 (X)] < 退出 >: X ✓
```

结果如图 10-120 所示。

图 10-119　绘制长方体（2）　　**图 10-120　抽壳后的实体**

❿ 单击"三维工具"选项卡"建模"面板中的"长方体"按钮◻，以（60,5.75,4.5）为角点，绘制长度为"2"、宽度为"2.5"、高度为"10"的长方体，如图 10-121 所示。

⓫ 单击"默认"选项卡"修改"面板中的"复制"按钮🗘，将上步绘制的长方体复制到（@0,6,0）处，如图 10-122 所示。

图 10-121　绘制长方体（3）　　**图 10-122　复制长方体**

⓬ 单击"三维工具"选项卡"实体编辑"面板中的"差集"按钮◻，将步骤❿和步骤⓫绘制的两个长方体从抽壳后的实体中减去。结果如图 10-123所示。

⓭ 单击"三维工具"选项卡"建模"面板中的"长方体"按钮◻，以（53.5,4.5,3）为角点，绘制长度为"10.5"、宽度为"11"、高度为"1.5"的长方体，如图 10-124 所示。

图 10-123　差集运算后的实体　　**图 10-124　绘制长方体（4）**

⑭ 选择菜单栏中的"视图"→"动态观察"→"自由动态观察"命令，改变视图，将实体调整到易于观察的角度。

⑮ 单击"视图"选项卡"可视化"面板中的"隐藏"按钮🍃，对实体进行消隐处理。结果如图 10-125 所示。

⑯ 单击"视图"选项卡"命名视图"面板中的"西南等轴测"按钮🍃，切换视图。

⑰ 单击"三维工具"选项卡"建模"面板中的"圆柱体"按钮，绘制一个椭圆柱体。命令行提示如下。

```
命令 : _cylinder
指定底面的中心点或 [ 三点 (3P)/ 两点 (2P)/
切点、切点、半径 (T)/ 椭圆 (E)]: E ✓
指定第一个轴的端点或 [ 中心 (C)]: C ✓
指定中心点 : 25,10,8 ✓
指定到第一个轴的距离 : @15,0,0 ✓
指定第二个轴的端点 : @0,8,0 ✓
指定高度或 [ 两点 (2P)/ 轴端点 (A)] <80.0000>:
2 ✓
```

结果如图 10-126 所示。

图 10-125　消隐后的实体（1）　图 10-126　绘制椭圆柱体

⑱ 单击"默认"选项卡"修改"面板中的"圆角"按钮 ⌒，对椭圆柱体的上表面进行倒圆角处理，圆角半径为"1"。

⑲ 单击"视图"选项卡"视觉样式"面板中的"隐藏"按钮🍃，对实体进行消隐。结果如图 10-127 所示。

⑳ 为闪存盘添加文字。

（1）单击"默认"选项卡"注释"面板中的"多行文字"按钮 **A**，在椭圆柱体的上表面添加文字。命令行提示如下。

```
命令 : _mtext
当前文字样式 :"Standard" 当前文字高度 :2.5
注释性 : 否
指定第一角点 : 15,20,10 ✓
指定对角点或 [ 高度 (H)/ 对正 (J)/ 行距 (L)/
旋转 (R)/ 样式 (S)/ 宽度 (W)]: 40,-16 ✓
```

（2）设置"闪存盘"的字体为宋体，文字高度为"2.5"；设置"V.128M"的字体为 TXT，文字高度为"1.5"。

㉑ 单击"视图"选项卡"命名视图"面板中的"俯视"按钮🔲，改变视图。

㉒ 单击"视图"选项卡"视觉样式"面板中的"隐藏"按钮🍃，对实体进行消隐处理。结果如图 10-128 所示。

图 10-127　消隐后的实体（2）　图 10-128　消隐后的实体（3）

㉓ 为闪存盘的不同部分着上不同的颜色。

（1）单击"三维工具"选项卡"实体编辑"面板中的"着色面"按钮 🐛，根据 AutoCAD 的提示完成面的着色操作。命令行提示如下。

```
命令 : _solidedit
实体编辑自动检查 : SOLIDCHECK=1
输入实体编辑选项 [ 面 (F)/ 边 (E)/ 体 (B)/
放弃 (U)/ 退出 (X)] < 退出 >: _face
输入面编辑选项 [ 拉伸 (E)/ 移动 (M)/ 旋转 (R)/
偏移 (O)/ 倾斜 / 删除 (D)/ 复制 (C)/ 颜色 (L)/
材质 (A)/ 放弃 / 退出 (X)] < 退出 >: _color
选择面或 [ 放弃 (U)/ 删除 (R)]: ( 选择闪存
盘上适当一个面 )
选择面或 [ 放弃 (U)/ 删除 (R)/ 全部 (ALL)]:
ALL ✓
选择面或 [ 放弃 (U)/ 删除 (R)/ 全部 (ALL)]: ✓
```

（2）此时弹出"选择颜色"对话框，如图 10-129 所示，在其中选择需要的颜色，然后单击"确定"按钮。

图 10-129　"选择颜色"对话框

命令行继续出现如下提示。

```
输入面编辑选项 [ 拉伸 (E)/ 移动 (M)/ 旋
转 (R)/ 偏移 (O)/ 倾斜 (T)/ 删除 (D)/ 复
制 (C)/ 颜色 (L)/ 材质 (A)/ 放弃 (U)/ 退出
(X)] < 退出 >: ✓
```

实体编辑自动检查 : SOLIDCHECK=1
输入实体编辑选项 [面（F）/ 边（E）/ 体（B）/
放弃（U）/ 退出（X）] < 退出 >: ✓

㉔ 选择适当的材质并对图形进行渲染。渲染后的结果如图 10-116 所示。

10.2.7 复制边

执行方式

命令行：SOLIDEDIT

菜单栏："修改"→"实体编辑"→"复制边"

工具栏：单击"实体编辑"工具栏中的"复制边"按钮⌸

功能区：单击"三维工具"选项卡"实体编辑"面板中的"复制边"按钮⌸

操作步骤

命令行提示如下。

```
命令 : _solidedit
实体编辑自动检查 : SOLIDCHECK=1
输入实体编辑选项 [ 面（F）/ 边（E）/ 体（B）/
放弃（U）/ 退出（X）] < 退出 >: _edge
输入边编辑选项 [ 复制（C）/ 着色（L）/ 放弃（U）/
退出（X）] < 退出 >: _copy
选择边或 [ 放弃（U）/ 删除（R）]:（选择曲线边）
选择边或 [ 放弃(U)/ 删除(R)]:（按 <Enter> 键）
指定基点或位移 :（单击确定复制基准点）
指定位移的第二点 :（单击确定复制目标点）
```

图 10-130 所示为复制边的示例。

（1）选择边　　　（2）复制边

图 10-130　复制边

实例教学

下面以图 10-131 所示的泵盖为例，介绍"复制边"命令的使用方法。

STEP 绘制步骤

❶ 单击"视图"选项卡"命名视图"面板中的"西南等轴测"按钮◈，切换到西南等轴测视图。

❷ 单击"三维工具"选项卡"建模"面板中的"长方体"按钮⬛，以（0,0,0）为角点，绘制长"36"、宽"80"、高"12"的长方体，如图 10-132 所示。

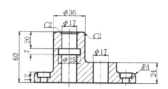

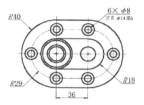

图 10-131　泵盖

❸ 单击"三维工具"选项卡"建模"面板中的"圆柱体"按钮⬛，分别以（0,40,0）和（36,40,0）为底面中心点，绘制半径为"40"、高为"12"的圆柱体。结果如图 10-133 所示。

图 10-132　绘制长方体　　**图 10-133　绘制圆柱体（1）**

❹ 单击"三维工具"选项卡"实体编辑"面板中的"并集"按钮⬤，对长方体与两个圆柱体进行并集运算。结果如图 10-134 所示。

❺ 单击"三维工具"选项卡"实体编辑"面板中的"复制边"按钮⌸，复制实体底边。命令行提示如下。

```
命令 : _solidedit
实体编辑自动检查 :SOLIDCHECK=1
输入实体编辑选项 [ 面（F）/ 边（E）/ 体（B）/
放弃（U）/ 退出（X）] < 退出 >: _edge
输入边编辑选项 [ 复制（C）/ 着色（L）/ 放弃
（U）/ 退出（X）] < 退出 >: _copy
选择边或 [ 放弃（U）/ 删除（R）]:（用鼠标依次
选择实体底面边线 ）
选择边或 [ 放弃（U）/ 删除（R）]: ✓
指定基点或位移 : 0,0,0 ✓
指定位移的第二点 : 0,0,0 ✓
输入边编辑选项 [ 复制（C）/ 着色（L）/ 放弃
（U）/ 退出（X）] < 退出 >: ✓
实体编辑自动检查 : SOLIDCHECK=1
输入实体编辑选项 [ 面（F）/ 边（E）/ 体（B）/
放弃（U）/ 退出（X）] < 退出 >: ✓
```

结果如图 10-135 所示。

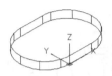
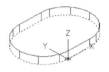

图 10-134 并集运算后的实体（1） 图 10-135 复制实体底边

❻ 单击"默认"选项卡"修改"面板中的"偏移"按钮⊆，偏移复制得到的边。命令行提示如下。

```
命令：_offset
当前设置：删除源 = 否 图层 = 源 OFFSETGAPTYPE=0
指定偏移距离或 [通过 (T)/删除 (E)/图层
(L)]<通过>：22 ✓
选择要偏移的对象，或 [退出 (E)/放弃 (U)]<
退出 >：(用鼠标选择复制得到的边)
指定要偏移的那一侧上的点，或 [退出 (E)/多个
(M)/放弃 (U)] <退出 >：(单击多段线内部任
意一点)
选择要偏移的对象，或 [退出 (E)/放弃 (U)]<
退出 >：✓
```

结果如图 10-136 所示。利用偏移后的多段线创建面域。

❼ 单击"三维工具"选项卡"建模"面板中的"拉伸"按钮▇，拉伸偏移得到的多段线。命令行提示如下。

```
命令：_extrude
当前线框密度：ISOLINES=10，闭合轮廓创建模式 =
实体
选择要拉伸的对象或 [模式 (MO)]：(用鼠标选
择上一步创建的面域)
选择要拉伸的对象或 [模式 (MO)]：✓
指定拉伸的高度或 [方向 (D)/路径 (P)/倾斜
角 (T)/表达式 (E)]:24 ✓
```

结果如图 10-137 所示。

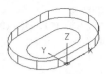
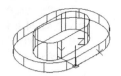

图 10-136 偏移边（1） 图 10-137 拉伸多段线

❽ 单击"三维工具"选项卡"建模"面板中的"圆柱体"按钮▇，捕捉拉伸形成的实体左边圆的圆心为中心点，绘制半径为"18"、高为"36"的圆柱。

❾ 单击"三维工具"选项卡"实体编辑"面板中的"并集"按钮▇，对绘制的所有实体进行并集运算。结果如图 10-138 所示。

❿ 选择菜单栏中的"视图"→"三维视图"→"俯视"命令，切换到俯视图。

⓫ 单击"默认"选项卡"修改"面板中的"偏移"按钮⊆，将复制的边向内偏移"11"。结果如图 10-139 所示。

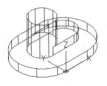
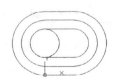

图 10-138 并集运算后的实体（2） 图 10-139 偏移边（2）

⓬ 单击"三维工具"选项卡"建模"面板中的"圆柱体"按钮▇，捕捉偏移形成的辅助线左边圆弧的象限点为中心点，绘制半径为"4"、高为"6"的圆柱体。结果如图 10-140 所示。

⓭ 单击"视图"选项卡"命名视图"面板中的"西南等轴测"按钮▵，切换到西南等轴测视图。

⓮ 单击"三维工具"选项卡"建模"面板中的"圆柱体"按钮▇，捕捉 R4 圆柱顶面的圆心为中心点，绘制半径为"7"、高为"6"的圆柱体。

⓯ 单击"三维工具"选项卡"实体编辑"面板中的"并集"按钮▇，对 R4 与 R7 圆柱体进行并集运算。结果如图 10-141 所示。

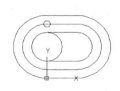
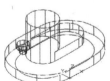

图 10-140 绘制圆柱体 图 10-141 并集运算后的实体（3）

⓰ 单击"默认"选项卡"修改"面板中的"复制"按钮▦，复制并集得到的圆柱体。命令行提示如下。

```
命令：_copy
选择对象：(用鼠标选择并集得到的圆柱体)
选择对象：✓
当前设置：复制模式 = 多个
指定基点或 [位移 (D)/模式 (O)] <位移 >：
(在"对象捕捉"模式下用鼠标选择圆柱体的顶面
圆心)
指定第二个点或 [阵列 (A)] <使用第一个点作为
位移>：(在"对象捕捉"模式下用鼠标选择圆弧的象
限点)
指定第二个点或 [阵列 (A)/退出 (E)/放弃
(U)]<退出 >：✓
```

结果如图 10-142 所示。

⑰ 单击"三维工具"选项卡"实体编辑"面板中的"差集"按钮◍，将并集得到的圆柱体从实体中减去。结果如图 10-143 所示。

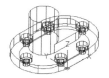
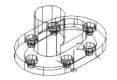

图 10-142　复制圆柱体　　图 10-143　差集运算后的实体

⑱ 单击"默认"选项卡"修改"面板中的"删除"按钮◢，删除多余的边。命令行提示如下。

命令：_erase
选择对象　：（用鼠标选择复制及偏移的边）
选择对象　：✓

结果如图 10-144 所示。

⑲ 在命令行输入"UCS"命令并按 <Enter> 键，将坐标原点移动到 R18 圆柱体顶面中心点，设置用户坐标系。

⑳ 单击"三维工具"选项卡"建模"面板中的"圆柱体"按钮◖，以坐标原点为底面中心点，绘制直径为"17"、高为"–60"的圆柱体；以（0,0,–20）为底面中心点，绘制直径为"25"、高为"–7"的圆柱体；以实体右边 R18 圆柱体顶面圆心为中心点，绘制直径为"17"、高为"–24"的圆柱体。结果如图 10-145 所示。

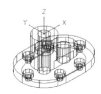

图 10-144　删除多余的边　　图 10-145　绘制圆柱体（2）

㉑ 单击"三维工具"选项卡"实体编辑"面板中的"差集"按钮◍，对实体与上步绘制的圆柱体进行差集运算。

㉒ 单击"视图"选项卡"视觉样式"面板中的"隐藏"按钮◈，对实体进行消隐。结果如图 10-146 所示。

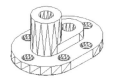

图 10-146　消隐后的实体（1）

㉓ 单击"默认"选项卡"修改"面板中的"圆角"按钮◠，命令行提示如下。

命令：_fillet
当前设置　：模式 = 修剪，半径 = 0.0000
选择第一个对象或［放弃(U)／多段线(P)／半径(R)／修剪(T)／多个(M)］：（用鼠标选择要倒圆角的对象）
输入圆角半径或［表达式(E)］：4 ✓
选择边或［链(C)／环(L)／半径(R)］：（用鼠标选择要进行圆角处理的边）
已拾取到边
选择边或［链(C)／环(L)／半径(R)］：（依次用鼠标选择要进行圆角处理的边）
选择边或［链(C)／环(L)／半径(R)］：✓

㉔ 单击"默认"选项卡"修改"面板中的"倒角"按钮◠，命令行提示如下。

命令：_chamfer
（"修剪"模式）当前倒角距离 1 = 0.0000，距离 2 = 0.0000
选择第一条直线或［放弃(U)／多段线(P)／距离(D)／角度(A)／修剪(T)／方式(E)／多个(M)］：（用鼠标选择要倒角的直线）
基面选择 ...
输入曲面选择选项［下一个(N)／当前(OK)］< 当前 >：✓
指定 基面 倒角距离或［表达式(E)］：2 ✓
指定 其他曲面 倒角距离或［表达式(E)］<2.0000>：✓
选择边或［环(L)］：（用鼠标选择要倒角的边）
选择边或［环(L)］：✓

㉕ 单击"视图"选项卡"视觉样式"面板中的"隐藏"按钮◈，对实体进行消隐。如果如图 10-147 所示。

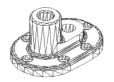

图 10-147　消隐后的实体（2）

㉖ 渲染处理。单击"可视化"选项卡"材质"面板中的"材质浏览器"按钮◙，选择适当的材质。单击"可视化"选项卡"渲染"面板中的"渲染到尺寸"按钮◔，对实体进行渲染。渲染后的效果如图 10-131 所示。

10.2.8　夹点编辑

利用夹点编辑功能，可以很方便地对三维实体进行编辑，该功能与二维对象夹点编辑功能相似。

单击要编辑的对象，系统显示编辑夹点，拖动夹点，则三维对象随之改变。拖动不同的夹点，可以编辑对象的不同参数，红色夹点为当前编辑夹点，如图 10-148 所示。

图 10-148　圆锥体及其编辑夹点

10.3　显示形式

在 AutoCAD 中，三维实体有多种显示形式，包括消隐、二维线框、线框、隐藏、真实、概念等。

10.3.1　消隐

执行方式

命令行：HIDE（快捷命令：HI）

菜单栏："视图"→"消隐"

工具栏：单击"渲染"工具栏中的"隐藏"按钮🧊

功能区：单击"视图"选项卡"视觉样式"面板中的"隐藏"按钮🧊

执行上述操作后，系统会将被其他对象挡住的图线隐藏起来，以增强三维视觉效果。结果如图 10-149 所示。

（a）消隐前　　　（b）消隐后

图 10-149　消隐

10.3.2　视觉样式

执行方式

命令行：VSCURRENT

菜单栏："视图"→"视觉样式"→"二维线框"

工具栏：单击"视觉样式"工具栏中的"二维线框"按钮🔲

功能区：选择"可视化"选项卡"视觉样式"面板"视觉样式"下拉列表中的"二维线框"选项

操作步骤

命令行提示如下。

命令：VSCURRENT ✓
输入选项 [二维线框 (2)／ 线框 (w)／ 隐藏 (H)／ 真实 (R)／ 概念 (C)／ 着色 (S)／ 带边缘着色 (E)／ 灰度 (G)／ 勾画（SK)／X 射线 (X)／ 其他 (O)] <二维线框>：

选项说明

（1）二维线框（2）：用直线和曲线表示对象的边界。光栅和 OLE 对象、线型和线宽都是可见的。即使将"COMPASS"系统变量的值设置为"1"，三维指南针也不会出现在二维线框视图中。图 10-150 所示为 UCS 坐标和手柄的二维线框图。

（2）线框（W）：显示对象时利用直线和曲线表示边界。显示一个已着色的三维 UCS 图标。此时，光栅和 OLE 对象、线型及线宽不可见。可将"COMPASS"系统变量设置为"1"来查看坐标系，此时将显示应用到对象的材质的颜色。图 10-151 所示为 UCS 坐标和手柄的三维线框图。

图 10-150　UCS 坐标和　　**图 10-151　UCS 坐标和**
手柄的二维线框图　　**手柄的三维线框图**

（3）隐藏（H）：显示用三维线框表示的对象并隐藏表示后向面的图线。图 10-152 所示为 UCS 坐标和手柄的消隐图。

图 10-152　UCS 坐标和手柄的消隐图

（4）真实（R）：着色多边形平面间的对象，并使对象的边平滑化。如果已为对象附着材质，将显示已附着到对象的材质。图 10-153 所示为 UCS 坐标和手柄的真实图。

（5）概念（C）：着色多边形平面间的对象，并使对象的边平滑化。着色使用冷色和暖色之间的颜色过渡，结果缺乏真实感，但是查看模型的细节更方便。图 10-154 所示为 UCS 坐标和手柄的概念图。

图 10-153　UCS 坐标和　　图 10-154　UCS 坐标和
　　　手柄的真实图　　　　　　　手柄的概念图

（6）其他（O）：选择该选项，命令行提示如下。

输入视觉样式名称 [?]:

可以输入当前图形中的视觉样式名称或输入"?"，以显示名称列表并重复该提示。

10.3.3　视觉样式管理器

执行方式

命令行: VISUALSTYLES

菜单栏:"视图"→"视觉样式"→"视觉样式管理器"或"工具"→"选项板"→"视觉样式"

工具栏：单击"视觉样式"工具栏中的"管理视觉样式"按钮

功能区：单击"可视化"选项卡"视觉样式"面板中的"对话框启动器"按钮 ，或单击"视图"选项卡"选项板"面板中的"视觉样式"按钮

执行上述操作后，系统打开"视觉样式管理器"选项板，用户可以对实体视觉样式的各参数进行设置，如图 10-155 所示。图 10-156 所示为按图 10-155 中的设置得到的概念图显示结果，读者可以将其与图 10-154 进行比较，观察它们之间的差别。

图 10-155　"视觉样式管理器"选项板　图 10-156　显示结果

10.4　渲染实体

渲染是为三维实体加上颜色和材质元素，或灯光、背景、场景等元素的操作，能够更真实地表达实体的外观和纹理。渲染是输出实体前的关键步骤，尤其是输出结果图。

10.4.1　设置光源

执行方式

命令行: LIGHT

菜单栏:"视图"→"渲染"→"光源"（见图 10-157）

工具栏：单击"渲染"工具栏中的"新建点光源"按钮 （见图 10-158）

操作步骤

命令行提示如下。

命令: LIGHT ✓
输入光源类型 [点光源 (P) / 聚光灯 (S) / 光域网 (W) / 目标点光源 (T) / 自由聚光灯 (F) / 自由光域 (B) / 平行光 (D)] < 自由聚光灯 >:
利用该命令，可以设置各种需要的光源。

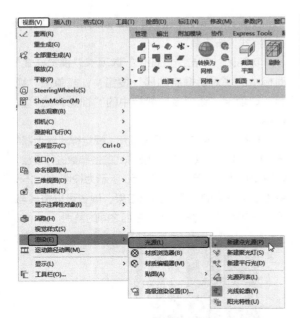

图10-157 "光源"子菜单

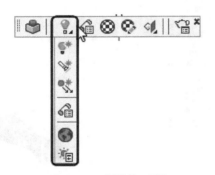

图10-158 "渲染"工具栏

10.4.2 | 渲染环境

执行方式

命令行：RENDERENVIRONMENT

功能区：单击"可视化"选项卡"渲染"面板中的"渲染环境和曝光"按钮⬤

操作步骤

命令行提示如下。

命令：RENDERENVIRONMENT ✓

执行该命令后，AutoCAD 弹出图 10-159 所示的"渲染环境和曝光"选项板。用户可以从中设置与渲染环境有关的参数。

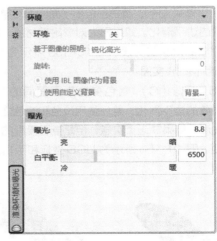

图 10-159 "渲染环境和曝光"选项板

10.4.3 | 贴图

贴图功能用于在实体附着带纹理的材质后，调整实体或面上纹理贴图的方向。当材质被映射后，调整材质以适应对象的形状，将材质类型更合适的贴图应用到对象中。

执行方式

命令行：MATERIALMAP

菜单栏："视图"→"渲染"→"贴图"（见图 10-160）

图10-160 "贴图"子菜单

工具栏：单击"渲染"工具栏中的"贴图"按钮（见图 10-161），或单击"贴图"工具栏中的按钮（见图 10-162）

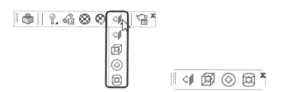

图 10-161 "渲染"工具栏　图 10-162 "贴图"工具栏

操作步骤

命令行提示如下。

```
命令：MATERIALMAP ✓
选择选项 [ 长方体 (B)/ 平面 (P)/ 球面 (S)/
柱面 (C)/ 复制贴图至 (Y)/ 重置贴图 (R)]< 长
方体 >：
```

选项说明

（1）长方体（B）：将图像映射到类似长方体的实体上。该图像将在对象的每个面上重复使用。

（2）平面（P）：将图像映射到对象上，就像将其从幻灯片投影器投影到二维曲面上一样，图像不会失真，但是会被缩放以适应对象。该选项最常用于面。

（3）球面（S）：在水平和垂直两个方向上同时使图像弯曲。纹理贴图的顶边在球体的"北极"压缩为一个点；同样，其底边在球体的"南极"压缩为一个点。

（4）柱面（C）：将图像映射到圆柱体对象上，水平边将一起弯曲，但顶边和底边不会弯曲。图像的高度将沿圆柱体的轴进行缩放。

（5）复制贴图至（Y）：将贴图从原始对象或面应用到选定对象。

（6）重置贴图（R）：将 UV 坐标重置为贴图的默认坐标。

图 10-163 所示是球面贴图实例。

（a）贴图前　　（b）贴图后

图 10-163 球面贴图

10.4.4 材质

1. 附着材质

AutoCAD 2023 将常用的材质都集成到了选项板中。

执行方式

命令行：MATBROWSEROPEN

菜单栏："视图"→"渲染"→"材质浏览器"

工具栏：单击"渲染"工具栏中的"材质浏览器"按钮⊗

功能区：单击"视图"选项卡"选项板"面板中的"材质浏览器"按钮⊗（见图 10-164），或单击"可视化"选项卡"材质"面板中的"材质浏览器"按钮⊗（见图 10-165）

图 10-164 "选项板"面板

图 10-165 "材质"面板

操作步骤

命令行提示如下。

```
命令：MATBROWSEROPEN ✓
```

执行该命令后，AutoCAD 弹出图 10-166 所示的"材质浏览器"选项板。通过该选项板，用户可以对材质的有关参数进行设置。

附着材质的具体步骤如下。

（1）选择菜单栏中的"视图"→"渲染"→"材质浏览器"命令，打开"材质浏览器"选项板。

（2）选择需要的材质类型，将其直接拖动到对象上，如图 10-167 所示。这样材质就附着到对象上了。当将视觉样式转换成"真实"时，将显示出附着材质后的图形，如图 10-168 所示。

图 10-166 "材质浏览器"选项板

图 10-167 指定对象　　图 10-168 附着材质后

2. 设置材质

命令行：MATEDITOROPEN

菜单栏："视图"→"渲染"→"材质编辑器"

工具栏：单击"渲染"工具栏中的"材质编辑器"按钮⊗

功能区：单击"视图"选项卡"选项板"面板中的"材质编辑器"按钮⊗

命令行提示如下。

命令：MATEDITOROPEN ✓

执行该命令后，AutoCAD 弹出图 10-169 所示的"材质编辑器"选项板。

（1）"外观"选项卡：包含用于编辑材质特性的控件，在其中可以更改材质的名称、图像颜色、光泽度、反射率、透明度等。

图 10-169 "材质编辑器"选项板

（2）"信息"选项卡：包含用于编辑和查看材质的关键信息的相关控件。

10.4.5 | 渲染

1. 高级渲染设置

命令行：RPREF（快捷命令：RPR）

菜单栏："视图"→"渲染"→"高级渲染设置"

工具栏：单击"渲染"工具栏中的"高级渲染设置"按钮⑤

功能区：单击"视图"选项卡"选项板"面板中的"高级渲染设置"按钮⑤

执行上述操作后，系统打开图 10-170 所示的"渲染预设管理器"选项板。通过该选项板，用户可以对渲染的有关参数进行设置。

2. 渲染到尺寸

命令行：RENDER（快捷命令：RR）

功能区：单击"可视化"选项卡"渲染"面板中的"渲染到尺寸"按钮🐾

执行上述操作后，系统打开图 10-171 所示的"渲染"对话框，其中会显示渲染结果。

图 10-170 "渲染预设管理器"选项板

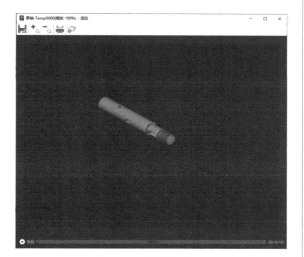

图 10-171 "渲染"对话框

> **注意**
> 在 AutoCAD 2023 中，渲染功能实现了传统的建筑、机械和工程图使用水彩、有色蜡笔和油墨等工具才能实现的渲染效果。渲染的过程一般分为以下 4 步。
> （1）准备渲染模型：包括使用正确的绘图技术，删除消隐面、创建光滑的着色网格和设置视图的分辨率。
> （2）创建和放置光源，以及创建阴影。
> （3）定义材质并建立材质与可见表面间的联系。
> （4）进行渲染。

实例教学

下面以图 10-172 所示的小纽扣为例，介绍"渲染"命令的使用方法。

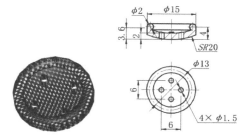

图 10-172 小纽扣

STEP 绘制步骤

❶ 单击"视图"选项卡"命名视图"面板中的"西南等轴测"按钮❖，切换视图。

❷ 单击"三维工具"选项卡"建模"面板中的"球体"按钮◯，绘制一个中心点在原点、直径为"40"的球体，如图 10-173 所示。

❸ 单击"三维工具"选项卡"实体编辑"面板中的"抽壳"按钮▣，对球体进行抽壳，抽壳距离为"2"。命令行提示如下。

```
命令：_solidedit
实体编辑自动检查：SOLIDCHECK=1
输入实体编辑选项 [ 面 (F)/ 边 (E)/ 体 (B)/
放弃 (U)/ 退出 (X)] < 退出 >：_body
输入体编辑选项 [ 压印 (I)/ 分割实体 (P)/ 抽壳
(S)/ 清除 (L)/ 检查 (C)/ 放弃 (U)/ 退出 (X)]
< 退出 >：_shell
选择三维实体：（选择球体）✓
删除面或 [ 放弃 (U)/ 添加 (A)/ 全部 (ALL)]：✓
输入抽壳偏移距离 ：2 ✓
已完成实体校验。
已完成实体校验。
输入体编辑选项 [ 压印 (I)/ 分割实体 (P)/ 抽
壳 (S)/ 清除 (L)/检查 (C)/ 放弃 (U)/ 退出
(X)] < 退出 >：X ✓
实体编辑自动检查：SOLIDCHECK=1
输入实体编辑选项 [ 面 (F)/ 边 (E)/ 体 (B)/
放弃 (U)/ 退出 (X)] < 退出 >：✓
```

结果如图 10-174 所示。

图 10-173 绘制球体   图 10-174 抽壳后的球体

❹ 单击"三维工具"选项卡"建模"面板中的"圆柱体"按钮▣，绘制以原点为底面中心点、

直径为"15"、高度为"-30"的圆柱体，如图 10-175 所示。

❺ 单击"三维工具"选项卡"实体编辑"面板中的"交集"按钮🗗，对球体和圆柱体进行交集运算。

❻ 单击"视图"选项卡"视觉样式"面板中的"隐藏"按钮🗂，对实体进行消隐。结果如图 10-176 所示。

图 10-175 绘制圆柱体（1） 图 10-176 消隐后的实体（1）

❼ 单击"三维工具"选项卡"建模"面板中的"圆环体"按钮◎，绘制一个圆环体作为纽扣的边缘。命令行提示如下。

```
命令：_torus
指定中心点或 [ 三点 (3P)/ 两点 (2P)/ 切点、
切点、半径 (T)]:0, 0, -16 ✓
指定半径或 [ 直径 (D)]: D ✓
指定圆环体的直径 <10.0000> : 13 ✓
指定圆管半径或 [ 两点 (2P)/ 直径 (D)]: D ✓
指定直径 <0.0000>: 2 ✓
```

结果如图 10-177 所示。

❽ 单击"三维工具"选项卡"实体编辑"面板中的"并集"按钮🗗，将上面绘制的所有实体合并在一起。

❾ 单击"视图"选项卡"视觉样式"面板中的"隐藏"按钮🗂，对实体进行消隐。得到小纽扣的主体，如图 10-178 所示。

图 10-177 绘制圆环体 图 10-178 小纽扣的主体

❿ 单击"三维工具"选项卡"建模"面板中的"圆柱体"按钮🗋，绘制中心在（3,0,0）、直径为"1.5"、高度为"-30"的圆柱体，如图 10-179 所示。

⓫ 单击"默认"选项卡"修改"面板中的"环形阵列"按钮🔲，对直径为 1.5 的圆柱体进行阵列，

设置项目数为"4"，填充角度为"360°"，如图 10-180 所示。

⓬ 选择菜单栏中的"视图"→"动态观察"→"自由动态观察"命令，将视图旋转到易于观察的角度。在"材质浏览器"选项卡中，选择绘制的对象为"纽扣"，选择"默认为常规"，单击鼠标右键，在弹出的快捷菜单中选择"指定给当前选择"命令，关闭"材质浏览器"选项板。

图 10-179 绘制圆柱体（2） 图 10-180 阵列圆柱体

⓭ 单击"视图"选项卡"视觉样式"面板中的"隐藏"按钮🗂，对实体进行消隐。结果如图 10-181 所示。

⓮ 单击"三维工具"选项卡"实体编辑"面板中的"差集"按钮🗗，将 4 个圆柱体从小纽扣主体中减去。

⓯ 单击"视图"选项卡"视觉样式"面板中的"隐藏"按钮🗂，对实体进行消隐。结果如图 10-182 所示。

图 10-181 消隐后的实体（2） 图 10-182 消隐后的实体（3）

⓰ 为实体添加材质。

（1）单击"可视化"选项卡"材质"面板中的"材质浏览器"按钮⊗，打开"材质浏览器"选项板，如图 10-183 所示。❶在"材质浏览器"选项板中，单击"在文档中创建新材质"

按钮👪▾，❷在下拉列表中选择"新建常规材质"选项，弹出图 10-184 所示的"材质编辑器"选项板。

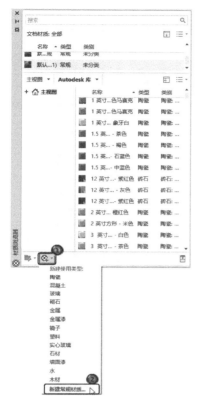

图 10-183 "材质浏览器"选项板

图 10-184 "材质编辑器"选项板

（2）❶在"高光"下拉列表中选择"金属"选项。❷单击"颜色"旁边的色块，弹出"选择颜色"对话框，如图 10-185 所示，选择颜色然后关闭"材质编辑器"选项卡。

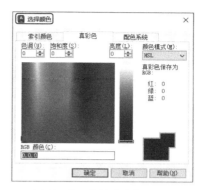

图 10-185 "选择颜色"对话框

（3）在"材质浏览器"选项卡中，选择绘制的对象为"纽扣"，选择"默认为常规"，单击鼠标右键，在弹出的快捷菜单中选择"指定给当前选择"命令，关闭"材质浏览器"选项板。

⓱ 选择菜单栏中的"视图"→"渲染"→"高级渲染设置"命令，打开"渲染预设管理器"选项板，如图 10-186 所示。可在其中设置渲染的相关参数。

图 10-186 "渲染预设管理器"选项板

⓲ 单击"可视化"选项卡"渲染"面板中的"渲染到尺寸"按钮🗘，对实体进行渲染。渲染后的结果如图 10-172 所示。

10.5 综合演练——壳体

本例制作的壳体如图 10-187 所示，主要采用的绘制方法是拉伸绘制实体与直接利用三维实体绘制实体。本例设计思路：先通过上述两种方法创建壳体的主体部分，然后逐一创建壳体的其他部分，最后对壳体进行圆角处理。

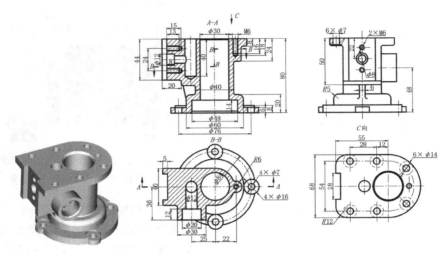

图 10-187 壳体

10.5.1 | 绘制壳体主体

STEP 绘制步骤

❶ 启动 AutoCAD，使用默认设置画图。

❷ 单击"视图"选项卡"命名视图"面板中的"西南等轴测"按钮◈，切换到西南等轴测视图。

❸ 绘制壳体底座。

（1）单击"三维工具"选项卡"建模"面板中的"圆柱体"按钮▢，以（0,0,0）为底面中心点，绘制直径为"84"、高为"8"的圆柱体，如图 10-188 所示。

（2）单击"默认"选项卡"绘图"面板中的"圆"按钮⊙，绘制以（0,0）为圆心、直径为"76"的辅助圆，如图 10-189 所示。

图 10-188 绘制圆柱体（1）

图 10-189 绘制圆

（3）单击"三维工具"选项卡"建模"面板中的"圆柱体"按钮▢，捕捉 Ø76 圆的象限点为

中心点，绘制直径为"16"、高为"8"及直径为"7"、高为"6"的圆柱体；捕捉 Ø16 圆柱的顶面圆心为中心点，绘制直径为"16"、高为"-2"的圆柱体，如图 10-190 所示。

（4）单击"默认"选项卡"修改"面板中的"环形阵列"按钮░░，对创建的 3 个圆柱体进行环形阵列，阵列角度为 360°，阵列数目为"4"，阵列中心为坐标原点，如图 10-191 所示。

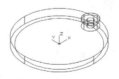
图 10-190 绘制圆柱体（2）

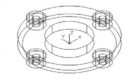
图 10-191 阵列圆柱体

（5）单击"三维工具"选项卡"实体编辑"面板中的"并集"按钮▰，对直径为"84"、高为"8"的圆柱体与直径为"16"、高为"8"的圆柱体进行并集运算；单击"三维工具"选项卡"实体编辑"面板中的"差集"按钮▱，对实体与其余圆柱体进行差集运算。单击"视图"选项卡"视觉样式"面板中的"隐藏"按钮◈，对实体进行消隐，生成壳体底板，如图 10-192 所示。

（6）单击"三维工具"选项卡"建模"面板中的"圆柱体"按钮◎，以（0,0,0）为底面中心点，分别绘制直径为"60"、高为"20"及直径为"40"、高为"30"的圆柱体，如图 10-193 所示。

图 10-192　壳体底板　　　图 10-193　绘制圆柱体（3）

（7）单击"三维工具"选项卡"实体编辑"面板中的"并集"按钮◢，对所有实体进行并集运算。

（8）单击"默认"选项卡"修改"面板中的"删除"按钮✎，删除辅助圆。单击"视图"选项卡"视觉样式"面板中的"隐藏"按钮◉，对实体进行消隐，生成壳体底座，如图 10-194 所示。

❹ 绘制壳体中部。

（1）单击"三维工具"选项卡"建模"面板中的"长方体"按钮◻，在实体旁边绘制长为"35"、宽为"40"、高为"6"的长方体，如图 10-195 所示。

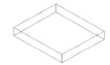

图 10-194　壳体底座　　　图 10-195　绘制长方体（1）

（2）单击"三维工具"选项卡"建模"面板中的"圆柱体"按钮◎，以长方体底面右边中点为底面中心点，绘制直径为"40"、高为"6"的圆柱体，如图 10-196 所示。

（3）单击"三维工具"选项卡"实体编辑"面板中的"并集"按钮◢，对实体进行并集运算，生成壳体中部，如图 10-197 所示。

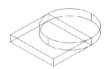

图 10-196　绘制圆柱体（4） 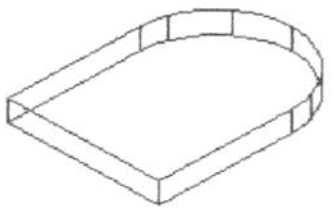　　图 10-197　壳体中部

（4）单击"默认"选项卡"修改"面板中的"复制"按钮⿻，以创建的壳体中部实体右圆的底面圆心为基点，将其复制到壳体底座顶面的圆心处，如图 10-198 所示。

（5）单击"三维工具"选项卡"实体编辑"面板中的"并集"按钮◢，对壳体底座与复制得到的壳体中部进行并集运算，如图 10-199 所示。

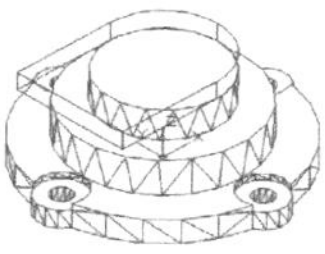

图 10-198　复制实体 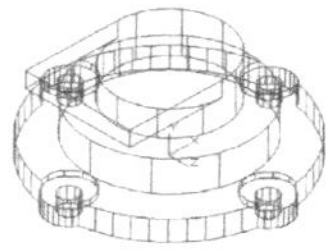　　图 10-199　并集运算后的实体（1）

❺ 绘制壳体上部。

（1）选择菜单栏中的"修改"→"实体编辑"→"拉伸面"命令，将绘制的壳体中部的顶面拉伸"30"、左侧面拉伸"20"，如图 10-200 所示。

（2）单击"三维工具"选项卡"建模"面板中的"长方体"按钮◻，以实体左下角点为角点，创建长为"5"、宽为"28"、高为"36"的长方体。

（3）单击"默认"选项卡"修改"面板中的"移动"按钮✛，以实体长方体部分的左边中点为基点，将其移动到实体左边中点处，如图 10-201 所示。

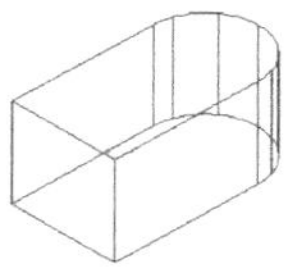

图 10-200　拉伸面后的实体 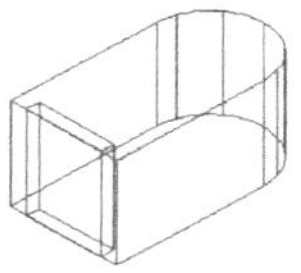　　图 10-201　移动长方体

（4）单击"三维工具"选项卡"实体编辑"面板中的"差集"按钮◢，对实体与长方体进行差集运算。

（5）单击"默认"选项卡"绘图"面板中的"圆"按钮⊙，捕捉实体顶面圆部分的圆心为圆心，绘制半径为"22"的辅助圆，如图 10-202 所示。

（6）单击"三维工具"选项卡"建模"面板中的"圆柱体"按钮◎，捕捉 R22 圆的右象限点为底面中心点，绘制半径为"6"、高为"-16"的圆柱体。

（7）单击"三维工具"选项卡"实体编辑"面板中的"并集"按钮◢，对实体进行并集运算，如图 10-203 所示。

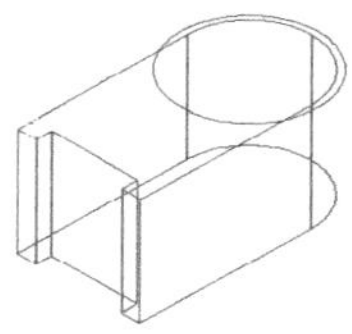

图 10-202　绘制辅助圆 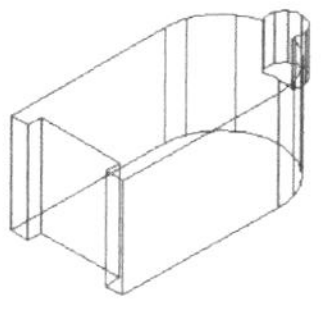　　图 10-203　并集运算后的实体（2）

（8）单击"默认"选项卡"修改"面板中的"删除"按钮 ，删除辅助圆，如图 10-204 所示。

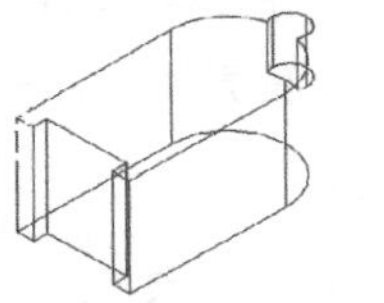

（9）单击"默认"选项卡"修改"面板中的"移动"按钮 ，以实体底面圆部分的圆心为基点，

图 10-204　删除辅助圆

将其移动到壳体底座顶面圆心处，如图 10-205 所示。

（10）单击"三维工具"选项卡"实体编辑"面板中的"并集"按钮 ，对实体进行并集运算，如图 10-206 所示。

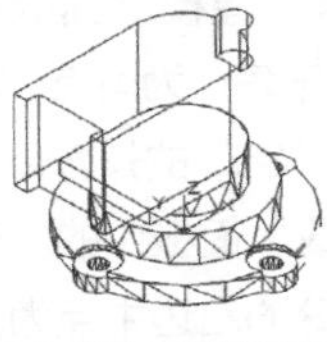

图 10-205　移动实体（1） 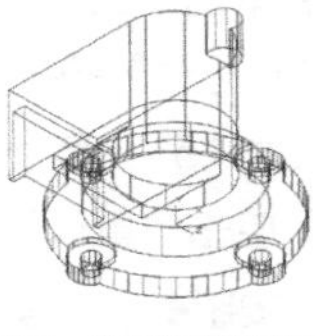　图 10-206　并集运算后的实体（3）

❻ 绘制壳体顶板。

（1）单击"三维工具"选项卡"建模"面板中的"长方体"按钮 ，在实体旁边绘制长为"55"、宽为"68"、高为"8"的长方体，如图 10-207 所示。

（2）单击"三维工具"选项卡"建模"面板中的"圆柱体"按钮 ，以长方体底面右边中点为底面中心点，绘制直径为"68"、高为"8"的圆柱体，如图 10-208 所示。

 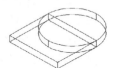

图 10-207　绘制长方体（2）　　图 10-208　绘制圆柱体（5）

（3）单击"三维工具"选项卡"实体编辑"面板中的"并集"按钮 ，对实体进行并集运算，如图 10-209 所示。

（4）单击"三维工具"选项卡"实体编辑"面板中的"复制边"按钮 。选取实体底边，在原位置进行复制，如图 10-210 所示。

 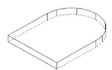

图 10-209　并集运算后的实体（4）　图 10-210　复制底边

（5）单击"默认"选项卡"修改"面板中的"偏移"按钮 ，将多段线向内偏移"7"，如图 10-211 所示。

（6）单击"默认"选项卡"绘图"面板中的"构造线"按钮 ，绘制竖直辅助线及 45°辅助线，如图 10-212 所示。

 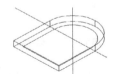

图 10-211　偏移多段线　　　　图 10-212　绘制辅助线

（7）单击"默认"选项卡"修改"面板中的"偏移"按钮 ，将 45°辅助线分别向左偏移"12"和"40"，如图 10-213 所示。

（8）单击"三维工具"选项卡"建模"面板中的"圆柱体"按钮 ，捕捉辅助线与多段线的交点为底面中心点，分别绘制直径为"7"、高为"8"及直径为"14"、高为"2"的圆柱体。选择菜单栏中的"修改"→"三维操作"→"三维镜像"命令，将圆柱体以 *ZX* 面为镜像面，以底面圆心为 *ZX* 面上的点，进行镜像操作。单击"三维工具"选项卡"实体编辑"面板中的"差集"按钮 ，对实体与镜像得到的圆柱体进行差集运算，如图 10-214 所示。

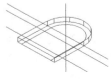 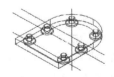

图 10-213　偏移辅助线　　　图 10-214　差集运算后的实体

（9）单击"默认"选项卡"修改"面板中的"删除"按钮 ，删除辅助线，如图 10-215 所示。单击"默认"选项卡"修改"面板中的"移动"按钮 ，以壳体顶板底

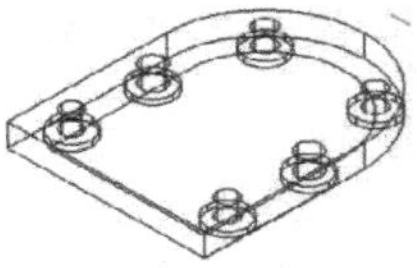

图 10-215　删除辅助线

面圆部分的圆心为基点，将其移动到壳体中部顶面圆部分的圆心处，如图 10-216 所示。

（10）单击"三维工具"选项卡"实体编辑"面板中的"并集"按钮 ，对实体进行并集运算，如图 10-217 所示。

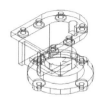 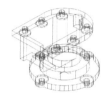

图 10-216 移动实体 **图 10-217 并集运算后的实体（5）**

❼ 单击"三维工具"选项卡"实体编辑"面板中的
"拉伸面"按钮🗐，选取壳体表面，拉伸"-8"，
如图 10-218 所示。单击"视图"选项卡"视
觉样式"面板中的"隐藏"按钮🕭，对实体进行
消隐，消隐后的结果如图 10-219 所示。

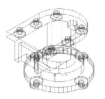 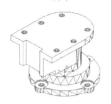

图 10-218 拉伸壳体表面 **图 10-219 消隐后的实体**

10.5.2 | 绘制壳体的其他部分

STEP 绘制步骤

❶ 绘制壳体竖直内孔。

（1）单击"三维工具"选项卡"建模"面板中
的"圆柱体"按钮🗍，以（0,0,0）为底面中心
点，分别绘制直径为"18"、高为"14"及直径
为"30"、高为"80"的圆柱体；以（-25,0,80）
为底面中心点，绘制直径为
"12"、高为"-40"的圆柱体；
以（22,0,80）为底面中心点，
绘制直径为"6"、高为"-18"
的圆柱体，如图 10-220 所示。

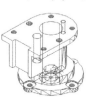

**图 10-220 绘制
圆柱体（1）**

（2）单击"三维工具"选项
卡"实体编辑"面板中的"差
集"按钮🗐，对壳体与刚绘制
的圆柱体进行差集运算，如图 10-221 所示。

❷ 绘制壳体前部凸台及孔。

（1）在命令行输入"UCS"命令并按 <Enter>
键，将坐标原点移动到（-25,-36,48），并将
坐标系绕 X 轴旋转 90°。

（2）单击"三维工具"选项卡"建模"面板中的
"圆柱体"按钮🗍，以（0,0,0）为底面中心点，
分别绘制直径为"30"、高为"-16"，直径为"20"、

高为"-12"及直径为"12"、高为"-36"的
圆柱体，如图 10-222 所示。

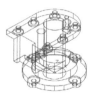

图 10-221 差集运算后的实体（1） **图 10-222 绘制圆柱体（2）**

（3）单击"三维工具"选项卡"实体编辑"面
板中的"并集"按钮🗐，对壳体与 Ø30 圆柱体
进行并集运算，如图 10-223 所示。

（4）单击"三维工具"选项卡"实体编辑"面
板中的"差集"按钮🗐，对壳体与刚绘制的圆柱
体进行差集运算，如图 10-224 所示。

**图 10-223 并集运算后的
实体（1）** **图 10-224 差集运算后的
实体（2）**

❸ 绘制壳体水平内孔。

（1）在命令行输入"UCS"命令并按 <Enter>
键，将坐标原点移动到（-25,10,-36），并将坐
标系绕 Y 轴旋转 90°。

（2）单击"三维工具"选项卡"建模"面板中
的"圆柱体"按钮🗍，以（0,0,0）为底面中心
点，分别绘制直径为"12"、高为"8"及直径
为"8"、高为"25"的圆柱体；以（0,10,0）
为底面中心点，绘制直径为"6"、高为"15"
的圆柱体，如图 10-225 所示。

（3）选择菜单栏中的"修改"→"三维操作"→
"三维镜像"命令，将 Ø6 圆柱体以当前 ZX 面
为镜像面进行镜像操作，如图 10-226 所示。

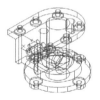 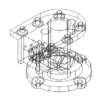

图 10-225 绘制圆柱体（3） **图 10-226 镜像圆柱体**

（4）单击"三维工具"选项卡"实体编辑"面板中的"差集"按钮，对壳体与刚绘制的圆柱体进行差集运算，如图 10-227 所示。

❹ 绘制壳体肋板。

（1）切换到前视图。

（2）单击"默认"选项卡"绘图"面板中的"多段线"按钮，从点 1（中点）→点 2（垂足）→点 3（垂足）→点 4（垂足）→点 5（@0,-4）→点 1，绘制闭合多段线，如图 10-228 所示。

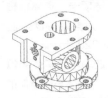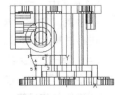

图 10-227　差集运算后的实体（3）图 10-228　绘制闭合多段线

（3）单击"三维工具"选项卡"建模"面板中的"拉伸"按钮，将闭合多段线拉伸"3"。

（4）选择菜单栏中的"修改"→"三维操作"→"三维镜像"命令，以当前 XY 面为镜像面进行镜像操作。

（5）单击"三维工具"选项卡"实体编辑"面板中的"并集"按钮，对壳体与肋板进行并集

运算，如图 10-229 所示。

图 10-229　并集运算后的实体（2）

10.5.3　圆角、倒圆角和渲染

STEP 绘制步骤

❶ 分别单击"默认"选项卡"修改"面板中的"圆角"按钮和"修改"工具栏中的"倒角"按钮，对壳体进行圆角及倒圆角处理，如图 10-230 所示。

图 10-230　圆角与倒角处理

❷ 选择适当的材质并对实体进行渲染。渲染后的效果如图 10-187 所示。

10.6　上机实验

【实验 1】绘制三通管

1．目的要求

本实验要绘制的三通管如图 10-231 所示。三维模型具有形象逼真的优点，但是绘制起来比较复杂，需要读者掌握的知识比较多。本实验要求读者熟悉三维模型绘制的步骤，掌握三维模型的绘制技巧。

2．操作提示

（1）绘制 3 个圆柱体。

（2）镜像和旋转圆柱体。

（3）圆角处理。

【实验 2】绘制台灯

1．目的要求

本实验要绘制的台灯如图 10-232 所示。台灯是常见的生活用品，绘制时需要用到的三维命令比较多。通过本实验的练习，读者可以进一步熟悉三维绘图的步骤。

2．操作提示

（1）利用"圆柱体""差集""圆角""移动"等命令绘制台灯底座。

（2）利用"旋转""多段线""圆""拉伸"等命令绘制支撑杆。

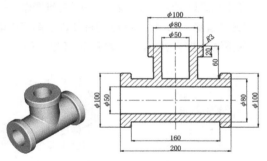

图 10-231　三通管

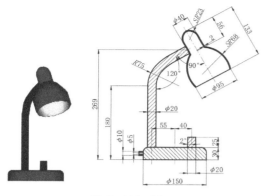

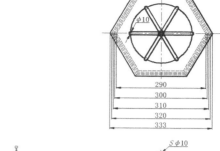

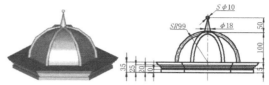

图 10-232　台灯

（3）利用"旋转""多段线"和"旋转"等命令绘制灯头主体。

（4）利用"抽壳"命令对灯头进行抽壳。

（5）渲染处理。

【实验 3】绘制建筑拱顶

1. 目的要求

本实验要绘制的建筑拱顶如图 10-233 所示。拱顶是常见的建筑结构，绘制本实验的拱顶时需要用到的三维命令比较多。通过本实验的练习，读者可以进一步熟悉三维绘图的步骤。

图 10-233　建筑拱顶

2. 操作提示

（1）绘制正六边形并拉伸。

（2）绘制直线和圆弧。

（3）旋转曲面。

（4）绘制圆并拉伸。

（5）阵列处理。

（6）绘制圆锥体和球体。

（7）渲染处理。

第四篇 机械设计工程实例

第 11 章

齿轮泵零件图绘制

本章将详细讲解二维图形绘制中比较经典的实例——齿轮泵零件图的绘制方法，涉及绘图环境的设置、文字和尺寸标注样式的设置，是系统应用 AutoCAD 2023 二维绘图功能的综合实例。

重点与难点

- ➲ 完整零件图的绘制方法
- ➲ 传动轴的设计
- ➲ 垫圈的设计
- ➲ 齿轮花键轴的设计
- ➲ 齿轮泵前盖的设计
- ➲ 齿轮泵泵体的绘制

11.1 完整零件图的绘制方法

零件图是设计者表达零件设计意图的一种技术文件。

11.1.1 零件图内容

零件图是表示零件的结构形状、大小和技术要求的工程图样，可作为加工制造零件的依据。一幅完整的零件图应包括以下内容。

一组视图：表达零件的形状与结构。

一组尺寸：标出零件上结构的大小、结构间的位置关系。

技术要求：标出零件加工、检验时的技术指标。

标题栏：注明零件的名称、材料、设计者、审核者、制造厂家等信息的表格。

11.1.2 零件图绘制过程

零件图的绘制过程包括草绘和绘制工作图，一般用 AutoCAD 绘制工作图。下面是绘制工作图的基本步骤。

（1）设置作图环境。作图环境的设置一般包括以下两方面。

① 选择比例：根据零件的大小和复杂程度选择比例，尽量采用 1:1。

② 选择图纸幅面：根据图形、标注尺寸、技术要求所需图纸幅面，从标准幅面中选择。

（2）确定作图顺序，选择尺寸转换为坐标值的方式。

（3）绘制图形。

（4）标注尺寸，标注技术要求，填写标题栏。标注尺寸前要关闭剖面层，以免剖面线在标注尺寸时影响端点捕捉。

（5）校核与审核。

11.2 传动轴的设计

传动轴是同轴回转体，结构对称，可以利用基本的"直线"命令、"偏移"命令来完成图形的绘制；也可以根据图形的对称性，只绘制图形的一半再进行"镜像"处理来完成。这里使用前一种方法来设计传动轴，如图 11-1 所示。

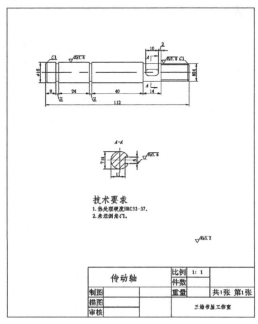

图 11-1 传动轴

11.2.1 配置绘图环境

打开随书资源中的"A4 竖向样板图 .dwg"文件，将其另存为"11.2 传动轴设计 .dwg"。

11.2.2 绘制传动轴图形

STEP 绘制步骤

❶ 绘制传动轴主视图。

（1）将"中心线层"图层设定为当前图层。

（2）绘制中心线。单击"默认"选项卡"绘图"面板中的"直线"按钮╱，绘制一条水平直线，端点坐标为 (54,200) 和 (170,200)，如图 11-2 所示。

———— —— ————
图 11-2 绘制中心线（1）

（3）将"粗实线层"图层设定为当前图层。

（4）绘制直线。单击"默认"选项卡"绘图"

面板中的"直线"按钮╱，绘制一条竖直直线，端点坐标为 (57,208) 和 (57,192)，再单击"默认"选项卡"修改"面板中的"偏移"按钮⋹，将竖直直线分别向右偏移"1""8""10""34""36""76""90""111"和"112"；将中心线分别向两侧偏移"7"和"8"，将偏移后的中心线放置在"粗实线层"图层，结果如图 11-3 所示。

图 11-3　绘制直线

（5）修剪处理。单击"默认"选项卡"修改"面板中的"修剪"按钮⋌，对多余直线进行修剪。再单击"默认"选项卡"修改"面板中的"倒角"按钮╱，设置"角度、距离"模式，角度为 45°，距离为"1"，结果如图 11-4 所示。

图 11-4　修剪处理

（6）细化图形。单击"默认"选项卡"修改"面板中的"偏移"按钮⋹，将图 11-4 中右端的水平直线 1、2，分别向内偏移"1"，并将偏移后的直线放置在"细实线层"图层。再单击"默认"选项卡"修改"面板中的"修剪"按钮⋌和"延伸"按钮⟶，对偏移后的直线进行修剪和延伸，结果如图 11-5 所示。

图 11-5　细化图形

（7）绘制键槽。单击"默认"选项卡"修改"面板中的"偏移"按钮⋹，将直线 3 分别向右偏移"4.5"和"9.5"；单击"默认"选项卡"绘图"面板中的"圆"按钮⊙，以偏移后的直线和水平中心线的交点为圆心，分别绘制半径为"2.5"的圆；单击"默认"选项卡"绘图"面板中的"直线"按钮╱，绘制两圆的切线；再单击"默认"选项卡"修改"面板中的"修剪"按钮⋌，对

多余的直线和圆弧进行修剪，完成传动轴主视图的绘制，结果如图 11-6 所示。

图 11-6　传动轴主视图

❷ 绘制传动轴移出剖面。

（1）将"中心线层"图层设定为当前图层。

（2）绘制中心线。单击"默认"选项卡"绘图"面板中的"直线"按钮╱，绘制一条水平直线，端点坐标为 (105,130) 和 (125,130)，绘制一条竖直直线，端点坐标为 (115,140) 和 (115,120)，结果如图 11-7 所示。

（3）绘制圆。将"粗实线层"图层设定为当前图层。单击"默认"选项卡"绘图"面板中的"圆"按钮⊙，以中心线的交点为圆心，绘制半径为"7"的圆，结果如图 11-8 所示。

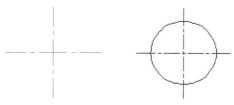

图 11-7　绘制中心线（2）　　　图 11-8　绘制圆

（4）绘制键槽。单击"默认"选项卡"修改"面板中的"偏移"按钮⋹，将水平中心线分别向上下两侧偏移"2.5"，将竖直中心线向右偏移"4"，并将偏移后的直线放置在"粗实线层"图层；再单击"默认"选项卡"修改"面板中的"修剪"按钮⋌，对多余的直线和圆弧进行修剪，结果如图 11-9 所示。

图 11-9　绘制键槽

（5）绘制剖面线。将"剖面层"图层设定为当前图层。单击"默认"选项卡"绘图"面板中的"图案填充"按钮▨，绘制剖面线，完成传动轴的绘制，结果如图 11-10 所示。

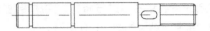

图 11-10　传动轴

11.2.3 │ 标注传动轴

STEP 绘制步骤

❶ 标注主视图尺寸。

（1）将当前图层设定为"尺寸标注层"图层，单击"默认"选项卡"注释"面板中的"标注样式"按钮，将"机械制图标注"样式设置为当前标注样式。

（2）单击"注释"选项卡"标注"面板中的"线性"按钮、"连续"按钮，并使用"QLEADER"命令对主视图进行尺寸标注，结果如图 11-11 所示。

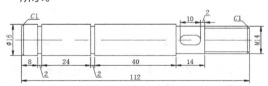

图 11-11　标注主视图尺寸

❷ 标注剖视图尺寸。单击"默认"选项卡"注释"面板中的"线性"按钮，对剖视图进行尺寸标注，结果如图 11-12 所示。

图 11-12　标注剖视图尺寸

❸ 标注剖切符号和文字。分别在"尺寸标注层"和"文字层"图层中单击"默认"选项卡"注释"面板中的"多行文字"按钮A，并使用

"QLEADER"命令标注剖切符号和文字，结果如图 11-13 所示。

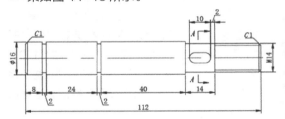

图 11-13　标注剖切符号和文字

❹ 标注表面粗糙度。利用前面学习的方法标注传动轴表面粗糙度，结果如图 11-14 所示。

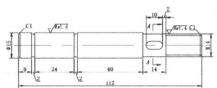

图 11-14　标注表面粗糙度

11.2.4 │ 填写技术要求与标题栏

分别将"文字层"和"标题栏层"图层设置为当前图层，填写技术要求和标题栏相关项，如图 11-15 和图 11-16 所示。输入文字的过程中注意调整文字大小。传动轴设计的最终效果如图 11-1 所示。

技术要求
1. 热处理硬度HRC32-37。
2. 未注倒角C1。

图 11-15　技术要求　　　图 11-16　标题栏

11.3　垫圈的设计

垫圈的设计是二维图形绘制中比较简单的实例，主要通过"直线""偏移"和"修剪"命令来完成。垫圈的设计图如图 11-17 所示。

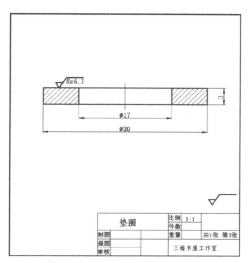

图 11-17　垫圈的设计图

11.3.1 | 配置绘图环境

打开随书资源中的"A4 竖向样板图 .dwg"文件，将其另存为"11.3 垫圈设计 .dwg"。

11.3.2 | 绘制垫圈

STEP　绘制步骤

❶ 将"中心线层"图层设定为当前图层。

❷ 绘制中心线。单击"默认"选项卡"绘图"面板中的"直线"按钮 ／，绘制一条竖直直线，端点坐标为 (115,202) 和 (115,195)，如图 11-18 所示。

❸ 绘制水平直线。将"粗实线层"图层设定为当前图层。单击"默认"选项卡"绘图"面板中的"直线"按钮 ／，绘制一条水平直线，端点坐标为 (100,200) 和 (130,200)，结果如图 11-19 所示。

图 11-18　绘制中心线　　图 11-19　绘制水平直线

❹ 偏移处理。单击"默认"选项卡"修改"面板中的"偏移"按钮 ⊑，将水平直线向下偏移 3mm，将中心线分别向两侧偏移 15mm 和

8.5mm，并将偏移后的直线放置在"粗实线层"图层，结果如图 11-20 所示。

图 11-20　偏移处理

❺ 修剪处理。单击"默认"选项卡"修改"面板中的"修剪"按钮 ↘，对多余的直线进行修剪，结果如图 11-21 所示。

图 11-21　修剪处理

❻ 绘制剖面线。单击"默认"选项卡"绘图"面板中的"图案填充"按钮 ▨，切换到"剖面层"图层，绘制剖面线，完成垫圈的绘制，结果如图 11-22 所示。

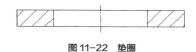

图 11-22　垫圈

11.3.3 | 标注垫圈

STEP　绘制步骤

❶ 将当前图层设置为"尺寸标注层"图层。

❷ 标注尺寸。单击"默认"选项卡"注释"面板中的"线性"按钮 ┌┤，对图形进行尺寸标注，结果如图 11-23 所示。

❸ 标注垫圈表面粗糙度，如图 11-24 所示，并在标题栏上方插入一个表面粗糙度符号。

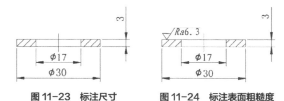

图 11-23　标注尺寸　　图 11-24　标注表面粗糙度

11.3.4 | 填写标题栏

将"标题栏层"图层设置为当前图层，在标题栏中填写相关项，垫圈的最终效果如图 11-17 所示。

11.4　齿轮花键轴的设计

齿轮花键轴与传动轴类似，也是回转体，结构对称，同样可以利用基本的"直线"命令、"偏移"命

令来完成图形的绘制。当然，也可以根据图形的对称性，只绘制图形的一半，再进行"镜像"处理来完成。这里使用前一种方法。齿轮花键轴的设计如图 11-25 所示。

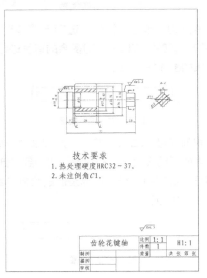

图 11-25　齿轮花键轴的设计

11.4.1 │ 配置绘图环境

　　打开随书资源中的"A4 竖向样板图 .dwg"文件，将其另存为"11.4 齿轮花键轴设计 .dwg"。

11.4.2 │ 绘制齿轮花键轴

STEP 绘制步骤

❶ 绘制齿轮花键轴主视图。

（1）将"中心线层"图层设定为当前图层。

（2）绘制中心线。单击"默认"选项卡"绘图"面板中的"直线"按钮╱，绘制 3 条水平直线，端点坐标为 (74,200) 和 (156,200)、(84,215.38) 和 (114,215.38)、(84,184.62) 和 (114,184.62)，如图 11-26 所示。

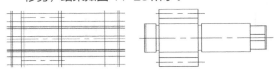

图 11-26　绘制中心线（1）

（3）绘制直线。将"粗实线层"图层设定为当前图层。单击"默认"选项卡"绘图"面板中的"直线"按钮╱，绘制一条竖直直线，端点坐标为

(77,220) 和 (77, 180)；再单击"默认"选项卡"修改"面板中的"偏移"按钮⊂，将竖直直线分别向右偏移"1""7""9""33""35""65""74"和"75"，将中心线分别向上下两侧偏移"2""7.5""8""9""12.51"和"18.25"，并将偏移后的直线放置在"粗实线层"图层，如图 11-27 所示。

（4）修剪处理。单击"默认"选项卡"修改"面板中的"修剪"按钮✂，对多余的直线进行修剪，结果如图 11-28 所示。

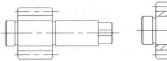

图 11-27　绘制直线　　　**图 11-28　修剪处理**

（5）倒角处理。单击"默认"选项卡"修改"面板中的"倒角"按钮╱，设置"角度、距离"模式，角度和距离分别为 45° 和"1"，结果如图 11-29 所示。

（6）绘制剖面线。切换到"剖面层"图层，单击"默认"选项卡"绘图"面板中的"图案填充"按钮▨，绘制剖面线，完成齿轮花键轴主视图的绘制，结果如图 11-30 所示。

图 11-29　倒角处理 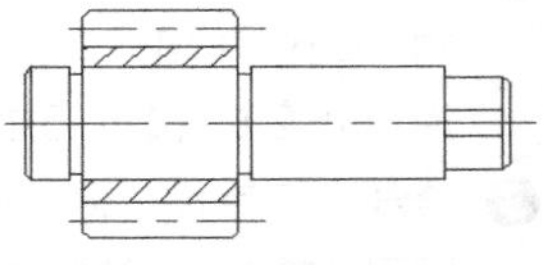　　　**图 11-30　齿轮花键轴主视图**

❷ 绘制齿轮花键轴断面图。

（1）将"中心线层"图层设定为当前图层。

（2）绘制中心线。单击"默认"选项卡"绘图"面板中的"直线"按钮╱，绘制一条水平直线，端点坐标为 (173,200) 和 (191,200)，绘制一条竖直直线，端点坐标为 (182,209) 和 (182,191)，选中绘制的中心线，修改其线型比例为"0.1"，结果如图 11-31 所示。

（3）绘制圆。将"粗实线层"图层设定为当前图层，单击"默认"选项卡"绘图"面板中的"圆"按钮⊙，以中心线的交点为圆心，分别绘制直径为"15"和"12"的圆，结果如图 11-32 所示。

图 11-31　绘制中心线（2）

图 11-32　绘制圆

（4）绘制花键。单击"默认"选项卡"修改"面板中的"偏移"按钮 ⊂，将水平中心线和竖直中心线分别向两侧偏移"2"，并将偏移后的直线放置在"粗实线层"图层；再单击"默认"选项卡"修改"面板中的"修剪"按钮 ，对多余的直线和圆弧进行修剪，结果如图 11-33 所示。

图 11-33　绘制花键

（5）绘制剖面线。单击"默认"选项卡"绘图"面板中的"图案填充"按钮 ，切换到"剖面层"图层，绘制剖面线，完成齿轮花键轴的绘制，结果如图 11-34 所示。

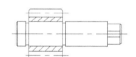

图 11-34　齿轮花键轴

11.4.3 | 标注齿轮花键轴

STEP 绘制步骤

❶ 主视图的尺寸标注。

（1）将当前图层从"剖面层"图层切换到"尺寸标注层"图层。单击"默认"选项卡"注释"面板中的"标注样式"按钮 ，将"机械制图标注"样式设置为当前标注样式。

（2）单击"默认"选项卡"注释"面板中的"线性"按钮 ，并使用"QLEADER"命令对主视图进行尺寸标注。注意，在标注过程中要设置替代标注样式标注带小数的尺寸，结果如图 11-35 所示。

❷ 断面图的尺寸标注。单击"默认"选项卡"注释"面板中的"线性"按钮 、"直径"按钮 ，对断面图进行尺寸标注，结果如图 11-36 所示。

❸ 表面粗糙度和剖切符号的标注。按照前面的方法标注齿轮花键轴表面粗糙度和剖切符号，结果如图 11-37 所示。

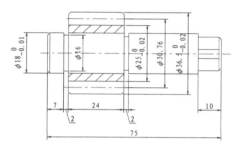

图 11-35　标注主视图尺寸

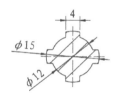

图 11-36　标注断面图尺寸

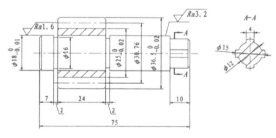

图 11-37　标注表面粗糙度和剖切符号

11.4.4 | 填写标题栏

按照前面介绍的方法填写技术要求和标题栏，最终效果如图 11-25 所示。

11.5　齿轮泵前盖的设计

泵体是组成机器的主要部件，通常有轴孔、螺孔、销孔等结构。齿轮泵前盖外形比较简单，内部结构比较复杂，因此，除绘制主视图外，还需要绘制剖视图，这样才能将其表达清楚。从图中可以看到其结构不完全对称，在绘制时只能对部分图形运用"镜像"命令。本例先运用"直线""圆"和"修剪"等命令绘制出主视图的轮廓线，然后绘制剖视图。齿轮泵前盖的设计如图 11-38 所示。

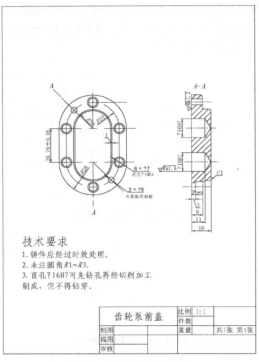

图 11-38 齿轮泵前盖的设计

11.5.1 配置绘图环境

打开随书资源中的"A4 竖向样板图 .dwg"文件，将其另存为"11.5 齿轮泵前盖设计 .dwg"。

11.5.2 绘制齿轮泵前盖

STEP 绘制步骤

❶ 绘制齿轮泵前盖主视图。

（1）将"中心线层"图层设定为当前图层。

（2）绘制中心线。单击"默认"选项卡"绘图"面板中的"直线"按钮／，绘制两条水平直线，端点坐标为 (55,198) 和 (115,198)、(55,169.24) 和 (115,169.24)，绘制一条竖直直线，端点坐标为 (85,228) 和 (85,139.24)，如图 11-39 所示。

（3）绘制圆。将"粗实线层"图层设定为当前图层，单击"默认"选项卡"绘图"面板中的"圆"按钮⊙，以中心线的两个交点为圆心，分别绘制半径为"15""16""22"和"28"的圆，结果如图 11-40 所示。

（4）修剪处理。单击"默认"选项卡"修改"面板中的"修剪"按钮，对多余的圆弧进行修剪，结果如图 11-41 所示。

图 11-39 绘制中心线

图 11-40 绘制圆

（5）绘制直线。单击"默认"选项卡"绘图"面板中的"直线"按钮／，分别绘制与两圆相切的直线，并将半径为"22"的圆弧及其切线放置在"中心线层"图层，结果如图 11-42 所示。

图 11-41 修剪结果

图 11-42 绘制直线

（6）绘制螺栓孔和销孔。单击"默认"选项卡"绘图"面板中的"圆"按钮⊙，按图 11-43 所示尺寸分别绘制螺栓孔和销孔，完成齿轮泵前盖主视图的绘制。

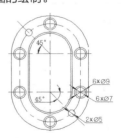

图 11-43 齿轮泵前盖主视图

❷ 绘制齿轮泵前盖剖视图。

（1）绘制定位线。单击"默认"选项卡"绘图"面板中的"直线"按钮／，以主视图中的特征点为起点，利用"正交"功能绘制水平投影线，结果如图 11-44 所示。

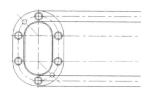

图 11-44 绘制定位线

（2）绘制剖视图轮廓线。单击"默认"选项卡"绘图"面板中的"直线"按钮／，绘制一条与定位直线相交的竖直直线；单击"默认"选项卡"修改"面板中的"偏移"按钮⊆，将竖直直线分别向右偏移"9"和"16"；单击"默认"选项卡"修改"面板中的"修剪"按钮⅄，修剪多余的直线，结果如图 11-45 所示。

（3）圆角和倒角处理。单击"默认"选项卡"修改"面板中的"圆角"按钮 和"倒角"按钮 ，点 1 和点 2 处的圆角半径为"1.5"，点 3 和点 4 处的圆角半径为"2"，点 5 和点 6 处进行 $C1$ 的倒角，结果如图 11-46 所示。

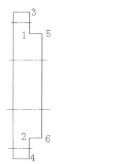 

图 11-45 绘制剖视图轮廓线   **图 11-46 圆角和倒角处理**

（4）绘制销孔和螺栓孔。单击"默认"选项卡"修改"面板中的"偏移"按钮⊆，将直线 1 分别向上下两侧偏移"2.5"，将直线 2 分别向上下两侧偏移"3.5"和"4.5"，将偏移后的直线放置在"粗实线层"图层；将直线 3 向右偏移"3"；单击"默认"选项卡"修改"面板中的"修剪"按钮⅄，对多余的直线进行修剪，结果如图 11-47 所示。

（5）绘制轴孔。单击"默认"选项卡"修改"面板中的"偏移"按钮⊆，将直线 4 分别向上下两侧偏移"8"，将偏移后的直线放置在"粗实线层"图层，将直线 3 向右偏移"11"；单击"默认"选项卡"修改"面板中的"修剪"按钮⅄，

对多余的直线进行修剪；单击"默认"选项卡"绘图"面板中的"直线"按钮／，绘制轴孔端锥角；单击"默认"选项卡"修改"面板中的"镜像"按钮⚎，以两端竖直直线的中点的连线为镜像线，对轴孔进行镜像处理。结果如图 11-48 所示。

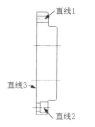 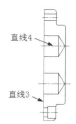

图 11-47 绘制销孔和螺栓孔   **图 11-48 绘制轴孔**

（6）绘制剖面线。切换到"剖面层"图层，单击"默认"选项卡"绘图"面板中的"图案填充"按钮▨，绘制剖面线，完成齿轮泵前盖剖视图的绘制，结果如图 11-49 所示。

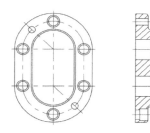

图 11-49 齿轮泵前盖

11.5.3 标注齿轮泵前盖

STEP 绘制步骤

❶ 主视图的尺寸标注。

（1）将当前图层切换到"尺寸标注层"图层。单击"默认"选项卡"注释"面板中的"标注样式"按钮⊿，将"机械制图标注"样式设置为当前标注样式。

（2）单击"默认"选项卡"注释"面板中的"半径"按钮 ，对主视图进行尺寸标注，结果如图 11-50 所示。

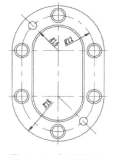

图 11-50 标注主视图半径尺寸

（3）替代标注样式。单击

"默认"选项卡"注释"面板中的"标注样式"按钮，弹出"标注样式管理器"对话框。选择"机械制图标注"样式，单击"替代"按钮，弹出"替代当前样式"对话框，如图 11-51 所示。❶在"文字"选项卡的"文字对齐"选项组中选中"水平"单选钮。❷单击"确定"按钮，退出对话框。

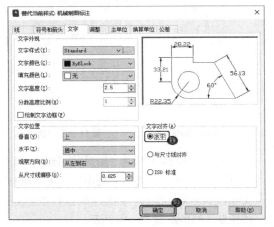

图 11-51　"替代当前样式"对话框

（4）单击"默认"选项卡"注释"面板中的"直径"按钮，标注直径，如图 11-52 所示。

（5）单击"默认"选项卡"注释"面板中的"多行文字"按钮**A**，在尺寸"6×∅7"和"2×∅5"的尺寸线下面分别标注文字"沉孔∅9深6"和"与泵体同钻铰"。注意设置字体大小，以便与尺寸数字大小匹配。如果尺寸线的水平部分不够长，可以利用"直线"命令补画，以使尺寸线的水平部分适应文本长度，结果如图 11-53 所示。

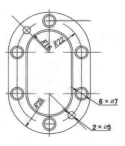

图 11-52　标注直径

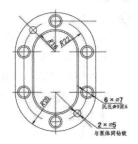

图 11-53　标注主视图文字

（6）单击"默认"选项卡"注释"面板中的"标注样式"按钮，弹出"标注样式管理器"对话框。选择"机械制图标注"样式，单击"替代"按钮，弹出"替代当前样式"对话框，在"公差"

选项卡的"公差格式"选项组中进行图 11-54 所示的设置。单击"确定"按钮，退出对话框。

（7）单击"默认"选项卡"注释"面板中的"线性"按钮，标注公差尺寸，如图 11-55 所示。

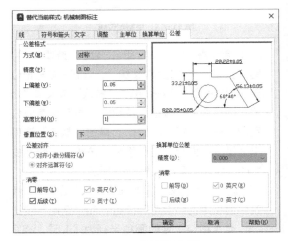

图 11-54　"公差"选项卡

❷ 剖视图的尺寸标注。转换到"机械制图标注"样式，单击"默认"选项卡"注释"面板中的"线性"按钮，对剖视图进行尺寸标注，在命令行输入"QLEADER"命令并按 <Enter> 键，标注倒角，结果如图 11-56 所示。

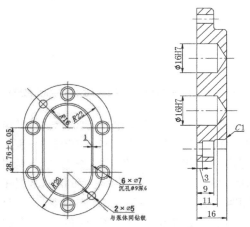

图 11-55　标注公差尺寸　　图 11-56　标注剖视图尺寸

❸ 标注表面粗糙度。按前面的方法标注齿轮泵前盖的剖视图以及标题栏上方的表面粗糙度，如图 11-57 所示。

❹ 标注剖切符号。分别在"粗实线层"和"文字层"图层中单击"默认"选项卡"绘图"面板中的"直线"按钮和"注释"面板中的"多行文字"按

钮A，标注剖切符号和标记文字，最终绘制结果如图 11-57 所示。

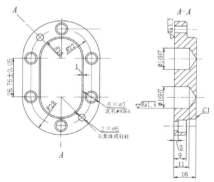

图 11-57 标注表面粗糙度和剖切符号

11.5.4 填写技术要求与标题栏

分别将"文字层"和"标题栏层"图层设置为当前图层，填写技术要求和标题栏相关项，如图 11-58 所示。

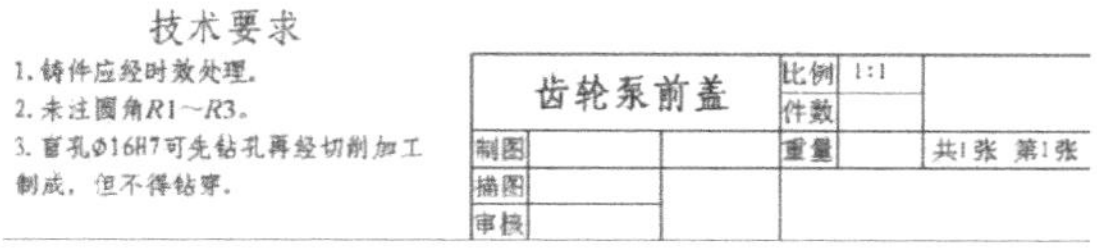

图 11-58 填写技术要求与标题栏

11.5.5 齿轮泵后盖的设计

与齿轮泵前盖相似，齿轮泵后盖的外形也比较简单，但内部结构比较复杂，因此，同样需要绘制主视图和剖视图，这样才能将其表达清楚。本例先运用"直线""圆"和"修剪"等命令绘制出主视图的轮廓线，再绘制剖视图。齿轮泵后盖的设计如图 11-59 所示。从图中可以看到其结构不完全对称，在绘制时只能对部分图形运用"镜像"命令。

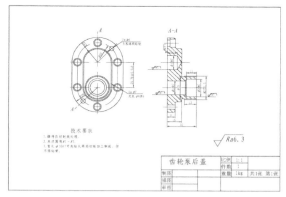

图 11-59 齿轮泵后盖的设计

11.6 齿轮泵泵体的绘制

齿轮泵泵体的绘制是系统使用 AutoCAD 2023 二维绘图功能的综合实例。

本实例的绘制思路：依次绘制齿轮泵泵体的主视图、剖视图，充分利用多视图投影对应关系，绘制辅助定位线。在本例中，局部剖视图在齿轮泵泵体的绘制过程中也得到了充分应用。齿轮泵泵体的设计如图 11-60 所示。

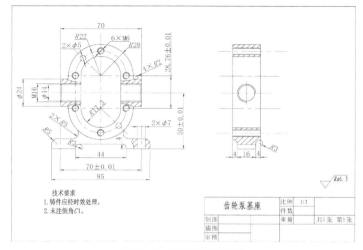

图 11-60 齿轮泵泵体的设计

11.6.1 | 配置绘图环境

打开随书资源中的"A4 横向样板图 .dwg"文件，将其另存为"11.6 齿轮泵泵体设计 .dwg"。

11.6.2 | 绘制齿轮泵泵体

STEP 绘制步骤

❶ 绘制中心线。

（1）将"中心线层"图层设定为当前图层。

（2）绘制中心线。单击"默认"选项卡"绘图"面板中的"直线"按钮／，绘制 3 条水平直线，端点坐标为 (47,205) 和 (107,205)、(34.5,190) 和 (119.5,190)、(47,176.24) 和 (107,176.24)，绘制一条竖直直线，端点坐标为 (77,235) 和 (77,145)，如图 11-61 所示。

❷ 绘制齿轮泵泵体主视图。

（1）将"粗实线层"图层设定为当前图层。

（2）绘制圆。单击"默认"选项卡"绘图"面板中的"圆"按钮⊙，以上下两条水平中心线和竖直中心线的交点为圆心，分别绘制半径为"17.3""22"和"28"的圆，并将半径为"22"的圆放置在"中心线层"图层，结果如图 11-62 所示。

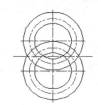

图 11-61　绘制中心线　　　　**图 11-62　绘制圆**

（3）绘制直线并修剪。单击"默认"选项卡"绘图"面板中的"直线"按钮／，绘制圆的切线；将与半径"22"的圆相切的直线放置在"中心线层"图层。再单击"默认"选项卡"修改"面板中的"修剪"按钮≯，对图形进行修剪，结果如图 11-63 所示。

（4）绘制销孔和螺栓孔。单击"默认"选项卡"绘图"面板中的"圆"按钮⊙，按图 11-64 所示尺寸绘制销孔和螺栓孔，并对螺栓孔进行修剪（注意，螺纹外径用细实线绘制）。

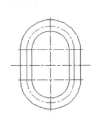
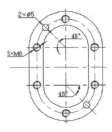

图 11-63　绘制直线并修剪　　**图 11-64　绘制销孔和螺栓孔**

（5）绘制底座。单击"默认"选项卡"修改"面板中的"偏移"按钮⊑，将中间的水平中心线分别向下偏移"41""46"和"50"，将竖直中心线分别向两侧偏移"22"和"42.5"，并调整直线的长度，将偏移后的直线放置在"粗实线层"图层；单击"默认"选项卡"修改"面板中的"修剪"按钮≯，对图形进行修剪；再单击"默认"选项卡"修改"面板中的"圆角"按钮◯，进行圆角处理，结果如图 11-65 所示。

（6）绘制底座螺栓孔。单击"默认"选项卡"修改"面板中的"偏移"按钮⊑，将竖直中心线向左右各偏移"35"；再将偏移后的右侧中心线向两侧各偏移"3.5"，并将偏移后的直线放置在"粗实线层"图层；切换到"细实线层"图层，单击"默认"选项卡"绘图"面板中的"样条曲线拟合"按钮∿，在底座上绘制曲线构成剖切平面界线；切换到"剖面层"图层，单击"默认"选项卡"绘图"面板中的"图案填充"按钮▨，绘制剖面线，结果如图 11-66 所示。

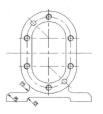

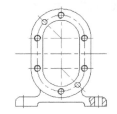

图 11-65　绘制底座　　　　**图 11-66　绘制底座螺栓孔**

（7）绘制进出油管。单击"默认"选项卡"修改"面板中的"偏移"按钮⊑，将竖直中心线分别向两侧偏移"34"和"35"，将中间的水平中心线分别向两侧偏移"7""8"和"12"，将偏移"8"后的直线放置在"细实线层"图层；将其他偏移后的直线放置在"粗实线层"图层，并在"粗实线层"图层绘制倒角斜线；单击"默认"

选项卡"修改"面板中的"修剪"按钮，对图形进行修剪，结果如图 11-67 所示。

（8）细化进出油管。单击"默认"选项卡"修改"面板中的"圆角"按钮，进行圆角处理，圆角半径为"2"；切换到"细实线层"图层，单击"默认"选项卡"绘图"面板中的"样条曲线拟合"按钮，绘制曲线构成剖切平面界线；切换到"剖面层"图层，单击"默认"选项卡"绘图"面板中的"图案填充"按钮，绘制剖面线，完成主视图的绘制，结果如图 11-68 所示。

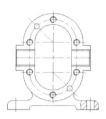 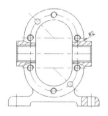

图 11-67　绘制进出油管　　图 11-68　细化进出油管

❸ 绘制齿轮泵泵体剖视图。

（1）绘制定位线。单击"默认"选项卡"绘图"面板中的"直线"按钮，以主视图中的特征点为起点，利用"对象捕捉"和"正交"功能绘制水平定位线，将其中的中心线放置在"中心线层"图层，结果如图 11-69 所示。

（2）绘制剖视图轮廓线。单击"默认"选项卡"绘图"面板中的"直线"按钮，绘制两条竖直直线，端点坐标为 (191,233) 和 (191,140)、(203,200) 和 (203,180)；将绘制的第 2 条直线放置在"中心线层"图层。单击"默认"选项卡"修改"面板中的"偏移"按钮，将第 1 条竖直直线分别向右偏移"4""20"和"24"；单击"默认"选项卡"绘图"面板中的"圆"按钮，以中间的水平中心线与竖直中心线的交点为圆心，绘制直径分别为"14"和"16"的圆，其中直径为"14"的圆在"粗实线层"图层，直径为"16"的圆在"细实线层"图层；单击"默认"选项卡"修改"面板中的"修剪"按钮，对图形的多余图线进行修剪，结果如图 11-70 所示。

（3）圆角处理。单击"默认"选项卡"修改"面板中的"圆角"按钮，采用"修剪、半径"模式，对剖视图进行圆角处理，圆角半径为"3"，结果如图 11-71 所示。

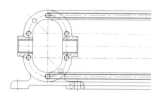 

图 11-69　绘制定位线　　图 11-70　绘制剖视图轮廓线

（4）绘制剖面线。切换到"剖面层"图层，单击"默认"选项卡"绘图"面板中的"图案填充"按钮，绘制剖面线，结果如图 11-72 所示。

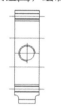 

图 11-71　圆角处理　　　图 11-72　绘制剖面线

11.6.3 │ 标注齿轮泵泵体

STEP 绘制步骤

❶ 标注尺寸。

（1）将当前图层切换到"尺寸标注层"图层。单击"默认"选项卡"注释"面板中的"标注样式"按钮，打开"标注样式管理器"对话框。单击"修改"按钮，打开"修改标注样式"对话框，在"文字"选项卡中，将"文字高度"设置为"4.5"，单击"确定"按钮，然后将"机械制图标注"样式设置为当前标注样式。

（2）单击"默认"选项卡"注释"面板中的"线性"按钮、"半径"按钮和"直径"按钮，对主视图和左视图进行尺寸标注。其中，标注尺寸公差时要设置替代标注样式，结果如图 11-73 所示。

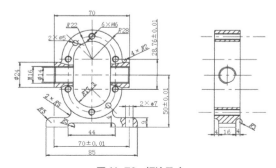

图 11-73　标注尺寸

❷ 标注表面粗糙度。按照前面的方法，在标题栏上方标注表面粗糙度。

按照前面的方法填写技术要求与标题栏。齿轮泵泵体设计的最终效果如图 11-60 所示。

11.7 上机实验

【实验 1】绘制涡轮

1. 目的要求

本实验要绘制的涡轮如图 11-74 所示。涡轮是齿轮的一种。本实验的目的是帮助读者掌握齿轮类零件的绘制方法。

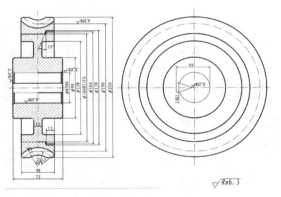

图的主要轮廓。

（6）完成主视图细部绘制，并进行图案填充。

（7）标注图形尺寸。

【实验 2】绘制齿轮轴

1. 目的要求

本实验要绘制的齿轮轴如图 11-75 所示。齿轮轴是将齿轮与轴相结合的一种零件。本实验的目的是帮助读者掌握齿轮类零件的绘制方法。

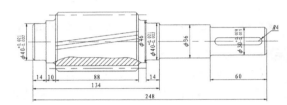

图 11-75 齿轮轴

图 11-74 涡轮

2. 操作提示

（1）设置图层，插入图框。

（2）绘制轴线。

（3）绘制左视图中的一系列同心圆。

（4）绘制左视图中的键槽。

（5）利用主、左视图尺寸的对应关系绘制主视

2. 操作提示

（1）设置图层。

（2）绘制轴线。利用"直线""偏移"和"修剪"等命令绘制主视图上的水平和竖直轴线。

（3）绘制键槽。利用"倒角"和"圆角"等命令进行倒角和圆角处理。绘制轮齿布局剖视图，并绘制斜齿示意线。

（4）标注图形尺寸。

第12章

齿轮泵装配图绘制

本章将详细讲解二维图形绘制中比较经典的实例——齿轮泵装配图的绘制，涉及绘图环境的设置、文字和尺寸标注样式的设置，是系统应用 AutoCAD 2023 二维绘图功能的综合实例。

重点与难点

- ⇨ 完整装配图绘制方法
- ⇨ 轴总成的设计
- ⇨ 齿轮泵总成的设计

12.1 完整装配图绘制方法

装配图表达了部件的设计构思、工作原理和装配关系，也表达出了各零件的相互位置、尺寸及结构形状。它是零件工作图绘制、部件组装、调试及维护等的技术依据。设计装配图时要综合考虑工作要求、材料、强度、刚度、磨损、加工、装拆、调整、润滑和维护、经济等因素，并用视图表达清楚。

12.1.1 装配图内容

（1）一组图形：用一般表达方法和特殊表达方法，正确、完整、清晰和简便地表达装配体的工作原理，零件之间的装配关系、连接关系和零件的主要结构形状。

（2）必要的尺寸：在装配图上必须标注出装配体的性能、规格以及装配、检验、安装时所需的尺寸。

（3）技术要求：用文字或符号说明装配体在性能、装配、检验、调试、使用等方面的要求。

（4）标题栏、零件的序号和明细表：按一定的格式，将零件、部件进行编号，并填写标题栏和明细表，以便读图。

12.1.2 装配图绘制过程

绘制装配图时应注意检验、校正零件的形状、尺寸，纠正零件草图中的不妥或错误之处。具体绘制过程如下。

（1）设置绘图环境。

绘图前应当对绘图环境进行必要的设置，如绘图单位、图幅大小、图层线型、线宽、颜色、字体格式、尺寸格式等。为了绘图方便，比例可以选择1:1。也可以调入事先绘制的装配图标题栏及有关设置。

（2）绘图。

① 根据零件草图，在装配图中绘制各零件图，各零件的比例应当一致，零件尺寸必须准确，可以暂不标注尺寸，将每个零件用"WBLOCK"命令定义为DWG文件。定义时，必须选好插入点，插入点应当是零件间相互有装配关系的特殊点。

② 调入装配干线上的主要零件（如轴）。然后沿装配干线逐个插入相关零件。插入后，若需要剪断不可见的线段，应当分解插入的零件。插入零件时应当注意确定它的轴向和径向定位。

③ 根据零件之间的装配关系，检查各零件的尺寸是否有干涉现象。

④ 根据需要对图形进行缩放、布局排版，然后根据具体情况设置尺寸样式，标注好尺寸及公差，最后填写标题栏，完成装配图。

12.2 轴总成的设计

本实例的绘制思路：首先将零件图创建成图块，然后将这些图块插入装配图，最后添加尺寸标注和标题栏等，完成轴总成设计。轴总成的设计如图12-1所示。

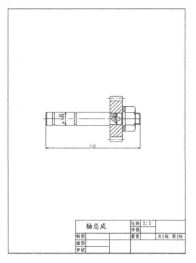

图 12-1 轴总成的设计

12.2.1 配置绘图环境

打开随书资源中的"A4竖向样板图.dwg"文件，将其另存为"轴总成.dwg"。

12.2.2 绘制轴总成

STEP 绘制步骤

❶ 导入图形。选择菜单栏中的"文件"→"打开"命令，打开随书资源中的"轴总成设计\传动轴.dwg"文件，然后选择"编辑"→"复制"命令，复制"传动轴"图形，选择"编辑"→"粘贴"命令，将其粘贴到"轴总成.dwg"中，将其他图形以同样的方式复制到"轴总成.dwg"中，如图12-2所示。

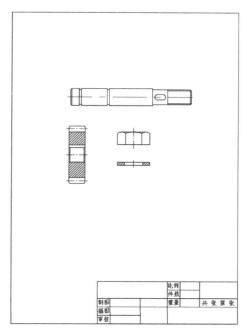

图 12-2　导入图形

❷ 定义块。单击"默认"选项卡"块"面板中的
　"创建"按钮🔲，块名分别设置为"齿轮""螺
　母""垫圈"，单击"拾取点"按钮，拾取点分
　别选取点 A、点 B、点 C，如图 12-3 所示。
　再选中"删除"单选钮，使得定义块后，系统
　自动将所选择的对象删除。

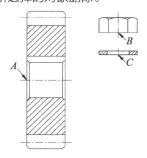

图 12-3　定义块

❸ 轴总成的绘制。

（1）插入齿轮图块。选择"插入"选项卡"块"
　面板"插入"下拉列表中的"最近使用的块"
　选项，打开"块"选项板，插入齿轮图块，基点
　选择点 1，比例为"0.5"，结果如图 12-4 所示。

（2）插入垫圈图块。选择"插入"选项卡"块"
　面板"插入"下拉列表中"最近使用的块"选项，
　打开"块"选项板，插入垫圈图块，基点选择点
　2，旋转角度为 -90°，结果如图 12-5 所示。

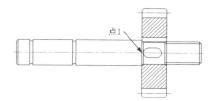

图 12-4　插入齿轮图块

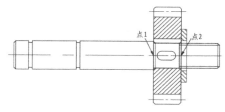

图 12-5　插入垫圈图块

（3）插入螺母图块。选择"插入"选项卡"块"
　面板"插入"下拉列表中"最近使用的块"选项，
　打开"块"选项板，插入螺母图块，基点选择
　点 3，比例为"0.8"，旋转角度为 -90°，结果
　如图 12-6 所示。

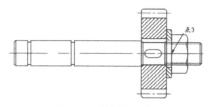

图 12-6　插入螺母图块

（4）分解块。单击"默认"选项卡"修改"面
　板中的"分解"按钮🔲，将图中的各图块分解。

（5）细化图形。单击"默认"选项卡"修改"
　面板中的"删除"按钮🖊，将"图案填充"线删
　除；再单击"默认"选项卡"修改"面板中的"修
　剪"按钮🖊，对多余的直线进行修剪，结果如
　图 12-7 所示。

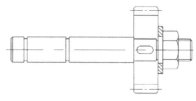

图 12-7　细化图形

（6）绘制剖面线。切换到"剖面层"图层，单
　击"默认"选项卡"绘图"面板中的"图案填充"
　按钮🔲，绘制剖面线，完成轴总成的绘制，结果
　如图 12-8 所示。

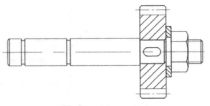

图 12-8　轴总成

12.2.3 标注轴总成

STEP 绘制步骤

❶ 将当前图层切换到"尺寸标注层"图层。单击"默认"选项卡"注释"面板中的"标注样式"按钮，设置替代样式，如图 12-9 所示。

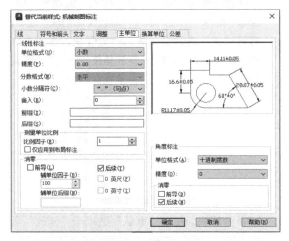

图 12-9　"替代当前样式"对话框

❷ 单击"默认"选项卡"注释"面板中的"线性"按钮，选择需标注的位置，如图 12-10 所示，此时，根据命令行提示输入"M"后按 <Enter> 键。系统打开"文字编辑器"选项卡和多行文字编辑器，输入标注文字，如图 12-11 所示，选择"H7/h6"，单击"堆叠"按钮，将文字堆叠。修改后的文字如图 12-12 所示。

❸ 用同样的方法标注"16H7/h6"文字。

❹ 单击"默认"选项卡"注释"面板中的"线性"

按钮，对视图进行线性尺寸标注，如图 12-13 所示。

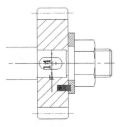

图 12-10　选择需标注的位置

图 12-11　"文字编辑器"选项卡和多行文字编辑器

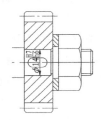

图 12-12　文字堆叠

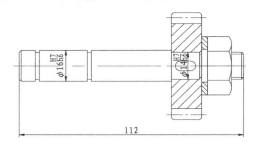

图 12-13　标注尺寸

12.2.4 填写标题栏

将"标题栏层"图层设置为当前图层，在标题栏中填写"轴总成"及其他文字。轴总成设计的最终效果如图 12-1 所示。

12.3 齿轮泵总成的设计

齿轮泵总成的绘制过程是系统应用 AutoCAD 2023 二维绘图功能的综合实例。

本实例的绘制思路：首先将零件图创建成图块，然后将这些图块插入装配图，再补全装配图中的其他零件，最后添加尺寸标注和标题栏等，完成齿轮泵总成设计。

齿轮泵总成的设计如图 12-14 所示。

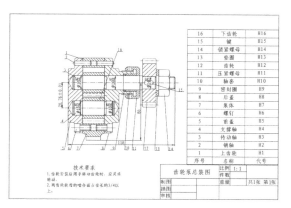

16	下齿轮	H16
15	键	H15
14	锁紧螺母	H14
13	垫圈	H13
12	齿轮	H12
11	压紧螺母	H11
10	轴套	H10
9	密封圈	H9
8	后盖	H8
7	泵体	H7
6	螺钉	H6
5	前盖	H5
4	支撑轴	H4
3	传动轴	H3
2	销轴	H2
1	上齿轮	H1
序号	名称	代号

技术要求
1. 齿轮安装后用手转动应灵活、应灵活转动。
2. 两齿轮的啮合面占齿长的3/4以上。

齿轮泵总成图	比例 1:1	
	件数	
制图		共1张 第1张
插图	重量	
审核		

图 12-14　齿轮泵总成的设计

12.3.1 ｜ 配置绘图环境

打开随书资源中的"A4 横向样板图 .dwg"文件，将其另存为"齿轮泵总成设计 .dwg"。

12.3.2 ｜ 绘制齿轮泵总成

STEP 绘制步骤

❶ 导入图形。选择菜单栏中的"文件"→"打开"命令，打开随书资源中的"轴总成 .dwg"文件，选择图形，然后选取菜单栏中的"编辑"→"复制"命令，复制"轴总成"图形，再选择菜单栏中的"编辑"→"粘贴"命令，将其粘贴到"齿轮泵总成设计 .dwg"中。同样，打开随书资源中的"齿轮泵前盖设计 .dwg"文件、"齿轮泵后盖设计 .dwg"文件和"齿轮总成 .dwg"文件，以同样的方式将图形复制到"齿轮泵总成设计 .dwg"文件中，并将"齿轮泵前盖设计 .dwg"文件的图形进行镜像，将"齿轮泵后盖设计 .dwg"文件的图形进行 180° 旋转后镜像，将两个镜像的源图形删去。结果如图 12-15 所示。

❷ 定义块。分别定义齿轮泵前盖、齿轮泵后盖和齿轮总成图块，块名分别设置为"齿轮泵前盖""齿轮泵后盖"和"齿轮总成"。单击"拾取点"按钮，拾取点分别选择点 A、点 B、点 C，如图 12-16

所示。再选中"删除"单选钮，自动将所选对象删除。

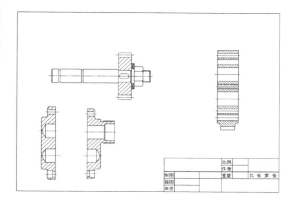

图 12-15　绘制图形

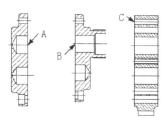

图 12-16　选择点

❸ 绘制齿轮泵总成。

（1）插入齿轮泵前盖图块。选择"插入"选项卡"块"面板"插入"下拉列表中的"最近使用的块"选项，打开"块"选项板，选择齿轮泵前盖图块，基点选择点 1，插入齿轮泵前盖图块，结果如图 12-17 所示。

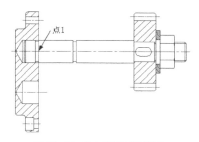

图 12-17　插入齿轮泵前盖图块

（2）插入齿轮泵后盖图块。选择"插入"选项卡"块"面板"插入"下拉列表中的"最近使用的块"选项，打开"块"选项板，选择齿轮泵后盖图块，基点选择点 2，插入齿轮泵后盖图块，结果如图 12-18 所示。

（3）插入齿轮总成图块。选择"插入"选项卡

"块"面板"插入"下拉列表中的"最近使用的块"选项，打开"块"选项板，选择齿轮总成图块，基点选择点3，插入齿轮总成图块，结果如图 12-19 所示。

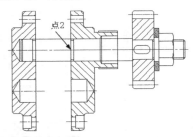

图 12-18　插入齿轮泵后盖图块

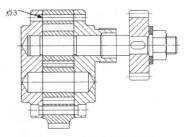

图 12-19　插入齿轮总成图块

（4）分解块。单击"默认"选项卡"修改"面板中的"分解"按钮，将图 12-19 中的各图块分解。

（5）删除多余的直线并进行修剪处理。单击"默认"选项卡"修改"面板中的"删除"按钮，将多余的直线删除；再单击"默认"选项卡"修改"面板中的"修剪"按钮，进行修剪处理，结果如图 12-20 所示。

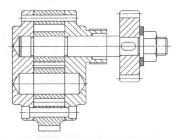

图 12-20　删除多余的直线并进行修剪处理

（6）绘制传动轴。单击"默认"选项卡"修改"面板中的"复制"按钮和"镜像"按钮，绘制传动轴，结果如图 12-21 所示。

（7）细化销钉和螺钉。单击"默认"选项卡"绘图"面板中的"直线"按钮和"修改"面板中的"偏移"按钮，细化销钉和螺钉，结果如

图 12-22 所示。

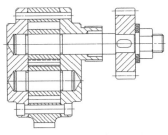

图 12-21　绘制传动轴

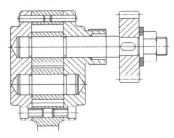

图 12-22　细化销钉和螺钉

（8）插入轴套、密封圈和压紧螺母图块。选择"插入"选项卡"块"面板"插入"下拉列表中的"最近使用的块"选项，打开"块"选项板，插入轴套、密封圈和压紧螺母图块。

（9）单击"默认"选项卡"修改"面板中的"分解"按钮，将图中的各图块分解。删除多余的直线并进行修剪处理。单击"默认"选项卡"绘图"面板中的"图案填充"按钮，对部分区域进行填充。齿轮泵总成的最终绘制结果如图 12-23 所示。

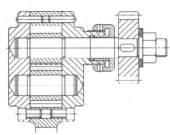

图 12-23　齿轮泵总成

12.3.3　标注齿轮泵总成

STEP　绘制步骤

❶ 尺寸标注。

（1）将当前图层切换到"尺寸标注层"图层。单击"默认"选项卡"注释"面板中的"标注

样式"按钮，打开"标注样式管理器"对话框，将"机械制图标注"样式设置为当前标注样式。注意设置替代标注样式。

（2）单击"默认"选项卡"注释"面板中的"线性"按钮，对齿轮泵总成进行尺寸标注，结果如图 12-24 所示。

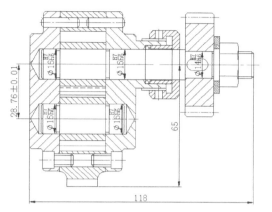

图 12-24　标注尺寸

❷ 标注明细表及序号。

（1）设置文字标注格式。单击"默认"选项卡"注释"面板中的"文字样式"按钮，打开"文字样式"对话框，在"样式名"下拉列表中选择"技术要求"选项，单击"置为当前"按钮，

将其设置为当前文字样式。

（2）标注序号与绘制明细表。按前文讲述的方法标注序号与绘制明细表，如图 12-25 和图 12-26 所示。

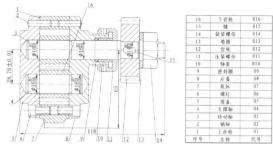

图 12-25　标注序号

16	下齿轮	H16
15	键	H15
14	锁紧螺母	H14
13	垫圈	H13
12	齿轮	H12
11	压紧螺母	H11
10	轴套	H10
9	密封圈	H9
8	后盖	H8
7	泵体	H7
6	螺钉	H6
5	销套	H5
4	支撑轴	H4
3	传动轴	H3
2	销轴	H2
1	上齿轮	H1
序号	名称	代号

图 12-26　明细表

12.3.4 | 填写技术要求与标题栏

按前面介绍的方法填写技术要求和标题栏。技术要求如图 12-27 所示。齿轮泵总成设计的最终效果如图 12-14 所示。

技术要求
1.齿轮安装后用手转动齿轮时，应灵活转动。
2.两齿轮轮齿的啮合面占齿长的3/4以上。

图 12-27　技术要求

12.4　上机实验

【实验】绘制变速箱装配图

1. 目的要求

变速箱装配图如图 12-28 所示。装配图主要用于表达部件的结构原理和装配关系，是一种非常重要的工程图。在绘制时，主要用的是插入图块的方法。本实验的目的是帮助读者深入掌握机械装配图的绘制方法和技能。

2. 操作提示

（1）设置图层，插入图框。

（2）插入箱体图块。

（3）依次插入其他各个图块。

（4）分解相关图块，修剪相关图线，厘清相关图线在空间的位置关系。

（5）标注图形尺寸。

（6）标注零件序号。

（7）绘制明细表。

（8）填写技术要求。

（9）填写标题栏。

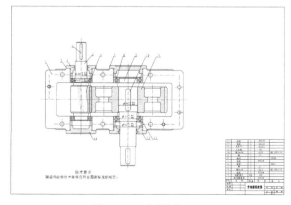

图 12-28　变速箱装配图

第13章

齿轮泵零件立体图绘制

本章将详细讲解三维实体绘制中比较经典的实例——齿轮泵零件立体图的绘制，涉及短齿轮轴的设计、长齿轮轴的设计、锥齿轮的设计、左端盖的设计、右端盖的设计和泵体的设计。通过对本章的学习，读者可以进一步理解和掌握三维绘图与编辑命令的使用方法和技巧。

重点与难点

- ➲ 齿轮轴的设计
- ➲ 锥齿轮的设计
- ➲ 端盖的设计
- ➲ 泵体的设计

13.1 齿轮轴的设计

齿轮轴由齿轮和轴两部分组成，绘制时注意绘制倒角。由于该实体具有对称结构，因此本实例的绘制思路为首先绘制齿轮，然后在齿轮的一边绘制轴及倒角，使用"镜像"命令得到另一边的实体，最后通过"并集"命令将全部实体合并为一个整体。

13.1.1 配置绘图环境

STEP 配置步骤

❶ 启动系统。启动 AutoCAD 2023，使用默认的绘图环境。

❷ 建立新文件。单击快速访问工具栏中的"新建"按钮▢，打开"选择样板"对话框，单击"打开"按钮右侧的▾按钮，以"无样板打开 – 公制"方式建立新文件；将新文件命名为"短齿轮轴 .dwg"并保存。

❸ 设置线框密度。执行"ISOLINES"命令，设置线框密度为"10"。

❹ 设置视图。单击"视图"选项卡"命名视图"面板中的"前视"按钮▣，将当前视图设置为前视图。

13.1.2 绘制短齿轮轴

短齿轮轴如图 13-1 所示。

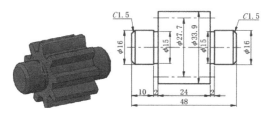

图 13-1 短齿轮轴

STEP 绘制步骤

❶ 绘制齿轮。

（1）绘制圆。单击"默认"选项卡"绘图"面板中的"圆"按钮⊙，在坐标原点绘制半径为"12"和"17"的圆，结果如图 13-2 所示。

（2）绘制直线。单击"默认"选项卡"绘图"面板中的"直线"按钮╱，绘制端点坐标为 (0,0) 和 (@20<95)、(0,0) 和 (@20<101) 的两条直线，结果如图 13-3 所示。

（3）绘制圆弧。单击"默认"选项卡"绘图"

面板中的"圆弧"按钮╱，绘制以图 13-4 中的点 1 为起点、点 2 为端点、半径为"15.28"的圆弧，结果如图 13-4 所示。

图 13-2 绘制圆   图 13-3 绘制直线

（4）删除直线。单击"默认"选项卡"修改"面板中的"删除"按钮╱，将两条直线删除，结果如图 13-5 所示。

图 13-4 绘制圆弧   图 13-5 删除直线

（5）镜像圆弧。单击"默认"选项卡"修改"面板中的"镜像"按钮⚖，对圆弧进行镜像操作，结果如图 13-6 所示。

（6）修剪图形。单击"默认"选项卡"修改"面板中的"修剪"按钮✂，修剪多余的图形，结果如图 13-7 所示。

图 13-6 镜像圆弧   图 13-7 修剪图形（1）

> **注意** 绘制齿轮时，先绘制单个齿的轮廓，然后使用"环形阵列"命令绘制全部齿，最后把整个轮廓线拉伸为一个齿轮立体图。

（7）阵列绘制的齿形。单击"默认"选项卡"修改"面板中的"环形阵列"按钮⊙⊙⊙，命令行提示如下。

命令：_arraypolar
选择对象：（选择图 13-7 中的齿形）
选择对象：↙
类型 = 极轴关联 = 是
指定阵列的中心点或 [基点 (B) / 旋转轴 (A)]：
（选择圆心作为旋转中心）
选择夹点以编辑阵列或 [关联 (AS) / 基点 (B) /
项目 (I) / 项目间角度 (A) / 填充角度 (F) / 行
(ROW) / 层 (L) / 旋转项目 (ROT) / 退出 (X)]<
退出 >：AS ↙
创建关联阵列 [是 (Y) / 否 (N)] < 是 >：N ↙
选择夹点以编辑阵列或 [关联 (AS) / 基点 (B) /
项目 (I) / 项目间角度 (A) / 填充角度 (F) / 行
(ROW) / 层 (L) / 旋转项目 (ROT) / 退出 (X)]< 退
出 >：I ↙
输入阵列中的项目数或 [表达式 (E)] <6>：9 ↙
选择夹点以编辑阵列或 [关联 (AS) / 基点 (B) /
项目 (I) / 项目间角度 (A) / 填充角度 (F) / 行
(ROW) / 层 (L) / 旋转项目 (ROT) / 退出 (X)] < 退
出 >：↙

结果如图 13-8 所示。

图 13-8　阵列齿形

 在执行"环形阵列"命令时，必须取消
阵列的关联性。

（8）修剪图形。单击"默认"选项卡"修改"
面板中的"修剪"按钮，修剪多余的图形，
结果如图 13-9 所示。

（9）设置视图。单击"视图"选项卡"命名视图"
面板中的"西南等轴测"按钮，切换到西南等
轴测视图，结果如图 13-10 所示。

图 13-9　修剪图形（2）　图 13-10　西南等轴测视图中的图形

（10）编辑多段线。选择菜单栏中的"修改"→
"对象"→"多段线"命令，命令行提示如下。

命令：_pedit
选择多段线或 [多条 (M)]：（选择一条线段）

选定的对象不是多段线
是否将其转换为多段线 ？ <Y> ↙
输入选项 [闭合 (C) / 合并 (J) / 宽度 (W) / 编
辑顶点 (E) / 拟合 (F) / 样条曲线 (S) / 非曲线化
(D) / 线型生成 (L) / 反转 (R) / 放弃 (U)]：J ↙
选择对象 ：（选择所有线段）
选择对象 ：↙
多段线已增加 35 条线段
输入选项 [打开 (O) / 合并 (J) / 宽度 (W) / 编
辑顶点 (E) / 拟合 (F) / 样条曲线 (S) / 非曲线化
(D) / 线型生成 (L) / 反转 (R) / 放弃 (U)]：↙

（11）拉伸多段线。单击"三维工具"选项卡"建
模"面板中的"拉伸"按钮，将合并后的多段
线进行拉伸处理，拉伸高度为"24"。消隐后的
结果如图 13-11 所示。

图 13-11　拉伸多段线

 在执行"拉伸"命令时，拉伸的对象必
须是一条连续的线段。在本例中，因为
外形轮廓不是一条连续的线段，所以要先将其合
并为一个连续的多段线，再拉伸齿轮。

❷ 绘制齿轮轴。

（1）绘制圆柱体。单击"三维工具"选项卡"建
模"面板中的"圆柱体"按钮，命令行提示如下。

命令：_cylinder
指定底面的中心点或 [三点 (3P) / 两点 (2P) / 切
点、切点、半径 (T) / 椭圆 (E)]：0,0,24 ↙
指定底面半径或 [直径 (D)]：7.5 ↙
指定高度或 [两点 (2P) / 轴端点 (A)]<24.0000>:A ↙
指定轴端点 ：@0,0,2 ↙
命令 ：_cylinder
指定底面的中心点或 [三点 (3P) / 两点 (2P) / 切
点、切点、半径 (T) / 椭圆 (E)]：0,0,26 ↙
指定底面半径或 [直径 (D)] <7.5000>：8 ↙
指定高度或 [两点 (2P) / 轴端点 (A)]<2.0000>:A ↙
指定轴端点 ：@0,0,10 ↙

消隐后的效果如图 13-12 所示。

（2）倒角处理。单击"默认"选项卡"修改"
面板中的"倒角"按钮，对图 13-12 中的边
1 进行倒角处理，倒角距离为"1.5"，结果如
图 13-13 所示。

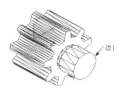
图 13-12　绘制圆柱体

图 13-13　倒角处理

图 13-16　并集处理

图 13-17　设置视图后的实体

（3）设置视图。单击"视图"选项卡"命名视图"面板中的"左视"按钮，切换到左视图。消隐后的效果如图 13-14 所示。

（4）镜像对象。单击"默认"选项卡"修改"面板中的"镜像"按钮，将图 13-14 中右侧的两个圆柱体以花键轴的中点为镜像点进行镜像处理，结果如图 13-15 所示。

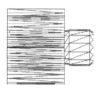
图 13-14　左视图中的图形

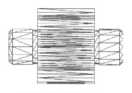
图 13-15　镜像对象

注意　在三维绘图中，执行"镜像"命令时，要尽量使用"MIRROR"命令，并将视图设置为平面视图，这样可使三维镜像操作更简单。

（5）设置视图。单击"视图"选项卡"命名视图"面板中的"西南等轴测"按钮，切换到西南等轴测视图。

（6）并集处理。单击"三维工具"选项卡"实体编辑"面板中的"并集"按钮，对所有实体进行并集处理，结果如图 13-16 所示。

（7）设置视图。选择菜单栏中的"视图"→"动态观察"→"受约束的动态观察"命令，将当前视图调整到能够看到另一条边轴，结果如图 13-17 所示。

（8）渲染视图。单击"视图"选项卡"视觉样式"面板中的"概念"按钮，对实体进行渲染，结果如图 13-1 所示。

13.1.3　长齿轮轴设计

长齿轮轴由齿轮和轴两部分组成，绘制时注意绘制键槽及锁紧螺纹。长齿轮轴设计与短齿轮轴不同的地方是有螺纹和键槽需要绘制。本实例的绘制思路为先绘制齿轮，然后绘制轴、键槽及锁紧螺纹，最后通过"并集"命令将全部图形合并为一个整体。长齿轮轴如图 13-18 所示。

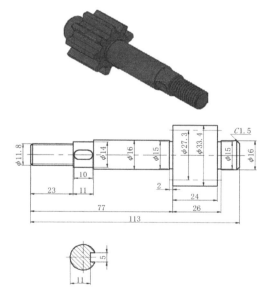
图 13-18　长齿轮轴

13.2　锥齿轮的设计

本实例绘制的锥齿轮由轮毂、轮齿、轴孔和键槽组成。锥齿轮通常用于垂直相交两轴之间的传动，由于锥齿轮的轮齿位于圆锥面上，因此齿厚是变化的。

本实例的绘制思路：先绘制轮毂的轮廓，然后使用"旋转"命令创建轮毂，再绘制轮齿，最后绘制轴孔和键槽。本实例涉及的知识点比较多，下面将分别介绍。

13.2.1 | 配置绘图环境

STEP 配置步骤

❶ 启动系统。启动 AutoCAD 2023，使用默认的绘图环境。

❷ 建立新文件。选择菜单栏中的"文件"→"新建"命令，打开"选择样板"对话框，单击"打开"按钮右侧的▪按钮，以"无样板打开–公制"方式建立新文件，将新文件命名为"锥齿轮.dwg"并保存。

❸ 设置线框密度。执行"ISOLINES"命令，设置线框密度为"10"。

❹ 设置视图。单击"视图"选项卡"命名视图"面板中的"前视"按钮▣，将当前视图设置为前视图。

13.2.2 | 绘制锥齿轮

锥齿轮如图 13-19 所示。

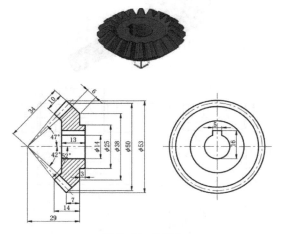

图 13-19 锥齿轮

STEP 绘制步骤

❶ 创建锥齿轮的轮毂。

（1）绘制圆。单击"默认"选项卡"绘图"面板中的"圆"按钮⊙，以坐标原点为圆心绘制 3 个直径分别为"65.72""70.72"和"74.72"的圆。

（2）绘制直线。单击"默认"选项卡"绘图"面板中的"直线"按钮╱，以坐标原点为起点，绘制一条水平直线和一条竖直直线。重复"直线"操作，绘制一条与 X 轴成 45° 夹角的斜直线。

重复"直线"操作，以直径为"70.72"的圆与斜直线的交点为起点，绘制一条与斜直线垂直的直线。重复"直线"操作，以竖直直线与斜直线的交点为起点，以 45° 斜直线与直径为"74.72"的圆的交点为终点，绘制一条直线，结果如图 13-20 所示。

（3）偏移直线。单击"默认"选项卡"修改"面板中的"偏移"按钮⊜，将水平直线向上偏移"19"和"29"；重复"偏移"操作，将 45° 斜直线向上偏移"10"，结果如图 13-21 所示。

　　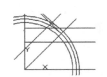

图 13-20 绘制直线（1）　　图 13-21 偏移直线（1）

（4）修剪图形。单击"默认"选项卡"修改"面板中的"修剪"按钮▼和"删除"按钮╱，修剪图形和删除多余的图线，结果如图 13-22 所示。

（5）创建面域。单击"默认"选项卡"绘图"面板中的"面域"按钮◙，将上一步得到的图形创建为面域。

图 13-22 修剪图形

（6）设置视图。选择菜单栏中的"视图"→"三维视图"→"西南等轴测"命令，切换到西南等轴测视图。

（7）三维旋转。单击"三维工具"选项卡"建模"面板中的"旋转"按钮◉，将面域绕 Y 轴旋转，旋转角度为 360°，结果如图 13-23 所示。

❷ 绘制锥齿轮的轮齿轮廓。

（1）切换坐标系。在命令行中输入"UCS"命令并按 <Enter> 键，将坐标系切换到世界坐标系；重复"UCS"命令，将坐标系绕 X 轴旋转 45°。

（2）切换视图。选择菜单栏中的"视图"→"三维视图"→"平面视图"→"当前 UCS"命令，将视图切换到当前 UCS 视图，结果如图 13-24 所示。

（3）新建图层。单击"默认"选项卡"图层"面板中的"图层特性"按钮▤，打开"图层特性管理器"选项板，新建"轮齿"图层并将其设置为当前图层。隐藏"0"图层。

图 13-23　三维旋转　　　图 13-24　切换视图

（4）绘制圆。单击"默认"选项卡"绘图"面板中的"圆"按钮⊙，以坐标原点为圆心，绘制 3 个直径分别为"65.72""70.72"和"75"的圆，结果如图 13-25 所示。

（5）绘制直线。单击"默认"选项卡"绘图"面板中的"直线"按钮╱，以坐标原点为起点，分别绘制一条竖直直线和一条与 X 轴成92.57°的斜直线，结果如图 13-26 所示。

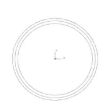 

图 13-25　绘制圆　　　图 13-26　绘制直线（2）

（6）偏移直线。单击"默认"选项卡"修改"面板中的"偏移"按钮⊂，将竖直直线向左偏移，偏移距离为"0.55"和"2.7"，结果如图 13-27 所示。

（7）绘制圆弧。单击"默认"选项卡"绘图"面板中的"圆弧"按钮╱，捕捉图 13-27 中的 A、B 和 C 这 3 个点绘制圆弧，结果如图 13-28 所示。

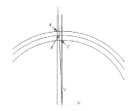 

图 13-27　偏移直线（2）　　　图 13-28　绘制圆弧

（8）单击"默认"选项卡"修改"面板中的"镜像"按钮⚶，将上一步绘制的圆弧以步骤（5）中绘制的竖直直线为镜像线进行镜像复制，结果如图 13-29 所示。

（9）单击"默认"选项卡"修改"面板中的"修

剪"按钮ⴤ和"删除"按钮⚡，修剪图形和删除多余的图线，结果如图 13-30 所示。

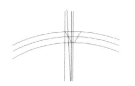

图 13-29　镜像圆弧　　　图 13-30　修剪图形和删除多余的图线

（10）创建面域。单击"默认"选项卡"绘图"面板中的"面域"按钮◎，将上一步得到的图形创建为面域。

❸ 创建齿形。

（1）切换坐标系。将"0"图层显示出来。在命令行中输入"UCS"命令并按 <Enter> 键，将坐标系切换到世界坐标系，将坐标系绕 Y 轴旋转 90°。

（2）切换视图。选择菜单栏中的"视图"→"三维视图"→"平面视图"→"当前 UCS"命令，将视图切换到当前 UCS 视图。

（3）绘制圆。单击"默认"选项卡"绘图"面板中的"圆"按钮⊙，以坐标原点为圆心，绘制直径为"70.72"的圆。

（4）绘制直线。单击"默认"选项卡"绘图"面板中的"直线"按钮╱，以坐标原点为起点，绘制一条水平直线和一条与 X 轴成 135°的斜直线。重复"直线"操作，绘制一条以斜直线与圆的交点为起点且与斜直线相垂直的直线，结果如图 13-31 所示。

（5）删除图线。单击"默认"选项卡"修改"面板中的"删除"按钮⚡，删除多余的图线，结果如图 13-32 所示。

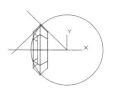

图 13-31　绘制直线（3）　　　图 13-32　删除图线

（6）设置视图。选择菜单栏中的"视图"→"三维视图"→"西北等轴测"命令，将当前视图设置为西北等轴测视图。

（7）扫掠轮齿。单击"三维工具"选项卡"建模"面板中的"扫掠"按钮🖰，选择轮齿轮廓为扫掠对象，选择斜直线为扫掠路径，结果如图 13-33 所示。

（8）阵列轮齿。选择菜单栏中的"修改"→"三维操作"→"三维阵列"命令，将上一步创建的轮齿绕 X 轴进行环形阵列，阵列个数为"20"。

（9）差集运算。单击"三维工具"选项卡"实体编辑"面板中的"差集"按钮🖱，对齿轮主体与轮齿进行差集运算，结果如图 13-34 所示。

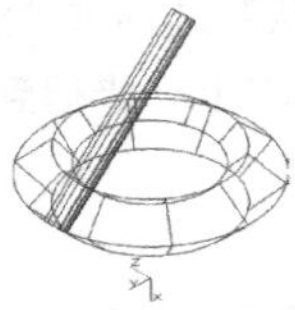

图 13-33　扫掠轮齿 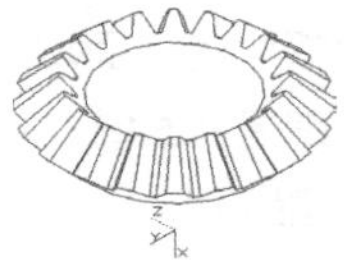　　　图 13-34　差集运算（1）

❹ 创建键槽和轴孔。

（1）切换坐标系。在命令行中输入"UCS"命令并按 <Enter> 键，将坐标系切换到世界坐标系。

（2）创建圆柱体。单击"三维工具"选项卡"建模"面板中的"圆柱体"按钮🖮，以坐标点（0,0,16）为底面中心，分别创建半径为"12.5"、高度为"3"和半径为"7"、高度为"15"的圆柱体。

（3）布尔运算。单击"三维工具"选项卡"实体编辑"面板中的"并集"按钮🖱，将半径为"12.5"的圆柱体和齿轮主体合并为一体。单击"三维工具"选项卡"实体编辑"面板中的"差集"按钮🖱，对齿轮主体与半径为"7"的圆柱体进行差集处理，结果如图 13-35 所示。

（4）切换视图。选择菜单栏中的"视图"→"三维视图"→"平面视图"→"当前 UCS"

命令，将视图切换到当前 UCS 视图。

图 13-35　布尔运算

（5）绘制矩形。单击"默认"选项卡"绘图"面板中的"直线"按钮╱，绘制高度为"9.3"、宽度为"5"的矩形，结果如图 13-36 所示。

（6）创建面域。单击"默认"选项卡"绘图"面板中的"面域"按钮◎，将上一步得到的图形创建为面域。

（7）设置视图。选择菜单栏中的"视图"→"三维视图"→"西南等轴测"命令，切换到西南等轴测视图。

（8）拉伸处理。单击"三维工具"选项卡"建模"面板中的"拉伸"按钮🖲，对创建的面域进行拉伸，拉伸高度为"30"。

（9）差集运算。单击"三维工具"选项卡"实体编辑"面板中的"差集"按钮🖱，对齿轮主体与拉伸体进行差集运算，结果如图 13-37 所示。

图 13-36　绘制矩形　　　图 13-37　差集运算（2）

（10）渲染视图。单击"视图"选项卡"视觉样式"面板中的"概念"按钮🖳，对实体进行渲染，结果如图 13-19 所示。

13.3　端盖的设计

　　端盖由下部和上部组成，上面还有定位孔、连接孔和轴孔。在本例中，端盖的下部和上部图形相似，但采用了两种不同的绘制方法，旨在锻炼读者的绘图能力。端盖的下部通过绘制立体图，然后合并而成；端盖的上部通过绘制外形轮廓线，然后拉伸而成。对于定位孔、连接孔和轴孔，本例在所需要的位置绘制圆柱体，然后通过"差集"命令来形成。

13.3.1　配置绘图环境

STEP 配置步骤

❶ 启动系统。启动 AutoCAD 2023，使用默认的

绘图环境。

❷ 建立新文件。选择菜单栏中的"文件"→"新建"命令，打开"选择样板"对话框，单击"打开"按钮右侧的▾按钮，以"无样板打开－公制"方

式建立新文件，将新文件命名为"左端盖.dwg"
并保存。

❸ 设置线框密度。执行"ISOLINES"命令，设置
线框密度为"10"。

❹ 设置视图。单击"视图"选项卡"命名视图"面
板中的"西南等轴测"按钮◈，将当前视图设置
为西南等轴测视图。

13.3.2 绘制左端盖

STEP 绘制步骤

左端盖如图 13-38 所示。

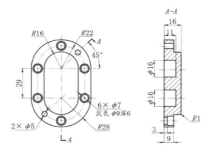

图 13-38 左端盖

❶ 绘制左端盖下部。

（1）绘制长方体。单击"三维工具"选项卡"建
模"面板中的"长方体"按钮▣，绘制角点在原点、
长度为"56"、宽度为"28.76"、高度为"9"
的长方体，结果如图 13-39 所示。

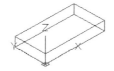

图 13-39 绘制长方体

（2）绘制圆柱体。单击"三维工具"选项卡
"建模"面板中的"圆柱体"按钮▢，分别以
（28,0,0）和（28,28.76,0）为底面中心点，绘
制半径为"28"、高度为"9"的圆柱体，结果
如图 13-40 所示。

（3）并集运算。单击"三维工具"选项卡"实

体编辑"面板中的"并集"按钮▰，对前面绘
制的长方体和圆柱体进行并集运算，结果如
图 13-41 所示。

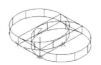

图 13-40 绘制圆柱体（1）

图 13-41 并集运算（1）

 注意　图 13-41 所示的图形，是先绘制一个长
方体和两个圆柱体，然后通过并集运算
合并而成的。此实体也可以通过先绘制外形轮廓
线，然后拉伸而成，但这需要用户对 AutoCAD
命令非常熟练，并能灵活运用。下面绘制左端盖
上部将采用该方法。

❷ 绘制左端盖上部。

（1）设置视图。单击"视图"选项卡"命名视图"
面板中的"俯视"按钮▤，切换到俯视图。

（2）绘制多段线。单击"默认"选项卡"绘
图"面板中的"多段线"按钮．⤵，命令行提示
如下。

```
命令 :_pline
指定起点 : 12,0 ✓ 当前线宽为 0.0000
指定下一个点或 [ 圆弧 (A)/ 半宽 (H)/ 长度
(L)/ 放弃 (U)/ 宽度 (W)]:@0,28.76 ✓
指定下一点或 [ 圆弧 (A)/ 闭合 (C)/ 半宽 (H)/
长度 (L)/ 放弃 (U)/ 宽度 (W)]: A ✓
指定圆弧的端点 （ 按住 <Ctrl> 键以切换方向）
或 [ 角度 (A)/ 圆心 (CE)/ 闭合 (CL)/ 方向
(D)/ 半宽 (H)/ 直线 (L)/ 半径 (R)/ 第二个点
(S)/ 放弃 (U)/ 宽 度 (W)]: A ✓
指定夹角 : -180 ✓
指定圆弧的端点 ( 按住 Ctrl 键以切换方向 ) 或 [ 圆
心 (CE)/ 半径 (R)]: CE ✓
指定圆弧的圆心 : @16,0 ✓
指定圆弧的端点 （ 按住 <Ctrl> 键以切换方向 ）
或 [ 角度 (A)/ 圆心 (CE)/ 闭合 (CL)/ 方向
(D)/ 半宽 (H)/ 直线 (L)/ 半径 (R)/ 第二个点
(S)/ 放弃 (U)/ 宽度 (W)]: L ✓
指定下一点或 [ 圆弧 (A)/ 闭合 (C)/ 半宽 (H)/
长度 (L)/ 放弃 (U)/ 宽度 (W)]: @0,-28.76 ✓
指定下一点或 [ 圆弧 (A)/ 闭合 (C)/ 半宽 (H)/
长度 (L)/ 放弃 (U)/ 宽度 (W)]: A ✓
指定圆弧的端点 （ 按住 <Ctrl> 键以切换方向 ）
或 [ 角度 (A)/ 圆心 (CE)/ 闭合 (CL)/ 方向
(D)/ 半宽 (H)/ 直线 (L)/ 半径 (R)/ 第二个点
(S)/ 放弃 (U)/ 宽度 (W)]:（捕捉多段线的起点）
```

指定圆弧的端点（按住 <Ctrl> 键以切换方向）或 [角度 (A)/ 圆心 (CE)/ 闭合 (CL)/ 方向 (D)/ 半宽 (H)/ 直线 (L)/ 半径 (R)/ 第二个点 (S)/ 放弃 (U)/ 宽度 (W)]: * 取消 *

结果如图 13-42 所示。

 注意 绘制立体图的草图时，可以在不同方向的视图中绘制。但是在某些视图中绘制时，草图不直观，而且输入数据也比较烦琐，所以建议通过变换视图，将要绘制的草图设置在某一平面视图中。

（3）设置视图。单击"视图"选项卡"命名视图"面板中的"西南等轴测"按钮❖，切换到西南等轴测视图，结果如图 13-43 所示。

 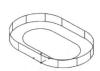

图 13-42 绘制多段线 图 13-43 西南等轴测视图中的实体

（4）拉伸多段线。单击"三维工具"选项卡"建模"面板中的"拉伸"按钮🔲，对步骤（2）中绘制的多段线进行拉伸，拉伸高度为"16"，结果如图 13-44 所示。

（5）并集运算。单击"三维工具"选项卡"实体编辑"面板中的"并集"按钮🔲，将左端盖的下部和上部合并，结果如图 13-45 所示。

 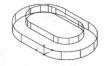

图 13-44 拉伸多段线 图 13-45 并集运算（2）

（6）圆角处理。单击"默认"选项卡"修改"面板中的"圆角"按钮⌒，命令行提示如下。

```
命令 :_fillet
当前设置 : 模式 = 修剪, 半径 = 0.0000
选择第一个对象或 [ 放弃 (U)/ 多段线 (P)/ 半
径 (R)/ 修剪 (T)/ 多个 (M)]: R ✓
指定圆角半径 <0.0000>: 1 ✓
选择第一个对象或 [ 放弃 (U)/ 多段线 (P)/ 半
径 (R)/ 修剪 (T)/ 多个 (M)]:（选择合并后的
实体）
输入圆角半径或 [ 表达式 (E)] <1.0000>: ✓
```

```
选择边或 [ 链 (C)/ 环 (L)/ 半径 (R)]: C ✓
选择边链或 [ 边 (E)/ 半径 (R)]:（选择左端盖
上部的边线）
选择边链或 [ 边 (E)/ 半径 (R)]: ✓ 已选定 4
个边用于圆角
```

结果如图 13-46 所示。

（7）消隐处理。选择菜单栏中的"视图"→"消隐"命令，进行消隐处理，结果如图 13-47 所示。

图 13-46 圆角处理 图 13-47 消隐处理

 注意 消隐主要是为了更清楚地观看视图，适当地消隐背景线可使图形更加清晰，但是该命令不能编辑消隐或渲染后的视图。

❸ 绘制连接孔。

（1）设置视图。单击"视图"选项卡"命名视图"面板中的"俯视"按钮🔲，切换到俯视图。

（2）绘制圆。单击"默认"选项卡"绘图"面板中的"圆"按钮⊙，绘制以（6,0）为圆心、半径为"3.5"的圆。

（3）复制圆。单击"默认"选项卡"修改"面板中的"复制"按钮🔲，命令行提示如下。

```
命令 :_copy
选择对象 :（选择绘制的圆）
选择对象 : ✓
当前设置 : 复制模式 = 多个
指定基点或 [ 位移 (D)/ 模式 (O)]< 位移 >:
6,0 ✓
指定第二个点或 [ 阵列 (A)] < 使用第一个点作
为位移 >: 28.63,-22 ✓
指定第二个点或 [ 阵列 (A)/ 退出 (E)/ 放弃
(U)]< 退出 >: 50,0 ✓
指定第二个点或 [ 阵列 (A)/ 退出 (E)/ 放弃
(U)]< 退出 >: 50,28.76 ✓
指定第二个点或 [ 阵列 (A)/ 退出 (E)/ 放弃
(U)]< 退出 >: 28,50.76 ✓
指定第二个点或 [ 阵列 (A)/ 退出 (E)/ 放弃
(U)]< 退出 >: 6,28.76 ✓
指定第二个点或 [ 阵列 (A)/ 退出 (E)/ 放弃
(U)]< 退出 >: ✓
```

结果如图 13-48 所示。

（4）设置视图。单击"视图"选项卡"命名视图"面板中的"西南等轴测"按钮，切换到西南等轴测视图。

（5）拉伸圆。单击"三维工具"选项卡"建模"面板中的"拉伸"按钮，对 6 个圆进行拉伸，拉伸高度为"9"，结果如图 13-49 所示。

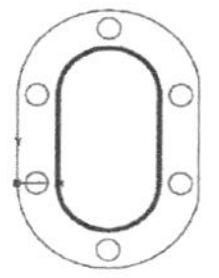

图 13-48 复制圆（1） 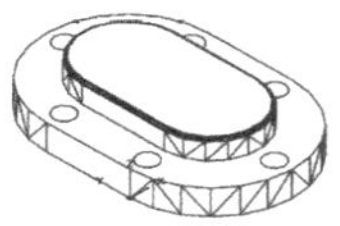　　　图 13-49 拉伸圆（1）

（6）差集运算。单击"三维工具"选项卡"实体编辑"面板中的"差集"按钮，分别对左端盖与 6 个圆柱体进行差集运算，结果如图 13-50 所示。

 注意 上面绘制圆柱体时，先绘制平面图形，然后拉伸为圆柱体。这样做主要是为了让用户熟悉 AutoCAD 命令，熟练掌握图形的不同绘制方式。下面将使用"圆柱体"命令直接绘制圆柱体。

（7）绘制圆柱体。单击"三维工具"选项卡"建模"面板中的"圆柱体"按钮，创建以（6,0,9）为底面中心点、半径为"4.5"、高度为"-6"的圆柱体，结果如图 13-51 所示。

图 13-50 差集运算（1）　　　图 13-51 绘制圆柱体（2）

（8）复制圆柱体。单击"默认"选项卡"修改"面板中的"复制"按钮，将上一步绘制的圆柱体以上端圆心为基点，复制到坐标点（28.63,-22,9），（50,0,9），（50,28.76,9），（28,50.76,9）和（6,28.76,9），复制后的结果如图 13-52 所示。

（9）差集运算。单击"三维工具"选项卡"实体编辑"面板中的"差集"按钮，分别对左端盖与 6 个圆柱体进行差集运算，结果如图 13-53 所示。

❹ 绘制定位孔。

（1）设置视图。单击"视图"选项卡"命名视图"面板中的"俯视"按钮，切换到俯视图，结果如图 13-54 所示。

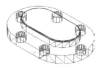 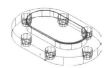

图 13-52 复制圆柱体（1）　　　图 13-53 差集运算（2）

（2）绘制圆。单击"默认"选项卡"绘图"面板中的"圆"按钮，绘制以（28,0）为圆心、半径为"2.5"的圆。

（3）复制圆。单击"默认"选项卡"修改"面板中的"复制"按钮，将步骤（2）绘制的圆以圆心为基点，复制到坐标点（@22<-135）和（@0,28.76），

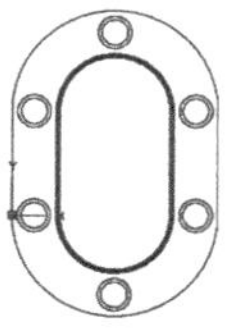

图 13-54 俯视图中的图形

分别得到圆 2 和圆 3；单击"默认"选项卡"修改"面板中的"复制"按钮，将圆 3 以其圆心为基点，复制到坐标点（@22<45），得到圆 4，如图 13-55 所示。

（4）删除圆。单击"默认"选项卡"修改"面板中的"删除"按钮，删除圆 1 和圆 3，结果如图 13-56 所示。

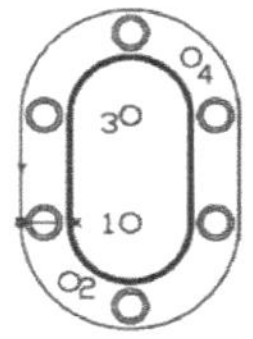

图 13-55 复制圆（2） 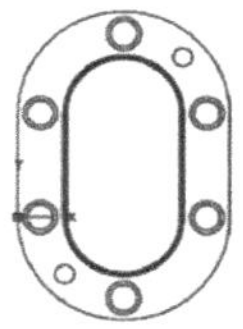　　　图 13-56 删除圆

注意 为了绘制图 13-55 中的圆 2 和圆 4，本例采用了间接的方法，并且采用了极坐标的输入形式。这主要是因为若直接输入这两个圆的坐标，其坐标不为整数，定位不精确。所以，在绘制图形时，要灵活掌握坐标的输入形式。

（5）设置视图。单击"视图"选项卡"命名视图"面板中的"西南等轴测"按钮，切换到西南

等轴测视图。

（6）拉伸圆。单击"三维工具"选项卡"建模"面板中的"拉伸"按钮🗔，对圆2和圆4进行拉伸，拉伸高度为"9"，结果如图13-57所示。

（7）差集运算。单击"三维工具"选项卡"实体编辑"面板中的"差集"按钮🗇，分别对左端盖与拉伸后的两个圆柱体进行差集运算，结果如图13-58所示。

图13-57　拉伸圆（2）　　图13-58　差集运算（3）

❺ 绘制轴孔。

（1）绘制圆柱体。单击"三维工具"选项卡"建模"面板中的"圆柱体"按钮🗍，绘制以（28,0,0）为底面中心点、半径为"8"、高度为"11"的圆柱体，结果如图13-59所示。

图13-59　绘制圆柱体（3）

（2）复制圆柱体。单击"默认"选项卡"修改"面板中的"复制"按钮🗔，将上面步骤（1）中绘制的圆柱体以圆柱体的下底面圆心为基点，复制到坐标点（@0,28.76,0），结果如图13-60所示。

（3）差集运算。单击"三维工具"选项卡"实体编辑"面板中的"差集"按钮🗇，分别对左端盖与两个圆柱体进行差集运算。

（4）渲染视图。选择菜单栏中的"视图"→"视

觉样式"→"概念"命令，渲染后的实体如图13-61所示。

图13-60　复制圆柱体（2）　图13-61　渲染后的实体

（5）设置视图。单击"三维导航"工具栏中的"受约束的动态观察"按钮🕹，将当前视图调整到能够看到轴孔，结果如图13-38所示。

13.3.3 | 右端盖设计

右端盖由下部、上部及连接部等部分组成，上面还有定位孔、连接孔和轴孔。

本实例的绘制思路：依次绘制右端盖的下部、上部和连接部，然后通过"并集"命令，将其合并为一个整体。右端盖如图13-62所示。

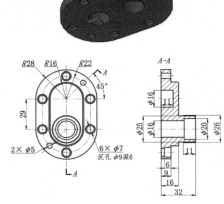

图13-62　右端盖

13.4　泵体的设计

泵体由泵体腔部和支座两大部分组成，上面还有定位孔、连接孔及进出油口。

本实例的绘制思路：依次绘制泵体的腔部和支座，然后通过"并集"命令将其合并为一个整体，再绘制上面的定位孔、连接孔和进出油口。在本例中，泵体的腔部和支座一部分是通过绘制多段线，然后进行拉伸，最后运用"差集"命令来绘制的；另一部分是通过直接创建长方体和圆柱体，然后运用"差集"命令来绘制的。对于定位孔、连接孔和进出油口，本例采用在所需要的位置绘制圆柱体，然后通过"差集"命令的方式来形成的方式。

13.4.1 配置绘图环境

STEP 配置步骤

❶ 启动系统。启动 AutoCAD 2023，使用默认的绘图环境。

❷ 建立新文件。选择菜单栏中的"文件"→"新建"命令，打开"选择样板"对话框，单击"打开"按钮右侧的⊡按钮，以"无样板打开－公制"方式建立新文件，将新文件命名为"泵体 .dwg"并保存。

❸ 设置线框密度。执行"ISOLINES"命令，设置线框密度为"10"。

❹ 设置视图。单击"视图"选项卡"命名视图"面板中的"前视"按钮🔲，将当前视图设置为前视图。

13.4.2 绘制泵体

泵体如图 13-63 所示。

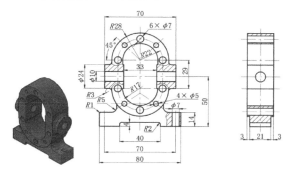

图 13-63 泵体

STEP 绘制步骤

❶ 绘制泵体腔部。

（1）绘制多段线。单击"默认"选项卡"绘图"面板中的"多段线"按钮⟂，命令行提示如下。

```
命令 :_pline
指定起点 :-28,-28.76 ✓
当前线宽为 0.0000
指定下一个点或 [ 圆弧 (A)/ 半宽 (H)/ 长度
(L)/ 放弃 (U)/ 宽度 (W)]: @0,28.76 ✓
指定下一点或 [ 圆弧 (A)/ 闭合 (C)/ 半宽 (H)/
长度 (L)/ 放弃 (U)/ 宽度 (W)]: A ✓
指定圆弧的端点 （ 按住 Ctrl 键以切换方向 ） 或 [
角度 (A)/ 圆心 (CE)/ 闭合 (CL)/ 方向 (D)/
半宽 (H)/ 直线 (L)/ 半径 (R)/ 第二个点 (S)/
放弃 (U)/ 宽 度 (W)]: A ✓
```

```
指定夹角 : -180 ✓
指定圆弧的端点 （ 按住 Ctrl 键以切换方向 ） 或 [
圆心 (CE)/ 半径 (R)]: @56,0 ✓
指定圆弧的端点 （ 按住Ctrl键以切换方向 ） 或 [
角度 (A)/ 圆心 (CE)/ 闭合 (CL)/ 方向 (D)/
半宽 (H)/ 直线 (L)/ 半径 (R)/ 第二个点 (S)/
放弃 (U)/ 宽度 (W)]: L ✓
指定下一点或 [ 圆弧 (A)/ 闭合 (C)/ 半宽 (H)/
长度 (L)/ 放弃 (U)/ 宽度 (W)]: @0,-28.76 ✓
指定下一点或 [ 圆弧 (A)/ 闭合 (C)/ 半宽 (H)/
长度 (L)/ 放弃 (U)/ 宽度 (W)]: A ✓
指定圆弧的端点 （ 按住Ctrl键以切换方向 ） 或 [
角度 (A)/ 圆心 (CE)/ 闭合 (CL)/ 方向 (D)/
半宽 (H)/ 直线 (L)/ 半径 (R)/ 第二个点 (S)/
放弃 (U)/ 宽度 (W)]:（捕捉多段线的起点）
指定圆弧的端点 （ 按住Ctrl键以切换方向 ） 或
[ 角度 (A)/ 圆心 (CE)/ 闭合 (CL)/ 方向 (D)/
半宽 (H)/ 直线 (L)/ 半径 (R)/ 第二个点 (S)/
放弃 (U)/ 宽度 (W)]: ＊ 取消 ＊
```

结果如图 13-64 所示。

（2）设置视图。选择菜单栏中的"视图"→"三维视图"→"西南等轴测"命令，切换到西南等轴测视图。

（3）拉伸多段线。单击"三维工具"选项卡"建模"面板中的"拉伸"按钮🔲，对步骤（1）中绘制的多段线进行拉伸处理，拉伸高度为"26"，结果如图 13-65 所示。

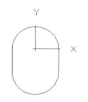 

图 13-64 绘制多段线（1） 图 13-65 拉伸多段线（1）

（4）设置视图。选择菜单栏中的"视图"→"三维视图"→"前视"命令，切换到前视图。

（5）绘制多段线。单击"默认"选项卡"绘图"面板中的"多段线"按钮⟂，命令行提示如下。

```
命令 :_pline
指定起点 : -16.25,-28.76 ✓
当前线宽为 0.0000
指定下一个点或 [ 圆弧 (A)/ 半宽 (H)/ 长度
(L)/ 放弃 (U)/ 宽度 (W)]: @0,24 ✓
指定下一点或 [ 圆弧 (A)/ 闭合 (C)/ 半宽 (H)/
长度 (L)/ 放弃 (U)/ 宽度 (W)]: @-1,0 ✓
```

指定下一点或 [圆弧 (A)／闭合 (C)／半宽 (H)／长度 (L)／放弃 (U)／宽度 (W)]：@0,4.76 ✓

指定下一点或 [圆弧 (A)／闭合 (C)／半宽 (H)／长度 (L)／放弃 (U)／宽度 (W)]：A ✓

指定圆弧的端点 (按住 Ctrl 键以切换方向) 或 [角度 (A)／圆心 (CE)／闭合 (CL)／方向 (D)／半宽 (H)／直线 (L)／半径 (R)／第二个点 (S)／放弃 (U)／宽度 (W)]：A ✓

指定夹角：-180 ✓

指定圆弧的端点 (按住 Ctrl 键以切换方向) 或 [圆心 (CE)／半径 (R)]：@34.5,0 ✓

指定圆弧的端点 (按住 Ctrl 键以切换方向) 或 [角度 (A)／圆心 (CE)／闭合 (CL)／方向 (D)／半宽 (H)／直线 (L)／半径 (R)／第二个点 (S)／放弃 (U)／宽度 (W)]：L ✓

指定下一点或 [圆弧 (A)／闭合 (C)／半宽 (H)／长度 (L)／放弃 (U)／宽度 (W)]：@0,-4.76 ✓

指定下一点或 [圆弧 (A)／闭合 (C)／半宽 (H)／长度 (L)／放弃 (U)／宽度 (W)]：@-1,0 ✓

指定下一点或 [圆弧 (A)／闭合 (C)／半宽 (H)／长度 (L)／放弃 (U)／宽度 (W)]：@0,-24 ✓

指定下一点或 [圆弧 (A)／闭合 (C)／半宽 (H)／长度 (L)／放弃 (U)／宽度 (W)]：@1,0 ✓

指定下一点或 [圆弧 (A)／闭合 (C)／半宽 (H)／长度 (L)／放弃 (U)／宽度 (W)]：A ✓

指定圆弧的端点 (按住 Ctrl 键以切换方向) 或 [角度 (A)／圆心 (CE)／闭合 (CL)／方向 (D)／半宽 (H)／直线 (L)／半径 (R)／第二个点 (S)／放弃 (U)／宽度 (W)]：A ✓

指定夹角：-180 ✓

指定圆弧的端点 (按住 Ctrl 键以切换方向) 或 [圆心 (CE)／半径 (R)]：@-34.5,0 ✓

指定圆弧的端点 (按住 Ctrl 键以切换方向) 或 [角度 (A)／圆心 (CE)／闭合 (CL)／方向 (D)／半宽 (H)／直线 (L)／半径 (R)／第二个点 (S)／放弃 (U)／宽度 (W)]：L ✓

指定下一点或 [圆弧 (A)／闭合 (C)／半宽 (H)／长度 (L)／放弃 (U)／宽度 (W)]：@1,0 ✓

指定下一点或 [圆弧 (A)／闭合 (C)／半宽 (H)／长度 (L)／放弃 (U)／宽度 (W)]：✓

结果如图 13-66 所示。

（6）设置视图。选择菜单栏中的"视图"→"三维视图"→"西南等轴测"命令，切换到西南等轴测视图。

（7）拉伸多段线。单击"三维工具"选项卡"建模"面板中的"拉伸"按钮，对步骤（5）中创建的多段线进行拉伸

图 13-66　绘制多段线（2）

处理，拉伸高度为"26"，结果如图 13-67 所示。

（8）差集运算。单击"三维工具"选项卡"实体编辑"面板中的"差集"按钮，对外部拉伸实体和内部拉伸实体进行差集运算。消隐后的结果如图 13-68 所示。

图 13-67　拉伸多段线（2）　　　图 13-68　差集运算（1）

> **注意**　在绘制泵体腔部的过程中，使用了先绘制多段线，然后拉伸图形的方式，这是因为腔部的形状比较复杂。如果形状比较简单，则可以直接绘制实体。

（9）绘制圆柱体。单击"三维工具"选项卡"建模"面板中的"圆柱体"按钮，以（-28,-16.76,13）为中心点，绘制半径为"12"、轴端点为（@-7,0,0）的圆柱体；重复"圆柱体"操作，以（28,-16.76,13）为中心点，绘制半径为"12"、轴端点为（@7,0,0）的圆柱体，结果如图 13-69 所示。

（10）并集运算。单击"三维工具"选项卡"实体编辑"面板中的"并集"按钮，对视图中所有的实体进行并集运算。

（11）倒圆角。单击"默认"选项卡"修改"面板中的"圆角"按钮，对图 13-69 中的边 1 和边 2 进行圆角处理，圆角半径为"3"，结果如图 13-70 所示。

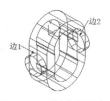

图 13-69　绘制圆柱体（1）　　　图 13-70　倒圆角（1）

❷ 绘制泵体的支座。

（1）绘制长方体。单击"三维工具"选项卡"建模"面板中的"长方体"按钮，创建角点坐标为（-40,-67,2.6）和（@80,14,20.8）的长方体。重复"长方体"操作，创建角点坐标

为（-23,-53,2.6）和（@46,10,20.8）的长方体，结果如图13-71所示。

（2）并集运算。单击"三维工具"选项卡"实体编辑"面板中的"并集"按钮●，对视图中所有的实体进行并集运算，结果如图13-72所示。

图13-71　绘制长方体（1）

图13-72　并集运算

（3）倒圆角。单击"默认"选项卡"修改"面板中的"圆角"按钮⌐，对图13-72中的边3和边4进行圆角处理，圆角半径为"5"。重复"圆角"操作，对图13-72中的边5和边6进行圆角处理，圆角半径为"1"，结果如图13-73所示。

（4）设置视图。单击"视图"选项卡"命名视图"面板中的"前视"按钮☐，切换到前视图。

（5）绘制多段线。单击"默认"选项卡"绘图"面板中的"多段线"按钮⌐，命令行提示如下。

```
命令：_pline
指定起点：-17.25,-28.76 ✓
当前线宽为 0.0000
指定下一个点或 [ 圆弧 (A)/ 半宽 (H)/ 长度
(L)/ 放弃 (U)/ 宽度 (W)]：@34.5,0 ✓
指定下一点或 [ 圆弧 (A)/ 闭合 (C)/ 半宽 (H)/
长度 (L)/ 放弃 (U)/ 宽度 (W)]：A ✓
指定圆弧的端点 ( 按住Ctrl键以切换方向 ) 或 [
角度 (A)/ 圆心 (CE)/ 闭合 (CL)/ 方向 (D)/
半宽 (H)/ 直线 (L)/ 半径 (R)/ 第二个点 (S)/
放弃 (U)/ 宽度 (W)]：A ✓
指定夹角 ：-180 ✓
指定圆弧的端点 ( 按住 Ctrl 键以切换方向 ) 或 [
圆心 (CE)/ 半径 (R)]：@-34.5,0 ✓
指定圆弧的端点 ( 按住 Ctrl 键以切换方向 ) 或
[角度(A)/ 圆 心 (CE)/ 闭合 (CL)/ 方 向
(D)/ 半宽 (H)/ 直线 (L)/ 半径 (R)/ 第二个
点(S)/ 放弃 (U)/ 宽度 (W)]：✓
```

结果如图13-74所示。

（6）设置视图。选择菜单栏中的"视图"→"三维视图"→"西南等轴测"命令，切换到西南等轴测视图。

图13-73　倒圆角（2）

图13-74　绘制多段线（3）

（7）拉伸多段线。单击"三维工具"选项卡"建模"面板中的"拉伸"按钮▮，对步骤（5）中绘制的多段线进行拉伸处理，拉伸高度为"26"，结果如图13-75所示。

（8）差集运算。单击"三维工具"选项卡"实体编辑"面板中的"差集"按钮●，对泵体和步骤（7）中创建的拉伸实体进行差集运算，结果如图13-76所示。

图13-75　拉伸多段线（3）

图13-76　差集运算（2）

（9）绘制长方体。单击"三维工具"选项卡"建模"面板中的"长方体"按钮▮，绘制角点为（-20,-67,2.6）和（@40,4,20.8）的长方体，结果如图13-77所示。

（10）差集运算。单击"三维工具"选项卡"实体编辑"面板中的"差集"按钮●，对泵体和步骤（9）中创建的长方体进行差集运算，结果如图13-78所示。

图13-77　绘制长方体（2）

图13-78　差集运算（3）

（11）倒圆角。单击"默认"选项卡"修改"面板中的"圆角"按钮⌐，对图13-78中的边7和边8进行圆角处理，圆角半径为"2"，结果如图13-79所示。

❸ 绘制连接孔。

（1）设置视图。选择菜单栏中的"视图"→"三维视图"→"前视"命令，切换到前视图。

（2）绘制圆。单击"默认"选项卡"绘图"面板中的"圆"按钮⊙，绘制圆心为（-22,0）、半径为"3.5"的圆。

（3）复制圆。单击"默认"选项卡"修改"面板中的"复制"按钮%，将步骤（2）中绘制的圆复制到点（@0,-28.76）（0,-50.76）（22,-28.76）（22,0）和（0,22）处，结果如图13-80所示。

 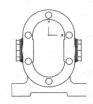

图13-79　倒圆角（3）　　　**图13-80　复制圆（1）**

（4）设置视图。选择菜单栏中的"视图"→"三维视图"→"西南等轴测"命令，切换到西南等轴测视图。

（5）拉伸圆。单击"三维工具"选项卡"建模"面板中的"拉伸"按钮■，对6个圆进行拉伸处理，拉伸高度为"26"，结果如图13-81所示。

（6）差集运算。单击"三维工具"选项卡"实体编辑"面板中的"差集"按钮◀，分别对泵体与6个圆柱体进行差集运算，结果如图13-82所示。

图13-81　拉伸圆（1）　　　**图13-82　差集运算（4）**

（7）绘制圆柱体。单击"三维工具"选项卡"建模"面板中的"圆柱体"按钮■，以坐标点（-35,-67,13）为中心点，绘制半径为"3.5"、轴端点为（@0,14,0）的圆柱体；重复"圆柱体"操作，以坐标点（35,-67,13）为中心点，绘制半径为"3.5"、轴端点为（@0,14,0）的圆柱体，消隐后的效果如图13-83所示。

（8）差集运算。单击"三维工具"选项卡"实体编辑"面板中的"差集"按钮◀，分别对泵体

与步骤（7）中创建的两个圆柱体进行差集运算，结果如图13-84所示。

图13-83　绘制圆柱体（2）　　　**图13-84　差集运算（5）**

❹　绘制定位孔。

（1）设置视图。选择菜单栏中的"视图"→"三维视图"→"前视"命令，切换到前视图，结果如图13-85所示。

（2）绘制圆。单击"默认"选项卡"绘图"面板中的"圆"按钮⊙，绘制圆心为（0,0）、半径为"2.5"的圆。

（3）复制圆。单击"默认"选项卡"修改"面板中的"复制"按钮%，将步骤（2）中绘制的圆复制到坐标点（@22<45）（@22<135）和（@28.76<270），分别得到圆2、圆3和圆4；重复"复制"操作，将圆4复制到坐标点（@22<-45）和（@22<-135），结果如图13-86所示。

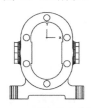 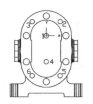

图13-85　前视图中的图形　　　**图13-86　复制圆（2）**

（4）删除圆。单击"默认"选项卡"修改"面板中的"删除"按钮✎，删除图13-86中的圆1和圆4，结果如图13-87所示。

（5）设置视图。选择菜单栏中的"视图"→"三维视图"→"西南等轴测"命令，切换到西南等轴测视图。

（6）拉伸圆。单击"三维工具"选项卡"建模"面板中的"拉伸"按钮■，对步骤（3）中创建的4个圆进行拉伸处理，拉伸高度为"26"，结果如图13-88所示。

（7）差集运算。单击"三维工具"选项卡"实体编辑"面板中的"差集"按钮◀，分别对泵体

与拉伸后的 4 个圆柱体进行差集运算，结果如图 13-89 所示。

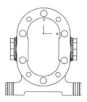

图 13-87　删除圆

图 13-88　拉伸圆（2）

❺ 绘制进出油口。

（1）绘制圆柱体。单击"三维工具"选项卡"建模"面板中的"圆柱体"按钮，以坐标点（-35,-16.76,13）为中心点，绘制半径为"5"、轴端点为（@35,0,0）的圆柱体；重复"圆柱体"操作，以坐标点（0,-16.76,13）为中心点，绘制半径为"5"、轴端点为（@35,0,0）的圆柱体，结果如图 13-90 所示。

（2）差集运算。单击"三维工具"选项卡"实体编辑"面板中的"差集"按钮，分别对泵体与步骤（1）中创建的两个圆柱体进行差集运算，

结果如图 13-91 所示。

图 13-89　差集运算（6）

图 13-90　绘制圆柱体（3）

（3）设置视图。选择菜单栏中的"视图"→"三维视图"→"东南等轴测"命令，切换到东南等轴测视图，结果如图 13-92 所示。

图 13-91　差集运算（7）

图 13-92　东南等轴测视图中的实体

（4）渲染视图。单击"视图"选项卡"视觉样式"面板中的"概念"按钮，渲染后的实体如图 13-63 所示。

13.5　上机实验

【实验 1】绘制深沟球轴承立体图

1. 目的要求

轴承是转动轴的一种承载零件，深沟球轴承如图 13-93 所示。本实验的目的是帮助读者掌握轴承类零件立体图的绘制方法。

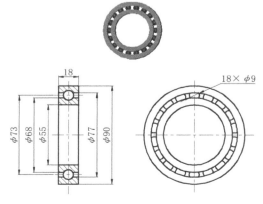

图 13-93　深沟球轴承

2. 操作提示

（1）绘制轴承内外圈的截面轮廓。

（2）旋转生成轴承内外圈立体图。

（3）绘制轴承截面图。

（4）绘制单个滚珠。

（5）阵列。

（6）渲染。

【实验 2】绘制齿轮立体图

1. 目的要求

齿轮是一种非常重要的传动零件，如图 13-94 所示。本实验的目的是帮助读者掌握齿轮类零件立体图的绘制方法。

2. 操作提示

（1）绘制齿轮基体截面轮廓。

（2）旋转生成齿轮基体立体图。

（3）绘制齿轮截面图。

（4）拉伸生成齿轮立体图并进行阵列处理。

（5）移动齿轮立体图并进行布尔运算。

（6）绘制键槽和减重孔。

（7）渲染。

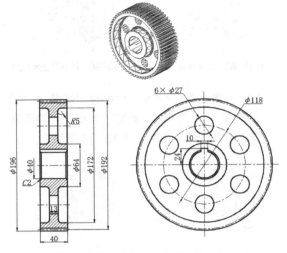

图 13-94　齿轮

【实验 3】绘制端盖立体图

1. 目的要求

端盖属于典型的盘盖类零件，如图 13-95 所示。本实验的目的是帮助读者掌握盘盖类零件立体图的绘制方法。

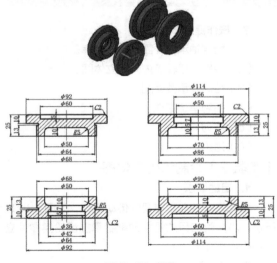

图 13-95　端盖

2. 操作提示

（1）绘制端盖截面轮廓。

（2）旋转生成端盖基体。

（3）镜像生成另两个端盖基体。

（4）绘制端盖轴孔和凹坑。

【实验 4】绘制箱体立体图

1. 目的要求

箱体类零件是机械零件中结构最复杂的零件，其立体图也相对复杂，如图 13-96 所示。本实验的目的是帮助读者深入掌握机械零件立体图的绘制方法。

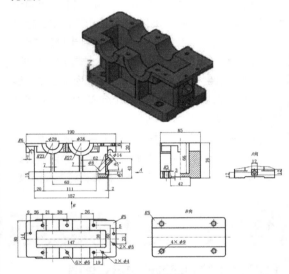

图 13-96　箱体

2. 操作提示

（1）绘制箱体主体。

（2）绘制箱体孔系。

（3）绘制耳钩。

（4）绘制油标插孔。

（5）绘制放油孔。

（6）局部细化。

（7）渲染。

第 14 章

齿轮泵装配立体图绘制

本章将详细讲解三维装配图——齿轮泵装配图的绘制。装配图表达了各个零件的相互位置、尺寸和结构形状。通过对本章的学习，读者能够掌握机械装配图的绘制方法和步骤，熟悉机械装配图的设计构思，以及设备的工作原理和装配关系。

重点与难点

- 配置绘图环境
- 绘制齿轮泵装配图
- 剖切齿轮泵装配图

14.1 配置绘图环境

齿轮泵装配图由泵体、垫片、左端盖、右端盖、长齿轮轴、短齿轮轴、轴套、锁紧螺母、键、锥齿轮、垫圈、压紧螺母等组成。

本实例的绘制思路：首先打开基准零件图，将其变为平面视图；然后打开要装配的零件图，将其变为平面视图，将要装配的零件图复制粘贴到基准零件图中；再通过确定合适的点，将要装配的零件图装配到基准零件图中；最后，通过着色及变换视图，为装配图设置合理的颜色和位置，并进行渲染处理。

STEP 配置步骤

❶ 启动系统。启动 AutoCAD 2023，使用默认的绘图环境。

❷ 建立新文件。选择菜单栏中的"文件"→"新建"命令，打开"选择样板"对话框，单击"打开"按钮右侧的▽按钮，以"无样板打开 - 公制"方式建立新文件，将新文件命名为"齿轮泵装配图 .dwg"并保存。

❸ 设置线框密度。执行"ISOLINES"命令，设置线框密度为"10"。

❹ 设置视图。单击"视图"选项卡"命名视图"面板中的"前视"按钮，将当前视图设置为前视图。

14.2 绘制齿轮泵装配图

齿轮泵装配图如图 14-1 所示。

图 14-1　齿轮泵装配图

STEP 绘制步骤

❶ 装配泵体。

（1）打开文件。单击快速访问工具栏中的"打开"按钮，打开随书资源中的"泵体 .dwg"文件。

（2）设置视图。单击"视图"选项卡"命名视图"面板中的"左视"按钮，将当前视图设置为左视图。

（3）复制泵体。选择菜单栏中的"编辑"→"带基点复制"命令，将"泵体"图形复制到"齿轮泵装配图"中。指定插入点为（0,0），结果如图 14-2 所示。

（4）设置视图。单击"视图"选项卡"命名视图"面板中的"西南等轴测"按钮，切换到西南等轴测视图。

（5）单击"视图"选项卡"视觉样式"面板中的"概念"按钮，结果如图 14-3 所示。

图 14-2　复制泵体　　**图 14-3　西南等轴测视图中的实体（1）**

❷ 装配垫片。

（1）打开文件。单击快速访问工具栏上的"打开"按钮，打开随书资源中的"垫片 .dwg"文件，并改变图形中的坐标系，结果如图 14-4 所示。

（2）复制垫片。选择菜单栏中的"编辑"→"带基点复制"命令，将"垫片"图形复制到"齿轮泵装配图"中，基点为（0,0），插入点为（0,0），结果如图 14-5 所示，然后向右端复制垫片。

 注意　该装配图中有两个垫片，分别位于左、右端盖和泵体之间，起密封作用。

图 14-4 垫片

图 14-5 复制垫片

图 14-8 着色后的实体（1）

图 14-9 右端盖

❸ 装配左端盖。

（1）打开文件。单击快速访问工具栏中的"打开"按钮📂，打开随书资源中的"左端盖.dwg"文件。

（2）设置视图。单击"视图"选项卡"命名视图"面板中的"右视"按钮，切换到右视图。

在装配图形时，要适当地变换装配图的视图，使其有利于图形的装配。

（3）旋转视图。单击"默认"选项卡"修改"面板中的"旋转"按钮↺，将左端盖视图旋转 90°。然后切换到西南等轴测视图，结果如图 14-6 所示。

（4）复制左端盖。选择菜单栏中的"编辑"→"带基点复制"命令，将"左端盖"图形复制到"齿轮泵装配图"中，使图 14-6 中的中点 2 与图 14-5 中的中点 1 重合，结果如图 14-7 所示。

（5）着色面。单击"三维工具"选项卡"实体编辑"面板中的"着色面"按钮，对实体进行着色处理，结果如图 14-8 所示。

图 14-6 设置视图后的左端盖

图 14-7 复制左端盖

❹ 装配右端盖。

（1）打开文件。单击快速访问工具栏上的"打开"按钮📂，打开随书资源中的"右端盖.dwg"文件，如图 14-9 所示。

（2）设置视图。单击"视图"选项卡"命名视图"面板中的"左视"按钮，切换到左视图。

（3）旋转视图。单击"默认"选项卡"修改"面板中的"旋转"按钮↺，将右端盖视图旋转 -90°，结果如图 14-10 所示。

（4）设置视图。单击"视图"选项卡"命名视图"面板中的"西南等轴测"按钮，切换到西南等轴测视图，结果如图 14-11 所示。

图 14-10 旋转视图后的右端盖

图 14-11 西南等轴测视图中的实体（2）

（5）复制右端盖。选择菜单栏中的"编辑"→"带基点复制"命令，将"右端盖"图形复制到"齿轮泵装配图"中，使图 14-11 中的中点 3 与图 14-12 中的中点 4 重合，结果如图 14-13 所示。

（6）着色面。单击"三维工具"选项卡"实体编辑"面板中的"着色面"按钮，对实体进行着色处理，结果如图 14-14 所示。

图 14-12 选择重合点（1）

图 14-13 复制右端盖

图 14-14 着色后的实体（2）

❺ 装配长齿轮轴。

（1）打开文件。单击快速访问工具栏上的"打开"按钮📂，打开随书资源中的"长齿轮轴.dwg"文件，如图 14-15 所示。

图 14-15　长齿轮轴

（2）设置视图。单击"视图"选项卡"命名视图"面板中的"左视"按钮，切换到左视图，并对图形设置线框显示。

（3）复制长齿轮轴。选择菜单栏中的"编辑"→"带基点复制"命令，将"长齿轮轴"图形复制到"齿轮泵装配图"中，使图 14-16 中的点 5 和点 6 重合，结果如图 14-17 所示。

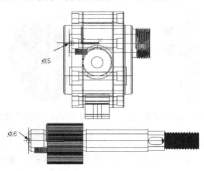

图 14-16　选择重合点（2）

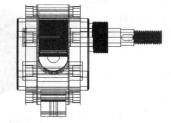

图 14-17　复制长齿轮轴

（4）单击"视图"选项卡"视觉样式"面板中的"概念"按钮，西南等轴测视图中的长齿轮轴装配立体图如图 14-18 所示。

图 14-18　西南等轴测视图中的实体（3）

❻ 装配短齿轮轴。

（1）打开文件。单击快速访问工具栏上的"打

开"按钮，打开随书资源中的"短齿轮轴 .dwg"文件，如图 14-19 所示。

图 14-19　短齿轮轴

（2）复制短齿轮轴。选择菜单栏中的"编辑"→"带基点复制"命令，将"短齿轮轴"图形复制到"齿轮泵装配图"中，使图 14-20 中的点 7 和点 8 重合，结果如图 14-21 所示。

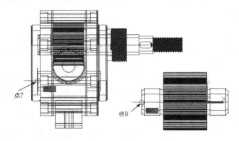

图14-20　选择重合点（3）

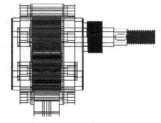

图 14-21　复制短齿轮轴

（3）单击"视图"选项卡"视觉样式"面板中的"概念"按钮，西南等轴测视图中的短齿轮轴装配立体图如图 14-22 所示。

图 14-22　西南等轴测视图中的实体（4）

❼ 装配轴套。

（1）打开文件。单击快速访问工具栏上的"打开"按钮，打开随书资源中的"轴套 .dwg"文件，如图 14-23 所示。

图 14-23　轴套

（2）复制轴套。选择菜单栏中的"编辑"→"带基点复制"命令，将"轴套"图形复制到"齿轮泵装配图"中，使图 14-24 中的点 9 和点 10 重合。显示线框后的效果如图 14-25 所示。

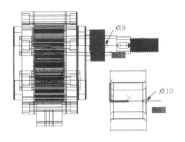

图 14-24　选择重合点（3）

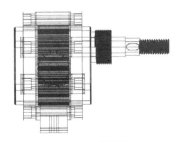

图 14-25　复制轴套

（3）单击"视图"选项卡"视觉样式"面板中的"概念"按钮，东北等轴测视图中的轴套装配立体图如图 14-26 所示。

图 14-26　东北等轴测视图中的实体

❽ 装配锁紧螺母。

（1）打开文件。单击快速访问工具栏上的"打开"按钮，打开随书资源中的"锁紧螺

母 .dwg"文件，如图 14-27 所示。

图 14-27　锁紧螺母

（2）设置视图。单击"视图"选项卡"命名视图"面板中的"右视"按钮，切换到右视图。

（3）复制锁紧螺母。选择菜单栏中的"编辑"→"带基点复制"命令，将"锁紧螺母"图形复制到"齿轮泵装配图"中，使图 14-28 中的点 11 和点 12 重合。显示线框后的效果如图 14-29 所示。

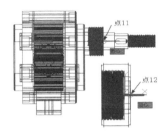

图 14-28　选择重合点（4）

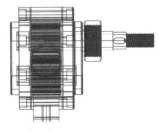

图 14-29　复制锁紧螺母

（4）单击"视图"选项卡"视觉样式"面板中的"概念"按钮，东南等轴测视图中的锁紧螺母装配立体图如图 14-30 所示。

图 14-30　东南等轴测视图中的实体（1）

❾ 装配键。

（1）设置视图。单击"视图"选项卡"命名视图"面板中的"前视"按钮📷，切换到前视图。

（2）打开文件。单击快速访问工具栏中的"打开"按钮📂，打开随书资源中的"键.dwg"文件，如图 14-31 所示。

图 14-31　键

（3）设置视图。单击"视图"选项卡"命名视图"面板中的"俯视"按钮🔲，将键立体图切换到俯视图。

（4）复制键。选择菜单栏中的"编辑"→"带基点复制"命令，将"键"图形复制到"齿轮泵装配图"中，使图 14-32 中的点 13 和点 14重合。

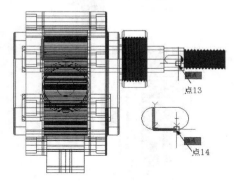

图 14-32　选择重合点（5）

（5）单击"视图"选项卡"视觉样式"面板中的"概念"按钮🟫，东南等轴测视图中的键装配立体图如图 14-33 所示。

图 14-33　东南等轴测视图中的实体（2）

 注意　在装配立体图时，通常使用平面视图，这就可能引起面装配到位，而体装配不到位的问题。所以装配立体图时，要适当地变换视图，看看是否装配到位，并借助变换的视图，进行二次装配。

❿ 装配锥齿轮。

（1）设置视图。单击"视图"选项卡"命名视图"面板中的"前视"按钮📷，切换到前视图，结果如图 14-34 所示。

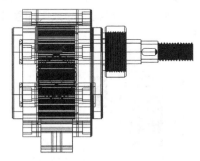

图 14-34　前视图中的图形

（2）打开文件。单击快速访问工具栏中的"打开"按钮📂，打开随书资源中的"锥齿轮.dwg"文件，如图 14-35 所示。

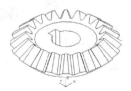

图 14-35　锥齿轮

（3）设置视图。使用"三维视图"和"旋转"命令，将锥齿轮的视图设置为图 14-36 所示方向。

图 14-36　设置视图后的锥齿轮

（4）复制锥齿轮。选择菜单栏中的"编辑"→"带基点复制"命令，将"锥齿轮"图形复制到"齿轮泵装配图"中，使图 14-37 中的点 15 和点 16 重合。显示线框后的结果如图 14-38 所示。

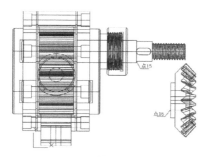

图 14-37 选择重合点（6）

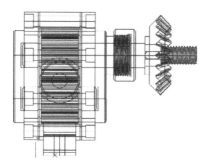

图 14-38 复制锥齿轮

（5）单击"视图"选项卡"视觉样式"面板中的"概念"按钮，东南等轴测视图中的锥齿轮装配立体图如图 14-39 所示。

图 14-39 东南等轴测视图中的实体（3）

> **注意** 在装配锥齿轮立体图时，不要采用中心点来装配。这是因为采用轴上的中心点来装配，采集点在键上，会导致两个零件不在同一轴线上。

⑪ 装配垫圈。

（1）打开文件。单击快速访问工具栏中的"打开"按钮，打开随书资源中的"垫圈.dwg文件"，如图 14-40 所示。

（2）设置视图。单击"视图"选项卡"命名视图"面板中的"前视"按钮，切换到前视图。显示

线框后的效果如图 14-41 所示。

图 14-40 垫圈

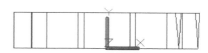

图 14-41 垫圈的前视图

（3）旋转垫圈。单击"默认"选项卡"修改"面板中的"旋转"按钮，将前视图中的垫圈旋转 -90°，结果如图 14-42 所示。

图 14-42 旋转后的垫圈

（4）复制垫圈。选择菜单栏中的"编辑"→"带基点复制"命令，将"垫圈"图形复制到"齿轮泵装配图"中，使图 14-43 中的点 17 和点 18 重合。

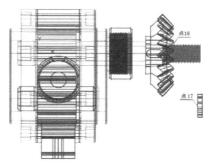

图 14-43 选择重合点（7）

（5）单击"视图"选项卡"视觉样式"面板中的"概念"按钮，东南等轴测视图中的垫圈装配

立体图如图 14-44 所示。

图 14-44　东南等轴测视图中的实体（4）

⑫ 装配长齿轮轴压紧螺母。

（1）打开文件。单击快速访问工具栏中的"打开"按钮 📂，打开随书资源中的"长齿轮轴压紧螺母 .dwg"文件，如图 14-45 所示。

图 14-45　长齿轮轴压紧螺母

> 压紧螺母立体图的绘制方式与螺母的绘制方式是一样的，此处不再赘述。

（2）设置视图。单击"视图"选项卡"命名视图"面板中的"左视"按钮 🗗，将长齿轮轴压紧螺母的当前视图设置为左视图，结果如图 14-46 所示。

（3）复制长齿轮轴压紧螺母。选择菜单栏中的"编辑"→"带基点复制"命令，将"长齿轮轴压紧螺母"图形复制到"齿轮泵装配图"中，使

图 14-47 中的点 A 和点 B 重合。结果如图 14-48 所示。

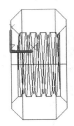

图 14-46　左视图中的长齿轮轴压紧螺母

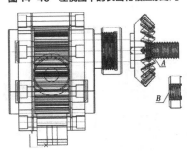

图 14-47　选择重合点（8）

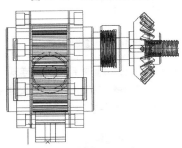

图 14-48　复制长齿轮轴压紧螺母

（4）设置视图。单击"视图"选项卡"命名视图"面板中的"东南等轴测"按钮 ◈，将装配后的当前视图设置为东南等轴测视图。渲染后的图形如图 14-1 所示。

14.3　剖切齿轮泵装配图

剖切齿轮泵装配图如图 14-49 所示。

图 14-49　剖切齿轮泵装配图

STEP　绘制步骤

❶ 1/4 剖切视图。

（1）打开文件。单击快速访问工具栏中的"打开"按钮 📂，打开随书资源中的"齿轮泵装配图 .dwg"文件。

（2）消隐视图。选择菜单栏中的"视图"→"消隐"命令，对视图进行消隐。

（3）剖切视图。选择菜单栏中的"修改"→"三维操作"→"剖切"命令，命令行提示如下。

```
命令 :_slice
选择要剖切的对象：（用鼠标依次选择左端盖、两个垫
片、右端盖、泵体、锁紧螺母共6个零件，如图14-50
所示）
选择要剖切的对象 : ↙
指定 切面 的起点或 [ 平面对象 (O)/ 曲面 (S)/
Z轴 (Z)/ 视图 (V)/XY(XY)/YZ(YZ)/ZX(ZX)/
三点 (3)] < 三点 >: XY ↙
指定 XY 平面上的点 <0,0,0>: ↙
在所需的侧面上指定点或 [ 保留两个侧面 (B)]< 保
留两个侧面 >: B ↙
命令 : SLICE ↙
选择要剖切的对象：（用鼠标依次选择左端盖、两个垫
片、右端盖、泵体、锁紧螺母共6个零件，如图14-51
所示）
选择要剖切的对象 : ↙
指定 切面 的起点或 [ 平面对象 (O)/ 曲面 (S)/
Z轴 (Z)/ 视图 (V)/XY(XY)/YZ(YZ)/ZX(ZX)/
三点 (3)] < 三点 >: ZX ↙
指定 ZX 平面上的点 <0,0,0>:（捕捉泵体左端面
圆心点 A，如图14-51所示）
在所需的侧面上指定点或 [ 保留两个侧面 (B)]< 保
留两个侧面 >: 0,0,10 ↙
在所需的侧面上指定点或 [ 保留两个侧面 (B)] < 保
留两个侧面 >: ↙
```

剖切后的图形如图 14-52 所示。

图 14-50　选择要剖切的对象（1）

❷ 1/2 剖切视图。

（1）打开文件。单击快速访问工具栏中的"打开"按钮📂，打开随书资源中的"齿轮泵装配图 .dwg"文件。

图 14-51　选择要剖切的对象（2）

图 14-52　1/4 剖切视图

（2）消隐视图。选择菜单栏中的"视图"→"消隐"命令，对视图进行消隐。

（3）剖切视图。选择菜单栏中的"修改"→"三维操作"→"剖切"命令，命令行提示如下。

```
命令 :_slice
选择要剖切的对象：（用鼠标依次选择左端盖、两个垫
片、右端盖、泵体、锁紧螺母共6个零件，如图14-53
所示）
选择要剖切的对象 : ↙
指定切面的起点或 [ 平面对象 (O)/ 曲面 (S)/Z
轴 (Z)/ 视图 (V)/XY(XY)/YZ(YZ)/ZX(ZX)/ 三
点 (3)] < 三点 >: XY ↙
指定 XY 平面上的点 <0,0,0>: ↙
在所需的侧面上指定点或 [ 保留两个侧面 (B)]< 保
留两个侧面 >: 0,0,-10 ↙
```

（4）对相应的面和实体进行渲染处理，渲染后的图形如图 14-49 所示。

图 14-53　选择要剖切的对象（3）

14.4　上机实验

【实验 1】小齿轮轴组件装配图

1. 目的要求

小齿轮轴组件装配图如图 14-54 所示。装配图主要用于表达部件的结构原理和装配关系，是一种非常重要的工程图。在绘制时，主要利用插入图块的方法来完成。本实验的目的是帮助读者深入掌握

机械装配图的绘制方法。

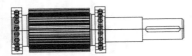

图 14-54　小齿轮轴组件装配图

2．操作提示

（1）打开小齿轮轴立体图。

（2）插入小轴承组件图块。

（3）复制立体轴承图。

【实验2】减速箱总装配图

1．目的要求

减速箱总装配图如图 14-55 所示。总装配图是在组件装配图的基础上进行绘制的。本实验的目的是帮助读者综合掌握机械装配图的绘制方法。

图 14-55　减速箱总装配图

2．操作提示

（1）打开减速箱箱体立体图。

（2）插入小齿轮轴组件图块。

（3）插入大齿轮组件图块。

（4）插入端盖图块。

（5）插入油标尺图块。

第五篇　建筑设计工程实例

第15章

建筑总平面图绘制

本章将以某别墅总平面图绘制过程为例详细讲解总平面图绘制的基本理论知识和具体绘制方法，涉及绘图环境的设置、文字和尺寸标注样式的设置，是 AutoCAD 2023 在建筑设计应用领域的综合实例。

重点与难点

- 绘图环境设置
- 总平面图的绘制
- 总平面图的标注

15.1 建筑总平面图绘制概述

在正式讲解建筑总平面图绘制之前，本节将简要介绍建筑总平面图表达的内容和绘制建筑总平面图的一般步骤。

15.1.1 建筑总平面图内容概括

建筑总平面专业设计成果包括设计说明书、设计图样、根据合同规定的鸟瞰图、模型等。建筑总平面图只是建筑总平面专业设计成果中的设计图样部分。在不同的设计阶段，总平面图表达设计意图的深度和倾向均有所不同。

在方案设计阶段，总平面图需要体现新建建筑物的大小、形状及与周边道路、房屋、绿地、广场和红线之间的空间关系，同时传达室外空间设计效果。因此，总平面图在具有必要的技术性的基础上，还强调艺术性的体现。就目前的情况来看，除了绘制 CAD 线条图，还需对线条图进行套色、渲染处理或制作鸟瞰图、模型等。

在初步设计阶段，需要进一步推敲总平面图设计中涉及的各种因素和环节（如道路红线、建筑红线或用地界线、建筑控制高度、容积率、建筑密度、绿地率、停车位数，以及总平面布局、周围环境、空间处理、交通组织、环境保护、文物保护、分期建设等），推敲方案的合理性、科学性和可实施性，进一步准确落实各种技术指标，深化竖向设计，为施工图设计做准备。

在施工图设计阶段，建筑总平面专业设计成果包括图样目录、设计说明、设计图样、计算书。其中设计图样包括总平面图、竖向布置图、土方图、管道综合图、景观布置图及详图等。总平面图是新建房屋定位、放线及布置施工现场的依据，因此必须要详细、准确、清楚地表达。

15.1.2 建筑总平面图中的图例说明

1. 建筑物图例

（1）新建建筑物：采用粗实线来表示，如图 15-1 所示。当有需要时可以在右上角用点数（见图 15-2）或是数字来表示建筑物的层数（见图 15-3）。

图 15-1 新建建筑物图例

图 15-2 以点表示层数（4 层）

（2）旧有建筑物：采用细实线来表示，如图 15-4所示。同新建建筑物图例一样，也可以在右上角用点数或是数字来表示建筑物的层数。

图 15-3 以数字表示层数（16 层）　　图 15-4 旧有建筑物图例

（3）计划中的预留地或建筑物：采用虚线来表示，如图 15-5 所示。

（4）拆除的建筑物：采用打上叉号的细实线来表示，如图 15-6 所示。

图 15-5 计划中的预留地或　　图 15-6 拆除的建筑物图例

建筑物图例

（5）坐标：如图 15-7 和图 15-8 所示。注意两种不同坐标的表示方法。

（6）新建的道路：如图 15-9 所示。其中，"R8"表示道路的转弯半径为 8m，"30.10"为路面中心的标高。

图 15-7 测量坐标图例　　图 15-8 施工坐标图例

（7）旧有的道路：如图 15-10 所示。

图 15-9 新建的道路图例　　图 15-10 旧有的道路图例

（8）计划扩建的道路：如图 15-11 所示。

（9）拆除的道路：如图 15-12 所示。

图 15-11 计划扩建的道路图例　　图 15-12 拆除的道路图例

2．用地范围

一般地形图（或基地图）中都标明了本建设项目的用地范围。实际上，并不是所有用地范围内都可以布置建筑物。在这里，关于场地界限的几个概念及其关系需要明确，也就是常说的红线及退红线问题。

（1）建设用地边界线：指业主获得土地使用权的土地边界线，也称为地产线、征地线，如图 15-13 所示的 ABCD 范围。建设用地边界线范围表明地产权所属，是法律上权利和义务关系界定的范围。但并不是所有用地面积都可以用来开发建设。如果其中包括城市道路或其他公共设施，则要保证它们的正常使用（图 15-13 中的建设用地边界线范围内就包括了城市道路）。

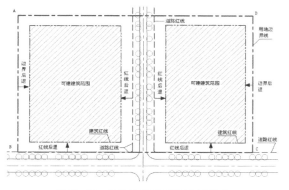

图 15-13　各建设用地边界线之间的关系

（2）道路红线：指规划的城市道路路幅的边界线。也就是说，两条平行的道路红线之间为城市道路（包括居住区级道路）用地。建筑物及其附属设施的地上、地下部分，如基础、地下室、台阶等不允许突出道路红线。治安岗、公交候车亭、地铁、地下隧道、过街天桥等相关设施，以及临时性建（构）筑物等，当确有需要，且不影响交通及消防安全时，经当地规划行政主管部门批准，可突入道路红线建造。具体规定详见《民用建筑设计通则》（GB50352-2019）。

（3）建筑红线：指城市道路两侧控制沿街建筑物或构筑物（如外墙、台阶等）靠临街面部分的界线，又称建筑控制线。建筑控制线划定可建造建筑物的范围。由于城市规划要求，在建设用地边界线范围内，由道路红线后退一定距离确定建筑控制线，这就叫作红线后退。如果考虑在相邻建筑之间按规定留出防火间距、消防通道和日照间距，也需要由用地边界后退一定的距离，这叫作边界后退。在边界后退的范围内可以修建广场、停车场、绿化、道路等，但不可以修建建筑物。至于建筑突出物的相关规定，与道路红线相同。

在拿到地形图时，除了明确地物、地貌外，就是要搞清楚其中对用地范围的具体限定，为建筑设计作准备。

15.1.3 | 建筑总平面图绘制步骤

一般情况下，在 AutoCAD 中绘制建筑总平面图的步骤如下。

1．地形图的处理

包括地形图的插入、描绘、整理和应用等。

2．总平面布置

包括建筑物、道路、广场、停车场、绿地和场地出入口布置等内容。

3．各种文字及标注

包括文字、尺寸、标高、坐标、图表、图例等内容。

4．布图

包括插入图框、调整图面等。

15.2　绘制别墅总平面图

就绘图工作而言，处理完地形图后，接下来就可以进行总平面图的布置。总平面图布置包括建筑物、道路、广场、绿地、停车场等内容的布置，需要着重处理好它们之间的空间关系，及其与四邻、古树、文物古迹、水体、地形之间的关系。

本节主要以某别墅总平面图为例（见图 15-14），介绍在 AutoCAD 中布置这些内容的操作方法和注意事项。

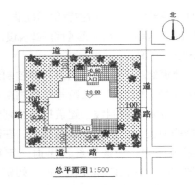

图 15-14 某别墅总平面图

15.2.1 设置绘图参数

绘图参数设置是绘制任何建筑图形都要进行的预备工作，这里主要设置图层。有些具体设置可以在绘制过程中根据需要进行。

STEP 绘制步骤

❶ 设置图形边界。

在命令行输入"LIMITS"命令并按 <Enter> 键，在命令行提示"指定左下角点或 [开 (ON)/ 关 (OFF)] <0.0000,0.0000>:"后输入"0,0"。在命令行提示"指定右上角点 <12.0000,9.0000>:"后输入"420000,297000"。

❷ 设置图层。

（1）设置图层名。单击"默认"选项卡"图层"面板中的"图层特性"按钮 🔲，打开"图层特性管理器"选项板，单击上边的"新建图层"按钮 🔳，将生成一个名为"图层 1"的图层，修改图层名为"轴线"，如图 15-15 所示。

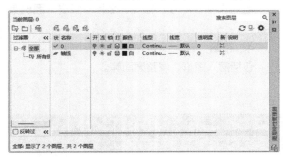

图 15-15 设置图层名

（2）设置图层颜色。为了区分不同图层上的图线，增强图形不同部分的对比性，可以在"图层特性管理器"选项板中单击对应图层"颜色"标签下的颜色色块，AutoCAD 打开"选择颜色"对话框，如图 15-16 所示，在该对话框中选择需要的颜色。

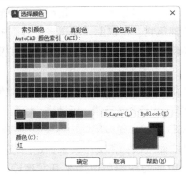

图 15-16 "选择颜色"对话框

（3）设置线型。在常用的工程图纸中，通常要用到不同的线型，这是因为不同的线型表示不同的含义。在"图层特性管理器"选项板中单击"线型"栏下的线型选项，AutoCAD 打开"选择线型"对话框，如图 15-17 所示，在该对话框中选择对应的线型。如果在"已加载的线型"列表框中没有需要的线型，可以单击"加载"按钮，打开"加载或重载线型"对话框加载线型，如图 15-18 所示。

图 15-17 "选择线型"对话框

图 15-18 "加载或重载线型"对话框

（4）设置线宽。在工程图纸中，不同的线宽表示不同的含义，因此要对不同图层的线宽进行设置。单击"图层特性管理器"选项板中"线宽"栏下的选项，AutoCAD 打开"线宽"对话框，如图 15-19 所示，在该对话框中选择适当的线宽，结果如图 15-20 所示。

图 15-19 "线宽"对话框

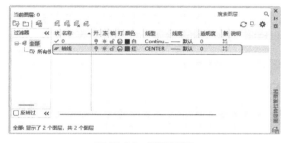

图 15-20 轴线的设置

（5）按照上述步骤，完成图层的设置，结果如图 15-21 所示。

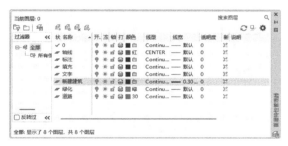

图 15-21 图层的设置

15.2.2 │ 建筑物布置

这里只需要勾勒出建筑物的大体外形和相对位置即可。首先绘制定位轴线网，然后根据轴线绘制建筑物的轮廓。

STEP 绘制步骤

❶ 绘制轴线网。

（1）单击"默认"选项卡"图层"面板中的"图层特性"按钮，打开"图层特性管理器"选项板，双击"轴线"图层，使得当前图层是"轴线"。单击"确定"按钮退出"图层特性管理器"选项板。

（2）单击"默认"选项卡"绘图"面板中的"构造线"按钮，在正交模式下绘制竖直构造线和水平构造线，组成"十"字辅助线网，如图 15-22 所示。

（3）单击"默认"选项卡"修改"面板中的"偏移"按钮，将竖直构造线向右边连续偏移"3700""1300""4200""4500""1500""2400""3900"和"2700"，将水平构造线连续向上偏移"2100""4200""3900""4500""1600"和"1200"，得到主要轴线网，结果如图 15-23 所示。

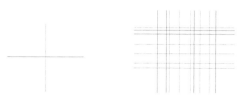

图 15-22 绘制十字辅助线网　　**图 15-23 绘制主要轴线网**

❷ 绘制新建建筑。

（1）单击"默认"选项卡"图层"面板中的"图层特性"按钮，打开"图层特性管理器"选项板，双击"新建建筑"图层，使得当前图层是"新建建筑"。单击"确定"按钮退出"图层特性管理器"选项板。

（2）单击"默认"选项卡"绘图"面板中的"直线"按钮，根据轴线网绘制出新建建筑的主要轮廓，结果如图 15-24 所示。

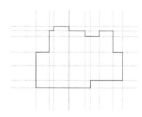

图 15-24 绘制新建建筑主要轮廓

15.2.3 │ 场地道路、绿地等布置

完成建筑布置后，其余的场地道路、绿地等内容都在此基础上进行布置。

> **提示** 布置时抓住 3 个要点：一是找准场地及其控制作用的因素；二是注意布置对象的必要尺寸及其相对距离关系；三是注意布置对象的几何构成特征，充分利用绘图功能。

STEP 绘制步骤

❶ 绘制道路。

（1）单击"默认"选项卡"图层"面板中的"图层特性"按钮，打开"图层特性管理器"选项板，双击"道路"图层，使得当前图层是"道路"。单击"确定"按钮退出"图层特性管理器"选项板。

（2）单击"默认"选项卡"修改"面板中的"偏移"按钮，让所有最外围轴线都向外偏移"10000"，然后将偏移后的轴线分别向两侧偏移"2000"，选择所有的道路，然后右击，在弹出的快捷菜单中选择"特性"命令，在弹出的"特性"选项板中选择"图层"，把所选对象的图层改为"道路"，得到主要的道路。单击"默认"选项卡"修改"面板中的"修剪"按钮，修剪掉道路中多余的线条，使得道路整体连贯，结果如图15-25所示。

❷ 布置绿化。

（1）首先将"绿化"图层设置为当前图层，然后单击"视图"选项卡"选项板"面板中的"工具选项板"按钮，则系统弹出如图15-26所示的工具选项板，选择"建筑"中的"树–英制"图例，把"树"图例放在一个空白处，然后单击"默认"选项卡"修改"面板中的"缩放"按钮，把"树"图例放大到合适尺寸，结果如图15-27所示。

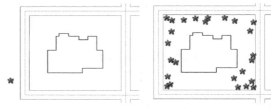

图15-27　放大前后的植物图例　图15-28　布置植物的结果

15.2.4 尺寸及文字标注

总平面图的标注内容包括尺寸、标高、文字标注、指北针、文字说明等内容，是总图中不可或缺的部分。完成总平面图的图线绘制后，就要进行各种标注，对图形进行完善。

STEP 绘制步骤

❶ 尺寸标注。

总平面图上的尺寸应包括新建建筑房屋的总长、总宽及与周围建筑物、构筑物、道路、红线之间的距离。

（1）尺寸标注样式设置。

① 选择菜单栏中的"格式/标注样式"命令，系统弹出"标注样式管理器"对话框，如图15-29所示。

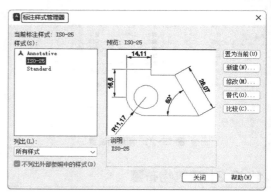

图15-29　"标注样式管理器"对话框

② 单击"新建"按钮，进入"创建新标注样式"对话框，在"新样式名"文本框中输入"总平面图"，如图15-30所示。

图15-30　"创建新标注样式"对话框

图15-25　绘制道路　　**图15-26　工具选项版**

（2）单击"默认"选项卡"修改"面板中的"复制"按钮，把"树"图例复制到各个位置。完成植物的绘制和布置，结果如图15-28所示。

③ 单击"继续"按钮，进入"新建标注样式：总平面图"对话框，选择"线"选项卡，设定"尺寸界线"选项组中的"超出尺寸线"为"100"，如图 15-31 所示。选择"符号和箭头"选项卡，在"箭头"选项组中"第一个"下拉列表中选择"✐建筑标记"，在"第二个"下拉列表中选择"✐建筑标记"，并设置"箭头大小"为"400"，这样就完成了"符号和箭头"选项卡的设置，如图 15-32 所示。

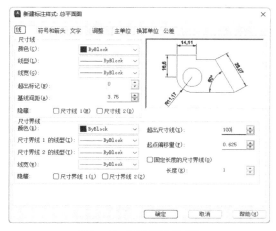

图 15-31　设置"线"选项卡

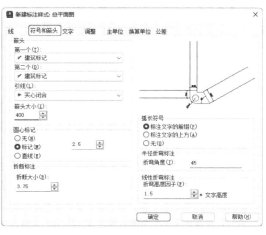

图 15-32　设置"符号和箭头"选项卡

④ 选择"文字"选项卡，单击"文字样式"后面的 按钮，弹出"文字样式"对话框，单击"新建"按钮，建立新的文字样式"米单位"，取消选中"使用大字体"复选框，然后在"字体名"下拉列表框中选择"黑体"，设置"高度"为

"2000"，如图 15-33 所示。最后单击"关闭"按钮关闭"文字样式"对话框。

图 15-33　"文字样式"对话框

⑤ 回到"新建标注样式：总平面图"对话框，在"文字外观"选项组的"文字高度"数值框中输入"2000"，在"文字位置"选项组的"从尺寸线偏移"数值框中输入"200"。这样就完成了"文字"选项卡的设置，如图 15-34 所示。

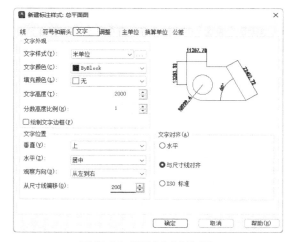

图 15-34　设置"文字"选项卡

⑥ 选择"主单位"选项卡，在"测量单位比例"选项组的"比例因子"数值框中输入"0.01"，将以"米"为单位为图形标注尺寸，这样就完成了"主单位"选项卡的设置，如图 15-35 所示。单击"确定"按钮返回"标注样式管理器"对话框，选择"总平面图"样式，单击右边的"置为当前"按钮，最后单击"关闭"按钮返回绘图区。

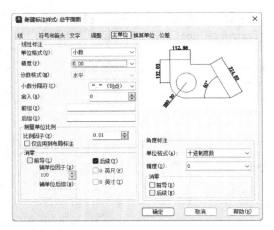

图 15-35　设置"主单位"选项卡

⑦ 选择菜单栏中的"格式／标注样式"命令，则系统弹出"标注样式管理器"对话框，单击"新建"按钮，以"总平面图"为基础样式，在"用于"下拉列表中选择"半径标注"，如图 15-36 所示，建立"总平面图：半径"标注样式。单击"继续"按钮，进入"新建标注样式：总平面图：半径"对话框，在"符号和箭头"选项卡中，将"第二个"箭头选为实心闭合箭头，如图 15-37 所示，单击"确定"按钮，完成半径标注样式的设置。

图 15-36　"创建新标注样式"对话框

图 15-37　半径标注样式设置

⑧ 采用与半径标注样式设置相同的操作方法，

分别建立角度和引线标注样式，如图 15-38 和图 15-39 所示。最终完成尺寸标注样式设置。

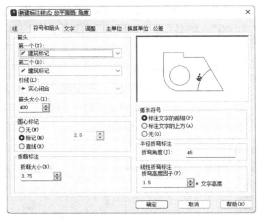

图 15-38　角度标注样式设置

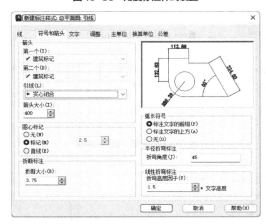

图 15-39　引线标注样式设置

（2）标注尺寸。

① 首先将"标注"图层设置为当前图层，单击"注释"选项卡"标注"面板中的"线性"按钮 ⊢，为图形标注尺寸。

② 在命令行提示"指定第一条尺寸界线原点或＜选择对象＞："后利用"对象捕捉"选取左侧道路的中心线上一点。

③ 在命令行提示"指定第二条尺寸界线原点："后选取新建建筑最左侧竖直线上的一点。

④ 在命令行提示"指定尺寸线位置或[多行文字 (M)/ 文字 (T)/ 角度 (A)/ 水平 (H)/ 垂直 (V)/ 旋转 (R)]:"后在图中选取合适的位置。结果如图 15-40 所示。

重复上述命令，在总平面图中，标注新建建筑到道路中心线的相对距离，标注结果如图 15-41 所示。

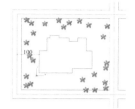

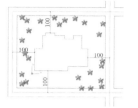

图 15-40　标注尺寸　　　　图 15-41　标注结果

❷ 标高标注。

单击"插入"选项卡"块"面板中"插入"下的"最近使用的块"选项，弹出"块"选项板，如图 15-42 所示。在"名称"下拉列表框中选择"标高"选项，单击"确定"按钮，插入总平面图中。再单击"默认"选项卡"注释"面板中的"多行文字"按钮A，输入相应的标高值，结果如图 15-43 所示。

图 15-42　"插入"对话框

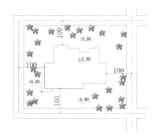

图 15-43　标高标注

❸ 文字标注。

（1）单击"默认"选项卡"图层"面板中的"图层特性"按钮，则系统弹出"图层特性管理器"选项板。双击"文字"图层，使得当前图层是"文字"。
（2）单击"默认"选项卡"注释"面板中的"多行文字"按钮A，标注入口、道路等，结果如图 15-44 所示。

❹ 图案填充。

（1）单击"默认"选项卡"图层"面板中的"图层特性"按钮，打开"图层特性管理器"选项板。双击"填充"图层，使得当前图层是"填充"。
（2）单击"默认"选项卡"绘图"面板中的"直线"按钮，绘制出铺地砖的主要范围轮廓，绘制结果如图 15-45 所示。

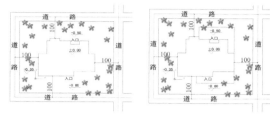

图 15-44　文字标注　　　　图 15-45　绘制铺地砖范围

（3）单击"默认"选项卡"绘图"面板中的"图案填充"按钮，打开"图案填充创建"选项卡，选择填充"图案"为 ANGLE，设置"比例"为 100，如图 15-46 所示，选择填充区域后按<Enter>键，完成图案的填充，填充结果如图 15-47 所示。

图 15-46　设置"图案填充创建"选项卡

（4）重复图案填充命令，进行草地图案填充，结果如图 15-48 所示。

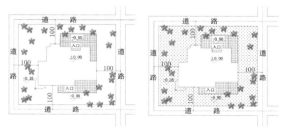

图 15-47　方块图案填充　　　图 15-48　草地图案填充
　　　　操作结果　　　　　　　　　操作结果

❺ 图名标注。

单击"默认"选项卡"注释"面板中的"多行文字"按钮A和"绘图"面板中的"多段线"按钮，标注图名，结果如图 15-49 所示。

❻ 绘制指北针。

（1）单击"默认"选项卡"绘图"面板中的"圆"按钮⊘，绘制一个圆，然后单击"默认"选项卡"绘图"面板中的"直线"按钮／，绘制圆的竖直直径和另外两条弦，结果如图 15-50 所示。

图 15-49　图名　　　图 15-50　绘制圆和直线

（2）单击"默认"选项卡"绘图"面板中的"图案填充"按钮▨，把指针填充为 SOLID，得到指北针的图例，结果如图 15-51 所示。

（3）单击"默认"选项卡"注释"面板中的"多行文字"按钮 A，在指北针上部标上"北"字，注意字高为 1000，字体为"仿宋_GB2312"，

结果如图 15-52 所示。最终完成总平面图的绘制，结果如图 15-53 所示。

图 15-51　图案填充　　　图 15-52　绘制指北针

图 15-53　总平面图

15.3　上机实验

通过前面的学习，读者对本章知识也有了大体的了解，本节通过几个操作练习帮助读者进一步掌握本章知识要点。

【实验 1】绘制信息中心总平面图

1. 目的要求

信息中心总平面图如图 15-54 所示，本实例主要要求读者通过练习进一步熟悉和掌握总平面图的绘制流程和方法。

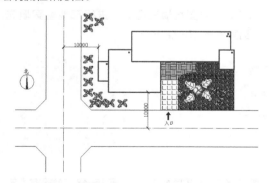

图 15-54　信息中心总平面图

2. 操作提示

（1）绘图前准备。

（2）绘制辅助线网。

（3）绘制建筑与辅助设施。

（4）进行图案填充与文字说明。

（5）标注尺寸。

【实验 2】绘制幼儿园总平面图

1. 目的要求

幼儿园总平面图如图 15-55 所示，本实例主要要求读者通过练习进一步熟悉和掌握总平面图的绘制流程和方法。

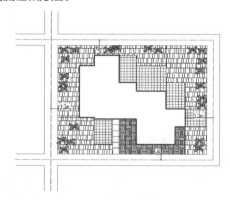

图 15-55　幼儿园总平面图

2. 操作提示

（1）绘图前准备。

（2）绘制辅助线网。

（3）绘制建筑与辅助设施。

（4）进行图案填充与文字说明。

（5）标注尺寸。

第 16 章

建筑平面图绘制

本章将以某别墅建筑平面图绘制过程为例详细讲解平面图绘制的基本理论知识和具体绘制方法，涉及绘图环境的设置、建筑平面图绘制和尺寸标注样式的设置，是 AutoCAD 2023 在建筑设计应用领域的综合实例。

重点与难点

- ➲ 绘图环境设置
- ➲ 建筑平面图的绘制
- ➲ 建筑平面图的标注

16.1 建筑平面图绘制概述

本节主要向读者介绍建筑平面图一般包含的内容、类型及绘制平面图的一般方法，为下面 AutoCAD 的操作作准备。

16.1.1 建筑平面图内容

建筑平面图是假想从门窗洞口位置用一水平剖切面将建筑物剖成两半，下半部分在水平面（H 面）上的正投影图。平面图中的主要图形包括墙、柱、门窗、楼梯，以及地面、台阶、楼梯等。从平面图中可以看到建筑的平面大小、形状、空间平面布局、内外交通及联系、建筑构配件大小、材料等内容。为了清晰准确地表达这些内容，除了按制图知识和规范绘制建筑构配件平面图形外，还需要标注尺寸及文字说明、设置图面比例等。

16.1.2 建筑平面图类型

1. 根据剖切位置分类

根据不同的剖切位置，建筑平面图可分为地下层平面图、底层平面图、X 层平面图、标准层平面图、屋顶平面图、夹层平面图等。

2. 按不同的设计阶段分类

建筑平面图按不同的设计阶段分为方案平面图、初设平面图和施工平面图。不同阶段图样表达深度不一样。

16.1.3 建筑平面图绘制的一般步骤

① 绘图环境设置。
② 轴线绘制。
③ 墙体绘制。
④ 柱绘制。
⑤ 门窗绘制。
⑥ 阳台绘制。
⑦ 楼梯、台阶绘制。
⑧ 室内布置。
⑨ 室外周边景观（底层平面图）绘制。
⑩ 尺寸、文字标注。

根据工程的复杂程度，上面的绘图顺序有可能会在小范围内调整，但总体顺序基本不变。

16.2 绘制别墅建筑平面图

本例中的别墅是建造于某城市郊区的一座独院别墅，砖混结构，地下一层、地上两层，共 3 层。地下层主要布置活动室，一层布置客厅、卧室、餐厅、厨房、卫生间、工人房、棋牌室、洗衣房、车库、游泳池，二层布置卧室、书房、卫生间、室外观景平台。

16.2.1 绘制别墅平面图

本小节以别墅平面图为例介绍平面图的一般绘制方法。别墅是练习建筑绘图的理想实例，因为其规模不大、不复杂，易接受，而且包含的建筑构配件也比较齐全。下面将主要介绍地下层平面图的绘制。

STEP 绘制步骤

❶ 设置绘图环境。
（1）在命令行输入"LIMITS"命令并按 <Enter> 键，设置图幅为"42000×29700"。
（2）单击"默认"选项卡"图层"面板中的"图层特性"按钮，打开"图层特性管理器"选项板。单击"新建图层"按钮，创建"轴线""墙

线""标注""标高""楼梯""室内布局"等图层，然后修改各图层的颜色、线型和线宽等，结果如图 16-1 所示。

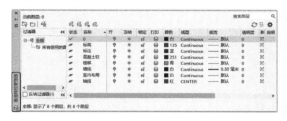

图 16-1 设置图层

❷ 绘制轴线。
（1）将"轴线"图层设置为当前图层。
（2）单击"默认"选项卡"绘图"面板中的"构

造线"按钮，绘制一条水平构造线和一条竖直构造线，组成"十"字构造线，如图 16-2 所示。

（3）单击"默认"选项卡"修改"面板中的"偏移"按钮，将水平构造线分别向上偏移"1200""3600""1800""2100""1900""1500""1100""1600" 和"1200"，得到水平方向的辅助线。将竖直构造线分别向右偏移"900""1300""3600""600""900""3600""3300" 和"600"，得到竖直方向的辅助线，它们和水平辅助线一起构成正交的辅助线网。得到地下层辅助线网格，如图 16-3 所示。

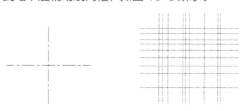

图 16-2 绘制"十"字构造线　图 16-3 地下层辅助线网格

❸ 绘制墙体。

（1）将"墙线"图层设置为当前图层。

（2）选择菜单栏中的"格式"→"多线样式"命令，打开"多线样式"对话框，如图 16-4 所示。单击"新建"按钮，打开"创建新的多线样式"对话框，如图 16-5 所示。❶在"新样式名"文本框中输入"240"。❷单击"继续"按钮，打开"新建多线样式:240"对话框，如图 16-6 所示。

图 16-4 "多线样式"对话框

（3）将"图元"选项组中的元素偏移量设为"120"和"-120"，单击"确定"按钮，返回

"多线样式"对话框，将多线样式"240"设为当前样式，完成"240"墙体多线样式的设置。

图 16-5 "创建新的多线样式"对话框

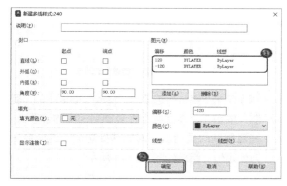

图 16-6 "新建多线样式:240"对话框

（4）选择菜单栏中的"绘图"→"多线"命令，根据命令行提示把对正方式设为"无"，把多线比例设为"1"，注意多线的样式为"240"，完成多线样式的调整。

（5）选择菜单栏中的"绘图"→"多线"命令，根据辅助线网格绘制墙线。

（6）单击"默认"选项卡"修改"面板中的"分解"按钮，将多线分解，然后单击"默认"选项卡"修改"面板中的"修剪"按钮和"绘图"面板中的"直线"按钮，使绘制的全部墙体看起来都是光滑连贯的，结果如图 16-7 所示。

❹ 绘制混凝土柱。

（1）将"混凝土柱"图层设置为当前图层。

（2）单击"默认"选项卡"绘图"面板中的"矩形"按钮，捕捉内外墙线的两个角点作为矩形对角线上的两个角点，绘制混凝土柱边框，如图 16-8 所示。

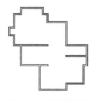 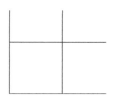

图 16-7 绘制墙线　图 16-8 绘制混凝土柱边框

（3）单击"默认"选项卡"绘图"面板中的"图案填充"按钮▨，打开"图案填充创建"选项卡，设置填充图案为"SOLID"，如图16-9所示，填充混凝土柱图形，结果如图16-10所示。

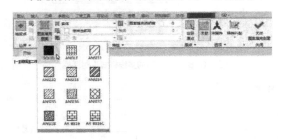

图16-9　"图案填充创建"选项卡

（4）单击"默认"选项卡"修改"面板中的"复制"按钮⅗，将混凝土柱复制到相应的位置上。注意复制时灵活应用对象捕捉功能，这样会很方便定位。结果如图16-11所示。

图16-10　填充混凝土柱图形　图16-11　复制混凝土柱

❺ 绘制楼梯。

（1）将"楼梯"图层设置为当前图层。

（2）单击"默认"选项卡"修改"面板中的"偏移"按钮⊏，将楼梯间右侧的轴线向左偏移"720"，将上侧的轴线向下依次偏移"1380""290"和"600"。单击"默认"选项卡"修改"面板中的"修剪"按钮✂和"绘图"面板中的"直线"按钮╱，对偏移后的直线进行修剪和补充，然后将其设置为"楼梯"图层，结果如图16-12所示。

（3）将楼梯承台位置的线段颜色设置为黑色，并将其线宽改为"0.6"，结果如图16-13所示。

图16-12　偏移轴线并修剪　图16-13　修改楼梯承台线段

（4）单击"默认"选项卡"修改"面板中的"偏移"按钮⊏，将内墙线向左偏移"1200"，将楼梯承台的斜边向下偏移"1200"，然后将偏移后的直

线设置为"楼梯"图层，结果如图16-14所示。

（5）单击"默认"选项卡"绘图"面板中的"直线"按钮╱，绘制台阶边线，结果如图16-15所示。

图16-14　偏移直线　　　图16-15　绘制台阶边线

（6）单击"默认"选项卡"修改"面板中的"偏移"按钮⊏，将台阶边线分别向左侧和下方偏移，偏移距离均为"250"，完成楼梯踏步的绘制，结果如图16-16所示。

（7）单击"默认"选项卡"修改"面板中的"偏移"按钮⊏，将楼梯边线向左偏移"60"，绘制楼梯扶手，然后单击"默认"选项卡"绘图"面板中的"直线"按钮╱和"圆弧"按钮⌒，细化踏步和扶手，结果如图16-17所示。

图16-16　绘制楼梯踏步　图16-17　绘制楼梯扶手

（8）单击"默认"选项卡"绘图"面板中的"直线"按钮╱，绘制倾斜折断线，然后单击"默认"选项卡"修改"面板中的"修剪"按钮✂，修剪多余线段，结果如图16-18所示。

（9）单击"默认"选项卡"绘图"面板中的"多段线"按钮⌐和"多行文字"按钮**A**，绘制楼梯箭头，完成地下层楼梯的绘制，结果如图16-19所示。

图16-18　绘制折断线　　图16-19　绘制楼梯箭头

❻ 室内布置。

（1）将"室内布局"图层设置为当前图层。

（2）单击"视图"选项卡"选项板"面板中的"设计中心"按钮▦，打开"DESIGNCENTER"（设计中心）选项板，在"文件夹"列表框中选择X:\Program Files\AutoCAD 2023\Sample\Zh-cn\DesignCenter\Home-Space Planner.

dwg 中的"块"选项，右侧的列表框中出现桌子、椅子、床、钢琴等室内布置样例，如图 16-20 所示，将这些样例拖到工具选项板的"建筑"选项卡中，如图 16-21 所示。

图 16-20 "DESIGNCENTER"选项板

图 16-21 工具选项板

> **注意** 在使用图库插入家具模块时，经常会遇到家具尺寸太大或太小、角度与实际要求不一致，或家具组合图块中的部分家具需要更改等情况。这时，可以调用"比例""旋转"等修改工具来调整家具的比例和角度。如有必要，还可以先将图形模块分解，再对家具的样式或组合进行修改。

（3）单击"视图"选项卡"选项板"面板中的"工具选项板"按钮，在"建筑"选项卡中双击"钢琴"图块，命令行提示如下。

> **命令** : 忽略块钢琴 – 小型卧式钢琴的重复定义指定插入点或 [基点 (B)/ 比例 (S)/ 旋转 (R)]:

确定合适的插入点和缩放比例，将钢琴放置在

室内合适的位置，结果如图 16-22 所示。

（4）选择"默认"选项卡"块"面板"插入"下拉列表中的"最近使用的块"选项，打开"块"选项板，将沙发、茶几、音箱、台球桌、棋牌桌等放置在合适位置，完成地下层平面图的室内布置，结果如图 16-23 所示。

图 16-22 插入钢琴 **图 16-23 地下层平面图的室内布置**

> **注意** 在 CAD 制图的过程中，利用好图块功能可以提高工作效率，降低出错概率。网络上有大量已创建好的图块供人们选用，如工程制图中常用的各种规格的齿轮与轴承，建筑制图中常用的门、窗、楼梯、台阶等。

16.2.2 | 标注别墅平面图

STEP 绘制步骤

❶ 尺寸标注。

（1）将当前图层设置为"标注"图层。

（2）单击"默认"选项卡"注释"面板中的"多行文字"按钮A，添加文字说明，主要包括房间及设施的功能用途等，结果如图 16-24 所示。

图 16-24 添加文字说明

（3）单击"默认"选项卡"绘图"面板中的"直

线"按钮／和"多行文字"按钮**A**，标注室内标高，结果如图 16-25 所示。

图16-25　标注标高

（4）将"轴线"图层置为当前图层，修改轴线网，结果如图 16-26 所示。

图16-26　修改轴线网

（5）单击"默认"选项卡"注释"面板中的"标注样式"按钮，打开"标注样式管理器"对话框，新建"地下层平面图"标注样式，选择"线"选项卡，在"尺寸界线"选项组中设置"超出尺寸线"为"200"。选择"符号和箭头"选项卡，设定"箭头"为" 建筑标记"，"箭头大小"为"200"。选择"文字"选项卡，设置"文字高度"为"300"，在"文字位置"选项组中设置"从尺寸线偏移"为"100"。

（6）单击"默认"选项卡"注释"面板中的"线性"按钮和"注释"选项卡"标注"面板中的"连续"按钮，标注第一道尺寸，文字高度为"300"，结果如图 16-27 所示。

（7）重复上述命令，进行第二道尺寸和最外围

尺寸的标注，结果如图 16-28 和图 16-29 所示。

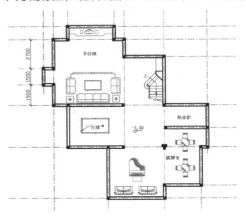

图16-27　标注第一道尺寸

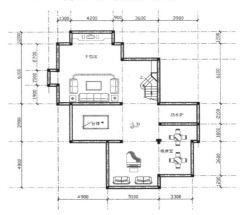

图16-28　第二道尺寸标注

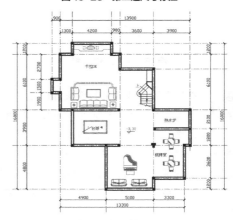

图16-29　最外围尺寸标注

❷ 文字说明。

（1）轴线号标注。根据规范要求，横向轴号一般用阿拉伯数字 1、2、3……标注，纵向轴号用字母 A、B、C……标注。

单击"默认"选项卡"绘图"面板中的"圆"按

钮 ⊙ ，在轴线端绘制一个直径为"600"的圆，单击"默认"选项卡"注释"面板中的"多行文字"按钮 A ，在圆的中央标注一个数字"1"，字高为"300"，如图 16-30 所示。单击"默认"选项卡"修改"面板中的"复制"按钮 ，将该轴线号图例复制到其他轴线端头。双击数字，修改其他轴线号图例中的数字，完成轴线号的标注，结果如图 16-31 所示。

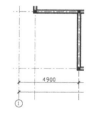

图 16-30 轴线号图例

在图库中，图形模块的名称通常很简单，除汉字外还经常包含英文字母或数字，这些名称是用来表明特性或尺寸的。例如，前面使用过的图形模块"组合沙发 -002P"，其名称中"组合沙发"表示家具的性质；"002"表示该模块是同类型家具中的第 2 个；字母"P"则表示该模块是家具的平面图形。

又如，一张床的模块名称为"单人床 9×20"，表示该单人床宽度为 900mm、长度为 2000mm。有了这些简单明了的名称，绘图者就可以依据自己的实际需要方便地选择所需的图形模块，而无须费神地辨认和测量了。

综合上述步骤继续绘制图 16-33 ～图 16-35 所示的一层平面图、二层平面图、屋顶平面图。

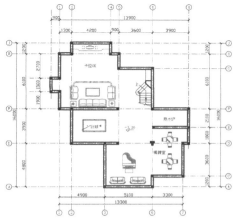

图 16-31 标注轴线号

（2）单击"默认"选项卡"注释"面板中的"多行文字"按钮 A ，打开"文字格式"对话框。设置文字高度为"700"，在文本框中输入"地下层平面图"，完成地下层平面图的绘制，结果如图 16-32 所示。

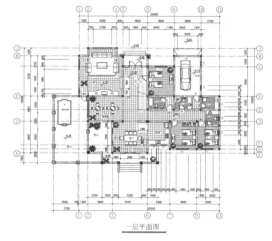

一层平面图

图 16-33 一层平面图

地下层平面图

图 16-32 标注"地下层平面图"

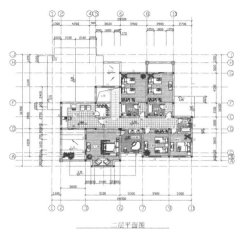

二层平面图

图 16-34 二层平面图

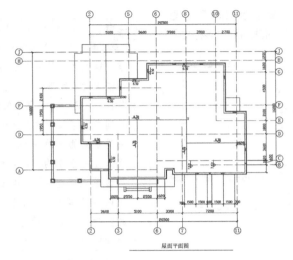

图 16-35　屋顶平面图

16.3　上机实验

通过前面的学习，读者对本章知识也有了大体的了解，本节通过几个操作练习使读者进一步掌握本章知识要点。

【实验 1】绘制别墅首层平面图

1. 目的要求

别墅首层平面图如图 16-36 所示，本实例主要要求读者通过练习进一步熟悉和掌握平面图的绘制过程和方法。

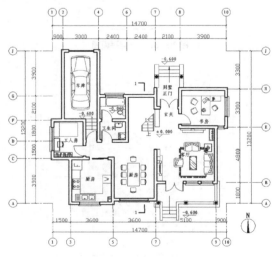

图 16-36　别墅首层平面图

2. 操作提示

（1）绘图前准备。

（2）绘制定位辅助线。

（3）绘制墙线、柱子。

（4）绘制门窗及楼梯。

（5）绘制家具。

（6）标注尺寸、文字、轴号及指北针。

【实验 2】绘制别墅二层平面图

1. 目的要求

别墅二层平面图如图 16-37 所示，本实例主要要求读者通过练习进一步熟悉和掌握平面图的绘制过程和方法。

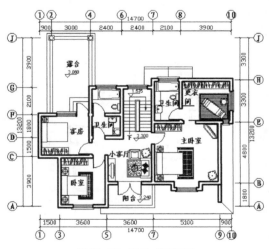

图 16-37　别墅二层平面图

2．操作提示

（1）打开别墅首层平面图并进行必要的图线删除。

（2）绘制墙线、柱子、门窗。

（3）绘制楼梯及台阶。

（4）布置家具。

（5）标注尺寸、文字、轴号及标高。

【实验 3】绘制别墅屋顶平面图

1．目的要求

别墅屋顶平面图如图 16-38 所示，本实例主要要求读者通过练习进一步熟悉和掌握平面图的绘制过程和方法。

2．操作提示

（1）绘图前准备。

（2）绘制屋顶平面图。

（3）标注尺寸、文字、轴号及标高。

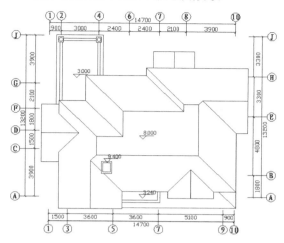

图 16-38　别墅屋顶平面图

第 17 章

建筑立面图绘制

本章将以某别墅立面图绘制过程为例详细讲解立面图绘制的基本理论知识和具体绘制方法，涉及绘图环境的设置、建筑立面图绘制和尺寸标注样式的设置，是 AutoCAD 2023 在建筑设计应用领域的综合实例。

重点与难点

- ➲ 绘图环境设置
- ➲ 建筑立面图的绘制
- ➲ 建筑立面图的标注

17.1 建筑立面图绘制概述

本节简要归纳建筑立面图的概念及图示内容、命名方式和一般绘制步骤，为下一步结合实例讲解 AutoCAD 操作作准备。

17.1.1 建筑立面图概念及图示内容

立面图是用直接正投影法将建筑各个墙面进行投影所得到的正投影图。一般地，立面图上的图示内容有墙体外轮廓及内部凹凸轮廓、门窗（幕墙）、入口台阶及坡道、雨篷、窗台、窗楣、壁柱、檐口、栏杆、外露楼梯、各种线脚等。从理论上讲，所有建筑构配件的正投影图均要反映在立面图上。实际上，一些比例较小的细部构造可以简化或用图例来代替。如门窗的立面，可以在具有代表性的位置仔细绘制出窗扇、门扇等细节，而同类门窗则用其轮廓表示即可。在施工图中，如果门窗未引用有关门窗图集，则其细部构造需要绘制大样图来表示，这样就可以弥补立面上的不足。

此外，当立面转折、曲折较复杂时，可以绘制展开立面图。圆形或多边形平面的建筑物，可分段绘制展开立面图。为了图示明确，图名均应注明"展开"二字，在转角处应准确表明轴线号。

17.1.2 建筑立面图的命名方式

建筑立面图的命名目的在于让使用者能一目了然地识别立面的位置。因此，各种命名方式都是围绕"明确位置"这一主题来实施的。至于采取哪种方式，则需要根据具体情况而定。

1. 以相对主入口的位置特征命名

以相对主入口的位置特征命名，则建筑立面图称为正立面图、背立面图、侧立面图。这种方式一般适用于建筑平面图方正、简单，入口位置明确的情况。

2. 以相对地理方位的特征命名

以相对地理方位的特征命名，建筑立面图常称为南立面图、北立面图、东立面图、西立面图。这种方式一般适用于建筑平面图规整、简单，而且朝向相对正南正北偏转不大的情况。

3. 以轴线编号来命名

以轴线编号来命名是指用立面起止定位轴线来命名，如①～⑥立面图、E～A立面图等。这种方式命名准确，便于查对，特别适用于平面较复杂的情况。

根据国家标准 GB/T 50104—2010《建筑制图标准》，有定位轴线的建筑物，可根据两端定位轴线号编注立面图名称。无定位轴线的建筑物可按平面图各面的朝向确定名称。

17.1.3 建筑立面图绘制的一般步骤

从总体上来说，绘制建筑立面图需要在平面图的基础上引出定位辅助线，确定立面图样的水平位置及大小，然后根据高度方向的设计尺寸确定立面图样的竖向位置及尺寸，从而绘制出一个个图样。因此，建筑立面图绘制的一般步骤如下。

（1）绘图环境设置。

（2）定位辅助线的确定：包括墙、柱定位轴线，楼层水平定位辅助线及其他立面图样的辅助线。

（3）立面图样绘制：包括墙体外轮廓及内部凹凸轮廓、门窗（幕墙）、入口台阶及坡道、雨棚、窗台、窗楣、壁柱、檐口、栏杆、外露楼梯、各种线脚等内容。

（4）配景，包括植物、车辆、人物等。

（5）尺寸、文字标注。

（6）线型、线宽设置。

> **提示** 关于上述绘制步骤，需要说明的是，并不是将所有的辅助线绘制好后才绘制立面图样，而一般是由总体到局部、由粗到细，一项一项地完成。如果一次绘出所有的辅助线，则会密密麻麻，无法分清。

17.2 绘制别墅立面图

由于此别墅南、北、东、西 4 个立面图各不相同，而且均比较复杂，因此必须绘制 4 个立面图。北侧室外地坪线标高 −0.8m，南侧室外地坪线标高 −0.5m，一层的层高为 3.3m，二层层高 3.0m，屋顶的厚度为 0.7m。首先绘制南立面图。

17.2.1 | 绘图准备

STEP 绘制步骤

❶ 设置绘图环境。

在命令行输入"LIMITS"命令并按<Enter>键，设置图幅为"42000×29700"。

单击"默认"选项卡"图层"面板中的"图层特性"按钮，打开"图层特性管理器"选项板，创建"立面"图层，如图17-1所示。

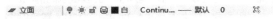

图17-1 新建图层

❷ 绘制定位辅助线。

（1）将当前图层设置为"立面"图层。

（2）复制一层平面图，关闭标注、楼梯、室内布置、室内铺地、室内装饰和轴线图层，如图17-2所示。单击"默认"选项卡"绘图"面板中的"多段线"按钮，将多段线的线宽设置为"100"，在一层平面图下方绘制一条地坪线，地坪线上方需留出足够的绘图空间。

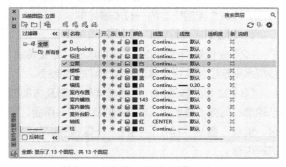

图17-2 关闭相应图层

（3）单击"默认"选项卡"绘图"面板中的"直线"按钮，由一层平面图向下引出定位辅助线，包括外墙轮廓、墙体转折处、柱轮廓线等，如图17-3所示。

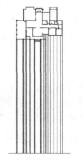

图17-3 绘制一层竖向定位辅助线

（4）以室内地坪标高为基准线，定为"±0.000"，室内外地坪标高相差0.5m，因此室外地坪标高为-0.5m，一层的层高为3.3m，二层层高为3.0m。单击"默认"选项卡"修改"面板中的"偏移"按钮，根据室内外高差、各层层高、屋面标高等，将多段线向上偏移"500""3300"和"3000"，然后单击"默认"选项卡"修改"面板中的"分解"按钮，将偏移后的多段线进行分解，单击"默认"选项卡"修改"面板中的"修剪"按钮，修剪多余直线，结果如图17-4所示。

图17-4 绘制楼层定位辅助线

（5）复制二层平面图，单击"默认"选项卡"绘图"面板中的"直线"按钮，绘制二层竖向定位辅助线，如图17-5所示。

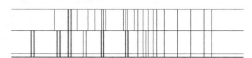

图17-5 绘制二层竖向定位辅助线

17.2.2 | 别墅立面图绘制与标注

❶ 绘制一层立面图。

（1）绘制台阶和门柱。首先绘制三层台阶，台阶的踏步第一阶高度为"200"，第二和三阶的高度为"150"，台阶的扶手高度为"800"。单击"默认"选项卡"修改"面板中的"偏移"按钮，指定偏移的距离分别为"200""350""500"和"800"，将最下方的多段线向上偏移，然后单击"默认"选项卡"修改"面板中的"分解"按钮和"修剪"按钮，将偏移后的多段线进行分解和修剪，结果如图17-6所示。立柱的高度为"3000"，根据门柱的定位辅助线，单击"默认"选项卡"绘图"面板中的"直线"按钮和"修改"面板中的"修剪"按钮，绘制门柱，如图17-7所示。

（2）绘制大门。单击"默认"选项卡"修改"面板中的"偏移"按钮，将二层室内楼面定位线

向下偏移 "400"，确定大门水平定位直线，如图 17-8 所示。然后根据平面图中大门的位置，单击 "默认" 选项卡 "绘图" 面板中的 "直线" 按钮／，在立面图上绘制定位线，由于立柱的原因，大门有一部分图形被遮挡，单击 "修改" 面板中的 "修剪" 按钮￥，修剪门框和门扇，如图 17-9 所示。

图 17-6　绘制台阶

图 17-7　绘制门柱

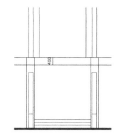

图 17-8　大门水平定位直线

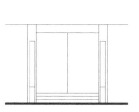

图 17-9　绘制门框和门扇

（3）细化门框。单击 "默认" 选项卡 "修改" 面板中的 "偏移" 按钮⊆，指定偏移的距离为50，将门框中的水平直线向下偏移 4 次，两侧的竖直直线向内侧偏移 2 次，然后单击 "默认" 选项卡 "修改" 面板中的 "修剪" 按钮￥，修剪多余的直线，结果如图 17-10 所示。

图 17-10　细化门框

（4）绘制坎墙。单击 "默认" 选项卡 "修改" 面板中的 "偏移" 按钮⊆，指定偏移的距离为550 和 800，将下部多段线向上偏移，单击 "默认" 选项卡 "修改" 面板中的 "分解" 按钮🗗和 "修剪" 按钮￥，修剪掉多余的直线。

（5）细化坎墙。单击 "默认" 选项卡 "修改" 面板中的 "偏移" 按钮⊆，指定偏移的距离为50，将水平直线向下偏移 3 次，单击 "默认" 选项卡 "绘图" 面板中的 "圆弧" 按钮，绘制半径为 50 的圆弧，最后单击 "默认" 选项卡 "修改" 面板中的 "修剪" 按钮￥，修剪坎墙的辅助线，完成坎墙的绘制，结果如图 17-11 所示。

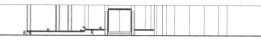

图 17-11　绘制坎墙

（6）绘制一层左侧砖柱。单击 "默认" 选项卡 "修改" 面板中的 "偏移" 按钮⊆，指定偏移的距离，将直线进行偏移，单击 "默认" 选项卡 "修改" 面板中的 "修剪" 按钮￥，修剪直线，结果如图 17-12 所示。

图 17-12　绘制左侧砖柱

（7）绘制一层其余砖柱。单击 "默认" 选项卡 "修改" 面板中的 "偏移" 按钮⊆和 "修剪" 按钮￥，绘制剩余图形，如图 17-13 所示。

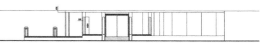

图 17-13　绘制一层砖柱

（8）绘制一层栏杆。单击 "默认" 选项卡 "修改" 面板中的 "偏移" 按钮⊆，将坎墙线依次向上偏移 "100" "100" "600" 和 "100"。然后单击 "默认" 选项卡 "绘图" 面板中的 "直线" 按钮／，绘制两条竖直直线，间距为 20。单击 "默认" 选项卡 "修改" 面板中的 "矩形阵列" 按钮🔲，将竖直线阵列，阵列的间距为 100，完成栏杆的绘制，绘制结果如图 17-14 所示。

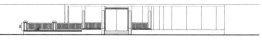

图 17-14　绘制一层栏杆

（9）插入一层窗户。单击 "默认" 选项卡 "块" 面板中的 "插入" 按钮🗗，插入大窗户和小窗户图块，如图 17-15 所示。

图 17-15　绘制一层窗户

❷ 绘制二层立面图。

（1）绘制二层砖柱。根据二层平面图，确定砖柱的位置，然后单击"默认"选项卡"修改"面板中的"复制"按钮❀，复制砖柱并修改，如图 17-16 所示。

图 17-16　绘制二层砖柱

（2）绘制二层栏杆。单击"默认"选项卡"修改"面板中的"复制"按钮❀，将一层立面图中的栏杆复制到二层立面图中并修改，如图 17-17 所示。

图 17-17　绘制二层栏杆

（3）绘制二层窗户。单击"默认"选项卡"修改"面板中的"复制"按钮❀，将一层立面图中大门右侧的 4 个窗户复制到二层立面图中。然后使用相同方法，绘制左侧的两个窗户，如图 17-18 所示。

图 17-18　绘制二层窗户

（4）绘制二层屋檐。单击"默认"选项卡"绘图"面板中的"直线"按钮／、"修改"面板中的"偏移"按钮 ⊆ 和"修剪"按钮 ，根据定位辅助直线，绘制二层屋檐，完成二层立面图的绘制，如图 17-19 所示。

图 17-19　二层立面图

（5）添加标高标注。单击"默认"选项卡"绘图"面板中的"直线"按钮／和"多行文字"按钮 **A**，进行标高标注和文字说明，最终完成南立面图的绘制，如图 17-20 所示。

图 17-20　添加标高标注

> **注意**　选择菜单栏中的"文件"→"图形实用工具"→"清理"命令，对数据和图形进行清理时，要确认该元素在当前图纸中确实毫无作用，以免丢失一些有用的数据和图形元素。对于一些暂时无法确定是否该清理的图层，可以先将其保留，仅删去该图层中无用的图形元素；或将该图层关闭，使其保持不可见状态，待整个图形文件绘制完成后再进行选择性的清理。

综合上述步骤继续绘制图 17-21 ～图 17-23 所示的北立面图、西立面图和东立面图。

北立面图

图 17-21　北立面图

西立面图

图 17-22 西立面图

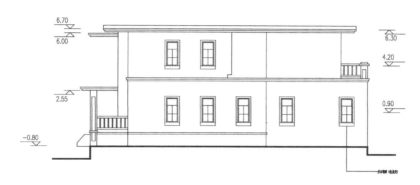

东立面图

图 17-23 东立面图

 立面图中的标高符号一般绘制在立面图形外，同方向的标高符号应大小一致，并排列在同一条铅垂线上。必要时（为使标注清晰可见），也可标注在图内。若建筑立面图左右对称，标高应标注在左侧，否则两侧均应标注。

17.3 上机实验

通过前面的学习，读者对本章知识也有了大体的了解，本节通过几个操作练习使读者进一步掌握本章知识要点。

【实验】绘制别墅各立面图

1. 目的要求

别墅各立面图如图 17-24 ~ 图 17-27 所示，本实例主要要求读者通过练习进一步熟悉和掌握立面图的绘制过程和方法。

图 17-24 别墅南立面图

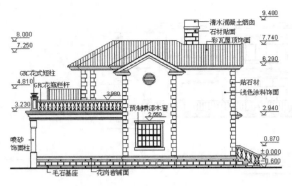

图 17-25　别墅西立面图

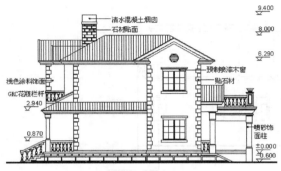

图 17-26　别墅东立面图

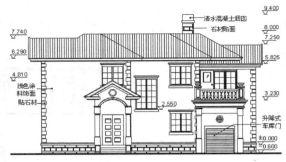

图 17-27　别墅北立面图

2．操作提示

（1）进行绘图前的准备。

（2）绘制室外地坪线、外墙定位线。

（3）绘制屋顶立面。

（4）绘制台基、台阶、立柱、栏杆、门窗。

（5）绘制其他建筑构件。

（6）标注尺寸及轴号。

（7）清理多余图形元素。

第 18 章

建筑剖面图绘制

本章将以某别墅剖面图绘制过程为例详细讲解剖面图绘制的基本理论知识和具体绘制方法，涉及绘图环境的设置、剖面图绘制和尺寸标注样式的设置，是 AutoCAD 2023 在建筑设计应用领域的综合实例。

重点与难点

- ➲ 绘图环境设置
- ➲ 建筑剖面图的绘制
- ➲ 建筑剖面图的标注

18.1 建筑剖面图绘制概述

本节简要归纳建筑剖面图的概念及图示内容、剖切位置及投射方向、一般绘制步骤等基本知识，为下一步结合实例讲解 AutoCAD 操作作准备。

18.1.1 建筑剖面图概念及图示内容

剖面图是指用一剖切面将建筑物的某一位置剖开，移去一侧后剩下一侧沿剖视方向的正投影图，用来表达建筑内部空间关系、结构形式、楼层情况以及门窗、楼层、墙体构造做法等。根据工程的需要，绘制一个剖面图可以选择 1 个剖切面、2 个平行的剖切面或相交的 2 个剖切面（如图 18-1 所示）。对于 2 个相交剖切面的情形，应在图名中注明"展开"二字。剖面图与断面图的区别在于，剖面图除了表示剖切到的部位外，还应表示从投射方向上看到的构配件轮廓（即"看线"），而断面图只需要表示剖切到的部位。

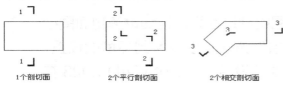

1个剖切面　　　　2个平行剖切面　　　　2个相交剖切面

图 18-1　剖切面形式

在不同的设计阶段中，图示内容有所不同。

（1）方案阶段的重点在于表达剖切部位的空间关系、建筑层数、高度、室内外高差等。剖面图中应注明室内外地坪标高、楼层标高、建筑总高度（室外地面至檐口）、剖面编号、比例或比例尺等。如果有建筑高度控制，还需标明最高点的标高。

（2）初步设计阶段需要在方案图基础上增加主要内外承重墙、柱的定位轴线和编号，更加详细、清晰、准确地表达出建筑结构、构件（剖到或看到的墙、柱、门窗、楼板、地坪、楼梯、台阶、坡道、雨篷、阳台等）本身及其相互关系。

（3）施工图阶段在优化、调整、丰富初设图的基础上，图示内容最为详细。一方面是剖到和看到

的构配件图样准确、详尽、到位，另一方面是标注详细。除了标注室内外地坪、楼层、屋面突出物、各构配件的标高外，还要标注竖向尺寸和水平尺寸。竖向尺寸包括外部 3 道尺寸（与立面图类似）和内部地坑、隔断、吊顶、门窗等部位的尺寸；水平尺寸包括两端和内部剖到的墙、柱定位轴线间尺寸及轴线编号。

18.1.2 剖切位置及投射方向的选择

根据规范规定，剖面图的剖切部位应根据图纸的用途或设计深度，在平面图上选择空间复杂、能反映全貌和构造特征，以及有代表性的部位剖切。

投射方向一般宜向左、向上，当然也要根据工程情况而定。剖切符号标在底层平面图中，短线指向为投射方向。剖面图编号标在投射方向一侧，剖切线若有转折，应在转角的外侧加注与该符号相同的编号，如图 18-1 所示。

18.1.3 剖面图绘制的一般步骤

建筑剖面图一般在平面图、立面图的基础上，参照平、立面图绘制。其一般绘制步骤如下。

（1）设置绘图环境。

（2）确定剖切位置和投射方向。

（3）绘制定位辅助线：包括墙、柱定位轴线，楼层水平定位辅助线及其他剖面图样的辅助线。

（4）绘制剖面图样及看线：包括剖到和看到的墙柱、地坪、楼层、屋面、门窗（幕墙）、楼梯、台阶及坡道、雨篷、窗台、窗楣、檐口、阳台、栏杆、各种线脚等内容。

（5）配景：包括植物、车辆、人物等。

（6）标注尺寸、文字。

至于线型、线宽，可在绘图过程中设置。

18.2 绘制别墅剖面图

本小节以绘制别墅剖面图为例，介绍剖面图的绘制方法与技巧。

18.2.1 绘图准备

STEP 绘制步骤

❶ 设置绘图环境。

（1）在命令行输入"LIMITS"命令并按 <Enter>

键，设置图幅为"42000×29700"。

（2）单击"默认"选项卡"图层"面板中的"图层特性"按钮🔄，打开"图层特性管理器"选项板，创建"剖面"图层，采用默认属性，并将"剖面"图层设置为当前图层。

（3）确定剖切位置和剖切符号，根据别墅设计方案，选择1-1和2-2剖切位置。1-1剖切位置上的一层剖切线经过车库、卫生间、过道和卧室，二层剖切线经过北侧卧室、卫生间、过道和南侧卧室。2-2剖切位置上的一层剖切线经过楼梯间、过道和客厅，二层剖切线经过楼梯间、过道和主人房，剖视方向向左。单击"默认"选项卡"绘图"面板中的"直线"按钮╱、"多段线"按钮⊃和"多行文字"按钮 A，绘制剖切线和剖切符号，如图18-2所示。

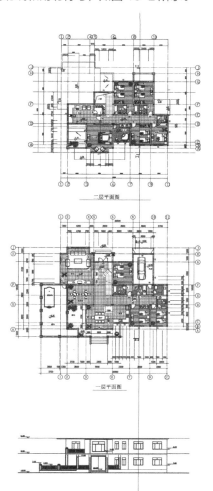

图18-2　绘制剖切线和剖切符号

❷ 绘制定位辅助线。

（1）将暂时不用的图层关闭。关闭标注、楼梯、室内布置、室内铺地、室内装饰和轴线图层，如图18-3所示。

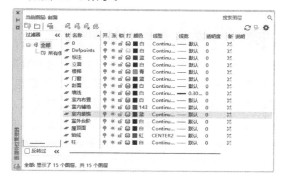

图18-3　关闭相应图层

（2）单击"默认"选项卡"绘图"面板中的"直线"按钮╱，在立面图左侧同一水平线上绘制室外地平线。然后采用绘制立面图定位辅助线的方法绘制出剖面图的定位辅助线，结果如图18-4所示。

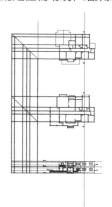

图18-4　绘制定位辅助线

> **注意**　在绘制建筑剖面图中的门窗或楼梯时，除了可利用前面介绍的方法直接绘制外，也可借助图库中的图形模块进行绘制。在常见的室内图库中，有很多不同种类和尺寸的门窗和栏杆立面可以选择，绘图者只需找到合适的图形模块进行复制，然后粘贴到自己的图中即可。如果图库中提供的图形模块与实际需要的图形之间存在尺寸或角度上的差异，可利用"分解"命令先将模块进行分解，然后利用"旋转"或"缩放"命令进行修改，调整到满意的结果后将其插入图中的相应位置。

18.2.2 别墅剖面图绘制

（1）根据北侧室外地坪线标高 -0.8m，南侧室外地坪线标高 -0.5m，一层室内标高 ±0.000，结合一层平面图中剖切点墙线和门窗，立面图中窗户的高度，可以确定左侧地坪线距离室内地面 0.8m，右侧地坪线距离室内 0.5m，一层左侧和右侧均有窗户，窗户的高度相同，大小一致，中间位置有一个高度为 2.0m 的门，在剖面图上共有 5 段墙。二层有两处窗户，高度和大小一致，在剖面图上有 6 段墙。首先单击"默认"选项卡"绘图"面板中的"多段线"按钮▱，指定多段线的宽度为"100"，结合室内外地坪高差，绘制地坪线。然后单击"默认"选项卡"绘图"面板中的"直线"按钮╱，结合平面图和立面图中的辅助线，绘制门窗。接下来，单击"默认"选项卡"修改"面板中的"修剪"按钮ᛒ，修剪多余的线段。结果如图 18-5 所示。

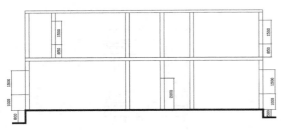

图 18-5 绘制地坪线和门窗

（2）绘制其余门窗。根据剖切线的位置和方向可以确定，剖面图上还有一层的两个窗户，二层有两个门，单击"默认"选项卡"绘图"面板中的"直线"按钮╱，从平面图向剖面图中做辅助线，如图 18-6 所示。结合门窗的高度，单击"默认"选项卡"修改"面板中的"修剪"按钮ᛒ，修剪多余的线段，结果如图 18-7 所示。

（3）绘制楼板。单击"默认"选项卡"绘图"面板中的"直线"按钮╱和"修改"面板中的"修剪"按钮ᛒ，绘制楼板，然后单击"默认"选项卡"绘图"面板中的"图案填充"按钮▨，将楼板填充为"SOLID"图案，结果如图 18-8 所示。

（4）绘制砖柱。根据二层平面图中砖柱的位置，确定剖面图中砖柱的位置，然后利用上述方法绘制砖柱，结果如图 18-9 所示。

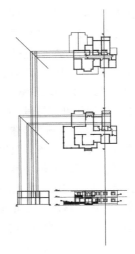

图 18-6 绘制辅助线

图 18-7 修剪多余直线

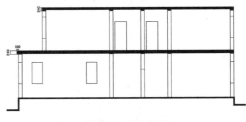

图 18-8 绘制楼板

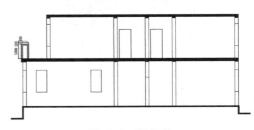

图 18-9 绘制砖柱

（5）设置墙体宽度。设置墙线的线宽为"0.3"，形成墙体剖面线，如图 18-10 所示。

（6）绘制栏杆。绘制方法与立面图相同，绘制结果如图 18-11 所示。

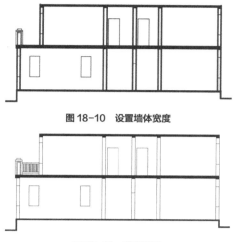

图 18-10　设置墙体宽度

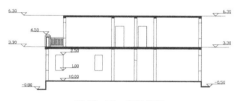

图 18-11　绘制栏杆

18.2.3 文字说明与标注

（1）单击"默认"选项卡"绘图"面板中的"直线"按钮和"多行文字"按钮A，进行标高的标注，如图 18-12 所示。

图 18-12　标注标高

（2）单击"默认"选项卡"注释"面板中的"线性"按钮和"连续"按钮，标注门窗洞口、层高、轴线和总体长度尺寸，如图 18-13 所示。

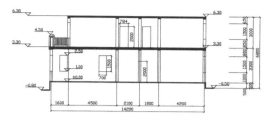

图 18-13　标注尺寸

（3）单击"默认"选项卡"绘图"面板中的"圆"按钮、"多行文字"按钮A 和"修改"面板中的"复制"按钮，标注轴线号和文字说明，完成 1-1 剖面图的绘制，如图 18-14 所示。

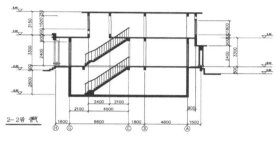

图 18-14　2-2 剖面图

18.3　上机实验

通过前面的学习，读者对本章知识也有了大体的了解，本节通过几个操作练习使读者进一步掌握本章知识要点。

【实验】绘制别墅 1-1 剖面图

1．目的要求

别墅剖面图 1-1 如图 18-5 所示，本实例主要要求读者通过练习进一步熟悉和掌握剖面图的绘制过程和方法。

2．操作提示

（1）修改图形。

（2）绘制折线及剖面。

（3）标注标高。

（4）标注尺寸及文字。

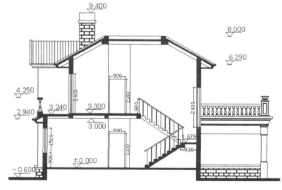

图 18-15　别墅剖面图 1-1

第 19 章

建筑详图绘制

本章将以某别墅建筑详图绘制过程为例详细讲解建筑详图绘制的基本理论知识和具体绘制方法，涉及绘图环境的设置、建筑详图绘制和尺寸标注样式的设置，是 AutoCAD 2023 在建筑设计应用领域的综合实例。

重点与难点

- ➲ 绘图环境设置
- ➲ 建筑详图的绘制
- ➲ 建筑详图的标注

19.1 建筑详图绘制概述

在正式讲述 AutoCAD 建筑详图绘制之前，先简要归纳详图绘制的基本知识和绘制步骤。

19.1.1 建筑详图的概念及图示内容

前面介绍的平、立、剖面图均是全局性的图纸，由于比例的限制，不可能将一些复杂的细部或局部做法表示清楚，因此需要将这些细部、局部的构造、材料及相互关系采用较大的比例详细绘制出来，以指导施工。这样的建筑图形称为详图，也称大样图。对局部平面（如厨房、卫生间）放大绘制的图形，习惯叫作放大图。需要绘制详图的位置一般有室内外墙节点、楼梯、电梯、厨房、卫生间、门窗、室内外装饰等。

平面节点详图应标示出墙、柱或构造柱的材料和构造关系。剖面节点详图即常说的墙身详图，需要表示出墙体与室内外地坪、楼面、屋面的关系，以及相关的门窗洞口、梁或圈梁、雨篷、阳台、女儿墙、檐口、散水、防潮层、屋面防水、地下室防水等构造做法。墙身详图可以从室内外地坪、防潮层处开始一路画到女儿墙压顶。

（1）内外墙节点详图一般包括平面和剖面两部分，常用比例为 1:20。为了节省图纸，可在门窗洞口处断开，也可以重点绘制地坪、中间层、屋面处的几个节点，而将中间层重复使用的节点集中到一个详图中表示。节点编号一般由上到下编制。

（2）楼梯详图包括平面、剖面及节点 3 部分。平面、剖面常用 1:50 的比例绘制，楼梯中的节点详图可以根据对象大小酌情采用 1:5、1:10、1:20 等比例。与建筑平面图不同的是，楼梯平面图只需绘制出楼梯及四面相接的墙体，而楼梯详图需要准确地表示出楼梯间净空、梯段长度、梯段宽度、踏步宽度和级数、栏杆（栏板）的大小及位置，以及楼面、平台处的标高等。楼梯详图的剖面部分只需绘制出与楼梯相关的部分，相邻部分可用折断线断开。选择在底层第一跑并能够剖到门窗的位置剖切，向底层另一跑梯段方向投射。需要标注层高、平台、梯段、门窗洞口、栏杆高度等竖向尺寸，并应标注出室内外地坪、平台、平台梁底面的标高。水平方向需要标注定位轴线及编号、轴线尺寸、平台、梯段尺寸等。梯段尺寸一般用"踏步宽（高）× 级数 = 梯段宽（高）"的形式表示。此外，楼梯剖面上还应注明栏杆构造节点详图的索引编号。

（3）电梯详图一般包括电梯间平面图、机房平面图和电梯间剖面图 3 个部分，常用 1:50 的比例绘制。平面图需要标示出电梯井、电梯厅、前室相对定位轴线的尺寸及自身的净空尺寸，标示出电梯图例及配重位置、电梯编号、门洞大小及开取形式、地坪标高等。机房平面图需标示出设备平台位置、平面尺寸、顶面标高、楼面标高及通往平台的梯子形式等内容。剖面图需要剖在电梯井、门洞处，标示出地坪、楼层、地坑、机房平台的竖向尺寸和高度，标注出门洞高度。为了节约图纸，中间相同部分可以折断绘制。

（4）厨房、卫生间放大图根据其大小可酌情采用 1:30、1:40、1:50 的比例绘制。需要详细标示出各种设备的形状、大小和位置及地面设计标高、地面排水方向、坡度等，对于需要进一步说明的构造节点，须标明详图索引符号，或绘制节点详图，或引用图集。

（5）门窗详图包括立面图、断面图、节点详图等内容。立面图常用 1:20 的比例绘制，断面图常用 1:5 的比例绘制，节点图常用 1:10 的比例绘制。标准化的门窗可以引用有关标准图集，说明其门窗图集编号和所在位置。根据《建筑工程设计文件编制深度规定》（2022 年版），非标准的门窗、幕墙需绘制详图。如委托加工，需绘制出立面分格图，标明开取扇、开取方向，说明材料、颜色及与主体结构的连接方式等。

就图形而言，建筑详图兼有平、立、剖面的特征，综合了平、立、剖面绘制的基本操作方法，并具有自己的特点，只要掌握一定的绘图程序，难度应不大。真正的难度在于对建筑构造、建筑材料、建筑规范等相关知识的掌握。

19.1.2 详图绘制的一般步骤

详图绘制的一般步骤如下。

（1）图形轮廓绘制：包括断面轮廓和界线。

（2）材料图例填充：包括各种材料图例的选用和填充，如建筑物、道路、广场、停车场、绿地、场地出入口等内容。

（3）符号、尺寸、文字等标注：包括轴线及编号、标高、索引、折断符号和尺寸、说明文字等。

19.2 卫生间放大图

下面绘制卫生间放大图，如图 19-1 所示。

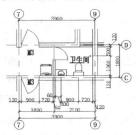

图 19-1　卫生间放大图

19.2.1 绘图准备

以别墅卫生间放大图制作为例，首先单击"默认"选项卡"修改"面板中的"复制"按钮❀，先将卫生间图样连同轴线复制出来，然后检查平面墙体、门窗位置及尺寸的正确性，调整内部洗脸盆、坐便器等设备，使其位置、形状与设计意图和规范要求相符。接着确定地面排水方向和地漏位置，如图 19-2 所示。

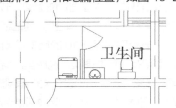

图 19-2　卫生间图

19.2.2 添加标注

卫生间放大图的尺寸标注比较简单，包括定位尺寸、轴号标注及其他文字标注。

操作步骤如下。

（1）单击"注释"选项卡"标注"面板中的"线性"按钮┣┥和"连续"按钮┣╢╢，为卫生间放大平面图标注尺寸，如图 19-3 所示。

（2）单击"默认"选项卡"绘图"面板中的"圆"按钮⊙和"注释"面板中的"多行文字"按钮**A**，添加文字说明，绘制轴号，如图 19-4 所示。

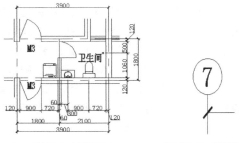

图 19-3　标注尺寸　　图 19-4　绘制轴号

（3）单击"默认"选项卡"修改"面板中的"复制"按钮❀，选取第（2）步已经绘制完成的轴号进行复制，并修改轴号内文字，完成图形内轴号的绘制，如图 19-1 所示。

19.3 节点大样图的绘制

下面绘制节点大样图，如图 19-5 所示。

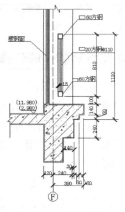

图 19-5　节点大样图

19.3.1 节点大样图轮廓绘制

节点大样图一般是总图上标注不明显的或不宜在总图上标注的，需要另外在一张图纸上绘制的图形，这里绘制的是墙体节点大样图。

操作步骤如下。

（1）单击"默认"选项卡"绘图"面板中的"直线"按钮╱和"修改"面板中的"偏移"按钮⊜，绘制节点大样图的墙体轮廓线，如图 19-6 所示。

（2）单击"默认"选项卡"绘图"面板中的"直线"按钮╱和"修改"面板中的"修剪"按钮┴，绘制节点大样图折弯线，如图 19-7 所示。

（3）单击"默认"选项卡"绘图"面板中的"直

线"按钮 ∕，在图形上边绘制两段竖直直线，如图 19-8 所示。

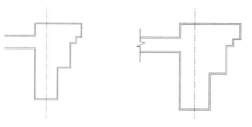

图 19-6 绘制墙体轮廓线 **图 19-7 绘制折弯线**

（4）单击"默认"选项卡"绘图"面板中的"多段线"按钮 ⅃，指定起点宽度为"5"，端点宽度为"5"，绘制两个 60×60 的矩形，如图 19-9 所示。

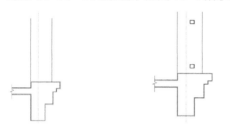

图 19-8 绘制竖直直线 **图 19-9 绘制矩形**

（5）单击"默认"选项卡"绘图"面板中的"矩形"按钮 ▢，在图形的适当位置绘制一个 40×20 的矩形。

（6）单击"默认"选项卡"修改"面板中的"修剪"按钮 ⊬，对图形进行修剪，如图 19-10 所示。

（7）单击"默认"选项卡"绘图"面板中的"直线"按钮 ∕，在矩形上端绘制直线，如图 19-11 所示。

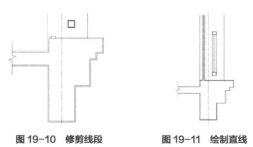

图 19-10 修剪线段 **图 19-11 绘制直线**

（8）单击"默认"选项卡"绘图"面板中的"图案填充"按钮 ▨，打开"图案填充创建"选项卡，设置"填充图案"为"ANSI31"，"填充比例"为"25"，在某一个矩形的中心单击，完成图案的填

充，继续选择填充区域填充图形"AR-CONC"，"比例"为"1"。

（9）单击"默认"选项卡"绘图"面板中的"直线"按钮 ∕ 和"修改"面板中的"修剪"按钮 ⊬，绘制折弯线，如图 19-12 所示。

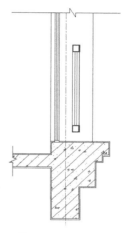

图 19-12 绘制折弯线

19.3.2 添加标注

节点大样图的标注与上一节所讲的卫生间放大图的标注基本相同，需要标注节点尺寸、添加文字说明及轴线标号。

操作步骤如下。

（1）单击"注释"选项卡"标注"面板中的"线性"按钮 ⊢ 和"连续"按钮 ⊣⊣，标注节点大样图的尺寸，如图 19-13 所示。

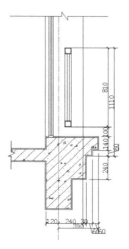

图 19-13 标注尺寸

（2）在命令行中输入 QLEADER 命令，或单击"注释"面板中的"多行文字"按钮**A**，为图形添加文字说明，如图 19-14 所示。

（3）单击"默认"选项卡"绘图"面板中的"圆"按钮⊙和"注释"面板中的"多行文字"按钮**A**，为图形添加轴号，完成节点大样图的绘制，如图 19-5 所示。

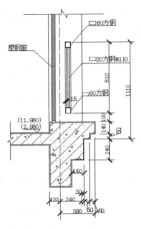

图 19-14　标注文字

19.4 上机实验

通过前面的学习，读者对本章知识也有了大体的了解，本节通过几个操作练习使读者进一步掌握本章知识要点。

【实验 1】绘制别墅墙身节点 1

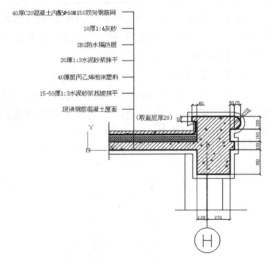

图 19-15　墙身节点 1

1. 目的要求

本实例主要要求读者通过练习进一步熟悉和掌握建筑详图的绘制方法。

2. 操作提示

（1）檐口轮廓绘制。

（2）图案填充。

（3）尺寸标注和文字说明。

【实验 2】绘制卫生间 5 放大图

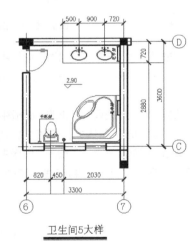

卫生间5大样

图 19-16　卫生间 5 放大图

1. 目的要求

本实例主要要求读者通过练习进一步熟悉和掌握建筑详图的绘制方法。

2. 操作提示

（1）修改墙线。

（2）绘制放大图细部。

（3）标注尺寸并添加文字说明。